Pesquisa de Métodos Mistos

C923p Creswell, John W.
     Pesquisa de métodos mistos / John W. Creswell, Vicki L. Plano Clark ; tradução: Magda França Lopes ; revisão técnica: Dirceu da Silva. – 2. ed. – Porto Alegre : Penso, 2013.
     288 p. : il. ; 25 cm.

     ISBN 978-85-65848-47-3

     1. Métodos de pesquisa. 2. Métodos mistos. I. Plano Clark, Vicki L. II. Título.

CDU 001.891

Catalogação na publicação: Ana Paula M. Magnus CRB 10/2052

John W. Creswell
Universidade de Nebraska-Lincoln

Vicki L. Plano Clark
Universidade de Nebraska-Lincoln

Pesquisa de Métodos Mistos

2ª EDIÇÃO

Tradução:
Magda França Lopes

Consultoria, supervisão e revisão técnica desta edição:
Dirceu da Silva
Doutor em Educação pela Universidade de São Paulo (USP).
Professor da Universidade Estadual de Campinas (Unicamp).

2013

Obra originalmente publicada sob o título *Designing and Conducting Mixed Methods Research*, 2nd Edition
ISBN 9781412975179

Copyright © 2011 by SAGE Publications,Inc.
All rights reserved.

Gerente editorial
Letícia Bispo de Lima

Colaboraram nesta edição

Editora
Lívia Allgayer Freitag

Capa
Paola Manica

Preparação de original
Maurício Pacheco Amaro

Leitura final
Luiza Germano

Editoração eletrônica
Armazém Digital® Editoração Eletrônica – Roberto Carlos Moreira Vieira

Reservados todos os direitos de publicação, em língua portuguesa, à
PENSO EDITORA LTDA., uma empresa do GRUPO A EDUCAÇÃO S.A.
Av. Jerônimo de Ornelas, 670 – Santana
90040-340 Porto Alegre RS
Fone: (51) 3027-7000 Fax: (51) 3027-7070

É proibida a duplicação ou reprodução deste volume, no todo ou em parte, sob quaisquer formas ou por quaisquer meios (eletrônico, mecânico, gravação, fotocópia, distribuição na Web e outros), sem permissão expressa da Editora.

SÃO PAULO
Av. Embaixador Macedo Soares, 10.735 – Pavilhão 5
Cond. Espace Center – Vila Anastácio
05095-035 – São Paulo – SP
Fone: (11) 3665-1100 – Fax: (11) 3667-1333

SAC 0800 703-3444 – www.grupoa.com.br

IMPRESSO NO BRASIL
PRINTED IN BRAZIL
Impresso sob demanda na Meta Brasil a pedido de Grupo A Educação.

*Este livro é dedicado a todos os meus
alunos e ao público que tem participado
das minhas aulas e dos meus workshops.
Obrigado por seus conselhos.*
John

*Este livro é dedicado a Mark, por todo
o seu apoio, seu encorajamento,
sua amizade e seu amor.
Eu lhe agradeço infinitamente.*
Vicki

Sobre os autores

John W. Creswell, PhD, é professor de psicologia educacional, ministra cursos e escreve sobre a pesquisa de métodos mistos, a metodologia qualitativa e os projetos de pesquisa em geral. Está na Universidade de Nebraska-Lincoln (UNL) há mais de trinta anos. Além disso, ele fundou e é codiretor do Office of Qualitative and Mixed Methods Research (OQMMR) na ULN, que dá assessoria aos acadêmicos que incorporam a pesquisa qualitativa e os métodos mistos em projetos de extensão para financiamento. É professor adjunto de medicina de família na Universidade de Michigan, além de prestar assessoria aos pesquisadores das ciências da saúde e de educação sobre a metodologia de pesquisa para os projetos dos National Institutes of Health (NIH) e da National Science Foundation (NSF). Foi Senior Fulbright Scholar na África do Sul, em 2008, e deu aulas em cinco universidades para docentes de educação e ciências da saúde.

Vicki L. Plano Clark, PhD, é diretora do Office of Qualitative and Mixed Methods Research (OQMMR) e professora assistente de pesquisa no programa de Métodos Quantitativos, Qualitativos e Psicométricos da Universidade de Nebraska-Lincoln (UNL). Ministra cursos de métodos de pesquisa, incluindo as bases da pesquisa educacional, da pesquisa qualitativa e da pesquisa de métodos mistos. Seus escritos metodológicos concentram-se nas questões de procedimentos que surgem quando se implementam diferentes projetos de métodos mistos e como a pesquisa de métodos mistos é adotada e adaptada dentro das disciplinas. Mediante seu trabalho no centro de serviço de pesquisa, ela está envolvida na pesquisa nas áreas de educação, pesquisa familiar, aconselhamento psicológico, medicina de família e enfermagem. Antes de se concentrar nos métodos de pesquisa aplicada, atuou 12 anos como gerente do laboratório do Departamento de Física e Astronomia da UNL, trabalhando com o Research in Physics Education Group para desenvolver e avaliar materiais curriculares inovadores para ajudar os estudantes a entender os conceitos introdutórios de física.

Agradecimentos

Nosso trabalho e este livro beneficiaram-se muito das contribuições de diversas pessoas. Começamos agradecendo à nossa editora de aquisições na SAGE Publications, Vicki Knight, por seu encorajamento, sua coordenação e seu apoio durante todo o projeto. Também agradecemos a toda a equipe da SAGE por seu encorajamento no campo da pesquisa de métodos mistos. Como o leitor poderá ver em nossas muitas referências, ambos temos colaborado extensivamente com a equipe e com os colegas que trabalham em nosso Office of Qualitative and Mixed Methods Research (OQMMR) na Universidade de Nebraska-Lincoln. Queremos destacar a importância da colaboração de Ron Shope, Manijeh Badiee, Amanda Garrett, Sherry Wang, Dr. Michael Fetters e Nataliya Ivankova e dos muitos profissionais com os quais colaboramos na área de medicina de família na Universidade de Michigan; ao Health Services Research Center do Department of Veterans Affairs, em Ann Arbor, Michigan; e ao Centro Médico da Universidade de Nebraska. Também estamos em débito com os muitos participantes de *workshops* no decorrer dos anos que nos apresentaram ideias e questões úteis sobre os métodos mistos. Esses indivíduos dedicam-se a muitos campos, em muitas partes dos Estados Unidos, do Reino Unido, da África do Sul, da Austrália, do Canadá e em outros países.

Este é um momento instigante na evolução do campo que se tornou a pesquisa de métodos mistos. Esperamos que este livro seja uma ferramenta útil para os pesquisadores usarem na aprendizagem dessa abordagem de pesquisa e na condução de seus próprios estudos de métodos mistos.

Prefácio

OBJETIVOS DO LIVRO

A ideia básica deste livro é apresentar uma introdução ao planejamento e à condução de pesquisa de métodos mistos. Nos últimos 5 a 10 anos, vimos um enorme interesse nesta abordagem da pesquisa. Embora os métodos mistos tenham tido, nos últimos 20 anos, suas raízes em várias disciplinas e campos de estudo, o interesse neles expandiu-se rapidamente para muitos campos das ciências sociais e humanas, muitas áreas de pesquisa e muitos países. Isso está em nítido contraste com a época em que escrevemos a primeira edição, quando os pesquisadores estavam principalmente curiosos sobre esta abordagem em desenvolvimento chamada "métodos mistos". Hoje, em nossos *workshops*, apresentações e aulas, sabemos que as pessoas não mais questionam o que é esta abordagem e se ela é um modelo legítimo de investigação. Seus interesses agora têm se voltado para os procedimentos da pesquisa, para como realmente conduzir um estudo de métodos mistos. Com isso em mente, mantivemos nossa premissa original de que aqueles que leem sobre métodos mistos não só devem conhecer os passos no processo de planejamento e na condução de um estudo, mas também ter curiosidade sobre os procedimentos reais envolvidos e as muitas novas técnicas e estratégias que têm sido desenvolvidas no campo dos métodos mistos.

Este livro é uma introdução e também uma avaliação detalhada sobre a maneira de conduzir um estudo de métodos mistos. Incluímos em nossa discussão muitos exemplos de artigos empíricos recentemente publicados sobre os métodos mistos e também as discussões metodológicas. Tentamos destacar os passos mais importantes mediante o uso amplo de itens (*bullet points*) e apresentamos ao leitor alguns dos últimos escritos no campo. Desde o lançamento do *Journal of Mixed Methods Research* (JMMR), que ajudamos a criar e a editar, temos examinado centenas de manuscritos para publicação de diversas disciplinas, em diferentes partes do mundo e de perspectivas variadas sobre esta forma de investigação. Desses artigos e de nossas experiências pessoais em grupos, aulas e apresentações de pesquisa de métodos mistos, reunimos uma apresentação detalhada de como planejar e conduzir um estudo de métodos mistos. Esperamos que o pesquisador iniciante em métodos mistos descubra técnicas úteis para planejar seu próprio estudo e que o pesquisador experiente encontre resumos úteis das últimas considerações sobre os métodos mistos.

PÚBLICO-ALVO DO LIVRO

O público-alvo deste livro são os indivíduos que estão abordando pela primeira vez a aprendizagem da pesquisa de métodos mistos. Os estudantes graduados que têm alguma experiência com as pesquisas qualitativa e quantitativa vão considerá-lo útil para o planejamento do seu primeiro projeto de métodos mistos. Esperamos que os autores do campo dos métodos mistos encarem este livro como uma seleção de ideias atualizadas. Os formuladores de políticas e os profissionais vão considerá-lo uma introdução proveitosa para os métodos mistos quando examinarem os estudos publicados ou estabelecerem seus próprios projetos de métodos mistos. Com a expansão da disciplina dos métodos mistos, este livro deve se aplicar a muitos campos das ciências sociais e humanas. Tentamos incorporar exemplos de campos bastante diversos, como sociologia, psicologia, educação, administração, *marketing*, serviço social, estudos de família, estudos de comunicação e liderança. Também apresentamos exemplos das ciências da saúde, como enfermagem, medicina de família e saúde mental, para citar apenas algumas. Finalmente, encaramos este livro como uma leitura básica em cursos de pesquisa de métodos mistos – um tipo de curso que está sendo cada vez mais encontrado entre as listas dos *campi* universitários.

CARACTERÍSTICAS DO LIVRO

Mantivemos muitas das características encontradas na primeira edição. A estrutura geral do livro segue o processo de condução de um estudo, desde a avaliação inicial para ver se os métodos mistos são a melhor abordagem para estudar um problema de pesquisa, até as suposições filosóficas e as posturas teóricas que guiam a pesquisa e o desenvolvimento de introdução, coleta e análise de dados e escrita da proposta e do relatório final de um estudo. Para aumentar a abordagem deste processo, destacamos seis projetos populares na pesquisa de métodos mistos e apresentamos exemplos de bons estudos de artigos publicados em periódicos que ilustram cada um dos projetos. No final de cada capítulo, apresentamos um resumo do conteúdo e também sugerimos atividades práticas para tornar concretos os principais pontos do capítulo. Uma atividade em particular perpassa todo o livro: pedimos que o leitor incorpore as ideias do capítulo no desenvolvimento de um estudo de métodos mistos que está sendo ativamente planejado. Os passos nesse processo de planejamento vão sendo revelados a cada capítulo. Além disso, não favorecemos a pesquisa quantitativa ou a qualitativa e mudamos a ênfase de um capítulo para outro, de modo a equilibrar a importância das duas abordagens para a pesquisa. Esse equilíbrio é fundamental para o entendimento da pesquisa de métodos mistos. No final de cada capítulo, indicamos leituras adicionais para que as ideias apresentadas possam ser expandidas. Tentamos definir os principais termos usados em todo o livro e os apresentamos em um glossário no final do livro para ajudar a compreensão da linguagem específica que está emergindo nos métodos mistos. Também mantivemos e expandimos nesta segunda edição as referências a *sites* e a recursos que os leitores podem considerar úteis.

CARACTERÍSTICAS ADICIONADAS À SEGUNDA EDIÇÃO

Nesta segunda edição, expandimos consideravelmente as informações e ideias que foram apresentadas na edição anterior. Falando francamente, estamos impressionados pelo novo conhecimento que tem emergido nos últimos anos sobre os métodos mistos e entendemos que nossas discussões aqui foram seletivas, porém são representativas das discussões atuais no campo dos métodos mistos.

Entretanto, podemos resumir o novo material que é encontrado nesta edição como segue:

✓ Ao examinar como introduzimos o tópico dos métodos mistos na primeira edição, sentimos que esta segunda edição deveria começar com as questões fundamentais que frequentemente nos são apresentadas sobre os métodos mistos – ou seja, por que eles são usados e quais são suas vantagens e seus desafios. Hoje estamos em uma posição melhor para responder a essas questões do que quando escrevemos a primeira edição deste livro. O Capítulo 1 reflete nossas respostas a essas questões.

✓ Também sabemos muito mais hoje sobre a história dos métodos mistos e suas raízes, de forma que os estudiosos podem comunicar a outros em que se resume este campo. Também temos experimentado um desenvolvimento e uma avaliação contínuos sobre a filosofia que dá suporte aos métodos mistos. Embora o esboço geral dessa filosofia estivesse aparente na primeira edição, conseguimos agora expandi-la consideravelmente. Também sabemos muito mais sobre as orientações teóricas – seja da ciência social ou do conhecimento emancipatório – que os pesquisadores dos métodos mistos utilizam, um tópico não tratado na primeira edição. E, talvez mais importante, sabemos mais sobre "como" eles estão usando essas lentes teóricas. O Capítulo 2 desta edição expande esses tópicos.

✓ Um comentário que os leitores e participantes de *workshops* nos têm feito desde a publicação da primeira edição é que os projetos que apresentamos não eram suficientemente inclusivos para os muitos tipos de projetos que estão sendo usados hoje. Em resposta a isso, no Capítulo 3, acrescentamos aos quatro projetos discutidos na primeira edição dois novos projetos – os projetos transformativo e multifásico –, que estão aparecendo com maior frequência no campo dos métodos mistos. Também expandimos a maneira como discorremos sobre todos os seis projetos, descrevendo com mais detalhes seu propósito básico, seus procedimentos, sua filosofia, suas vantagens e seus desafios. Acrescentamos fluxogramas para cada projeto que detalham os passos envolvidos em sua condução.

✓ Atualizamos os exemplos dos estudos de métodos mistos em todo o livro. Citamos muitos artigos publicados no JMMR e, no Capítulo 4, incluímos vários estudos recentemente publicados que ilustram cada um de nossos principais projetos de métodos mistos. Como um guia para o entendimento desses estudos, apresentamos o sistema de notação mais recentemente disponível e diagramas dos procedimentos citados nos estudos ilustrativos. Esses diagramas incorporam novas maneiras de conceituar os projetos e as características que adquiriram maior importância, como o "ponto de interface" das abordagens qualitativa e quantitativa nos estudos.

✓ Agora temos muito mais exemplos de títulos para estudos de métodos mistos, roteiros melhores para designar as declarações de propósito e um entendimento mais claro das várias formas das questões de pesquisa dos métodos mistos. O Capítulo 5 inclui uma discussão mais detalhada de cada um desses tópicos do que era encontrada na primeira edição.

✓ Para esta segunda edição, reescrevemos nossos procedimentos para a coleta de dados nos métodos mistos, afastando-nos de uma discussão mais genérica e apresentando uma abordagem detalhada das decisões de coleta de dados necessárias para cada um dos seis principais projetos. Agora o leitor poderá ter uma percepção mais clara de alguns dos tipos de decisões tomadas sobre a coleta de dados e de como elas podem ser resolvidas utilizando as práticas que consideramos que funcionam bem. O Capítulo 6 reflete essa nova discussão sobre a coleta de dados dos métodos mistos.

✓ O Capítulo 7, sobre a análise de dados, também foi reelaborado para se concentrar nos procedimentos específicos da análise dos dados para cada um dos principais projetos. Incluímos novos tópicos nesse capítulo que refletem o entendimento cada vez maior da análise de dados dos métodos mistos: o uso de mostras conjuntas e os vários exemplos que agora povoam a literatura, a discussão emergente sobre validade e as novas ideias sobre o uso de *software* no processo de análise dos métodos mistos, incluindo o uso de computadores para gerar mostras conjuntas para análise nos vários tipos de projetos de métodos mistos.

✓ Do mesmo modo que na primeira edição, ainda consideramos que entender a estrutura do relato dos métodos mistos – seja ele uma proposta de dissertação ou tese, uma dissertação, um artigo de periódico ou uma proposta para financiamento de projeto de extensão – é um passo conceitual importante para que o planejamento e a condução da pesquisa sejam sólidos. Nesta edição, acrescentamos em nossos esboços estruturais um exemplo de um esboço de uma dissertação sobre os métodos mistos, para que agora tenhamos um conjunto de diretrizes mais completo. Também atualizamos nossa discussão sobre a avaliação da pesquisa de métodos mistos para incluir algumas das últimas considerações sobre esse tópico. Essas ideias são encontradas no Capítulo 8.

✓ Concluímos, no Capítulo 9, vinculando muitas ideias que fluem por todo o livro e apresentando recomendações para a prática do planejamento e da condução de um estudo. Nossas recomendações são baseadas em uma avaliação da situação atual do campo e em nossas experiências práticas trabalhando e prestando consultoria em muitos projetos de métodos mistos.

CONTEÚDO *ONLINE*

No *link* do livro em www.grupoa.com.br, o leitor terá acesso a seis apêndices sobre os principais projetos de métodos mistos: paralelo convergente, sequencial explanatório, sequencial exploratório, incorporado, transformativo e multifásico.

Sumário

Prefácio xi

1 A natureza da pesquisa de métodos mistos 19
    Definição da pesquisa de métodos mistos 20
    Exemplos de estudos de métodos mistos 23
    Que problemas de pesquisa adaptam-se aos métodos mistos? 24
    Quais são as vantagens de usar os métodos mistos? 27
    Quais são os desafios no uso dos métodos mistos? 28
    Resumo 31
    Atividades 32
    Recursos adicionais a serem examinados 32

2 As bases da pesquisa de métodos mistos 33
    Bases históricas 33
    Bases filosóficas 47
    Bases teóricas 56
    Resumo 58
    Atividades 59
    Recursos adicionais a serem examinados 59

3 Escolha de um projeto de métodos mistos 60
    Princípios para o projeto de um estudo de métodos mistos 61
    Decisões fundamentais na escolha de um projeto de métodos mistos 68
    Principais projetos dos métodos mistos 72
    Um modelo para descrever um projeto em um relatório escrito 101
    Resumo 102
    Atividades 103
    Recursos adicionais a serem examinados 103

4 Exemplos de projetos de métodos mistos 104
    Aprendendo com exemplos da pesquisa de métodos mistos 104
    Usando ferramentas para descrever projetos de métodos mistos 105
    Examinando as características do projeto de estudos de métodos mistos .. 107
    Seis exemplos de projetos de métodos mistos 110
    Semelhanças e diferenças entre os estudos de amostra 124
    Resumo 133
    Atividades 133
    Recursos adicionais a serem examinados 133

5 Introdução de um estudo de métodos mistos 135
Escrevendo um título de métodos mistos 136
Determinando o problema da pesquisa na introdução 139
Desenvolvendo a declaração do propósito 140
Escrevendo as questões e hipóteses da pesquisa 147
Resumo 154
Atividades 155
Recursos adicionais a serem examinados 155

6 Coleta de dados na pesquisa de métodos mistos 156
Procedimentos na coleta de dados qualitativos e quantitativos 156
Coleta de dados nos métodos mistos 162
Resumo 179
Atividades 180
Recursos adicionais a serem examinados 180

7 Análise e interpretação dos dados na pesquisa de métodos mistos 182
Princípios básicos da análise e da interpretação dos dados
quantitativos e qualitativos 183
Análise e interpretação dos dados nos projetos de métodos mistos 189
A validação e os projetos de métodos mistos 212
Aplicativos de *software* e análise de dados dos métodos mistos 213
Resumo 220
Atividades 221
Recursos adicionais a serem examinados 221

8 Escrita e avaliação da pesquisa de métodos mistos 222
Diretrizes gerais para a escrita 223
Relação da estrutura com o projeto de métodos mistos 224
Avaliação de um estudo de métodos mistos 234
Resumo 238
Atividades 238
Recursos adicionais a serem examinados 239

9 Resumo e recomendações **240**
     Sobre a escrita de um ensaio metodológico 240
     Sobre a definição de métodos mistos 241
     Sobre o uso dos termos 243
     Sobre o uso da filosofia 244
     Sobre o planejamento dos procedimentos 245
     Sobre o valor adicionado pelos métodos mistos..247
     Resumo 248
     Atividades 249
     Recursos adicionais a serem examinados 249

Glossário **251**
Referências...**260**
Índice onomástico..**270**
Índice remissivo **276**

A natureza da pesquisa de métodos mistos

O que dizer sobre a natureza da pesquisa de métodos mistos que atrai os pesquisadores para o seu uso? Sua popularidade pode ser facilmente documentada mediante artigos de periódicos, artigos publicados em anais de congressos, livros e a formação de grupos de interesse especial (Creswell, no prelo-b; Plano Clark, 2010). Tem sido chamada de "o terceiro movimento metodológico" após os desenvolvimentos da pesquisa quantitativa e da pesquisa qualitativa (Tashakkori e Teddlie, 2003a, p. 5), "o terceiro paradigma da pesquisa" (Johnson e Onwuegbuzie, 2004, p. 15) e "uma nova estrela no céu da ciência social" (Mayring, 2007, p. 1). Por que ela merece tais superlativos? Uma resposta é que ela é uma maneira intuitiva de fazer pesquisa que está constantemente sendo mostrada em nossas vidas cotidianas.

Considere por um momento *An Inconvenient Truth*, o documentário premiado sobre o aquecimento global apresentando o ex-vice-presidente dos Estados Unidos e ganhador do prêmio Nobel, Al Gore (http://www.climatecrisis.net/an-inconvenient-truth.php). No documentário, Gore narrava tanto as tendências estatísticas quanto as histórias de sua trajetória pessoal relacionadas à mudança do clima e ao aquecimento global. Esse documentário reúne dados quantitativos e qualitativos para contar a história. Além disso, escute atentamente as reportagens da CNN sobre furacões ou sobre a contagem de votos nas eleições. As tendências são mais uma vez corroboradas pelas histórias individuais. Ou escute os comentaristas nos eventos esportivos. Há com frequência um narrador que descreve detalhadamente o desenrolar, às vezes linear, do jogo (uma perspectiva quantitativa) e depois o comentário adicional do analista que nos fala sobre as histórias individuais e os destaques dos jogadores que estão no campo. Mais uma vez, os dados quantitativos e qualitativos vêm juntos nessas transmissões.

Nesses instantes, vemos o pensamento dos métodos mistos em maneiras que Greene (2007) chamou de "as múltiplas maneiras de ver e ouvir" (p. 20). Múltiplas maneiras são visíveis na vida cotidiana, e os métodos mistos tornam-se uma saída natural para a pesquisa. Mas outros fatores também contribuem para esse interesse nos métodos mistos. Os pesquisadores os reconhecem como uma abordagem acessível à investigação. Eles têm questões (ou problemas) de pesquisa que podem ser mais bem respondidos usando-se métodos mistos e enxergam o valor de usá-los (assim como os desafios que estes colocam).

Compreender a natureza da pesquisa de métodos mistos é um primeiro passo importante a ser usado na pesquisa. Este capítulo examina várias considerações preliminares necessárias antes que um pesquisador planeje um estudo de métodos mistos. Aqui são tratadas as seguintes considerações:

✓ compreender o que significa a pesquisa de métodos mistos;
✓ olhar exemplos de estudos de métodos mistos;
✓ reconhecer que tipos de problemas de pesquisa merecem um estudo de métodos mistos;
✓ conhecer as vantagens de usar métodos mistos;
✓ entender os desafios de usar métodos mistos.

DEFINIÇÃO DA PESQUISA DE MÉTODOS MISTOS

No decorrer dos anos, emergiram várias definições dos métodos mistos que incorporam vários elementos dos métodos, dos processos de pesquisa, da filosofia e do projeto de pesquisa. Essas diferentes posturas estão resumidas no Quadro 1.1.

Uma definição inicial dos métodos mistos veio dos autores do campo da avaliação. Greene, Caracelli e Graham (1989) enfatizaram a mistura dos métodos e a libertação dos métodos e da filosofia (i.e., os paradigmas), quando disseram:

QUADRO 1.1

Os autores e o foco na orientação de sua definição de métodos mistos

Autor(es) e ano	Foco da definição
Greene, Caracelli e Graham (1989)	Métodos Filosofia
Tashakkori e Teddlie (1998)	Metodologia
Johnson, Onwuegbuzie e Turner (2007)	Pesquisa qualitativa e quantitativa Propósito
Journal of Mixed Methods Research (JMMR) (chamada para envio de artigos)	Pesquisa qualitativa e quantitativa Métodos
Greene (2007)	Múltiplas maneiras de enxergar, ouvir e extrair sentido do mundo social
Creswell e Plano Clark (2007)	Métodos Filosofia
Características fundamentais (apresentadas e usadas neste livro)	Métodos Filosofia Projeto de pesquisa

Neste estudo, definimos os projetos de métodos mistos como aqueles que incluem pelo menos um método quantitativo (destinado a coletar números) e um método qualitativo (destinado a coletar palavras), em que nenhum tipo de método está inerentemente ligado a qualquer paradigma particular de investigação. (p. 256)

Dez anos mais tarde, a definição mudou de misturar dois métodos para misturar em todas as fases do processo de pesquisa – uma orientação metodológica (Tashakkori e Teddlie, 1998). Incluído nessa orientação estaria misturar posições filosóficas (isto é, visão de mundo), inferências e as interpretações dos resultados. Por isso, Tashakkori e Teddlie (1998) definiram os métodos mistos como a combinação de "abordagens qualitativas e quantitativas na metodologia de um estudo" (p. ix). Esses autores reforçaram essa orientação metodológica em seu prefácio ao *SAGE Handbook of Mixed Methods in Social & Behavioral Research*, escrevendo que "a pesquisa de métodos mistos evoluiu a um ponto em que é uma orientação metodológica separada, com suas próprias visões de mundo, vocabulário e técnicas" (Tashakkori e Teddlie, 2003a, p. x).

Em um artigo bastante citado do *Journal of Mixed Methods Research* (JMMR), Johnson, Onwuegbuzie e Turner (2007) buscaram um consenso sobre uma definição, sugerindo um entendimento composto com base em 19 definições diferentes apresentadas por 21 pesquisadores de métodos mistos muito publicados. Os autores comentavam sobre as definições, citando as variações nelas, desde o que estava sendo misturado (p. ex., métodos, metodologias ou tipos de pesquisa), o local no processo da pesquisa em que a mistura ocorria (p. ex., coleta de dados, análise de dados), o escopo da mistura (p. ex., de dados a visões de mundo), o propósito ou justificativa para a mistura (p. ex., ampliação, corroboração) e os elementos que direcionam a pesquisa (p. ex., de baixo para cima, de cima para baixo, um componente essencial). Incorporando essas diferentes perspectivas, Johnson e colaboradores (2007) terminavam com sua definição composta:

A pesquisa de métodos mistos é o tipo de pesquisa em que um pesquisador ou um grupo de pesquisadores combina elementos de abordagens de pesquisa qualitativa e quantitativa (p. ex., o uso de pontos de vista qualitativos e quantitativos, coleta de dados, análise e técnicas de inferência) para o propósito de ampliar e aprofundar o entendimento e a corroboração. (p. 123)

Nessa definição, os autores não encaravam os métodos mistos simplesmente como métodos, mas como uma metodologia que unia os pontos de vista às inferências e incluía a combinação de pesquisa qualitativa e quantitativa. Eles incorporavam diferentes pontos de vista, mas não mencionavam especificamente os paradigmas (como na definição de Greene et al., 1989). Seus propósitos para os métodos mistos – ampliação e profundidade do entendimento e da corroboração – significavam que eles relacionavam a definição de métodos mistos com uma justificativa para conduzi-los. Mais importante, talvez, eles sugeriam que há uma definição comum que deve ser usada.

Quando foi lançada a chamada para o envio de artigos para o nosso primeiro número do JMMR, nós, como editores, sentimos que deveria ser proporcionada uma definição geral de métodos mistos. Nossa abordagem incorporava tanto uma orientação geral da pesquisa qualitativa e quantitativa quanto uma orientação de métodos. Nossa intenção era também colocar a nossa definição dentro das abordagens aceitas para os métodos mistos, para encorajar os artigos mais amplos possíveis e para "manter aberta a discussão sobre a definição de métodos mistos" (Tashakkori e Creswell, 2007b, p. 4). Então, a definição anunciada no primeiro número da revista foi que

a pesquisa de métodos mistos é definida como aquela em que o investigador coleta e analisa os dados, integra os achados e extrai inferências usando abordagens ou métodos qualitativos e quantitativos em um único estudo ou programa de investigação. (Tashakkori e Creswell, 2007b, p. 4)

Então, Greene (2007) apresentou uma definição de métodos mistos que conceituava esta forma de indagação diferentemente, como uma maneira de olhar o mundo social

> [...] que ativamente nos convida a participar do diálogo sobre múltiplas maneiras de ver e ouvir, múltiplas maneiras de extrair sentido do mundo social, e múltiplos pontos de vista sobre o que é importante e deve ser valorizado e apreciado. (p. 20)

Definir métodos mistos como "múltiplas maneiras de ver" abre amplas aplicações além de usá-los apenas como um método de pesquisa. Eles podem ser usados, por exemplo, como uma abordagem para pensar sobre o planejamento de documentários (Creswell e McCoy, no prelo) ou como um meio de "enxergar" abordagens participativas para populações infectadas por HIV em Cape Eastern, na África do Sul (Olivier, de Lange, Creswell e Wood, 2010).

Também em 2007, na primeira edição deste livro, apresentamos uma definição que tinha tanto uma orientação para os métodos quanto uma orientação filosófica. Nós dissemos:

> A pesquisa de métodos mistos é um projeto de pesquisa com suposições filosóficas e também com métodos de investigação. Como uma metodologia, ela envolve suposições filosóficas que guiam a direção da coleta e da análise e a mistura das abordagens qualitativa e quantitativa em muitas fases do processo da pesquisa. Como um método, ela se concentra em coletar, analisar e misturar dados quantitativos e qualitativos em um único estudo ou uma série de estudos. Em combinação, proporciona um melhor entendimento dos problemas de pesquisa do que cada uma das abordagens isoladamente. (Creswell e Plano Clark, 2007, p. 5)

Essa definição foi padronizada na descrição de uma abordagem que usa múltiplos significados, como aquela encontrada na definição de Stake (1995) de um estudo de caso em que ele falava sobre a pesquisa de estudo de caso como originária de várias ideias distintas.

Atualmente, achamos que uma definição para os métodos mistos deve incorporar muitos pontos de vista diferentes. Nesse espírito, nos baseamos em uma **definição das características essenciais da pesquisa de métodos mistos**. É uma definição que sugerimos em nossos *workshops* e em nossas apresentações sobre a pesquisa de métodos mistos. Ela combina métodos, uma filosofia e uma orientação do projeto de pesquisa. Também destaca os componentes fundamentais que entram no planejamento e na condução de um estudo de métodos mistos; portanto, será enfatizada neste livro. Nos métodos mistos, o pesquisador

- ✓ coleta e analisa de modo persuasivo e rigoroso tanto os dados qualitativos quanto os quantitativos (tendo por base as questões de pesquisa);
- ✓ mistura (ou integra ou vincula) as duas formas de dados concomitantemente, combinando-os (ou misturando-os) de modo sequencial, fazendo um construir o outro ou incorporando um no outro;
- ✓ dá prioridade a uma ou a ambas as formas de dados (em termos do que a pesquisa enfatiza);
- ✓ usa esses procedimentos em um único estudo ou em múltiplas fases de um programa de estudo;
- ✓ estrutura esses procedimentos de acordo com visões de mundo filosóficas e lentes teóricas; e
- ✓ combina os procedimentos em projetos de pesquisa específicos que direcionam o plano para a condução do estudo.

Acreditamos que essas características essenciais descrevem adequadamente a pesquisa de métodos mistos. Elas desenvolveram-se após muitos anos examinando artigos sobre os métodos mistos e determinando como os pesquisadores usam tanto os métodos quantitativos quanto os qualitativos em seus estudos.

EXEMPLOS DE ESTUDOS DE MÉTODOS MISTOS

Uma maneira de entender melhor a natureza da pesquisa de métodos mistos além de uma definição é examinar estudos publicados em artigos de periódicos. Embora as suposições filosóficas com frequência estejam no pano de fundo dos estudos de métodos mistos publicados, as características básicas da nossa definição podem ser vistas nos seguintes exemplos:

✓ Um pesquisador coleta dados sobre instrumentos quantitativos e sobre relatos de dados qualitativos com base em grupos de foco para ver se os dois tipos de dados mostram resultados similares, mas de diferentes perspectivas (ver o estudo do desenvolvimento de uma perspectiva de promoção da saúde para a segurança do motorista idoso na área de ciência ocupacional, de autoria de Classen et al., 2007).

✓ Um pesquisador coleta dados usando procedimentos experimentais quantitativos e os acompanha com entrevistas com alguns indivíduos que participaram do experimento para ajudar a explicar seus escores nos resultados experimentais (ver o estudo de anotações "copiar e colar" com estudantes universitários realizado por Igo, Kiewra e Bruning, 2008).

✓ Um pesquisador explora como os indivíduos descrevem um tópico começando com entrevistas, analisando as informações e usando os achados para desenvolver um instrumento de pesquisa de levantamento.* Este instrumento, por sua vez, é então administrado a uma amostra de uma população para ver se os achados qualitativos podem ser generalizados para uma população (ver o estudo de comportamentos de estilo de vida de estudantes universitárias japonesas realizado por Tashiro, 2002; ver também o estudo psicológico da tendência para perceber o *self* como importante para os outros em relacionamentos românticos de adultos jovens realizado por Mak e Marshall, 2004).

✓ Um pesquisador conduz um experimento em que medidas quantitativas avaliam o impacto de um tratamento em um resultado. Antes de iniciar o experimento, o pesquisador coleta dados qualitativos para ajudar o planejamento do tratamento ou, como alternativa, para melhorar as estratégias do planejamento para recrutar participantes para o experimento (ver o estudo de atividade física e dieta para famílias em uma comunidade realizado por Brett, Heimendinger, Boender, Morin e Marshall, 2002).

✓ Um pesquisador procura produzir mudança no entendimento de questões enfrentadas pelas mulheres. O pesquisador coleta dados mediante instrumentos e grupos de foco para explorar o significado das questões para as mulheres. A estrutura maior da mudança guia o pesquisador e informa todos os aspectos do estudo a partir das questões que estão sendo estudadas, até a coleta de dados e até o apelo por reforma no final do estudo (ver o estudo explorando a cultura atlética de estudantes e o entendimento de mitos específicos do estupro, realizado por McMahon, 2007).

✓ Um pesquisador procura avaliar um programa que foi implementado na comunidade. O primeiro passo é coletar dados qualitativos em uma avaliação das necessidades para determinar quais questões precisam ser tratadas. Isso é seguido pelo planejamento de um instrumento para medir o impacto do programa. Esse instrumento é então utilizado para comparar alguns resultados tanto antes quanto depois de o programa ter sido implementado. A partir dessa comparação, são conduzidas entrevistas de acompanhamento para determinar por

---

* N. de R.T.: Neste livro, o termo *survey* foi traduzido como "pesquisa de levantamento".

que o programa funcionou ou não. Este estudo multifásico de métodos mistos é com frequência encontrado em projetos de avaliação de longo prazo (ver o estudo dos impactos de longo prazo de programas interpretativos em um *site* histórico realizado por Farmer e Knapp, 2008).

Todos esses exemplos ilustram a coleta de dados quantitativos e qualitativos, sua integração ou mistura, e uma suposição básica de que a pesquisa de métodos mistos pode ser uma abordagem útil para a pesquisa.

QUE PROBLEMAS DE PESQUISA ADAPTAM-SE AOS MÉTODOS MISTOS?

Os autores dos estudos exemplificados criaram a sua pesquisa como projetos de métodos mistos tendo por base a sua suposição de que os métodos mistos também poderiam lidar melhor com seus problemas de pesquisa. Ao preparar um estudo de pesquisa empregando métodos mistos, o pesquisador precisa fornecer uma justificativa para o uso desta abordagem. Nem todas as situações justificam o uso de métodos mistos. Há ocasiões em que a pesquisa qualitativa pode ser melhor, porque o pesquisador visa explorar um problema, dar vozes dos participantes,[*] mapear a complexidade da situação e comunicar as múltiplas perspectivas dos participantes. Outras vezes, a pesquisa quantitativa pode ser melhor, porque o pesquisador procura entender o relacionamento entre as variáveis ou determinar se um grupo se desempenha melhor em um resultado do que outro grupo. Na nossa discussão dos métodos mistos, não queremos minimizar a importância de escolher uma abordagem quantitativa ou qualitativa quando a situação assim o merece. Além

---

[*] N. de R.T.: Dar vozes aos participantes refere-se a apresentar trechos das falas e narrativas que os participantes expressaram nas entrevistas.

disso, não limitamos os métodos mistos a determinados campos de estudo ou tópicos. A pesquisa de métodos mistos parece aplicável a uma ampla variedade de disciplinas nas ciências sociais e da saúde. Certamente, alguns especialistas de conteúdo disciplinar podem optar por não usar os métodos mistos devido a uma falta de interesse na pesquisa qualitativa, mas a maior parte dos problemas da área de conteúdo pode ser tratada usando métodos mistos. Em vez de pensar em adequar diferentes métodos a tópicos de conteúdo específicos, sugerimos pensar em adequar os métodos a diferentes tipos de problemas de pesquisa. Por exemplo, achamos que uma pesquisa de levantamento se adapta melhor a uma abordagem quantitativa devido à necessidade de entender os pontos de vista dos participantes de toda uma população. Um experimento se adapta melhor a uma abordagem quantitativa devido à necessidade de determinar se um tratamento funciona melhor do que uma condição controle. Do mesmo modo, a etnografia se adapta melhor a uma abordagem qualitativa devido à necessidade de entender como funcionam os grupos que compartilham uma cultura. Que situações, então, justificam uma abordagem que combina a pesquisa quantitativa e a qualitativa – uma investigação de métodos mistos? **Os problemas de pesquisa adequados aos métodos mistos** são aqueles em que uma fonte de dados pode ser insuficiente, os resultados precisam ser explicados, os achados exploratórios precisam ser generalizados, um segundo método é necessário para melhorar um método primário, uma postura teórica necessita ser empregada e um objetivo geral da pesquisa pode ser mais bem tratado com fases ou projetos múltiplos.

Existe uma necessidade porque uma fonte de dados pode ser insuficiente

Sabemos que os dados qualitativos proporcionam um entendimento detalhado de um problema, enquanto os dados quantitativos proporcionam um entendimento mais geral. Esse entendimento qualitativo surge do estudo de alguns indivíduos e da exploração de suas perspectivas em grande profundidade, enquanto o entendimento quantitativo surge do exame de um número maior de pessoas e da avaliação das respostas segundo algumas variáveis. A pesquisa qualitativa e a pesquisa quantitativa apresentam quadros ou perspectivas diferentes e cada uma delas tem suas limitações. Quando os pesquisadores estudam alguns indivíduos qualitativamente, a capacidade para generalizar os resultados para muitos é perdida. Quando os pesquisadores examinam quantitativamente muitos indivíduos, o entendimento de qualquer indivíduo isoladamente é diminuído. Por isso, as limitações de um método podem ser compensadas pelas potencialidades do outro método, e a combinação de dados quantitativos e qualitativos proporciona um entendimento mais completo do problema da pesquisa do que cada uma das abordagens isoladamente.

Há várias maneiras em que uma fonte de dados pode ser inadequada. Um tipo de evidência pode não contar a história completa, ou o pesquisador pode não confiar na capacidade de um tipo de evidência para lidar com o problema. Os resultados dos dados quantitativos e qualitativos podem ser contraditórios, o que não pode ser conhecido coletando-se apenas um tipo de dados. Além disso, o tipo de evidências coletadas a partir de um nível em uma organização pode diferir das evidências observadas a partir de outros níveis. Todas essas são situações em que usar apenas uma abordagem para tratar do problema da pesquisa seria deficiente. Um projeto de métodos mistos se adapta melhor a este problema. Por exemplo, quando Knodel e Saengtienchai (2005) estudaram o papel que os pais mais velhos desempenham no cuidado e no apoio de filhos e filhas adultos com HIV e Aids e órfãos de Aids na Tailândia. Eles coletaram tanto dados de pesquisas de levantamento quantitativos quanto entrevistas abertas. Segundo eles, refletiram sobre o uso de ambas as formas de dados para entender o problema porque apenas os dados quantitativos seriam inadequados. As questões cobertas (nas entrevistas) foram similares à pesquisa de levantamento dos pais com Aids, mas a natureza conversacional da entrevista e o fato de ela permitir respostas abertas proporcionaram aos pais a oportunidade de elaborar sobre as questões e as circunstâncias que os estavam afetando (Knodel e Saengtienchai, 2005, p. 670).

Existe uma necessidade de explicar os resultados iniciais

Às vezes os resultados de um estudo pode proporcionar um entendimento incompleto de um problema de pesquisa e há uma necessidade de mais explicação. Neste caso, um estudo de métodos mistos é usado com a segunda base de dados para ajudar a explicar a primeira base de dados. Uma situação típica é quando os resultados quantitativos requerem uma explicação sobre o que eles significam. Os resultados quantitativos podem gerar explicações gerais para os relacionamentos entre as variáveis, mas fica faltando o entendimento mais detalhado do que os testes estatísticos ou as dimensões do efeito realmente significam. Os dados e resultados qualitativos podem ajudar a gerar esse entendimento. Por exemplo, Weine e colaboradores (2005) conduziram um estudo de métodos mistos para investigar os fatores e processos familiares envolvidos em refugiados da Bósnia engajados em grupos de apoio e educação a múltiplas famílias em Chicago. A primeira fase quantitativa do estudo tratou dos fatores que prognosticavam o engajamento, enquanto a segunda fase qualitativa consistia de entrevistas com os membros da família para avaliar os processos familiares envolvidos no engajamento como grupos de múltiplas famílias. A justificativa para o uso de métodos mistos para estudar esta situação foi que "a análise quantitativa lidava com os fatores que prognosticavam o engajamento. Para entender melhor os processos pelos quais as famílias experienciam o engajamento, conduzimos uma análise de conteúdo qualitativa para obter um *insight* adicional" (Weine et al., 2005, p. 560).

Existe uma necessidade de generalizar os achados exploratórios

Em alguns projetos de pesquisa, os investigadores podem não saber as perguntas que precisam ser formuladas, as variáveis que necessitam ser medidas e as teorias que podem guiar o estudo. Esses desconhecimentos podem se dever à população específica e afastada que está sendo estudada (p. ex., nativos americanos no Alasca) ou à novidade do tópico da pesquisa. Nessas situações, é melhor explorar qualitativamente para descobrir que questões, variáveis, teorias, etc. precisam ser estudadas e então acompanhá-las com um estudo quantitativo para generalizar e testar o que foi aprendido com a exploração. Nessas situações, um projeto de métodos mistos é ideal. O pesquisador inicia com uma fase qualitativa para explorar e depois a acompanha com uma fase quantitativa para testar se os resultados qualitativos podem ser generalizados. Por exemplo, Kutner, Steiner, Corbett, Jahnigen e Barton (1999) estudaram questões importantes para pacientes terminais. Seu estudo começou com entrevistas qualitativas e estas foram então usadas para desenvolver um instrumento que foi administrado a uma segunda amostra de pacientes terminais para testar se as questões identificadas variavam segundo as características demográficas. Kutner e colaboradores (1999) disseram que "o uso de entrevistas iniciais abertas para explorar as questões importantes nos permitiu formular perguntas relevantes e descobrir quais eram realmente as preocupações desta população" (p. 1.350).

Existe uma necessidade de melhorar um estudo com um segundo método

Em algumas situações, um segundo método de pesquisa pode ser adicionado ao estudo para proporcionar um entendimento melhorado de alguma fase da pesquisa. Por exemplo, os pesquisadores podem melhorar um projeto quantitativo (p. ex., um experimento ou estudo correlacional) adicionando dados qualitativos ou adicionando dados quantitativos a um projeto qualitativo (por exemplo, a teoria fundamentada* ou o estudo de caso). Em ambos os casos, um segundo método é incorporado ou alojado dentro de um método de pesquisa primário. A incorporação de dados qualitativos dentro de um estudo quantitativo é uma abordagem típica. Por exemplo, Donovan e colaboradores (2002) conduziram um teste experimental comparando os resultados para três grupos de homens com câncer de próstata que recebiam diferentes procedimentos de tratamento. Entretanto, começaram seu estudo com um componente qualitativo, em que entrevistaram os homens para determinar qual a melhor maneira de recrutá-los para a pesquisa (p. ex., qual a melhor maneira de organizar e apresentar as informações) porque todos os homens haviam recebido resultados anormais e estavam buscando o melhor tratamento. No final do seu artigo, Donovan e colaboradores (2002) refletiram sobre o valor deste componente qualitativo preliminar e menor usado para planejar os procedimentos para recrutar os indivíduos para a pesquisa.

> Mostramos que a integração de métodos de pesquisa qualitativos nos permitiu entender o processo de recrutamento e elucidar as modificações necessárias ao conteúdo e à comunicação das informações para maximizar o recrutamento e garantir uma condução efetiva e eficiente da pesquisa. (p. 768)

Existe uma necessidade de empregar melhor uma postura teórica

Pode existir uma situação em que uma perspectiva teórica proporciona uma estrutura para a necessidade de coletar tanto dados quantitativos quanto dados qualitativos em um estudo de métodos mistos. Os dados a serem coletados devem ser todos coletados ao mesmo tempo ou em uma sequência,

---

* N. de R.T.: Neste livro, o termo *grounded theory* foi traduzido como "teoria fundamentada".

com uma forma de dados construída sobre a outra. A perspectiva teórica poderia buscar produzir mudança ou simplesmente proporcionar uma lente por meio da qual todo o estudo poderia ser examinado. Por exemplo, Fries (2009) conduziu um estudo utilizando a sociologia reflexiva de Bourdieu ("o interjogo da estrutura social objetiva com a agência subjetiva no comportamento social", p. 327) como uma lente teórica para coletar dados quantitativos e qualitativos no uso de medicação complementar e alternativa. Em um primeiro momento, ele coletou dados de uma pesquisa de levantamento e entrevistas, em um segundo momento analisou os dados de saúde estatísticos da população, e num terceiro momento analisou as entrevistas. Fries (2009) concluiu que "essa pesquisa apresentou um estudo de caso a partir da sociologia de medicação alternativa para mostrar como a sociologia reflexiva pode proporcionar uma base teórica para a pesquisa de métodos mistos orientada para o entendimento do interjogo da estrutura e da ação no comportamento social" (p. 345).

Existe uma necessidade de entender um objetivo da pesquisa por meio de múltiplas fases da pesquisa

Em projetos que abrangem vários anos e têm muitos componentes, como estudos de avaliação e investigações de saúde que duram muitos anos, os pesquisadores podem precisar conectar vários estudos para atingir um objetivo geral. Esses estudos podem envolver projetos que coletem tanto dados quantitativos quanto qualitativos simultaneamente ou que coletem as informações sequencialmente. Podemos considerá-los estudos de métodos mistos multifásicos ou de múltiplos projetos. Esses projetos com frequência envolvem equipes de pesquisadores trabalhando juntos durante muitas fases do projeto. Por exemplo, Ames, Duke, Moore e Cunradi (2009) conduziram um estudo multifásico dos padrões de bebida de jovens recrutas alistados na marinha americana durante seus três primeiros anos de serviço militar. Para entender os padrões de bebida, conduziram um estudo com cinco anos de duração, coletaram dados para desenvolver um instrumento em uma fase, modificar seu modelo em outra fase, e analisar seus dados durante uma fase final. Ames e colaboradores (2009) apresentaram uma estrutura das fases da sua pesquisa que durou cinco anos e introduziram da seguinte maneira a sequência da implementação:

> A complexidade do projeto de pesquisa resultante, consistindo de coleta de dados de pesquisa de levantamento longitudinal com uma população altamente móvel associada a entrevistas qualitativas em diversos ambientes, requereu a formação de uma equipe de pesquisa metodologicamente diversa e um delineamento claro da sequência temporal por meio da qual os achados qualitativos e quantitativos seriam usados para informar e enriquecer uns aos outros. (p. 130)

Esses cenários servem para ilustrar situações em que a pesquisa de métodos mistos adapta-se aos problemas que estão sendo estudados. Eles também começam a estabelecer as bases para entender os projetos de métodos mistos que serão discutidos mais adiante e as razões que os autores citam para realizar um estudo de métodos mistos. Embora citemos uma única razão para os métodos mistos em cada ilustração, muitos autores citam múltiplas razões, e recomendamos que os aspirantes a pesquisadores (e também os pesquisadores experientes) comecem a anotar as justificativas citadas pelos autores nos estudos publicados para o uso de abordagens de métodos mistos.

QUAIS SÃO AS VANTAGENS DE USAR OS MÉTODOS MISTOS?

O entendimento da natureza dos métodos mistos envolve mais do que conhecer sua definição e quando eles devem ser usados. Além disso, no início da escolha de uma abordagem de métodos mistos, os pesquisadores precisam conhecer as vantagens resultantes do seu uso para que possam convencer os outros do valor dos métodos mistos. Em seguida enumeramos algumas das vantagens.

A pesquisa de métodos mistos apresenta pontos fortes que compensam os pontos fracos tanto da pesquisa quantitativa quanto da pesquisa qualitativa. Este tem sido o argumento histórico para a pesquisa de métodos mistos há mais de 30 anos (p. ex., ver Jick, 1979). Pode-se argumentar que a pesquisa quantitativa é fraca no entendimento do contexto ou do local em que as pessoas falam. E as vozes dos participantes não são diretamente ouvidas na pesquisa quantitativa. Além disso, os pesquisadores quantitativos estão na retaguarda, e seus próprios vieses e interpretações pessoais raramente são discutidos. A pesquisa qualitativa compensa estas fragilidades. No entanto, a pesquisa qualitativa é vista como deficiente devido às interpretações pessoais feitas pelo pesquisador, o viés subsequente criado por isto, e a dificuldade em generalizar os achados para um grupo grande devido ao número limitado de participantes estudados. Argumenta-se que a pesquisa quantitativa não tem estas fragilidades. Assim, a combinação de potencialidades de uma abordagem compensa as fragilidades da outra abordagem.

A pesquisa de métodos mistos proporciona mais evidências para o estudo de um problema de pesquisa do que a pesquisa quantitativa ou qualitativa isoladamente. Os pesquisadores estão capacitados a usar todas as ferramentas de coleta de dados disponíveis em vez de ficarem restringidos aos tipos de coleta de dados normalmente associados à pesquisa quantitativa ou à pesquisa qualitativa.

A pesquisa de métodos mistos ajuda a responder perguntas que não podem ser respondidas apenas pelas abordagens quantitativa ou qualitativa. Por exemplo, "as opiniões dos participantes das entrevistas e dos instrumentos padronizados convergem ou divergem?" é uma questão dos métodos mistos. Outras seriam, "de que maneiras as entrevistas qualitativas explicam os resultados quantitativos de um estudo?" (uso dos dados qualitativos para explicar os resultados quantitativos) e "como um tratamento pode ser adaptado para funcionar com uma amostra específica em um experimento?" (exploração qualitativa antes do início de um experimento). Para responder a essas questões, as abordagens quantitativa *ou* qualitativa não fornecem uma resposta satisfatória. A série de possibilidades das questões dos métodos mistos será explorada mais adiante na discussão do Capítulo 5.

Os métodos mistos proporcionam uma ponte entre a divisão às vezes antagônica entre os pesquisadores quantitativos e qualitativos. Antes de tudo nós somos pesquisadores comportamentais, e das ciências humanas, e as divisões entre a pesquisa quantitativa e a qualitativa só servem para estreitar as abordagens e as oportunidades de colaboração.

A pesquisa de métodos mistos encoraja o uso de múltiplas visões de mundo, ou paradigmas (i.e., crenças e valores), em vez de a associação típica de alguns paradigmas com a pesquisa quantitativa e outros para a pesquisa qualitativa. Ela também nos encoraja a pensar sobre um paradigma que possa abranger toda a pesquisa quantitativa e qualitativa, como um pragmatismo. Essas posturas dos paradigmas serão discutidas mais detalhadamente no próximo capítulo.

A pesquisa de métodos mistos é "prática" no sentido de que o pesquisador está livre para usar todos os métodos possíveis para abordar um problema de pesquisa. É também "prática" porque os indivíduos tendem a resolver os problemas usando tanto números quanto palavras, combinam o pensamento indutivo e o dedutivo, e empregam as habilidades em observar as pessoas e também em registrar seu comportamento. É natural, então, que os indivíduos empreguem a pesquisa de métodos mistos como um modo preferido para entender o mundo.

QUAIS SÃO OS DESAFIOS NO USO DOS MÉTODOS MISTOS?

Devemos admitir que os métodos mistos não são a resposta para todo pesquisador ou para todo problema de pesquisa. Seu uso não diminui o valor de conduzir um estudo que seja exclusivamente quantitativo ou qualitativo. No entanto, ele requer que se tenha algumas habilidades, tempo e recursos para uma extensa coleta e análise dos dados, e talvez, mais importante, para educar e convencer os outros da necessidade de empregar um projeto de métodos mistos para que o estudo de métodos mistos de um pesquisador seja aceito pela comunidade acadêmica.

A questão das habilidades

Nós acreditamos que os métodos mistos são uma abordagem realista se o pesquisador tiver as habilidades necessárias. Recomendamos enfaticamente que os pesquisadores primeiro adquiram experiência com a pesquisa quantitativa e a pesquisa qualitativa separadamente antes de realizar um estudo de métodos mistos. No mínimo, os pesquisadores devem estar familiarizados com a coleta de dados e as técnicas de análise tanto da pesquisa quantitativa quanto da qualitativa. Este ponto foi enfatizado na nossa definição de métodos mistos. Os pesquisadores de métodos mistos devem estar familiarizados com os métodos comuns da coleta de dados quantitativos, como o uso dos instrumentos de mensuração e as escalas de atitudes com questões fechadas. Os pesquisadores necessitam de um conhecimento da lógica da testagem das hipóteses e da capacidade para usar e interpretar análises estatísticas, incluindo procedimentos descritivos e inferenciais comuns disponíveis nos pacotes de *software* estatístico. Finalmente, os pesquisadores precisam entender questões essenciais de rigor na pesquisa quantitativa, incluindo confiabilidade, validade, controle experimental e generalizabilidade. Nos capítulos posteriores, vamos nos aprofundar no que constitui uma abordagem quantitativa rigorosa.

É necessário um conjunto similar de habilidades da pesquisa qualitativa. Os pesquisadores devem ser capazes de identificar os fenômenos fundamentais do seu estudo; formular questões de pesquisa qualitativas, orientadas para o significado; e considerar os participantes como especialistas. Os pesquisadores devem estar familiarizados com os métodos comuns de coleta de dados qualitativos, como entrevistas semiestruturadas usando perguntas abertas e observações qualitativas. Os pesquisadores necessitam das habilidades básicas para analisar dados de textos qualitativos, incluindo codificação do texto e desenvolvimento de temas e descrições com base nestes códigos, e devem estar familiarizados com um pacote de *software* de análise de dados qualitativos. Finalmente, é importante que os pesquisadores entendam as questões essenciais da persuasão na pesquisa qualitativa, incluindo credibilidade, confiabilidade e estratégias comuns de validação.

Finalmente, aqueles que utilizam essa abordagem para pesquisar devem ter um conhecimento sólido de pesquisa de métodos mistos. Isso requer a leitura da literatura sobre métodos mistos que tem se acumulado desde o final da década de 1980 e o registro dos melhores procedimentos e das técnicas mais recentes para se conduzir uma boa investigação. Isso também pode significar fazer cursos de pesquisa de métodos mistos que estão começando a aparecer tanto *online* quanto em vários *campi* universitários. Pode significar aprender com alguém familiarizado com métodos mistos que possa proporcionar um entendimento das habilidades envolvidas na condução dessa forma de pesquisa.

A questão do tempo e dos recursos

Mesmo quando os pesquisadores têm as habilidades quantitativas e qualitativas básicas, eles devem se perguntar se uma abordagem de métodos mistos é factível, considerando-se o tempo e os recursos. Estas são questões importantes a serem consideradas no início da fase de planejamento. Os estudos de métodos mistos podem requerer tempo, recursos e esforço extensivos por parte dos pesquisadores. Os pesquisadores devem considerar as seguintes questões:

✓ Há tempo suficiente para coletar e analisar dois tipos diferentes de dados?
✓ Há recursos suficientes para se coletar e analisar tanto dados quantitativos como qualitativos?
✓ Há habilidades e pessoal disponíveis para realizar este estudo?

Ao responder a essas questões, os pesquisadores devem considerar quanto tempo vai demorar para obterem a aprovação para o estudo, para ter acesso aos participantes e para concluir a coleta e a análise dos dados. Os pesquisadores devem ter em mente que a coleta e a análise dos dados qualitativos com frequência requerem mais tempo do que aquele necessário para os dados quantitativos. A extensão de tempo requerida para um estudo de métodos mistos também depende de o estudo estar usando um projeto de uma fase, duas fases ou multifases. Os pesquisadores precisam pensar sobre os gastos que serão parte do estudo. Esses gastos podem incluir, por exemplo, custos de impressão para os instrumentos quantitativos, custos de gravação e transcrição para as entrevistas qualitativas e custo de programas de *software* quantitativos e qualitativos.

Devido às crescentes demandas associadas aos projetos de métodos mistos, os pesquisadores de métodos mistos devem considerar trabalhar em equipes. Entendemos que isso não é prático para estudantes de graduação, os quais se espera que trabalhem independentemente. Entretanto, se uma equipe puder ser formada, ela tem a vantagem de reunir indivíduos com diferentes qualificações metodológicas e de conteúdo e de envolver mais pessoal no projeto de métodos mistos. Trabalhar com uma equipe pode ser um desafio. Isso pode aumentar os custos associados à pesquisa. Além disso, os indivíduos com as habilidades necessárias precisam ser localizados, e os líderes da equipe precisam criar e manter uma colaboração bem-sucedida entre os seus membros. Entretanto, a diversidade de uma equipe pode ser um ponto forte devido às comunicações melhoradas entre membros que representam diferentes especialidades e áreas de conteúdo.

A questão de convencer os outros

A pesquisa de métodos mistos é relativamente nova em termos das metodologias disponíveis aos pesquisadores. Como tal, os outros podem não estar convencidos de – ou não entender – o valor dos métodos mistos. Alguns podem vê-los como uma abordagem "nova". Outros podem achar que não têm tempo para aprender uma nova abordagem da pesquisa ou fazer objeção aos métodos mistos em termos filosóficos com relação à mistura de diferentes posturas filosóficas, como veremos no próximo capítulo. Outros ainda podem estar tão abrigados em seus próprios métodos e abordagens da pesquisa que podem não estar abertos à possibilidade da pesquisa de métodos mistos.

Uma maneira de ajudar a convencer os outros da utilidade dos métodos mistos é localizar estudos exemplares de métodos mistos na literatura sobre um tópico ou em uma área de conteúdo e compartilhar esses estudos para instruir os outros. Esses estudos podem ser selecionados de publicações de prestígio, com uma reputação nacional e internacional. Como um pesquisador encontra estes estudos de métodos mistos?

Os estudos de métodos mistos podem ser difíceis de se localizar na literatura, porque só recentemente os pesquisadores começaram a usar o termo *métodos mistos* em seus títulos ou nas discussões de seus métodos. Além disso, algumas disciplinas podem usar termos diferentes para nomear esta abordagem de pesquisa. Com base em nosso trabalho extensivo com a literatura, desenvolvemos uma lista curta de termos que usamos para buscar estudos de métodos mistos dentro de bancos de dados eletrônicos e arquivos de periódicos. Esses termos incluem:

✓ método misto [*mixed method*] * (em que * é um fator imprevisível que vai permitir acessos a "método misto" [*mixed method*], "métodos mistos" [*mixed methods*] e "metodologia mista" [*mixed methodology*]),
✓ quantitativo AND qualitativo [*quantitative AND qualitative*],
✓ multimétodos [*multimethods*] e

✓ pesquisa de levantamento AND entrevista [*survey AND interview*].

Observe que o segundo termo de busca usa o operador lógico AND* (isto é, quantitativo E qualitativo). Isso requer que ambas as palavras apareçam no documento para que ele satisfaça os critérios de busca. Se forem encontrados demasiados artigos, tente limitar a busca de forma que os termos devam

---

☑ Resumo

Antes de decidir por um estudo de métodos mistos, o pesquisador precisa considerar vários aspectos preliminares sobre a natureza de pesquisa de métodos mistos. Em primeiro lugar, o pesquisador necessita de algum entendimento do que constitui um estudo de métodos mistos para determinar se esta abordagem é a melhor a ser utilizada para o seu estudo. Várias características essenciais têm sido recomendadas: a coleta e análise de dados tanto quantitativos quanto qualitativos, a mistura dos dois tipos de dados, quer mesclando-os, tendo um sido construído a partir do outro, quer incorporando um dentro do outro; a ênfase ou prioridade de uma ou ambas as formas de dados; o uso das duas formas de dados em um único estudo ou uma linha sustentada de investigação de pesquisa; o uso de uma orientação filosófica ou teórica que informe todos os aspectos do estudo; e o uso de um tipo específico de projeto de métodos mistos para os procedimentos. Mais importante nessa lista de características seria a disponibilidade de dois conjuntos de dados, um quantitativo e um qualitativo. Em segundo lugar, precisa ocorrer alguma avaliação em relação a se o problema da pesquisa se adapta melhor aos métodos mistos. Muitos tópicos e problemas são adequados aos métodos mistos (p. ex., a violência aumentou em nossas escolas ou as crianças têm uma nutrição deficiente em seus lares). Considere se o problema de pesquisa pode ser mais bem tratado com o uso de procedimentos dos métodos mistos. Alguns problemas são mais bem estudados usando-se duas fontes de dados, e coletar apenas uma pode proporcionar um entendimento incompleto. Outro estudo pode necessitar de uma segunda base de dados para ajudar a explicar a primeira base de dados. Outro tipo de problema pode requerer que o pesquisador primeiro explore qualitativamente antes de realizar um estudo quantitativo, usar uma lente teórica para estudar o problema ou conduzir múltiplas fases de estudos para gerar um entendimento geral do problema.

As múltiplas fontes de dados não são úteis apenas para o entendimento dos problemas de pesquisa, mas há outras vantagens no uso dos métodos mistos. O potencial de um método pode compensar os pontos fracos do outro. Usar múltiplas fontes de dados simplesmente proporciona mais evidências para o estudo de um problema do que usar um único método de coleta de dados. Muitas vezes são colocadas questões de pesquisa que requerem tanto uma exploração quanto uma explanação extraída de diferentes fontes de dados. Os métodos mistos também são bastante adequados para a pesquisa interdisciplinar que reúne profissionais de diferentes campos de estudo, e permitem que os pesquisadores empreguem múltiplas perspectivas filosóficas para guiar sua pesquisa. Finalmente, os métodos mistos são tanto práticos quanto intuitivos, pois ajudam a oferecer múltiplas maneiras de encarar os problemas – algo encontrado na vida cotidiana.

Isso não significa que o uso de métodos mistos será fácil. Ele requer que os pesquisadores tenham habilidades em várias áreas: pesquisa quantitativa, pesquisa qualitativa e pesquisa de métodos mistos. Devido aos extensivos dados coletados, é necessário tempo para coletar dados tanto de fontes quantitativas quanto qualitativas e são necessários recursos para financiar estes esforços de coleta (e análise) de dados. Talvez o mais importante seja que os indivíduos que planejam um estudo de métodos mistos precisam convencer outras pessoas do valor dos métodos mistos. Esta é uma abordagem relativamente nova à investigação e requer uma abertura para usar perspectivas múltiplas na pesquisa. Uma busca na literatura vai produzir hoje bons exemplos de estudos de métodos mistos, e estes podem ser compartilhados com importantes parceiros para ajudar a instruí-los sobre esses estudos.

N. de R.T.: Em português, "E".

aparecer dentro do resumo ou restringi-los aos anos recentes. Se não resultarem artigos suficientes, tente buscar combinações de técnicas comuns de coleta de dados, como "pesquisas de levantamento AND entrevistas". Usando essas estratégias, os pesquisadores podem localizar alguns bons exemplos da pesquisa de métodos mistos que ilustrem as características essenciais introduzidas neste capítulo. Compartilhar estes exemplos com as partes interessadas pode ser útil para convencê-los da utilidade e factibilidade de uma abordagem de métodos mistos.

ATIVIDADES

1. Localize um estudo de métodos mistos em seu campo ou disciplina. Empregue estes passos:

    a) Suspenda seu interesse no conteúdo dos artigos e, em vez disso, concentre-se nos métodos de pesquisa utilizados.

    b) Examine as características essenciais de um estudo de métodos mistos e identifique como o estudo representa um bom estudo de métodos mistos porque ele lida com as características essenciais.

2. Considere o valor da pesquisa de métodos mistos para diferentes públicos, como formuladores de políticas, orientadores de pós-graduação, indivíduos em empregos ou no local de trabalho e estudantes de pós-graduação. Discuta o valor para cada público.

3. Considere se uma abordagem de métodos mistos é factível para o seu estudo. Liste as habilidades, os recursos e o tempo que você tem disponível para o projeto.

4. Considere planejar um projeto de métodos mistos. Coloque com suas próprias palavras como você definirá a pesquisa de métodos mistos, mencione por que os métodos mistos são adequados para lidar com seu problema de pesquisa e cite tanto as vantagens como os desafios de utilizá-los como uma abordagem para a pesquisa.

Recursos adicionais a serem examinados

Para as definições de métodos mistos, consulte os seguintes recursos:

Creswell, J.W. (2010). *Projeto de pesquisa: Métodos qualitativo, quantitativo e misto* (3. ed.). Porto Alegre: Artmed.

Greene, J.C. (2007). *Mixed methods in social inquiry*. San Francisco: Jossey-Bass.

Greene, J.C., Caracelli, V.J. & Graham, W.F. (1989). Toward a conceptual framework for mixed-method evaluation designs. *Educational Evaluation and Policy Analysis, 11*(3), 255-274.

Johnson, R.B., Onwuegbuzie, A.J. & Turner, L.A. (2007). Toward a definition of mixed methods research. *Journal of Mixed Methods Research, 1*(2), 112-133.

Para a justificativa ou o propósito de usar os métodos mistos para definir os problemas, veja os seguintes recursos:

Bryman, A. (2006). Integrating quantitative and qualitative research: How is it done? *Qualitative Research, 6*(1), 97-113.

Mayring, P. (2007). Introduction: Arguments for mixed methodology. In P. Mayring, G.L. Huber, I. Gurtler & M. Kiegelmann (Eds.), *Mixed methodology in psychological research* (pp. 1-4). Rotterdam/ Taipei: Sense Publishers.

Para as vantagens da pesquisa de métodos mistos, veja os seguintes recursos:

Creswell, J.W. & McCoy, B.R. (in press). The use of mixed methods thinking in documentary development. In S.N. Hesse-Biber (Ed.), *The handbook of emergent technologies in social research*. Oxford, UK: Oxford University Press.

Plano Clark, V.L. (2005). Cross-disciplinary analysis of the use of mixed methods in physics education research, counseling psychology, and primary care (Doctoral dissertation, University of Nebraska-Lincoln, 2005). *Dissertation Abstracts International, 66*, 02A.

Para as habilidades necessárias para conduzir pesquisa de métodos mistos, ver o seguinte recurso:

Creswell, J.W., Tashakkori, A., Jensen, K.D. & Shapley, K.L. (2003). Teaching mixed methods research: Practices, dilemmas, and challenges. In A. Tashakkori & C. Teddlie (Eds.), *Handbook of mixed methods in social & behavioral research* (pp. 619-637). Thousand Oaks, CA: Sage.

2
As bases da pesquisa de métodos mistos

Antes de planejar um estudo de métodos mistos, os pesquisadores precisam considerar outros aspectos além de se seus problemas ou questões de pesquisa são adequados para métodos mistos. Eles também devem desenvolver um profundo conhecimento dos métodos mistos para que possam não apenas definir e justificar os métodos mistos e reconhecer suas características essenciais, mas também para poderem referenciar importantes trabalhos que estabeleceram esta abordagem. Isso significa conhecer um pouco da história dos métodos mistos e os principais escritos que fizeram parte de seu desenvolvimento. Outro passo anterior à designação de um estudo é entender que suposições sobre o conhecimento e a aquisição de conhecimento um pesquisador faz quando opta pelos métodos mistos. Esse entendimento requer conhecer as suposições filosóficas. Finalmente, os pesquisadores dos métodos mistos hoje com frequência selecionam uma teoria como uma lente em seu estudo, que perpassa todo o estudo. Por isso, um passo inicial no planejamento de um estudo de métodos mistos é apresentar algumas considerações sobre se uma teoria será usada em um estudo e como a teoria é incorporada em um projeto.

Este capítulo examina as bases históricas, filosóficas e teóricas para o planejamento e a condução de um estudo de métodos mistos. Neste capítulo, vamos tratar de:

✓ as bases históricas dos métodos mistos;
✓ as suposições filosóficas feitas ao escolher um estudo de métodos mistos; e
✓ as lentes teóricas que podem ser usadas na pesquisa de métodos mistos.

BASES HISTÓRICAS

Ao planejar um projeto de métodos mistos, os pesquisadores precisam conhecer algo sobre a sua história, como ela se desenvolveu e o interesse atual nos métodos mistos. Além de apresentar uma definição para os métodos mistos, um plano ou estudo de métodos mistos inclui referências à literatura, uma justificativa para o seu uso e documentação sobre seu uso prévio em um campo particular de estudo. Isso tudo requer algum conhecimento das bases históricas da pesquisa de métodos mistos, como saber quando ela se iniciou, quem tem escrito a respeito dela e as aplicações recentes do seu uso.

Quando começaram os métodos mistos?

Frequentemente, datamos os primórdios dos métodos mistos ao final dos anos de 1980, com a chegada de várias publicações, todas concentradas em descrever e definir o que hoje é conhecido como métodos mistos. Vários autores trabalhando em diferentes disciplinas e países chegaram à mesma ideia mais ou menos ao mesmo tempo. Autores de sociologia nos Estados Unidos (Brewer e Hunter, 1989) e no Reino Unido (Fielding e Fielding, 1986), de avaliação nos Estados Unidos (Greene, Caracelli e Graham, 1989), de administração no Reino Unido (Bryman, 1988), de enfermagem no Canadá (Morse, 1991) e de educação nos Estados Unidos (Creswell, 1994) esboçaram o conceito dos métodos mistos entre o final da década de 1980 e início da década de 1990. Todos esses indivíduos escreveram livros, capítulos de livros e artigos sobre uma abordagem da pesquisa que ia além de simplesmente usar métodos quantitativos e qualitativos como elementos distintos e separados em um estudo. Estavam considerando seriamente maneiras de vincular ou combinar esses métodos. Os autores iniciaram uma discussão sobre como integrar ou "misturar" os dados e suas razões para isso; Bryman (2006) reuniria essas abordagens integrativas vários anos mais tarde. Os autores também discutiam os possíveis projetos de pesquisa e os nomes para esses projetos. Creswell e Plano Clark (2007) mais tarde reuniriam uma lista das classificações dos tipos de projeto. Um sistema de notação abreviada foi desenvolvido para comunicar estes projetos; Morse (1991) deu uma atenção específica às notações. Surgiram debates sobre a filosofia que estava por trás desta forma de investigação; Reichardt e Rallis (1994) explicitariam o debate que estava se formando nos Estados Unidos.

Os antecedentes destes desenvolvimentos nos métodos mistos tomaram forma muito antes do final dos anos de 1980 (Creswell, no prelo-a). Já no início de 1959, Campbell e Fiske discutiram a inclusão de múltiplas fontes de informação quantitativa na validação de traços psicológicos. Outros defenderam o uso de múltiplas fontes de dados – tanto quantitativos quanto qualitativos desta vez – para conduzir estudos acadêmicos (Denzin, 1978), e várias figuras bastante conhecidas na pesquisa quantitativa, como Campbell (1974) e Cronbach (1975), defenderam a inclusão de dados qualitativos em estudos experimentais quantitativos. A combinação e o interjogo da pesquisa de levantamento de dados e do trabalho de campo já era um aspecto central nos escritos de Sieber em 1973. No campo da avaliação, Patton, em 1980, sugeriu "misturas metodológicas" para projetos experimentais e naturalísticos e apresentou vários diagramas para ilustrar diferentes combinações destas misturas. Em suma, esses desenvolvimentos assinalaram antecedentes fundamentais para o que mais tarde se tornaram tentativas mais sistemáticas de utilizar métodos mistos em um projeto de pesquisa completo para criar uma abordagem distinta da pesquisa (Creswell, no prelo-a).

Por que surgiram os métodos mistos?

Vários fatores contribuíram para a evolução da pesquisa de métodos mistos como a conhecemos hoje após o período de pesquisa do início dos anos de 1990. A complexidade dos nossos problemas de pesquisa requerem respostas que estão além de simples números em um sentido quantitativo ou de palavras em um sentido qualitativo. Uma combinação das duas formas de dados proporciona a análise mais completa dos problemas. Os pesquisadores situam os números nos contextos e palavras dos participantes e estruturam as palavras dos participantes com números, tendências e resultados estatísticos. As duas formas de dados são necessárias hoje. Além disso, a pesquisa qualitativa se desenvolveu a tal ponto que os autores hoje a consideram uma forma de investigação legítima nas ciências sociais e humanas (ver Denzin e Lincoln, 2005). Entretanto, nós acreditamos que os pesquisadores quantitativos reconhecem que os dados qualitativos podem desempenhar um papel importante na pesquisa quantitativa. Os pesquisadores qualitativos, por sua vez, entendem que relatar apenas as visões qualitativas de alguns indivíduos pode não permitir generalizar os achados para muitos indivíduos. Públicos como formuladores de políticas, profissionais e outros nas áreas aplicadas necessitam de múltiplas formas de evidências para documentar e informar os problemas de pesquisa. Um chamado para uma sofisticação aumentada das evidências conduz a uma coleta tanto de dados quantitativos quanto de dados qualitativos.

Desenvolvimento do nome

Tem havido muita discussão sobre o nome dessa forma de investigação. Durante os últimos cinquenta anos, os autores têm usado diferentes nomes, dificultando localizar estudos de pesquisa específicos que chamaríamos de pesquisa de "métodos mistos". Ela tem sido chamada de pesquisa "integrada" ou "combinada", avançando a noção de que duas formas de dados são unidos (Steckler, McLeroy, Goodman, Bird e McCormick, 1992), e é às vezes chamada de "métodos quantitativos e qualitativos" (Fielding e Fielding, 1986), que reconhece que a abordagem é, na verdade, uma combinação de métodos. Tem sido chamada de pesquisa "híbrida" (Ragin, Nagel e White, 2004) ou "triangulação metodológica" (Morse, 1991), que reconhece a convergência de dados quantitativos e qualitativos, "pesquisa combinada" (Creswell, 1994) e "metodologia mista", que reconhece que ela é tanto um método quanto uma visão de mundo filosófica (Tashakkori e Teddlie, 1998). Ao longo da mesma linha de raciocínio, tem sido recentemente chamada de "pesquisa mista" para reforçar a ideia de que esta abordagem é mais do que simplesmente métodos e está ligada a outras facetas da pesquisa, como as suposições filosóficas (Onwuegbuzie e Leech, 2009). Hoje acreditamos que o nome mais frequentemente usado é "pesquisa de métodos mistos", um nome associado ao *Handbook of Mixed Methods in Social & Behavioral Research* (Tashakkori e Teddlie, 2003a), assim como à revista da SAGE, *Journal of Mixed Methods Research* (JMMR). Embora o termo *métodos mistos* esteja sendo cada vez mais usado por um grande número de acadêmicos das ciências sociais, comportamentais e humanas, seu uso continuado encorajará os pesquisadores a encarar esta abordagem como um modelo de investigação distinto.

Estágios na evolução dos métodos mistos

A nossa abordagem da pesquisa de métodos mistos se desenvolveu a partir do trabalho de outros, assim como das discussões históricas e filosóficas das ultimas décadas. Para aqueles que planejam e conduzem estudos de métodos mistos, uma visão geral histórica não é um exercício inútil de recapitulação do passado. Conhecer esta história ajuda os pesquisadores a defender o uso dessa abordagem, justificar seu uso como uma abordagem de pesquisa e citar os principais proponentes da abordagem nas discussões de seus "métodos".

Tem havido vários estágios na história dos métodos mistos (p. ex., Tashakkori e Teddlie, 1998). Vamos examinar aqui esta história e organizá-la em cinco períodos de tempo, com frequência sobrepostos, como está mostrado no Quadro 2.1.

Período formativo. O período formativo na história dos métodos mistos começou na década de 1950 e continuou até a década de 1980. Este período viu o interesse inicial no

QUADRO 2.1
Autores selecionados e suas contribuições para o desenvolvimento da pesquisa de métodos mistos

Estágio do desenvolvimento	Autor(es) e ano	Contribuição para a pesquisa de métodos mistos
Período formativo	Campbell e Fiske (1959)	Introduziram o uso de métodos quantitativos múltiplos
	Sieber (1973)	Combinou pesquisa de levantamento e entrevistas
	Denzin (1978)	Discutiu o uso de dados quantitativos e qualitativos em um estudo
	Jick (1979)	Discutiu a triangulação de dados quantitativos e qualitativos
	Cook e Reichardt (1979)	Apresentaram 10 maneiras de combinar dados quantitativos e qualitativos
Período de debate do paradigma	Rossman e Wilson (1985)	Discutiram as posturas para a combinação dos métodos – puristas, situacionistas e pragmatistas
	Bryman (1988)	Examinou o debate e estabeleceu conexões dentro das duas tradições
	Reichardt e Rallis (1994)	Discutiram o debate do paradigma e reconciliaram as duas tradições
	Greene e Caracelli (1997)	Sugeriram que superemos o debate do paradigma
Período de desenvolvimento dos procedimentos	Bryman (1988)	Tratou das razões para combinar a pesquisa quantitativa e a qualitativa
	Greene, Caracelli e Graham (1989)	Identificaram um sistema de classificação dos tipos de projetos de métodos mistos
	Brewer e Hunter (1989)	Concentraram-se na abordagem de multimétodos usada no processo de pesquisa
	Morse (1991)	Desenvolveu um sistema de notação
	Creswell (1994)	Identificou três tipos de projetos de métodos mistos
	Morgan (1998)	Desenvolveu uma tipologia para determinar o tipo de projeto a ser usado
	Newman e Benz (1998)	Proporcionaram uma visão geral dos procedimentos
	Tashakkori e Teddlie (1998)	Apresentaram uma visão geral dos tópicos da pesquisa de métodos mistos
	Bamberger (2000)	Apresentou um foco de política internacional para a pesquisa de métodos mistos

(continua)

> **QUADRO 2.1**
> Autores selecionados e suas contribuições para
> o desenvolvimento da pesquisa de métodos mistos (continuação)

Estágio do desenvolvimento	Autor(es) e ano	Contribuição para a pesquisa de métodos mistos
Período de defesa e expansão	Tashakkori e Teddlie (2003a)	Proporcionaram um tratamento abrangente de muitos aspectos da pesquisa de métodos mistos
	Johnson e Onwuegbuzie (2004)	Posicionaram a pesquisa de métodos mistos como um complemento natural para a pesquisa quantitativa e qualitativa tradicional
	Creswell (2009c)	Comparou as abordagens quantitativa, qualitativa e de métodos mistos no processo de pesquisa
	Greene (2007)	Enfatizou as justificativas, propósitos e o potencial para os métodos mistos na pesquisa e na avaliação sociais
	Plano Clark e Creswell (2008)	Compilaram estudos metodológicos e empíricos publicados sobre os métodos mistos
	Teddlie e Tashakkori (2009)	Historiaram as mudanças que ocorreram nos últimos 5 a 10 anos na pesquisa de métodos mistos
	Morse e Niehaus (2009)	Defenderam os projetos de métodos mistos que tinham um componente essencial e um componente suplementar
Período reflexivo	Tashakkori e Teddlie (2003b)	Apresentaram questões e prioridades no campo dos métodos mistos
	Greene (2008)	Identificou quatro domínios metodológicos e discutiu o que sabemos e precisamos saber para considerar os métodos mistos como uma metodologia distinta
	Creswell (2008a, 2009b)	Desenvolveu um mapa da literatura dos métodos mistos
	Howe 2004	Criticou os métodos mistos como reduzindo os métodos qualitativos a um papel em grande parte auxiliar e deixando de usar a pesquisa qualitativa de uma maneira interpretativa
	Giddings (2006)	Criticou os métodos mistos como metodologias de pesquisa não positivistas marginalizadas e privilegiando a tradição positivista
	Holmes (2006)	Criticou as maneiras em que a pesquisa de métodos mistos era descrita pelos escritores dos métodos mistos
	Freshwater (2007)	Questionou as suposições básicas da metodologia mista e seu discurso usando uma perspectiva pós-moderna
	Creswell (no prelo-a)	Identificou e deu voz às controvérsias na pesquisa de métodos mistos

uso de mais de um método em um estudo. Encontrou ímpeto na psicologia na década de 1950 mediante a combinação de múltiplos métodos quantitativos em um estudo (Campbell e Fiske, 1959), o uso de pesquisas de levantamento e trabalho de campo na sociologia (Sieber, 1973) e métodos múltiplos em geral (Denzin, 1978), as iniciativas em triangular abordagens quantitativas e qualitativas (Jick, 1979; Patton, 1980) e as discussões na psicologia sobre a combinação de dados quantitativos e qualitativos quando eles surgem de perspectivas diferentes (ver Cook e Reichardt, 1979). Estes foram os primeiros antecedentes dos métodos mistos como são conhecidos hoje (Creswell, no prelo-a).

Período de debate do paradigma. O período de debate do paradigma na história dos métodos mistos se desenvolveu durante as décadas de 1970 e 1980, quando os pesquisadores qualitativos estavam inflexíveis de que suposições diferentes proporcionavam as bases para a pesquisa quantitativa e a qualitativa (ver Bryman, 1988; Guba e Lincoln, 1988; Smith, 1983). O debate do paradigma envolveu os acadêmicos discutindo se os dados qualitativos e quantitativos poderiam ou não ser combinados, porque os dados qualitativos estavam ligados a algumas suposições filosóficas e os dados qualitativos estavam conectados a outras suposições filosóficas. Se isso fosse verdade, como alguns comentavam, a pesquisa de métodos mistos seria frouxa (ou incomensurável), porque carece de paradigmas a serem combinados (Smith, 1983). Rossman e Wilson (1985) chamaram estes indivíduos que não conseguiam misturar paradigmas de "puristas". A discussão chegou a um auge em 1994, com defensores orais de ambos os lados argumentando suas posições na reunião da American Evaluation Association (Reichardt e Rallis, 1994). Atualmente, os vínculos entre os métodos de coleta de dados e as suposições filosóficas mais amplas não são tão rigidamente estabelecidos como eram vislumbrados na década de 1990. Denzin e Lincoln (2005), por exemplo, avançaram a ideia de que diferentes tipos de métodos podem ser associados a diferentes tipos de visões de mundo ou filosofias. Outras perspectivas também foram desenvolvidas, como a dos situacionistas, que adaptaram seus métodos à situação, e a dos pragmatistas, que acreditavam que múltiplos paradigmas podem ser usados para lidar com os problemas de pesquisa (Rossman e Wilson, 1985). Embora a questão da reconciliação dos paradigmas ainda seja aparente (ver os escritos de Giddings, 2006; Holmes, 2006), têm sido feito apelos para abraçar o pragmatismo como a melhor base filosófica para a pesquisa de métodos mistos (ver Tashakkori e Teddlie, 2003a) e para o uso de diferentes paradigmas na pesquisa de métodos mistos, mas que cada uma seja honrada e explicitada quando for usada (Greene e Caracelli, 1997).

Período de desenvolvimento dos procedimentos. Embora o debate sobre quais paradigmas proporcionam um fundamento para a pesquisa de métodos mistos não tenha desaparecido, durante a década de 1980 a atenção começou a se deslocar para o período de desenvolvimento dos procedimentos na história dos métodos mistos, em que os autores se concentraram nos métodos de coleta de dados, análise dos dados, planos de pesquisa e os propósitos para a condução de um estudo de métodos mistos. Em 1989, Greene e colaboradores escreveram um artigo clássico no campo da avaliação que estabeleceu as bases para o projeto de pesquisa de métodos mistos. Em seu artigo, eles analisaram 57 estudos de avaliação, desenvolveram um sistema de classificação de cinco tipos e falaram sobre as decisões de planejamento que entram em cada um dos tipos. Seguindo este artigo, muitos autores identificaram tipos de projetos de métodos mistos com nomes e procedimentos distintos. Mais ou menos ao mesmo tempo, dois sociólogos, Brewer e Hunter (1989), contribuíram para a discussão vinculando a pesquisa multimétodos com os passos no processo de pesquisa (p. ex., formulação de problemas, amostragem e coleta de dados). Bryman (1988) também discutiu as razões para combinar dados quantitativos e qualitativos. Em 1991, Morse, uma pesquisadora em enfermagem, projetou um sistema de notação para mostrar como os componentes quantitativos e qualitativos de um estudo eram implementados. Partindo destas classificações e notações, os escritores começaram a discutir os tipos específicos de projetos de métodos mistos. Por exemplo, Creswell (1994) criou um conjunto parcimonioso de três tipos de projetos e encontrou estudos que ilustravam cada tipo. Morgan (1998) apresentou uma matriz de decisão para determinar o tipo de projeto a ser usado; e livros, como aqueles de Bamberger (2000), Newman e Benz (1998) e Tashakkori e Teddlie (1998), começaram a mapear os contornos dos procedimentos dos métodos mistos na pesquisa de políticas e na atenção a questões como validade e inferências.

Período de defesa e expansão. Nos últimos anos, passamos para um período de defesa e expansão na história dos métodos mistos, em que muitos autores defenderam a pesquisa de métodos mistos como uma metodologia, um método ou uma abordagem separada da pesquisa, e o interesse nos métodos mistos se estendeu a muitas disciplinas e a muitos países.

Também nos tornamos defensores dos métodos mistos, fazendo *workshops* sobre o tópico para disciplinas e campos de estudo, procurando aprender mais sobre esta abordagem e anotando o desdobramento dos desenvolvimentos que ultrapassam os limites das publicações em eventos para as revistas científicas, para campos de estudo e para outros países. Muito crescimento no campo da pesquisa de métodos mistos ocorreu desde a publicação, em 2003, do *Handbook of Mixed Methods in Social & Behavioral Research* (Tashakkori e Teddlie, 2003a), de 768 páginas, um compêndio de escritos incluindo 26 capítulos dedicados às controvérsias, questões metodológicas, aplicações nos campos das diferentes disciplinas e direções futuras. Como este manual já sugeria em 2003, temos visto muitas evidências do aumento do interesse nos métodos mistos pelas iniciativas de financiamento, publicações, conferências e aplicações em diferentes disciplinas e países. Na segunda edição do manual (Tashakkori e Teddlie, no prelo), a abrangência dos tópicos agora se expandiu, incluindo 31 capítulos e novos escritores no campo.

Nas iniciativas de financiamento, os National Institutes of Health (NIH) assumiram a liderança vários anos atrás na discussão das diretrizes (National Institutes of Health, 1999) para a pesquisa quantitativa e qualitativa "combinada", embora essas diretrizes, como são vistas da perspectiva dos dias atuais, estejam precisando de uma revisão e uma atualização. Em 2004, os NIH organizaram um *workshop* intitulado "Planejamento e Condução de Pesquisa Qualitativa e de Métodos Mistos no Serviço Social e em Outras Profissões de Saúde", que foi patrocinado por sete Institutos do NIH e dois órgãos de pesquisa. Em 2003, a U.S. National Science Foundation (NSF) organizou um *workshop* sobre as bases científicas da pesquisa qualitativa com vários ensaios dedicados ao tópico da combinação dos métodos quantitativo e qualitativo (Ragin et al., 2004). O National Research Council (2002) discutiu a pesquisa científica na educação e concluiu que três questões precisam guiar as investigações: "Descrição – O que está acontecendo? Causa – Há um efeito sistemático? E o processo ou mecanismo – Por que ou como isso está acontecendo?" (p. 99). Essas questões, combinadas, sugerem tanto uma abordagem quantitativa quanto uma abordagem qualitativa da investigação científica. Fundações privadas dos Estados Unidos, como a Robert Wood Johnson Foundation e a W.T. Grant Foundation, organizaram *workshops* sobre a pesquisa de métodos mistos. No Reino Unido, o Economic and Social Research Council (ESRC) financiou, por meio de seu Programa de Métodos de Pesquisa, investigações sobre o uso da pesquisa de métodos mistos (Bryman, 2007).

Plano Clark (2010) examinou projetos financiados pelos NIH e o uso dos termos dos métodos mistos nos resumos das propostas. Examinando apenas as novas concessões de financiamento (identificadas no primeiro ano do financiamento) e usando os termos de busca *métodos mistos* ou *multimétodos*, Plano Clark encontrou 272 resultados no RePORTER (conhecido como ferramenta de consulta de Gastos e Resultados dos National Institutes of Health, http://projectreporter.nih.gov/reporter.cfm) durante o período de 1997 a 2008. Seu exame desses projetos mostrou um aumento consistente no uso desses termos em resumos para projetos financiados durante este período de tempo. O financiamento dos projetos veio de 25 agências diferentes dos NIH (com o National Institute of Mental Health financiando a maior percentagem de projetos identificados, 24%) como um indicador do interesse disseminado nesta abordagem. Como pode ser esperado das ciências da saúde, 27% dos projetos incluíram um componente de teste experimental ou controle, e muitos projetos revelaram projetos completos e nomes de projetos, tais como "estudo controlado randomizado prospectivo de métodos mistos", um "estudo descritivo e longitudinal de métodos mistos" ou um "estudo de métodos mistos equivalente, sequencial e transformativo" (Plano Clark, 2010). Só os nomes já apresentam a imensa variação que existe na realização de projetos de métodos mistos nas ciências da saúde. Em outro trabalho com bancos de dados dos NIH, exploramos as concessões-K dadas a novos acadêmicos que apresentam tanto um plano para o desenvolvimento da carreira como um projeto substantivo. Observando apenas os projetos financiados para 2007, vários desses projetos financiados incluíram um componente de treinamento relacionado à pesquisa qualitativa e de métodos mistos.

Nos periódicos e nas disciplinas, o número de estudos de métodos mistos publicados continua a aumentar. Encontramos mais de 60 artigos nas ciências sociais e humanas que empregaram a pesquisa de métodos mistos entre 1995 e 2005 (Plano Clark, 2005). A pesquisa de métodos mistos está sendo publicada em números especiais de periódicos, como nos *Annals of Family Medicine* (p. ex., ver Creswell, Fetters e Ivankova, 2004) e no *Journal of Counseling Psychology* (p. ex., ver Hanson, Creswell, Plano Clark, Petska e Creswell, 2005). Convites para o uso aumentado de dados qualitativos em testes experimentais tradicionais nas ciências sociais têm sido relatados em publicações de prestígio, como o *Journal of the American Medical Association* (Flory e Emanuel, 2004), *Lancet* (Malterud, 2001), *Circulation* (p. ex., ver Curry, Nembhard e Bradley, 2009), *Journal of Traumatic Stress* (por exemplo, ver Creswell e Zhang, 2009) e *Psychology in the Schools* (p. ex., Powell, Mihalas, Onwuegbuzie, Suldo e Daley, 2008). Vários periódicos estão atualmente dedicados à publicação de estudos empíricos de métodos mistos e também de discussões metodológicas, como o JMMR, *Quality and Quantity, Field Methods* e a publicação online *International Journal of Multiple Research Approaches* (IJMRA). Os métodos mistos estão aparecendo com grande frequência em títulos para artigos de revista de métodos mistos empíricos (p. ex., ver Slonim-Nevo e Nevo, 2009). Além disso, revisões interdisciplinares da pesquisa de métodos mistos estão disponíveis no campo da avaliação (Greene et al., 1989), em estudos de educação superior (Creswell, Goodchild e Turner, 1996), na pesquisa educacional (Johnson e Onwuegbuzie, 2004), em medicina de família, educação física e aconselhamento psicológico (Plano Clark, 2005), em quatro disciplinas das ciências sociais (Bryman, 2006), em pesquisa de *marketing* (Harrison, 2010), pesquisa familiar (Plano Clark, Huddleston-Casas, Churchill, Green e Garrett, 2008) e em pesquisa de aconselhamento multicultural (Plano Clark e Wang, 2010).

Há um uso aumentado dos métodos mistos, como indicam esses periódicos, em diferentes campos de disciplinas. Os pesquisadores de intervenção estão incorporando dados qualitativos em seus testes clínicos na medicina baseada em evidências (ver a discussão sobre os testes de intervenção com métodos mistos, Creswell, Fetters, Plano Clark e Morales, 2009). Embora esses testes experimentais tenham levantado questões sobre a subversão da pesquisa qualitativa para a metodologia quantitativa dominante nas ciências da saúde (ver Howe, 2004), servem para trazer a pesquisa qualitativa para as ciências da saúde – em que ela não obteve muito acesso – de uma maneira aceitável para muitos investigadores. Além disso, as abordagens baseadas na disciplina, como os sistemas de informações geográficas (GIS), estão sendo vistas como aplicações de procedimentos de métodos mistos em campos como a sociologia (Fielding e Cisneros-Puebla, 2009). Até agora, os livros sobre os métodos mistos têm sido gerais em seu escopo, visando amplamente às ciências sociais ou da saúde (p. ex., Creswell, 2009c; Creswell e Plano Clark, 2007; Greene, 2007; Morse e Niehaus, 2009; Plano Clark e Creswell, 2008; Teddlie e Tashakkori, 2009). Mais recentemente, os livros sobre os métodos de pesquisa e os métodos mistos baseados em disciplinas têm emergido com um capítulo sobre métodos mistos ou com todo o livro concentrado nos métodos mistos, como na mídia e nas comunicações (Berger, 2000), educação e psicologia (Mertens, 2005), serviço social (Engel e Schutt, 2009), pesquisa familiar (Greenstein, 2006) e enfermagem e as ciências da saúde (Andrew e Halcomb, 2009).

No cenário internacional, o interesse nos métodos mistos aumentou em muitos países. Publicações recentes no JMMR atestam a forte participação internacional de países como Sri Lanka (Nastasi et al., 2007), Alemanha (Bernardi, Keim e von der Lippe, 2007), Japão (Fetters, Yoshioka, Greenberg, Gorenflo e Yeo, 2007) e Reino Unido (O'Cathain, Murphy e Nicholl, 2007). A Mixed Methods Conference, agora organizada pela Leeds University no Reino Unido e baseada na Inglaterra, realizou cinco conferências de sucesso. No passar dos anos, os acadêmicos americanos têm se envolvido nesta conferência, reduzindo, assim, a "lacuna do Atlântico" que com frequência ocorre entre os acadêmicos dos Estados Unidos e aqueles de outros países. Uma comunidade internacional está se formando em torno dos métodos mistos, com discussões sobre as habilidades quantitativas e qualitativas necessárias para realizar esta forma de investigação e a necessidade, especialmente em países como a África do Sul (Olivier, de Lange, Creswell e Wood, 2010), do envolvimento de indivíduos com habilidades quantitativas em meio à preponderância do talento qualitativo. Essa comunidade internacional também está se reunindo em grupos de conferência, como o Special Interest Group on Mixed Methods Research, formado na American Educational Research Association. Sua primeira reunião foi realizada em abril de 2005 em Montreal, no Canadá. Além disso, a SAGE Publications iniciou uma rede *online*, o Methodspace, para vincular os pesquisadores, incluindo os acadêmicos dos métodos mistos, do mundo todo (ver http://www.methodspace.com/group/ mixedmethodsresearchers).

Para o ensino dos métodos mistos, cursos têm sido desenvolvidos em *campi* universitários encorajados por comentários sobre o conteúdo e as abordagens de ensino dos cursos (Creswell, Tashakkori, Jensen e Shapley, 2003), ensinando os estudantes de pós-graduação a aprender, usar e apreciar tanto a pesquisa quantitativa quanto a qualitativa dentro de uma estrutura de métodos mistos (Onzuegbuzie e Leech, 2009) e identificar os pontos fortes, desafios e lições aprendidos nesses cursos (ver Christ, 2009). Vários cursos internacionais de métodos mistos *online* estão atualmente disponíveis, oferecidos nos Estados Unidos pela University of Nebraska-Lincoln (UNL), pela University of Arkansas e pela University of Alabama em Birmingham. Artigos como o de Christ (2009) destacam a importância de se examinar as questões pedagógicas.

Período reflexivo. Achamos que nos últimos 5 a 7 anos os métodos mistos entraram em um novo período histórico. Este período reflexivo na história dos métodos mistos é caracterizado por dois temas entrecruzados:

1. uma avaliação atual do campo e uma olhada no futuro e
2. críticas construtivas desafiando a emergência dos métodos mistos e o que eles se tornaram.

Nos últimos anos, surgiram três discussões que ajudam a mapear o atual estado do campo dos métodos mistos: Creswell (2008a, 2009b), Greene (2008) e Tashakkori e Teddlie (2003b). As questões apresentadas nessas três discussões estão resumidas no Quadro 2.2. A primeira discussão foi apresentada por Tashakkori e Teddlie (2003b) nos capítulos inicial e final da primeira edição de seu manual. Elas detalharam cinco importantes questões e controvérsias não resolvidas no uso dos métodos mistos na pesquisa social e comportamental. Alguns anos mais tarde, Greene (2008) publicou uma análise de importantes domínios nos métodos mistos no JMMR com base em um discurso programático apresentado ao Grupo de Interesse Especial nos Métodos Mistos na American Educational Research Association em 2007. Ao apresentar seus domínios, Greene (2008) perguntou: "Que importantes questões permanecem sendo consideradas?" e levantou questões sobre as "prioridades para uma agenda de pesquisa de métodos mistos" (p. 8). O mapeamento dos tópicos de Creswell (2008a) no campo dos métodos mistos foi apresentado pela primeira vez como um comunicado programático na Conferência de Métodos Mistos de 2008 na Universidade de Cambridge na Inglaterra. Ele comparou os ensaios que estavam sendo apresentados na conferência com seu entendimento em desenvolvimento do campo selecionado entre mais de 300 propostas que lhe chegaram às mãos durante três anos como coeditor e cofundador do JMMR. A partir dessa apresentação em conferência, ele então esboçou uma versão mais curta como um editorial para o JMMR, concentrando-se em algumas questões específicas (Creswell, 2009b).

Como está apresentado no Quadro 2.2, surgem alguns temas comuns nesses três escritos. Esses temas são questões filosóficas, os procedimentos na condução de um estudo de métodos mistos e a adição e o uso dos métodos mistos. Da mesma forma que em relação às questões filosóficas, todas as três discussões apontam para um entendimento das bases filosóficas dos métodos mistos, com os estudos mais recentes (Creswell, 2008a, 2009b; Greene, 2008) concentrando-se muito mais na *prática* do uso das perspectivas filosóficas nos estudos dos métodos mistos (p. ex., como combiná-los, como eles influenciam as decisões da investigação).

Em termos dos procedimentos, Tashakkori e Tiddlie (2003b) concentraram-se nas questões de pesquisa mais amplas, enquanto Greene (2008) e Creswell (2008a, 2009b) entraram nas áreas detalhadas dos métodos. Essa análise sugere que as discussões sobre como conduzir um estudo estão se tornando mais analíticas. Isso reforça a suposição de que muitos de nós sustentamos que as técnicas de condução da pesquisa de métodos mistos têm recebido considerável atenção no campo. Sobre a adoção e o uso dos métodos mistos, embora as discussões anteriores de Tashakkori e Teddlie (2003b) tenham se concentrado na colaboração e no ensino dos métodos mistos, os escritos mais recentes de Greene (2008) e Creswell (2008a, 2009b) examinaram o uso aumentado dos métodos mistos por parte das novas disciplinas e entre os campos da prática da investigação. Essa análise sugere a tendência dos métodos mistos para se disseminar para muitos campos e ser adaptada para se adequar a abordagens singulares da disciplina para a metodologia da pesquisa.

Como indicam esses escritos, o crescimento e o interesse nos métodos mistos têm se acelerado nos últimos anos. Não surpreende, portanto, que isso tenha atraído a atenção de indivíduos que desejam desafiar e criticar suas abordagens. No campo da educação, Howe (2004) discursou sobre se os métodos mistos privilegiavam o pensamento pós-positivista e marginalizava as abordagens interpretativas qualitativas. Sua preocupação estava principalmente direcionada para o National Research Council (2002), anteriormente mencionado, e como o seu relato atribuía um papel de destaque para a abordagem experimental quantitativa e um papel menor à pesquisa qualitativa, interpretativa. Dentro desse esquema – que ele chamou de "experimentalismo dos métodos mistos" (p. 53) – a pesquisa qualitativa não só estava limitada a um papel auxiliar, mas também minimizava o uso da pesquisa qualitativa em um papel interpretativo que incluía as vozes das partes interessadas e o diálogo.

QUADRO 2.2

Questões, prioridades e tópicos sobre os métodos mistos que estão sendo atualmente tratados

Domínio geral	Áreas e domínios para Tashakkori e Teddlie (2003b)	Problemas específicos e questões	Áreas e domínios para Greene (2008)	Prioridades específicas	Áreas e domínios para Creswell (2009b)	Tópicos específicos
Essência do domínio dos métodos mistos	✓ A nomenclatura e as definições básicas usadas na pesquisa de métodos mistos ✓ A utilidade da pesquisa de métodos mistos (Por que a utilizamos?)	✓ Devemos usar os termos QUAN e QUAL ou desenvolver novos termos para os métodos mistos? ✓ Quais são as razões para a condução da pesquisa de métodos mistos?			✓ Natureza dos métodos mistos	✓ Definição da linguagem bilíngue para a incorporação dos métodos mistos nos projetos existentes
Domínio filosófico	✓ As bases paradigmáticas para a pesquisa de métodos mistos	✓ Quais são as perspectivas de paradigma na pesquisa de métodos mistos (paradigma dialético, único, paradigma múltiplo)?	✓ Suposições e posturas filosóficas	✓ O que realmente influencia as decisões metodológicas dos investigadores na prática? ✓ Como as suposições e posturas do pragmatismo influenciam as decisões da investigação?	✓ Questões filosóficas e teóricas	✓ Combinação das posições filosóficas, visões de mundo e paradigmas ✓ Fundamento filosófico dos métodos mistos ✓ Uso da lente teórica qualitativa nos métodos mistos

(continua)

QUADRO 2.2

Questões, prioridades e tópicos sobre os métodos mistos que estão sendo atualmente tratados (continuação)

Domínio geral	Áreas e domínios para Tashakkori e Teddlie (2003b)	Problemas específicos e questões	Áreas e domínios para Greene (2008)	Prioridades específicas	Áreas e domínios para Creswell (2009b)	Tópicos específicos
						✓ Falsa distinção entre as pesquisas qualitativa e quantitativa ✓ Pensar de uma maneira de métodos mistos – modelos mentais
Domínio dos procedimentos	✓ Questões planejadas na pesquisa de métodos mistos ✓ Questões na extração de inferências na pesquisa de métodos mistos	✓ Como pode ser conceituado o processo de métodos mistos (fases da pesquisa como conceituação, método e inferência)? ✓ Como os projetos de um único elemento diferem daqueles de múltiplos elementos?	✓ Lógica da investigação	✓ Quais são as potencialidades e limitações dos vários métodos de coleta de dados? ✓ Como escolhemos os métodos específicos para o propósito e o planejamento de uma determinada investigação?	✓ Técnicas dos métodos mistos	✓ Fusão incomum dos métodos ✓ Exibição conjunta de dados qualitativos e quantitativos ✓ Estudos de avaliação longitudinais ✓ Transformação dos dados qualitativos em contagem ✓ Passos do processo da pesquisa (teoria, questões, amostragem, interpretação)

(continua)

QUADRO 2.2
Questões, prioridades e tópicos sobre os métodos mistos que estão sendo atualmente tratados (continuação)

Domínio geral	Áreas e domínios para Tashakkori e Teddlie (2003b)	Problemas específicos e questões	Áreas e domínios para Greene (2008)	Prioridades específicas	Áreas e domínios para Creswell (2009b)	Tópicos específicos
		✓ Quais são as regras e os procedimentos para a extração de inferências? ✓ Quais são os padrões para avaliação e melhoria da qualidade das inferências?		✓ Em torno de quê ocorre a mistura? (Constructos? Questões? Propósitos?) ✓ Com quê se parece uma metodologia dos métodos mistos?		✓ Nova maneira de pensar os projetos de pesquisa ✓ Questões metodológicas no uso dos projetos ✓ Notações para os projetos ✓ Diagramas visuais para os projetos ✓ Aplicativos de software ✓ Questões de integração e mistura ✓ Justificativa para os métodos mistos ✓ Validade ✓ Ética
Adoção e domínio do uso	✓ A logística da condução da pesquisa de métodos mistos	✓ O que está envolvido na colaboração em um projeto de métodos mistos?	✓ Diretrizes para a prática	✓ Quais são os aspectos singulares da prática de métodos mistos que tratam especificamente da mistura?	✓ Adoção e uso dos métodos mistos	✓ Campos e disciplinas que o utilizam ✓ Abordagens da equipe

(continua)

QUADRO 2.2
Questões, prioridades e tópicos sobre os métodos mistos que estão sendo atualmente tratados (continuação)

Domínio geral	Áreas e domínios para Tashakkori e Teddlie (2003b)	Problemas específicos e questões	Áreas e domínios para Greene (2008)	Prioridades específicas	Áreas e domínios para Creswell (2009b)	Tópicos específicos
		✓ Quais são algumas das questões pedagógicas não resolvidas no ensino da pesquisa de métodos mistos?		✓ O que pode ser aprendido das conversas entre as disciplinas e os campos da prática de investigação aplicada?		✓ Vinculação dos métodos mistos com as técnicas da disciplina ✓ Ensino dos métodos mistos para os alunos ✓ Escrevendo e relatando
Domínio político			✓ Compromissos sociopolíticos	✓ Quem é o público? Que perspectiva está representada? Que voz é ouvida? E quem está sendo defendido?	✓ Politização dos métodos mistos	✓ Financiamento da pesquisa de métodos mistos ✓ Desconstrução dos métodos mistos ✓ Justificação dos métodos mistos

FONTE: Creswell (no prelo-b), reproduzido com permissão da SAGE Publications, Inc.

Do campo da pesquisa em enfermagem vieram várias críticas. Giddings (2006), da Nova Zelândia, desafiou as declarações feitas pelos autores dos métodos mistos sobre como os métodos qualitativos e quantitativos produziriam o "melhor dos dois mundos" (p. 195). Ela também desafiou o uso de termos binários nos métodos mistos, como *qualitativo* e *quantitativo*, que reduziam a diversidade metodológica, o uso dos métodos mistos como um "disfarce" para a hegemonia continuada do positivismo, e o uso dos métodos mistos como um "ajuste rápido" na resposta às pressões econômicas e administrativas (p. 195). Um australiano, Holmes (2006), também da área de enfermagem, criticou a maneira em que os métodos mistos vinha sendo descrita. Como os outros, ele estava preocupado com a marginalização das estruturas interpretativas qualitativas nos métodos mistos e recomendava que a comunidade dos métodos mistos apresentasse um conceito mais claro dos seus termos e incluísse uma estrutura interpretativa qualitativa.

Outra voz da enfermagem, Freshwater (2007), fez uma crítica pós-moderna dos métodos mistos. Ela estava preocupada em saber como os métodos mistos estavam sendo "lidos" e o discurso que se seguiu. Discurso foi definido como um conjunto de regras ou pressupostos para organizar e interpretar o tema de uma disciplina ou campo de estudo acadêmico nos métodos mistos. A aceitação acrítica dos métodos mistos como um discurso dominante emergente ("está quase se tornando uma metanarrativa", Freshwater, 2007, p. 139) produz um impacto na maneira como é localizado, posicionado, apresentado e perpetuado. Freshwater (2007) fazia um apelo aos autores dos métodos mistos para que explicitassem a luta de poder interna entre o texto de métodos mistos criado pelo pesquisador e o texto visto pelo leitor ou pelo público. Em sua opinião, os métodos mistos eram demasiado "concentrados no significado fixo" (p. 137). Expandindo isso, ela declarava que os métodos mistos diziam respeito principalmente a acabar com a "indeterminância e passar à incontestabilidade" (p. 137), citando como principais exemplos o objetivo em estilo de terceira pessoa da escrita, o aplainamento e a rejeição da coexistência de interpretações conflitantes. Ela solicitava que os pesquisadores dos métodos mistos adotassem "um senso de incompletude" (p. 138) e recomendava que as reformas requeressem uma

> necessidade de explorar a possibilidade de hibridização em que uma intertextualidade de formas, gêneros, convenções e meios de comunicação misturados [...] em que não há regras de representação claras e onde o pesquisador, que, na verdade, está trabalhando com a indecidibilidade e com a indeterminação circunscrita, é capaz de tornar essa experiência livremente disponível para os leitores e os escritores. (p. 144)

Creswell (no prelo-a) deu voz e se concentrou em várias dessas críticas em um resumo de controvérsias na pesquisa de métodos mistos. Ele discutiu 11 controvérsias, examinou múltiplos lados das questões e apresentou questões persistentes. Como está mostrado no Quadro 2.3, essas controvérsias estão relacionadas à definição, ao uso de termos, às questões filosóficas, ao discurso dos métodos mistos, às possibilidades de planejamento e ao valor da pesquisa de métodos mistos. Várias dessas controvérsias serão abordadas posteriormente, no Capítulo 9, em que apresentamos as recomendações finais para o planejamento e a conduta da pesquisa de métodos mistos.

BASES FILOSÓFICAS

Assim como os métodos mistos têm uma história que pode ser narrada, eles também têm uma filosofia ou talvez filosofias que proporcionam um fundamento para a condução da pesquisa. Na verdade, toda pesquisa tem um fundamento filosófico, e os investigadores devem estar conscientes das suposições que fazem com relação à aquisição de conhecimento durante o seu estudo. Essas suposições moldam os processos de pesquisa e a conduta da investigação. O conhecimento

QUADRO 2.3

Onze controvérsias e questões fundamentais que estão sendo levantadas na pesquisa de métodos mistos

Controvérsias	Questões que estão sendo levantadas
1. A definições modificadas e em expansão da pesquisa de métodos mistos	O que é a pesquisa de métodos mistos? Como ela deve ser definida? Que mudanças devem ser vistas em sua definição?
2. O uso questionável dos descritores qualitativos e quantitativos	Os termos *quantitativo* e *qualitativo* são descritores úteis? Que inferências são feitas quando esses termos são usados? Está sendo feita uma distinção binária que não é sustentada na prática?
3. Os métodos mistos são uma abordagem "nova" para a pesquisa?	Quando se iniciou a conceituação dos métodos mistos? Os métodos mistos são anteriores ao período com frequência associado ao seu início (1988-1989)? Que iniciativas foram iniciadas antes de 1988 e 1989?
4. O que move o interesse para os métodos mistos?	Como aumentou o interesse nos métodos mistos? Qual é o papel das agências de financiamento no seu desenvolvimento?
5. O debate do paradigma ainda está sendo discutido?	Os paradigmas podem ser misturados? Que posturas sobre o uso do paradigma nos métodos mistos foram desenvolvidas? O paradigma para os métodos mistos devem ser baseados nas comunidades acadêmicas?
6. Os métodos mistos privilegiam o pós-positivismo?	Privilegiando o pós-positivismo nos métodos mistos, isso marginaliza as abordagens qualitativas e interpretativas e as relegam a um *status* secundário?
7. Há um discurso fixado nos métodos mistos?	Quem controla o discurso sobre os métodos mistos? Os métodos mistos estão se aproximando de uma "metanarrativa"?
8. Os métodos mistos devem adotar uma linguagem bilíngue para seus termos?	Qual é a linguagem da pesquisa dos métodos mistos? A linguagem deve ser bilíngue ou nova, ou refletir termos quantitativos e qualitativos?
9. Há muitas possibilidades de projeto confusas para os procedimentos dos métodos mistos?	Que projetos devem usar os pesquisadores dos métodos mistos? Os projetos atuais são suficientemente complexos para refletir a prática? Devem ser adotadas maneiras de pensar inteiramente novas sobre os projetos a serem adotados?
10. A pesquisa de métodos mistos está se apropriando inadequadamente dos planejamentos e procedimentos de outras abordagens da pesquisa?	São exageradas as reivindicações dos métodos mistos (devido à apropriação inadequada de outras abordagens da pesquisa)? Os método mistos podem ser vistos como uma abordagem alojada dentro de uma estrutura maior (por exemplo, a etnografia)?
11. Que valor é acrescentado pelos métodos mistos além do valor obtido mediante a pesquisa quantitativa ou qualitativa?	Os métodos mistos proporcionam um melhor entendimento de um problema de pesquisa do que uma pesquisa quantitativa ou qualitativa isoladamente? Como o valor da pesquisa de métodos mistos pode ser substanciada por meio da investigação acadêmica?

FONTE: Creswell (no prelo-a), reproduzido com permissão da SAGE Publications Inc.

delas é especialmente importante para os estudantes de pós-graduação que precisam ser capazes de identificar e articular as suposições que trazem para a pesquisa. Acontece que as suposições filosóficas com frequência não se tornam declarações explícitas nos artigos publicados em periódicos ou nos livros, mas frequentemente surgem em apresentações de conferência ou em reuniões de comitês de pós-graduação. Como regra geral, sugerimos que os pesquisadores de métodos mistos não só estejam conscientes de suas suposições filosóficas, mas também articulem claramente suas suposições em seus projetos de métodos mistos.

O que está envolvido na articulação das suposições filosóficas em um estudo de métodos mistos? Acreditamos que isso inclui o reconhecimento da(s) visão(ões) de mundo que proporcionam um fundamento para o estudo, descrevendo os elementos da visão de mundo e relacionando-os a procedimentos específicos em um projeto de métodos mistos.

Filosofia e visões de mundo

É necessária uma estrutura para se pensar em como a filosofia se ajusta ao planejamento de um estudo de métodos mistos. Gostamos de usar a conceituação de Crotty (1998) (adaptada), para posicionar a filosofia dentro de um estudo de métodos mistos. Como está mostrado na Figura 2.1, Crotty afirma que há quatro elementos principais no desenvolvimento de uma proposta ou planejamento de um estudo. No nível mais amplo, há as questões das suposições filosóficas, como a epistemologia que está por trás do estudo ou como os pesquisadores adquirem conhecimento sobre o que sabem. Essas suposições filosóficas, por sua vez, informam o uso de uma "postura" teórica que o pesquisador pode usar (mais tarde, vamos nos referir a essas posturas como lentes extraídas da teoria da ciência social ou teoria emancipatória). Essa postura, então, informa a metodologia usada, que é uma estratégia, um plano de ação ou um projeto de pesquisa. Finalmente, a metodologia incorpora os métodos, que são as técnicas ou procedimentos usados para reunir, analisar e interpretar os dados. Como discutimos no Capítulo 1, os métodos mistos são principalmente um método, mas também envolvem uma estratégia para conduzir a pesquisa, e, por isso, poderia ser alocada na classificação de Crotty no nível de uma metodologia.

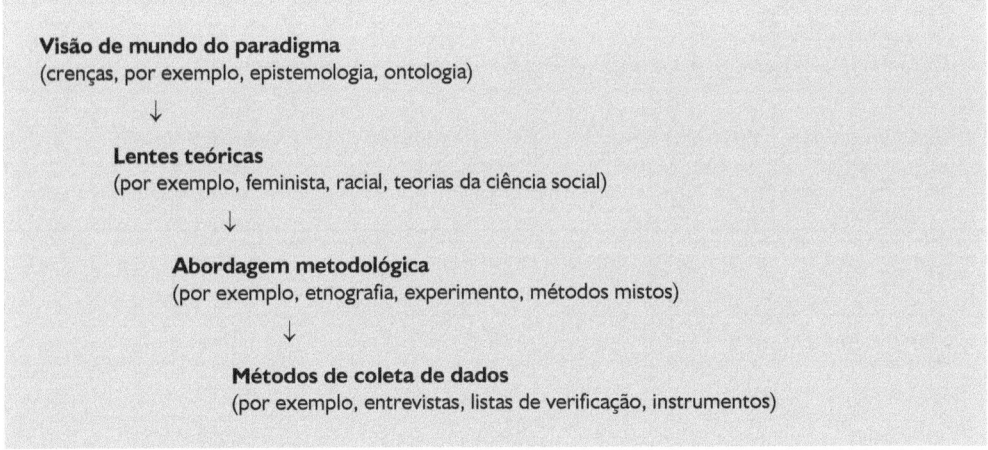

FIGURA 2.1

Quatro níveis para o desenvolvimento de um estudo de pesquisa.
Fonte: Adaptada de Crotty (1998).

Então, cercando um projeto de métodos mistos há suposições filosóficas que operam em um nível abstrato, amplo. As **suposições filosóficas** na pesquisa de métodos mistos consistem em um conjunto básico de crenças ou suposições que guiam as investigações (ver Guba e Lincoln, 2005). Um termo que usaríamos para descrever essas suposições é **visão de mundo**, e dizemos que os pesquisadores dos métodos mistos levam para sua investigação uma visão de mundo composta de crenças e suposições sobre o conhecimento que informa o seu estudo. Um termo que é com frequência utilizado como sinônimo de visão de mundo seria *paradigma*. Remontando ao uso original do termo por Thomas Kuhn (1970), um paradigma é um conjunto de generalizações, crenças e valores de uma comunidade de especialistas. Embora o próprio Kuhn tenha apontado os muitos usos do paradigma, o termo que preferimos é "visão de mundo", que pode ou não estar associado a uma disciplina específica ou a uma comunidade de estudiosos, mas que sugere as crenças e valores compartilhados dos pesquisadores. O trabalho mais conhecido sobre as visões de mundo está disponível na pesquisa qualitativa (Guba e Lincoln, 2005), mas as discussões filosóficas estão disponíveis também para as abordagens quantitativas (Phillips e Burbules, 2000). A maioria desses escritos é de autores dos campos das bases sociais da pesquisa ou da filosofia da educação (para uma síntese das muitas visões de mundo na pesquisa, ver Guba e Lincoln, 2005; Paul, 2005; Slife e Williams, 1995).

As quatro visões de mundo apresentadas no Quadro 2.4 proporcionam um bom ponto de partida. O **pós-positivismo** é com frequência associado às abordagens quantitativas. Os pesquisadores fazem apelos para o conhecimento baseado

1. no determinismo ou pensamento de causa-e-efeito;
2. no reducionismo, estreitando sua visão e se concentrando em variáveis selecionadas para inter-relacionar;
3. nas observações detalhadas e medidas de variáveis; e
4. no teste das teorias que estão continuamente refinadas (Slife e Williams, 1995).

O **construtivismo**, normalmente associado às abordagens qualitativas, funciona a partir de uma visão de mundo diferente. Quando os participantes apresentam seus

QUADRO 2.4

Características básicas das quatro visões de mundo usadas na pesquisa

Visão de mundo pós-positivista	Visão de mundo construtivista	Visão de mundo participativa	Visão de mundo pragmática
Determinação	Entendimento	Política	Consequências das ações
Reducionismo	Múltiplos significados do participante	Capacitação e orientada para a questão	Concentrada no problema
Observação e mensuração empíricas	Construção social e histórica	Colaborativa	Pluralista
Verificação da teoria	Geração de teoria	Orientada para a mudança	Orientada para a prática do mundo

FONTE: Creswell (2009c), reproduzido com permissão da SAGE Publications, Inc.

entendimentos, eles falam de significados moldados pela interação social com outros e de suas próprias histórias pessoais. Nessa forma de investigação, a pesquisa é moldada "de baixo para cima" – das perspectivas individuais para padrões amplos e, finalmente, para entendimentos amplos.

As **visões de mundo participativas** são influenciadas por interesses políticos, e essa perspectiva é mais frequentemente associada com as abordagens qualitativas do que com as abordagens quantitativas, embora nem sempre haja esta associação. A necessidade de melhorar a nossa sociedade e aqueles que estão nela caracteriza estas visões. Questões como capacitação, marginalização, hegemonia, patriarcado e outras questões que afetam os grupos marginalizados precisam ser tratadas, e os pesquisadores colaboram com os indivíduos que experienciam essas injustiças. No fim, o pesquisador participativo planeja que o mundo seja mudado para melhor, para que os indivíduos se sintam menos marginalizados. Uma visão de mundo final, o **pragmatismo**, é normalmente associada com a pesquisa de métodos mistos. O foco está nas consequências da pesquisa, na importância fundamental da questão formulada, em vez de nos métodos, e no uso de múltiplos métodos de coleta de dados para informar os problemas que estão sendo estudados. Portanto, é pluralista e orientado para "o que funciona" e para a prática.

Todas as quatro visões de mundo têm elementos comuns, mas assumem posturas diferentes com relação a esses elementos. **As visões de mundo diferem** na natureza da realidade (ontologia), em como adquirimos o conhecimento do que sabemos (epistemologia), o papel que os valores desempenham na pesquisa (axiologia), o processo da pesquisa (metodologia) e a linguagem da pesquisa (retórica) (Creswell, 2009c; Lincoln e Guba, 2000). Essas diferentes posturas influenciam a maneira como os pesquisadores conduzem e relatam suas investigações. Exemplos desses elementos comuns, das diferentes visões de mundo e de como os elementos e as visões de mundo são transferidas para a prática estão mostrados no Quadro 2.5. A ontologia se refere à natureza da realidade (e do que é real) quando os pesquisadores conduzem suas investigações. O pós-positivismo tende a encarar a realidade como singular. Um exemplo seria uma teoria que paira sobre o estudo de pesquisa e ajuda a explicar (em uma única realidade) os achados do estudo. Outra ilustração seria a tendência pós-positivista a rejeitar ou deixar de rejeitar uma hipótese. Entretanto, a construtivista encara a realidade como múltipla e busca ativamente perspectivas múltiplas dos participantes, como as perspectivas desenvolvidas por meio de múltiplas entrevistas. O pesquisador participativo acha que a realidade é sempre negociada e situada dentro de um contexto político, enquanto o pragmático encara a realidade como singular (p. ex., pode haver uma teoria que opera para explicar o fenômeno do estudo) e como múltipla (p. ex., ela é importante também para avaliar a contribuição do indivíduo na natureza do fenômeno).

Outro exemplo das diferenças entre as visões de mundo considera as diferenças metodológicas (i.e., o processo da pesquisa). Na pesquisa pós-positivista, o investigador trabalha de "cima para baixo", de uma teoria para as hipóteses para adicionar à teoria ou contradizê-la. Nas abordagens construtivistas, o investigador trabalha mais de "baixo para cima", usando as visões dos participantes para construir temas mais amplos e gerar uma teoria interconectando os temas. Na pesquisa participativa, o pesquisador colabora com outros participantes atuando como membro ativo da equipe da pesquisa, ajudando a gerar questões, analisar os dados e implementar os resultados na prática. No pragmatismo, a abordagem pode combinar o pensamento dedutivo e o pensamento indutivo, pois o pesquisador mistura dados qualitativos e quantitativos.

Visões de mundo aplicadas aos métodos mistos

Até aqui, examinamos quatro diferentes visões de mundo e discutimos como elas podem diferir em termos dos elementos fi-

QUADRO 2.5
Elementos das visões de mundo e suas implicações para a prática

Elemento da visão de mundo	Pós-positivismo	Construtivismo	Participatismo	Pragmatismo
Ontologia (Qual é a natureza da realidade?)	Realidade singular (p. ex., os pesquisadores rejeitam ou deixam de rejeitar as hipóteses)	Realidades múltiplas (p. ex., os pesquisadores apresentam citações para ilustrar as diferentes perspectivas)	A realidade política (p. ex., os achados são negociados com os participantes)	Realidades singulares e múltiplas (p. ex., os pesquisadores testam as hipóteses e apresentam múltiplas perspectivas)
Epistemologia (Qual é o relacionamento entre o pesquisador e o que está sendo pesquisado?)	Distância e imparcialidade (p. ex., os pesquisadores coletam objetivamente os dados sobre os instrumentos)	Proximidade (p. ex., os pesquisadores visitam os participantes em seus locais para coletar dados)	Colaboração (p. ex., os pesquisadores envolvem ativamente os participantes como colaboradores)	Praticidade (p. ex., os pesquisadores coletam os dados pelo "que funciona" para lidar com a questão da pesquisa)
Axiologia (Qual é o papel dos valores?)	Não tendencioso (p. ex., os pesquisadores usam as checagens para eliminar o viés)	Tendencioso (p. ex., os pesquisadores falam ativamente sobre seus vieses e interpretações)	Negociado (p. ex., os pesquisadores negociam seus vieses com os participantes)	Posturas múltiplas (p. ex., os pesquisadores incluem tanto perspectivas tendenciosas como não tendenciosas)
Metodologia (Qual é o processo da pesquisa?)	Dedutivo (p. ex., os pesquisadores testam uma teoria a priori)	Indutivo (p. ex., os pesquisadores começam com as visões dos participantes e depois partem para os padrões, as teorias e as generalizações)	Participativo (p. ex., os pesquisadores envolvem os participantes em todos os estágios da pesquisa e se envolvem nas revisões cíclicas dos resultados)	Combinatista (p. ex., os pesquisadores coletam tanto dados quantitativos quanto qualitativos e os mistura)
Retórica (Qual é a linguagem da pesquisa?)	Estilo formal (p. ex., os pesquisadores usam definições acordadas das variáveis)	Estilo informal (p. ex., os pesquisadores escrevem em um estilo literário, informal)	Defesa e mudança (p. ex., os pesquisadores usam uma linguagem que vai ajudar a produzir mudança e defender os participantes)	Formal ou informal (p. ex., os pesquisadores podem empregar estilos formais e informais de escrita)

losóficos mais amplos da ontologia, da epistemologia, da axiologia, da metodologia e da retórica. Que visão(ões) de mundo se ajusta(m) melhor a um estudo de métodos mistos? As respostas a essa questão têm há algum tempo ocupado a atenção dos pesquisadores dos métodos mistos (Tashakkori e Teddlie, 1998, 2003a), e suas respostas têm variado. Ao planejar e conduzir pesquisa de métodos mistos, os pesquisadores precisam conhecer as posturas alternativas nas visões de mundo e na pesquisa de métodos mistos e ser capaz de articular a postura que estão usando. Eles podem comunicar sua postura em uma parte separada do projeto, intitulada "suposições filosóficas" ou na seção de métodos do seu plano ou estudo.

Uma visão de mundo "melhor" para os métodos mistos. Embora alguns indivíduos ainda procurem participar no debate do paradigma, muitos autores dos métodos mistos têm se movido para identificar a "melhor" visão de mundo que proporcione um fundamento para a pesquisa de métodos mistos. Tashakkori e Teddlie (2003a) sugeriram que pelo menos 13 autores diferentes abraçam o pragmatismo como a visão de mundo ou paradigma para a pesquisa de métodos mistos. Embora já tenhamos introduzido o pragmatismo, devido à sua importância ele merece uma discussão adicional.

O pragmatismo é um conjunto de ideias articuladas por muitas pessoas, desde figuras históricas, como John Dewey, William James e Charles Sanders Peirce, até contemporâneas, como Cherryholmes (1992) e Murphy (1990). Ele está baseado em muitas ideias, inclusive empregando "o que funciona", usando diferentes abordagens e valorizando tanto o conhecimento objetivo quanto o subjetivo. Tashakkori e Teddlie (2003a) vincularam formalmente o pragmatismo e a pesquisa de métodos mistos, defendendo os seguintes pontos:

- ✓ Tanto os métodos de pesquisa quantitativo quanto qualitativo podem ser usados em um único estudo.
- ✓ A questão da pesquisa deve ser de fundamental importância – mais importante do que o método ou a visão de mundo filosófica subjacente ao método.
- ✓ A dicotomia da escolha forçada entre o pós-positivismo e o construtivismo deve ser abandonada.
- ✓ O uso de conceitos metafísicos como "verdade" e "realidade" também deve ser abandonado.
- ✓ Uma filosofia de pesquisa prática e aplicada deve guiar as escolhas metodológicas.

Outra abordagem "melhor" do paradigma é encontrada no paradigma transformativo-emancipatório de Mertens (2003; ver também Sweetman, Badiee e Creswell, 2010). Mertens (2003) deu uma contribuição original e criteriosa para a literatura dos métodos mistos transpondo a filosofia da investigação (i.e., os paradigmas) com a prática da pesquisa. Ao discutir esta perspectiva, ela disse:

> Os estudiosos [...] transformativos recomendam a adoção de um objetivo explícito para a pesquisa servir os objetivos de criar uma sociedade mais justa e democrática que permeie todo o processo de pesquisa, desde a formulação do problema até a extração de conclusões e o uso dos resultados. (Mertens, 2003, p. 159)

Na verdade, Mertens (2003) nos proporcionou uma estrutura que tem uma aplicabilidade imediata para avaliar a inclusão de uma perspectiva emancipatória nos estudos de métodos mistos. Ela sugeriu que o nome dessa estrutura é "transformativa" e que inclui a visão de mundo e as suposições de valor implícitas de uma pessoa. Essas suposições são que o conhecimento não é neutro e é influenciado pelos interesses humanos. O conhecimento reflete o poder e os relacionamentos sociais dentro da sociedade, e o propósito da construção do conhecimento é ajudar as pessoas a melhorar a sociedade. Questões como opressão e dominação – encontradas nas perspectivas da teoria crítica – tornam-se importantes para o estudo. Ela citou vários grupos que estenderam o pensamento sobre o lugar dos valores na pesquisa, incluindo feministas, membros de diversos grupos étnicos e raciais, e pessoas com incapacidades (Mertens, 2003). Em 2009, Mertens expandiu sua lista de grupos marginalizados para também incluir lésbicas, gays, bissexuais, transgêneres e comunidades homossexuais e ampliou suas perspectivas teóricas para incluir a psicologia positiva e a teoria da resiliência.

A perspectiva realista crítica também está sendo discutida como uma contribuição potencial para a pesquisa de métodos mistos (Maxwell e Mittapalli, no prelo). É uma perspectiva filosófica que valida e apoia aspectos fundamentais tanto da abordagem quantitativa quanto da abordagem qualitativa. Eles afirmam que, embora identificando algumas limitações específicas de cada uma, o realismo pode constituir uma postura produtiva para a pesquisa dos métodos mistos e facilitar a colaboração entre os pesquisadores quantitativos e qualitativos. Discutiram o **realismo crítico** como uma integração de uma ontologia realista (há um mundo real que existe independentemente de nossas percepções, teorias e construções) com uma epistemologia construtivista (nosso entendimento deste mundo é inevitavelmente uma construção das nossas próprias perspectivas e pontos de vista). Entretanto, os autores reconheceram que o uso explícito de perspectivas realistas na pesquisa dos métodos mistos ainda era relativamente incomum, exceto na Europa (e citaram exemplos em contabilidade, economia, psiquiatria e enfermagem). Acrescentaríamos que isso confunde o uso da teoria e o uso dos paradigmas, pois o "crítico" é com frequência mais associado a uma lente teórica do que a uma visão de mundo, e apresenta um desafio ao *status quo* (ver a próxima seção sobre o uso da lente teórica).

Visões de mundo múltiplas nos métodos mistos. Essa posição estabelece que os paradigmas múltiplos podem ser usados na pesquisa de métodos mistos; os pesquisadores devem simplesmente ser explícitos em seu uso. Essa perspectiva "dialética" (Greene e Caracelli, 1997) reconhece que diferentes paradigmas dão origem a ideias contraditórias e argumentos contestados – aspectos da pesquisa que devem ser honrados, mas não podem ser conciliados. Essas contradições, tensões e oposições refletem diferentes maneiras de conhecer e valorizar o mundo social. Esta postura enfatiza o uso de múltiplas visões de mundo (p. ex., o construtivismo e o participatismo) durante o estudo, em vez de o uso de uma única visão de mundo, como o pragmatismo.

As visões de mundo estão relacionadas ao tipo de projeto de métodos mistos. Nessa terceira postura, uma postura que adotamos, sugerimos que mais de uma visão de mundo pode ser usada no estudo de métodos mistos (em contraste com a Postura 1), e que a seleção de múltiplas visões de mundo está relacionada ao tipo de projeto de métodos mistos usado, em vez de uma visão de mundo baseada em como o pesquisador tenta "conhecer" o mundo social (como está estabelecido na Postura 2). Acreditamos que múltiplos paradigmas podem ser usados em um estudo de métodos mistos e que eles se relacionam melhor com o tipo de projetos de métodos mistos. Embora uma visão de mundo não esteja sempre "ligada" aos procedimentos na pesquisa, as suposições direcionadoras das visões de mundo com frequência moldam a maneira como os pesquisadores dos métodos mistos constroem seus procedimentos. Os métodos quantitativos (p. ex., pesquisas de levantamento, experimentos) são normalmente usados dentro de uma visão de mundo pós-positivista em que alguma teoria determinante direcionadora é apresentada no início, e o estudo é limitado a algumas variáveis que são empiricamente mensuradas e observadas. Por isso, se um estudo começa com uma pesquisa de levantamento, o pesquisador está implicitamente usando uma visão de mundo pós-positivista para informar o estudo, começando com variáveis específicas, mensurações empíricas e, com frequência, estruturado dentro de uma teoria apresentada *a priori* que está sendo testada no projeto da pesquisa de levantamento. Então, se o pesquisador se move para a pesquisa de grupos de focos qualitativos na segunda fase para acompanhar e explicar os resultados da pesquisa de levantamento, parece que a visão de mundo se desloca mais para uma perspectiva construtivista. No grupo de foco, a tentativa é suscitar múltiplos significados dos participantes, construir um entendimento mais profundo do que a pesquisa de levantamento produziria, e possivelmente gerar uma teoria ou um padrão de respostas que explicam os resultados da pesquisa. Na verdade, o pesquisador se deslocou de uma visão de mundo pós-positivista na primeira fase da pesquisa para uma visão de mundo construtivista na segunda fase. Assim, a nossa opinião é que as visões de mundo se relacionam aos tipos de projetos, que as visões de mundo podem mudar durante um estudo, que as visões de mundo podem estar ligadas a diferentes fases do projeto e que os pesquisadores precisam honrar e escrever sobre suas visões de mundo que estão sendo usadas. Se, em vez de implementar as diferentes abordagens nas fases, um pesquisador de métodos mistos coleta tanto dados quantitativos quanto qualitativos na mesma fase do projeto e funde as duas bases de dados, então uma visão de mundo abrangente pode ser melhor para o estudo. Encararíamos o pragmatismo (ou uma perspectiva transformativa) como essa visão de mundo, porque ela permite que os pesquisadores adotem uma postura pluralista de reunir todos os tipos de dados para responder melhor as questões da pesquisa. Vamos explicitar esta conexão – entre a visão de mundo em uso e o projeto em uso – para cada projeto de métodos mistos no Capítulo 3.

As visões de mundo dependem da comunidade acadêmica. Recentemente, os autores dos métodos mistos recorreram à ideia de Kuhn (1970) de uma comunidade de profissionais. Dois escritos fundamentais surgiram em 2007 e 2008 em artigos da JMMR de autoria do americano David Morgan e do britânico Martin Descombe. O artigo de Morgan (2007) é uma peça acadêmica fascinante e foi apresentada pela primeira vez em 2005 como o discurso fundamental na Conferência dos Métodos Mistos em Cambridge, no Reino Unido. Morgan (2007) via os paradigmas como "sistemas de crença compartilhados que influenciam os tipos de conhecimento que os pesquisadores buscam e como eles interpretam as evidências que coletam" (p. 50). Entretanto, ele via quatro tipos de paradigmas, e eles diferiam em termos de generalidade. Primeiro, os paradigmas podem ser encarados como visões de mundo, uma perspectiva abrangente sobre o mundo; ou, segundo, eles podem ser vistos como epistemologias incorporando ideias da filosofia da ciência, como a ontologia, a metodologia e a epistemologia. Terceiro, os paradigmas podem ser encarados como as soluções "melhores" ou "típicas" para os problemas; e, quarto, os paradigmas podem representar crenças compartilhadas de um campo de pesquisa. É esta última perspectiva que Morgan endossava enfaticamente. Os pesquisadores, disse ele, compartilhavam um consenso em áreas de especialidade sobre quais questões eram mais significativas e quais procedimentos eram mais apropriados para responder as questões. Em suma, muitos pesquisadores profissionais olhavam para as perspectivas de visão do mundo a partir de uma perspectiva da "comunidade de acadêmicos" (p. 53). Segundo Morgan, essa era a versão dos paradigmas que Kuhn (1970) mais defendeu quando falou sobre uma comunidade de profissionais.

Denscombe (2008) reforçou a posição de Morgan e adicionou mais detalhes sobre a natureza de uma comunidade de profissionais. Ele esboçou como as comunidades trabalham usando ideias como identidade compartilhada, problemas de pesquisa comuns, redes sociais, formação de conhecimento e agrupamentos informais. O campo dos métodos mistos está se tornando fragmentado pela orientação da disciplina, e será fundamentalmente moldado, acreditamos nós, por grande interesse no tema. Por exemplo, quando colegas das ciências da saúde no Veterans Administration Health Services Research Center em Ann Arbor, Michigan, se referem aos métodos mistos de uma perspectiva de avaliação dos procedimentos "formativos" e "somativos ", eles estão abraçando os métodos mistos a partir de uma orientação de campo que faz sentido dentro da área de pesquisa dos serviços de saúde (Forman e Damschroder, 2007).

BASES TEÓRICAS

Voltando ao modelo de Crotty (1998) apresentado na Figura 2.1, encontramos a teoria operando em uma perspectiva mais estreita do que uma visão de mundo. Uma **base teórica** nos métodos mistos é uma postura (ou lente ou ponto de vista) assumida pelo pesquisador que proporciona direção a muitas fases de um projeto de métodos mistos. Como o pesquisador incorpora isso em um estudo? Que tipo de teoria o pesquisador pode usar? Enxergamos dois tipos de teoria que podem informar um estudo de métodos mistos: uma teoria das ciências sociais e uma teoria emancipatória.

Uma orientação teórica para um estudo de métodos mistos seria o uso de uma estrutura explanatória das ciências sociais que prevê e molda a direção de um estudo de pesquisa. Uma **teoria da ciência social** é posicionada no início de um estudo de métodos mistos e proporciona uma estrutura, ou teoria, das ciências sociais que direcionam a natureza das questões formuladas e respondidas em um estudo. Os dados coletados podem ser quantitativos, qualitativos ou ambos. Essa teoria pode ser uma teoria de liderança, uma teoria econômica, uma teoria de *marketing*, uma teoria da mudança comportamental, uma teoria de adoção ou difusão, ou qualquer número de teorias da ciência social. Ela pode ser apresentada como uma revisão da literatura, como um modelo conceitual ou como uma teoria que ajuda a explicar o que o pesquisador procura encontrar em um estudo.

Um exemplo de uma teoria da ciência social pode ser encontrado em um estudo de métodos mistos sobre a dor crônica e o seu manejo mediante as habilidades aprendidas, de autoria de Kennett, O'Hagan e Cezer (2008). Esses autores apresentaram um estudo de métodos mistos para entender como as habilidades aprendidas capacitam os indivíduos. Nesse estudo, eles coletaram medidas no Self-Control Schedule (SCS) de Rosenbaum e mediante entrevistas realizadas com pacientes que enfrentavam dor crônica. No parágrafo de abertura do seu estudo, eles apresentaram o propósito do estudo:

> Assumindo uma perspectiva realista baseada no modelo de autocontrole de Rosenbaum (1990, 2000), combinamos uma medida quantitativa de habilidades aprendidas com uma análise qualitativa baseada no texto para caracterizar os processos que entram em jogo no automanejo da dor para clientes de altos e baixos recursos após um programa de dor baseado no tratamento multimodelo. (Kennett et al., 2008, p. 318)

O modelo de Rosenbaum foi usado porque desafiava o *status quo* sobre os programas de saúde e também estimulava a transformação da prática. Os autores primeiro introduziram os principais componentes do modelo de Rosenbaum. Isso foi seguido pela literatura da pesquisa sobre as habilidades como um prognosticador importante da adoção de um comportamento saudável, e de uma discussão de um dos experimentos de Rosenbaum relacionando as habilidades com o enfrentamento da dor. Os autores discutiram os fatores do modelo que conduzem ao autocontrole, como fatores relacionados às cognições que regulam o processo (p. ex., apoio da família e dos amigos), às estratégias de enfrentamento (p. ex., a capacidade para enfrentar a dor, tal como distrair a atenção e reinterpretar a dor) e à permanência em (ou o abandono de) programas. A esta altura, os autores traçaram um diagrama desses fatores que influenciaram o autocontrole como uma estrutura teórica direcionadora para sua teoria. Em seguida, eles apresentavam uma série de questões extraídas do modelo de Rosenbaum e da literatura que orientava o seu estudo, examinando o impacto de um programa cognitivo-comportamental de manejo da dor crônica no automanejo e como as habilidades e um senso de autodireção influenciam as habilidades de automanejo da dor crônica. Próximo ao fim do artigo, eles revisitaram os fatores que conduzem ao automanejo e apresentaram um diagrama dos fatores que mais se destacam.

Recuando um pouco desta discussão, podemos ver como um pesquisador de métodos mistos pode incorporar uma lente teórica da ciência social em um estudo de métodos mistos (ver Creswell, 2009c).

- ✓ Coloque a discussão da teoria (modelo ou estrutura conceitual) no início do artigo como uma estrutura *a priori* para guiar as questões do estudo.
- ✓ Escreva sobre a teoria apresentando primeiro o nome da teoria a ser usada, seguida de uma descrição das principais variáveis da teoria. Discuta os estudos anteriores que usaram a teoria. Termine declarando especificamente como a teoria vai informar as questões e os procedimentos do estudo atual dos métodos mistos.
- ✓ Inclua um diagrama da teoria que indica a direção dos vínculos causais na teoria e os principais conceitos ou variáveis da teoria.
- ✓ Faça a teoria proporcionar uma estrutura tanto para os esforços da coleta de dados quantitativos quanto para os qualitativos no estudo.

Em contraste com uma teoria da ciência social como uma explicação direcionadora em um estudo de métodos mistos, uma **teoria emancipatória** nos métodos mistos envolve assumir uma postura teórica em favor de grupos sub-representados ou marginalizados, como uma teoria feminista, uma teoria racial ou ética, uma teoria de orientação sexual ou uma teoria da incapacidade (Mertens, 2009) e apela para a mudança. Com um objetivo da pesquisa qualitativa de tratar de questões de justiça social e da condição humana (Denzin e Lincoln, 2005), essa ênfase vem a ser esperada de alguns acadêmicos na pesquisa de métodos mistos. Entretanto, observamos alguns anos atrás que poucos estudos incorporavam esta lente teórica emancipatória (Creswell e Plano Clark, 2007). Hoje, os estudos de métodos mistos com uma lente emancipatória estão se tornando mais frequentemente relatados na literatura dos métodos mistos. Por exemplo, estudos recentes de métodos mistos trataram de tópicos como o interesse de garotas afro-americanas em ciência (Buck, Cook, Quigley, Eastwood e Lucas, 2009), o capital social das mulheres na Austrália (Hodgkin, 2008) e o entendimento das mulheres sobre os mitos do estupro específicos da comunidade (McMahon, 2007). Escritos metodológicos sobre a vinculação da epistemologia do ponto de vista feminista com os métodos mistos também foram recentemente publicados (Hesse-Biber e Leavy, 2006).

Partindo de artigos que incorporam uma lente emancipatória, podemos ver numerosos exemplos de como incorporar esta lente em um estudo de métodos mistos. Um estudo recente analisou 13 estudos de métodos mistos (Sweetman, Badiee e Creswell, 2010) que incorporavam uma lente teórica emancipatória. Os resultados mostraram uma ampla variedade de periódicos de ciência social que publicaram estes estudos (por exemplo, *Women and Health, Families in Society, Social Work Research, Urban Studies*), e seis lentes teóricas diferentes foram usadas pelos autores. O feminismo foi o mais comum (seis estudos), com o *status* socioeconômico aparecendo em segundo lugar (dois estudos), seguido por incapacidade, ecologia humana e gênero em geral. Alguns artigos abrangiam categorizações sociais múltiplas, como renda, etnia e gênero. Depois de examinar esses estudos, os autores apresentaram recomendações para a incorporação de uma lente emancipatória em um estudo de métodos mistos:

- ✓ Introduzir a lente emancipatória no início do estudo.

- ✓ Aplicá-la ao discutir a literatura.
- ✓ Explicitá-la ao discutir o problema da pesquisa.
- ✓ Escrevê-la nas questões da pesquisa usando uma linguagem emancipatória, de defesa.
- ✓ Discutir a coleta de dados de uma maneira que não marginalize mais a comunidade.
- ✓ Posicionar os pesquisadores no estudo.
- ✓ Sugerir um plano de ação ou uma mudança para concluir o estudo.

Mesmo com essas sugestões, mais trabalho precisa ser feito para estabelecer como os procedimentos dos métodos mistos podem mudar, dependendo do tipo de lente emancipatória usada (p. ex., feminista, racial). À medida que mais estudos de métodos mistos começarem a incorporar uma lente emancipatória, poderemos aprender mais sobre como incluir tal lente e sobre a variedade de estudos que usa este tipo de lente teórica.

✓ Resumo

Ao planejar um estudo de métodos mistos, os pesquisadores precisam citar referências à literatura mais recente, justificar seu uso e reconhecer como seu estudo se ajusta no campo em desenvolvimento da pesquisa de métodos mistos. Embora alguns dos elementos das abordagens dos métodos mistos estivessem evidentes antes da década de 1980, vários autores de diferentes disciplinas e diferentes países surgiram com a ideia dos métodos mistos mais ou menos ao mesmo tempo – o final dos anos de 1980. Por isso, o campo tem um pouco mais de 20 anos de idade, e evoluiu devido à complexidade dos problemas de pesquisa, à legitimação da investigação qualitativa e à necessidade de mais evidências nos locais aplicados. Sua evolução ocorreu por meio de cinco fases:

1. o período formativo da consideração de múltiplas formas de dados;
2. o período do debate do paradigma, em que ocorreram discussões acaloradas sobre se os métodos mistos integravam de maneira inapropriada diferentes perspectivas filosóficas;
3. a fase dos procedimentos, em que os escritores pressionaram por um maior entendimento sobre a condução de um estudo de métodos mistos;
4. a fase de defesa e expansão, em que os escritores sugeriram que os métodos mistos eram uma metodologia distinta e sua popularidade se disseminou para diversas disciplinas e diferentes países do mundo; e
5. a fase atual reflexiva, em que os autores estão discutindo as prioridades, questões e controvérsias que envolvem a pesquisa de métodos mistos.

Além disso, os pesquisadores trouxeram para o seu estudo de métodos mistos suposições filosóficas que precisam ser explicitadas e discutidas. Os pesquisadores precisam reconhecer a visão de mundo filosófica que trazem para um projeto, identificar os componentes de suas visões de mundo e relacioná-las aos elementos específicos do seu estudo de métodos mistos. As visões de mundo são as crenças e os valores que os pesquisadores trazem para um estudo e estes podem ser extraídos de pelo menos uma ou mais perspectivas, como o pós-positivismo, o construtivismo, as visões de mundo participativas e o pragmatismo. Os elementos para cada visão de mundo diferem e estão refletidos em diferentes suposições filosóficas, como a ontologia, a epistemologia, a axiologia, a metodologia e a retórica. Em resposta a essas ideias filosóficas, os pesquisadores dos métodos mistos assumiram diferentes posturas no uso das visões de mundo em sua pesquisa. Alguns acreditam que há uma única visão de mundo que informa os métodos mistos, como o pragmatismo, as abordagens transformativas ou o realismo crítico. Outros acham que múltiplas visões de mundo podem informar um estudo de métodos mistos e que a escolha da visão de mundo está relacionada ao tipo de projeto de métodos mistos escolhido. Uma postura recente é que

(continua)

Resumo *(Continuação)*

as visões de mundo se formam dentro das comunidades acadêmicas e que elas podem variar de comunidade para comunidade. Independentemente da visão de mundo, as suposições que estão por trás de um estudo de métodos mistos necessitam ser identificadas e declaradas nos projetos de métodos mistos.

Os pesquisadores dos métodos mistos podem também usar uma lente teórica em seu estudo extraída das teorias das ciências sociais ou de uma perspectiva emancipatória, como um ponto de vista feminista, da incapacidade ou étnico. As teorias da ciência social são com frequência colocadas no início de um estudo de métodos mistos e informam as questões formuladas e a interpretação dos resultados. As teorias emancipatórias frequentemente perpassam todo o projeto, e informam as lentes que estão sendo usadas, os tipos de questões de pesquisa formuladas, os procedimentos usados na coleta de dados e o apelo para a ação apresentado no final dos estudos.

ATIVIDADES

1. Realize uma busca na literatura utilizando bancos de dados para encontrar livros e artigos sobre a pesquisa de métodos mistos. Anote os escritos recentes que descrevem as características essenciais da pesquisa de métodos mistos. Compile uma lista dos autores que você citaria como autores recentes sobre os métodos mistos quando definir os métodos mistos em seu estudo.
2. Que visão(ões) de mundo vai(vão) permear seu estudo de métodos mistos? Identifique uma ou mais visões de mundo, discuta os elementos que compreendem as visões de mundo e declare especificamente como a visão de mundo vai informar a conduta do seu estudo de pesquisa de métodos mistos.
3. Selecione um estudo de métodos mistos com uma lente feminista e o analise. Procure o artigo de McMahon (2007) sobre o entendimento dos mitos do estupro específicos da comunidade. Identifique como os autores incorporaram uma lente feminina no problema da pesquisa, nas questões da pesquisa, na coleta de dados e no apelo por mudança ou ação no final do artigo.

Recursos adicionais a serem examinados

Para uma análise histórica da pesquisa de métodos mistos, consulte os seguintes recursos:

Greene, J.C. (2007). *Mixed methods in social inquiry*. San Francisco: Jossey-Bass.

Tashakkori, A. & Teddlie, C. (1998). *Mixed methodology : Combining qualitative and quantitative approaches*. Thousand Oaks, CA: Sage.

Para uma discussão das visões de mundo filosóficas relacionadas à pesquisa de métodos mistos, ver os seguintes recursos:

Denscombe, M. (2008). Communities of practice: A research paradigm for the mixed methods approach. *Journal of Mixed Methods Research, 2*, 270-283.

Morgan, D.L. (2007). Paradigms lost and pragmatism regained: Methodological implications of combining qualitative and quantitative methods. *Journal of Mixed Methods Research, 1*(1), 48-76.

Para discussões do uso de uma lente teórica na pesquisa de métodos mistos, ver os seguintes recursos:

Mertens, D.M. (2009). *Transformative research and evaluation*. New York: Guilford Press.

Sweetman, D., Badiee, M. & Creswell, J.W. (2010). Use of the transformative framework in mixed studies methods. *Qualitative Inquiry*. Prepublished April 15, 2010, DOI: 10.1177/1077800410364610.

3
Escolha de um projeto de métodos mistos

Os projetos de pesquisa são procedimentos para coleta, análise, interpretação e relato dos dados nos estudos de pesquisa. Eles representam diferentes modelos para a realização de pesquisa, e esses modelos têm nomes e procedimentos diferentes associados a eles. Os projetos de pesquisa são úteis porque ajudam a guiar as decisões sobre os métodos que os pesquisadores precisam tomar durante seus estudos e determinar a lógica pela qual eles fazem suas interpretações na conclusão dos estudos. Uma vez que o pesquisador identificou que o problema de pesquisa requer uma abordagem de métodos mistos e se refletiu nas bases filosóficas e teóricas do estudo, o passo seguinte é escolher um projeto específico que melhor se adapte ao problema e às questões de pesquisa do estudo. Que projetos estão disponíveis e como os pesquisadores decidem qual é apropriado para seus estudos? Os pesquisadores dos métodos mistos devem estar informados sobre os principais tipos de projetos de métodos mistos e sobre as decisões fundamentais que estão por trás desses projetos para considerarem as opções disponíveis. Cada principal projeto tem sua própria história, propósito, considerações, suposições filosóficas, procedimentos, pontos fortes, desafios e variantes. Possuindo um entendimento dos projetos básicos, os pesquisadores estão equipados para escolher e descrever o projeto de métodos mistos mais adequado para lidar com um problema expressado.

Este capítulo introduz os projetos básicos disponíveis para o pesquisador planejar se engajar na pesquisa de métodos mistos. Ele vai tratar de:

✓ os princípios para planejar um estudo de métodos mistos;
✓ as decisões necessárias para a escolha de um projeto de métodos mistos;
✓ as características dos principais projetos de métodos mistos;

- a história, o propósito, as suposições filosóficas, os procedimentos, os pontos fortes, os desafios e as variantes para cada um dos principais projetos; e
- um modelo para escrever sobre um projeto em um relato escrito.

PRINCÍPIOS PARA O PROJETO DE UM ESTUDO DE MÉTODOS MISTOS

O planejamento dos estudos de pesquisa é um processo desafiador tanto na pesquisa quantitativa quanto na qualitativa. Este processo pode se tornar ainda mais desafiador quando o pesquisador decidir usar uma abordagem de métodos mistos devido à complexidade inerente nos projetos de métodos mistos. Embora o planejamento e a condução de quaisquer dois estudos de métodos mistos jamais serão exatamente iguais, há vários princípios fundamentais que os pesquisadores consideram para ajudar a transitar nesse processo utilizando um projeto fixo e/ou emergente; identificando uma abordagem de projeto a ser usada; compatibilizando um projeto com o problema, o propósito e as questões do estudo; e sendo explícitos sobre a razão de terem escolhido os métodos mistos.

Reconhecer que os projetos de métodos mistos podem ser fixos e/ou emergentes

Os projetos de métodos mistos podem ser fixos e/ou emergentes, e os pesquisadores precisam ter conhecimento da abordagem que estão utilizando e estar abertos a considerar a melhor alternativa para as circunstâncias. Os **projetos de métodos mistos fixos** são estudos de métodos mistos em que o uso de métodos quantitativos e qualitativos é predeterminado e planejado no início do processo da pesquisa, e os procedimentos são implementados como foi planejado. Os **projetos de métodos mistos emergentes** são encontrados nos estudos de métodos mistos em que o uso dos métodos mistos surge devido às questões que se desenvolvem durante o processo de condução da pesquisa. Os projetos de métodos mistos emergentes em geral ocorre quando uma segunda abordagem (quantitativa ou qualitativa) é adicionada depois que o estudo já está em andamento porque um método foi considerado inadequado (Morse e Niehaus, 2009). Por exemplo, Ras (2009) descreveu como ela encontrou a necessidade de adicionar um componente quantitativo ao seu estudo de caso qualitativo de mudança curricular autoimposta em uma escola elementar. Ela lidou com as preocupações emergentes com a confiabilidade das suas interpretações do que ela aprendeu com seus participantes. Dessa maneira, seu estudo de caso qualitativo se tornou um estudo de métodos mistos durante o seu processo de implementação do estudo da pesquisa.

Não encaramos estas duas categorias – fixa e emergente – como uma dicotomia clara, mas como pontos finais ao longo de um contínuo. Muitos projetos de métodos mistos realmente caem em algum lugar no meio, com aspectos estabelecidos e emergentes no projeto. Por exemplo, o pesquisador pode planejar conduzir um estudo em duas fases desde o início, começando com uma fase quantitativa e depois passando para uma fase qualitativa. Entretanto os detalhes do projeto da segunda fase, qualitativa, podem emergir com base na interpretação do pesquisador dos resultados da fase quantitativa inicial. Por isso, o estudo se torna um exemplo de combinação de elementos estabelecidos e emergentes.

Devido ao nosso foco no planejamento dos estudos de métodos mistos e na natureza linear e estabelecida do texto impresso, nossa escrita pode parecer enfatizar os projetos estabelecidos. Entretanto, tenha em mente que reconhecemos a importância e o valor das abordagens de métodos mistos emergentes. Acreditamos que a maioria dos elementos do projeto que tratamos neste livro se aplicam bem, quer o uso dos estudos mistos seja planejado desde o início e/ou surja devido às necessidades de um estudo.

Identificar uma abordagem para o projeto

Além de usar projetos de métodos mistos fixos e emergentes, os pesquisadores também usam diferentes abordagens para planejar seus estudos de métodos mistos. Há várias abordagens a serem planejadas que foram discutidas na literatura, e os pesquisadores podem se beneficiar de considerar sua abordagem pessoal para planejar estudos de métodos mistos. Essas abordagens do projeto recaem em duas categorias: baseadas na tipologia e dinâmicas.

Uma **abordagem baseada na tipologia** para o projeto de métodos mistos enfatiza a classificação de métodos mistos úteis e a seleção e a adaptação de um projeto particular, ao propósito e às questões do estudo. É inquestionável que essa abordagem do projeto já foi extensivamente discutida na literatura dos métodos mistos, como está demonstrado pela quantidade de esforço que tem sido despendido na classificação dos projetos de métodos mistos. Há uma ampla variedade de classificações disponíveis de tipos de projetos de métodos mistos já apresentados pelos metodologistas. Creswell, Plano Clark, Gutmann e Hanson (2003) resumiram a extensão destas classificações em 2003, e nós atualizamos o resumo com uma lista de 15 classificações no Quadro 3.1. Essas classificações representam diversas disciplinas, incluindo avaliação, ciências da saúde e educação, e abarcam escritos acadêmicos sobre as abordagens dos métodos mistos desde o final da década de 1980. Elas também tendem a usar uma terminologia diferente e enfatizar diferentes aspectos dos projetos de métodos mistos (um tópico ao qual dedicaremos a nossa atenção posteriormente neste capítulo). Os diferentes tipos e as várias classificações expressam a natureza em evolução da pesquisa dos métodos mistos e a utilidade de considerar os projetos como uma estrutura para se pensar nos métodos mistos.

Há também abordagens dinâmicas para se pensar sobre o processo de planejamento de um estudo de métodos mistos. As **abordagens dinâmicas** dos métodos mistos se concentram em um processo de planejamento que considera e inter-relaciona componentes múltiplos do projeto de pesquisa em vez de enfatizar a seleção de um projeto apropriado de uma tipologia já existente. Maxwell e Loomis (2003) introduziram uma abordagem interativa baseada em sistemas, para o projeto dos métodos mistos. Eles declararam que o pesquisador deve pesar cinco componentes interconectados ao planejar um estudo de métodos mistos: os propósitos do estudo, a estrutura conceitual, as questões da pesquisa, os métodos e as considerações de validade. Embora as questões de pesquisa estejam no cerne desse processo, eles discutem como os inter-relacionamentos entre os componentes precisam ser considerados durante todo o processo do planejamento.

Hall e Howard (2008) descreveram recentemente outra abordagem dinâmica do projeto de métodos mistos, que chamaram de abordagem sinérgica. Eles sugeriram que a abordagem sinérgica proporcionava uma maneira de combinar uma abordagem tipológica com uma abordagem sistêmica. Em uma abordagem sinérgica, duas ou mais opções interagiam de tal modo que o seu efeito combinado era maior do que a soma das partes individuais. Transposta para os métodos mistos, isso significava que a soma da pesquisa quantitativa e qualitativa era maior do que cada uma das abordagens isoladamente. Eles definiram essa abordagem mediante um conjunto de princípios básicos: o conceito de sinergia, a posição de valor igual, a ideologia da diferença e o relacionamento entre o(s) pesquisador(es) e o projeto do estudo. Argumentaram que esta abordagem proporcionava uma combinação eficaz de estrutura e flexibilidade que os ajudava a considerar como a epistemologia, a teoria, os métodos e a análise poderiam atuar juntos dentro de um projeto de métodos mistos.

Sugerimos que os pesquisadores, particularmente aqueles novos para o planejamento e a condução de estudos de métodos mistos, considerem começar com

QUADRO 3.1
Classificações do projeto de métodos mistos

Autor	Disciplina	Projetos de métodos mistos
Greene, Caracelli e Graham (1989)	Avaliação	Iniciação Expansão Desenvolvimento Complementaridade Triangulação
Patton (1990)	Avaliação	Projeto experimental, dados qualitativos e análise de conteúdo Projeto experimental, dados qualitativos e análise estatística Investigação naturalística, dados qualitativos e análise estatística Investigação naturalística, dados quantitativos e análise estatística
Morse (1991)	Enfermagem	Triangulação simultânea Triangulação sequencial
Steckler, McLeroy, Goodman, Bird e McCormick (1992)	Educação em saúde pública	Modelo 1: Métodos qualitativos para desenvolver medidas quantitativas Modelo 2: Métodos qualitativos para explicar achados quantitativos Modelo 3: Métodos quantitativos para embelezar os achados qualitativos Modelo 4: Métodos qualitativos e quantitativos usados igualmente e paralelos

Greene e Caracelli (1997)	Avaliação	Projetos componentes
		  Triangulação
		  Complementaridade
		  Expansão
		Projetos integrados
		  Iterativos
		  Incorporados ou aninhados
		  Holísticos
		  Transformativos

Morgan (1998)	Pesquisa de saúde	Projetos complementares
		  Preliminares qualitativas
		  Preliminares quantitativas
		  Acompanhamento qualitativo
		  Acompanhamento quantitativo

Tashakkori e Teddlie (1998)	Pesquisa educacional	Projetos de métodos mistos
		  Status equivalente (sequencial ou paralelo)
		  Dominante – menos dominante (sequencial ou paralelo)
		  Uso de multiníveis

(continua)

QUADRO 3.1
Classificações do projeto de métodos mistos (continuação)

Autor	Disciplina	Projetos de métodos mistos
		Projetos do modelo misto 1. Confirmatório, dados qualitativos, análise estatística e inferência 2. Confirmatório, dados qualitativos, análise qualitativa e inferência 3. Exploratório, dados quantitativos, análise estatística e inferência 4. Exploratório, dados qualitativos, análise estatística e inferência 5. Confirmatório, dados quantitativos, análise qualitativa e inferência 6. Exploratório, dados quantitativos, análise qualitativa e inferência 7. Modelo misto paralelo 8. Modelo misto sequencial
Creswell (1999)	Política educacional	Modelo de convergência Modelo sequencial Modelo de construção de instrumento
Sandelowski (2000)	Enfermagem	Sequencial Concomitante Iterativo Sanduíche
Creswell, Plano Clark, Gutmann e Hanson (2003)	Pesquisa educacional	Explanatório sequencial Exploratório sequencial Transformativo sequencial Triangulação concorrente Aninhado concorrente Transformativo concorrente
Creswell, Fetters e Ivankova (2004)	Atenção médica primária	Modelo de projeto do instrumento Modelo de projeto da triangulação Modelo de projeto da transformação de dados

Tashakkori e Teddlie (2003b)	Pesquisa social e comportamental	Projetos com muitos elementos
		Projetos mistos concorrentes
		   Projeto de métodos mistos concorrentes
		   Projeto de modelo misto concorrente
		Projetos mistos sequenciais
		   Projeto de métodos mistos sequenciais
		   Projeto de modelo misto sequencial
		Projetos mistos de conversão com muitos elementos
		   Projeto de métodos mistos de conversão com muitos elementos
		   Projeto de modelo misto de conversão com muitos elementos
		Projeto de modelo misto totalmente integrado

(continua)

QUADRO 3.1
Classificações do projeto de métodos mistos (continuação)

Autor	Disciplina	Projetos de métodos mistos

Greene (2007)	Avaliação	Projetos componentes
		  Convergência
		  Extensão
		Projetos integrados
		  Iteração
		  Mistura
		  Aninhamento ou incorporação
		  Mistura de razões de substância ou valores

Teddlie e Tashakkori (2009)	Pesquisa educacional	Projetos de métodos mistos com muitos elementos Projetos mistos paralelos Projetos mistos sequenciais Projetos mistos de conversão Projetos mistos multiníveis Projetos mistos totalmente integrados

Morse e Neihaus (2009)	Enfermagem	Projetos de métodos mistos simultâneos
		Projetos de métodos mistos sequenciais
		Projetos de métodos mistos complexos
		  Projeto de método misto complexo qualitativamente direcionado
		  Projeto de método misto complexo quantitativamente direcionado
		Programa de pesquisa com métodos múltiplos

FONTE: Adaptado de Creswell, Plano Clark et al. (2003, pp. 216-217, Tabela 8.1). Publicação autorizada pela SAGE Publications, Inc.

uma abordagem baseada na tipologia para o projeto dos métodos mistos. As tipologias proporcionam ao pesquisador uma série de opções disponíveis, a considerar que são bem definidas, facilitam o uso de uma abordagem sólida para tratar dos problemas da pesquisa e ajudam o pesquisador a antecipar e resolver questões desafiadoras. Dito isso, não defendemos que os pesquisadores adotem um projeto baseado na tipologia como um livro de receitas culinárias, mas, em vez disso, usá-lo como uma estrutura direcionadora para ajudar a informar as escolhas do projeto. Quando os pesquisadores adquirem mais perícia com a mistura dos métodos, ficam mais aptos a planejar de maneira eficaz seus estudos usando uma abordagem dinâmica.

Compatibilizar o projeto com os problemas, o propósito e as questões da pesquisa

As diferentes abordagens ao projeto dos métodos mistos diferem em sua ênfase, mas também compartilham muitos pontos comuns. Em particular, cada um enfatiza o problema, o propósito e as questões da pesquisa em geral que estão direcionando o estudo. Os problemas e as questões da pesquisa que interessam os pesquisadores surgem de muitas maneiras, como da literatura, das experiências ou valores do pesquisador, das restrições logísticas, dos resultados que não podem ser explicados e das expectativas das partes interessadas (Plano Clark e Badiee, no prelo). Não importa como as questões de pesquisa são geradas, os acadêmicos que escrevem sobre a pesquisa de métodos mistos concordam em unanimidade que as questões de interesse desempenham um papel fundamental no processo de planejamento de qualquer estudo de métodos mistos. A importância do problema e das questões da pesquisa é um princípio básico do projeto de pesquisa de métodos mistos. Essa perspectiva se origina das bases pragmáticas para conduzir a pesquisa de métodos mistos, em que a noção de "o que funciona" aplica-se bem à seleção dos métodos que melhor "funcionam" para lidar com o problema e as questões de um estudo.

Retornemos aos problemas gerais da pesquisa relacionados aos métodos mistos introduzidos no Capítulo 1. Estes incluíam que uma fonte de dados apenas é insuficiente, que os resultados precisam ser explicados, os resultados exploratórios precisam ser também examinados, um estudo precisa ser melhorado mediante a adição de um segundo método, uma postura teórica precisa ser apresentada mediante o uso dos dois tipos de métodos, e um problema precisa ser estudado por meio das múltiplas fases da pesquisa que incluem múltiplos tipos de métodos. Problemas de pesquisa como esses não só pedem o uso de métodos mistos, mas também requerem que o pesquisador use diferentes projetos que sejam capazes de lidar com os diferentes tipos de problemas. Por isso, os pesquisadores devem articular seu problema e questões de pesquisa e considerá-los atentamente para escolher um projeto que compatibilize o problema e as questões da pesquisa. Quando considerarmos as questões da pesquisa no Capítulo 5, vamos também discutir como algumas questões da pesquisa podem ser estabelecidas ou aprimoradas para refletir o projeto escolhido.

Ser explícito sobre as razões para misturar os métodos

Outro princípio fundamental do projeto dos métodos mistos é identificar a(s) razão(ões) para misturar os métodos quantitativo e qualitativo dentro do estudo. Combinar os métodos é algo desafiador e só deve ser feito quando há uma razão específica para isso. Há na literatura muitas discussões boas das razões para misturar os métodos, para ajudar os pesquisadores a guiar o seu trabalho. Duas estruturas proeminentes estão relacionadas no Quadro 3.2. A primeira é a lista de cinco razões amplas para se misturar os métodos, identificadas por Greene, Caracelli e Graham em seu trabalho de 1989. Essas razões – triangulação, complementaridade, desenvolvimento, iniciação e expansão – estão definidas no quadro. Embora elas sejam bastante amplas e gerais, esta tipologia das razões ainda é frequentemente utilizada e discutida na literatura. Entretanto, como a pesquisa dos métodos mistos continuou a se desenvolver nos últimos 20 anos, surgiram descrições mais detalhadas das razões dos pesquisadores. Recentemente, Bryman (2006) apresentou uma lista detalhada das razões baseadas nas práticas dos pesquisadores (ver Quadro 3.2). Sua lista de 16 razões ofereceu um exame proveitoso e mais detalhado das razões e práticas dos pesquisadores que foi acrescentada à descrição mais geral encontrada no trabalho de Greene e colaboradores (1989).

Tenha em mente que as razões listadas para misturar os métodos devem ser encaradas como uma estrutura geral a partir da qual os pesquisadores podem pesar as escolhas alternativas e usá-las para justificar suas decisões de misturar os métodos. Em seu trabalho, Bryman (2006) observou que muitos estudos dos métodos mistos fazem uso de múltiplas razões para misturar os métodos e que novas razões para a mistura podem emergir quando o estudo está em andamento. Ser receptivo a novos *insights* é um aspecto essencial da condução da pesquisa de métodos mistos, mas achamos que também é importante para os pesquisadores planejar seus estudos de métodos mistos com pelo menos uma razão clara de por que estão planejando combinar os métodos.

QUADRO 3.2
Duas tipologias de razões para misturar os métodos

Greene, Caracelli e Graham (1989)[1]	Bryman (2006)[2]
✓ A **triangulação** busca a convergência, a corroboração e a correspondência dos resultados dos diferentes métodos. ✓ A **complementaridade** busca a elaboração, a melhoria, a ilustração e o esclarecimento dos resultados de um método com os resultados do outro método. ✓ O **desenvolvimento** busca usar os resultados de um método para ajudar a desenvolver ou informar o outro método, em que o desenvolvimento é amplamente construído para incluir a amostragem e a implementação, assim como as decisões de mensuração. ✓ A **iniciação** busca a descoberta do paradoxo e da contradição, novas perspectivas das estruturas, a reformulação das questões ou resultados do outro método. ✓ A **expansão** busca estender a amplitude e a extensão da investigação usando diferentes métodos para diferentes componentes da investigação.	✓ A **triangulação ou maior validade** refere-se à visão tradicional de que as pesquisas quantitativa e qualitativa podem ser combinadas para triangular os achados para eles poderem ser mutuamente corroborados. ✓ A **compensação** refere-se à sugestão de que os métodos de pesquisa associados com as pesquisas quantitativa e qualitativa têm seus próprios pontos fortes e fracos, de modo que a sua combinação permite ao pesquisador compensar seus pontos fracos para extrair os pontos fortes de ambas. ✓ A **completude** refere-se à noção de que o pesquisador pode reunir um relato mais abrangente da área de investigação em que ele está interessado se ambas as pesquisas, quantitativa e qualitativa, são empregadas. ✓ O **processo** refere-se a quando a pesquisa quantitativa proporciona um relato das estruturas na vida social, mas a pesquisa qualitativa proporciona um sentido de processo. ✓ As **questões de pesquisa diferentes** referem-se ao argumento de que as pesquisas quantitativa e qualitativa podem cada uma responder diferentes questões da pesquisa. ✓ A **explanação** refere-se a quando uma é usada para ajudar a explicar achados gerados pela outra. ✓ Os **resultados inesperados** referem-se à sugestão de que a pesquisa quantitativa e qualitativa podem ser frutiferamente combinadas quando uma gera resultados surpreendentes que podem ser entendidos pelo emprego da outra. ✓ O **desenvolvimento do instrumento** refere-se a contextos em que a pesquisa qualitativa é empregada para desenvolver itens do questionário e da escala – por exemplo, para que uma melhor expressão ou respostas fechadas mais abrangentes possam ser geradas. ✓ A **amostragem** refere-se a situações em que uma abordagem é usada para facilitar a amostragem dos respondentes ou dos casos. ✓ A **credibilidade** refere-se a sugestões de que o emprego de ambas as abordagens melhora a integridade dos achados.

(continua)

QUADRO 3.2

Duas tipologias de razões para misturar os métodos (continuação)

Greene, Caracelli e Graham (1989)[1]	Bryman (2006)[2]
	✓ **O contexto** refere-se a casos em que a combinação é racionalizada em termos de a pesquisa qualitativa proporcionar um entendimento contextual associado a achados generalizáveis, externamente válidos ou relacionamentos amplos entre as variáveis reveladas em uma pesquisa de levantamento. ✓ A **ilustração** refere-se ao uso de dados qualitativos para ilustrar achados quantitativos, com frequência referidos como "colocar carne nos ossos" de achados quantitativos "secos". ✓ A **utilidade ou melhoria da utilidade dos achados** refere-se a uma sugestão, que é mais provável que se destaque entre os artigos com um foco aplicado, que combina as duas abordagens que serão mais úteis para os profissionais e para os outros. ✓ A **confirmação e descoberta** refere-se ao uso de dados qualitativos para gerar hipóteses e para usar a pesquisa quantitativa para testá-las dentro de um projeto isolado. ✓ A **diversidade dos pontos de vista** inclui duas justificativas ligeiramente diferentes – ou seja, combinar as perspectivas dos pesquisadores e dos participantes e revelar os relacionamentos entre as variáveis por meio da pesquisa quantitativa, embora também revelando significados entre os participantes da pesquisa mediante a pesquisa qualitativa. ✓ A **melhoria ou a construção sobre achados quantitativos e qualitativos** envolve uma referência a extrair mais ou melhorar os achados quantitativos e qualitativos coletando os dados utilizando uma abordagem de pesquisa qualitativa ou quantitativa.

[1] Reproduzido de *Educational Evaluation and Policy Analysis*, Vol. 11, Issue 3, p. 259, com permissão da SAGE Publications, Inc.
[2] Reproduzido de *Qualitative Research*, Vol. 6, Issue 1, pp. 105-107, com permissão da SAGE Publications, Inc.

DECISÕES FUNDAMENTAIS NA ESCOLHA DE UM PROJETO DE MÉTODOS MISTOS

Com base nos quatro princípios previamente discutidos, os pesquisadores estão em uma posição de fazer importantes escolhas que definem o projeto de métodos mistos usado em um estudo. Essas decisões dizem respeito às diferentes maneiras que os elementos quantitativos e qualitativos do estudo se relacionam um com o outro. Um **elemento** é um componente de um estudo que abrange o processo básico de condução de uma pesquisa quantitativa ou qualitativa: colocar uma questão, coletar os dados, analisar os dados e interpretar os resultados tendo por base esses dados (Teddlie e Tashakkori, 2009). Os estudos de métodos mistos que correspondem à nossa definição de pesquisa de métodos mistos incluem pelo menos um elemento quantitativo e um elemento qualitativo. Por exemplo, a Figura 3.1 descreve um estudo de métodos mistos em que o pesquisador começa com um elemento quantitativo e depois conduz um elemento qualitativo. Como está mostrado nesta figura, vamos com frequência retratar os elementos como caixas nas figuras deste texto.

Há quatro decisões fundamentais envolvidas na escolha de um projeto de métodos mistos a ser usado em um estudo. As decisões são

1. o nível de interação entre os elementos;
2. a prioridade relativa dos elementos;
3. o momento certo de aplicação dos elementos; e
4. os procedimentos para a mistura dos elementos.

Examinamos cada uma destas decisões juntamente com as opções disponíveis.

Determinar o nível de interação entre os elementos quantitativos e qualitativos

Uma importante decisão na pesquisa de métodos mistos é o nível de interação entre os elementos quantitativos e qualitativos no estudo. O **nível de interação** é a extensão em que os dois elementos são mantidos independentes ou interagem um com o outro. Greene (2007) declarou que essa decisão é a "mais destacada e crítica" (p. 120) para o planejamento de um estudo de métodos mistos e observou duas opções gerais para um relacionamento independente e interativo.

✓ Um nível de interação **independente** ocorre quando os elementos quantitativos e qualitativos são implementados de forma que sejam independentes um do outro – ou seja, os dois elementos são distintos e o pesquisador mantém separadas as questões de pesquisa quantitativas e qualitativas, a coleta de dados e a análise de dados. Quando o estudo é independente, o pesquisador só mistura os dois elementos quando tira conclusões durante a interpretação geral no fim do estudo.

✓ Um nível de interação **interativo** ocorre quando existe uma interação direta entre os elementos quantitativos e qualitativos do estudo. Mediante essa interação direta, os dois métodos são misturados antes da interpretação final. Tal interação pode ocorrer em diferentes pontos do processo de pesquisa e de muitas maneiras diferentes. Por exemplo, o planejamento e a condução de um elemento podem depender dos resultados do outro elemento, os dados de um elemento podem ser convertidos no outro tipo e então os diferentes conjuntos de dados são analisados juntos

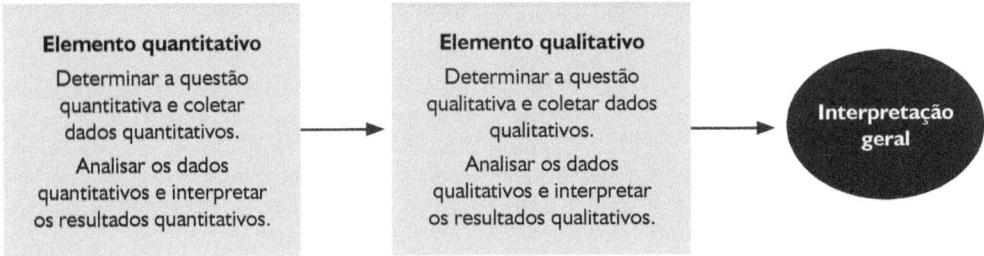

FIGURA 3.1

Exemplo de elementos quantitativos e qualitativos em um estudo de métodos mistos.

ou um elemento pode ser implementado dentro de uma estrutura baseada no outro tipo de elemento.

Determinar a prioridade dos elementos quantitativos e qualitativos

Os pesquisadores também tomam decisões (implícita ou explicitamente) sobre a importância relativa dos elementos quantitativos e qualitativos dentro do projeto. **Prioridade** refere-se à importância ou ponderação relativa dos métodos quantitativo e qualitativo para responder as questões do estudo. Há três possíveis opções de ponderação para um projeto de métodos mistos:

- ✓ Os dois métodos podem ter **igual prioridade**, de forma que ambos desempenhem um papel igualmente importante ao tratar o problema da pesquisa.
- ✓ O estudo pode utilizar uma **prioridade quantitativa** quando uma maior ênfase é colocada nos métodos quantitativos e os métodos qualitativos são utilizados em um papel secundário.
- ✓ O estudo pode utilizar uma **prioridade qualitativa** quando uma maior ênfase é colocada nos métodos qualitativos e os métodos quantitativos são utilizados em um papel secundário.

Determinar o momento certo do uso dos elementos quantitativos e qualitativos

Os pesquisadores também tomam decisões em relação ao momento certo do uso dos dois elementos. O **momento certo** (também referido como ritmo e implementação) refere-se ao relacionamento temporal entre os elementos quantitativos e qualitativos dentro de um estudo. O momento certo é com frequência discutido em relação ao tempo em que os conjuntos de dados são coletados, mas o mais importante é que ele descreve a ordem em que os pesquisadores usam os resultados dos dois conjuntos de dados dentro de um estudo – ou seja, o momento certo está relacionado a todos os elementos quantitativos e qualitativos, não apenas à coleta de dados. O momento certo dentro dos projetos de métodos mistos pode ser classificado de três maneiras: combinação simultânea, sequencial ou multifásica.

- ✓ O **momento certo simultâneo** ocorre quando o pesquisador implementa os dois elementos, quantitativo e qualitativo, durante uma única fase do estudo de pesquisa.
- ✓ O **momento certo sequencial** ocorre quando o pesquisador implementa os elementos em duas fases distintas, com a coleta e análise de um tipo de dado ocorrendo após a coleta e a análise do outro tipo. Um pesquisador que usa o momento certo sequencial pode optar por começar coletando e analisando primeiro os dados quantitativos ou coletando e analisando primeiro os dados qualitativos.
- ✓ O **momento certo da combinação multifásica** ocorre quando o pesquisador implementa múltiplas fases que incluem o momento certo sequencial e/ou simultâneo durante um programa de estudo. Exemplos do momento certo da combinação multifásica incluem estudos conduzidos durante três ou mais fases, assim como aqueles que combinam elementos simultâneos e sequenciais dentro de um programa de métodos mistos.

Determinar onde e como misturar os elementos quantitativos e qualitativos

Finalmente, os pesquisadores precisam decidir a abordagem para misturar as duas abordagens dentro de seus projetos de métodos mistos. A **mistura** é a inter-relação explícita dos elementos quantitativos e qualitativos do estudo e tem sido referida como uma combinação e integração – ou seja, é o processo pelo qual o pesquisador implementa o relacionamento independente ou interativo de um estudo de métodos mistos. Dois conceitos são úteis para se entender quando e como a mistura ocorre: o ponto de interface e as estratégias de mistura. O **ponto de interface**, também conhecido como o estágio da integração, é um ponto no processo da pesquisa em que os elementos quantitativos e qualitativos são misturados (Morse e Niehaus, 2009). Conceituamos que a mistura ocorre em quatro pontos possíveis durante o processo de pesquisa de um estudo: interpretação, análise dos dados, coleta dos dados e o projeto. Os pesquisadores empregam estratégias mistas que se relacionam diretamente com estes pontos de interface. Essas estratégias mistas são

1. fundir os dois conjuntos de dados;
2. conectar a partir da análise de um conjunto de dados para a coleta de um segundo conjunto de dados;
3. incorporação de uma forma de dados dentro de um projeto ou procedimento maior; e
4. uso de uma estrutura (teórica ou programa) para unir os conjuntos de dados.

✓ A **mistura durante a interpretação** ocorre quando os elementos quantitativos e qualitativos são misturados durante o passo final do processo da pesquisa, depois de o pesquisador ter coletado e analisado os dois conjuntos de dados. Ela envolve o pesquisador extrair conclusões ou inferências que reflitam o que foi aprendido da combinação dos resultados dos dois elementos do estudo, como ao comparar ou sintetizar os resultados em uma discussão. Todos os projetos de métodos mistos devem refletir o que foi aprendido pela combinação de métodos na interpretação final. Para os projetos de métodos mistos que mantêm os dois elementos independentes, esse é o único ponto no processo da pesquisa em que ocorre a mistura.

✓ A **mistura durante a análise dos dados** ocorre quando os elementos quantitativos e qualitativos são misturados durante o estágio do processo da pesquisa em que o pesquisador está analisando os dois conjuntos de dados. Primeiro, o pesquisador analisa quantitativamente os dados do elemento quantitativo e analisa qualitativamente os dados do elemento qualitativo. Então, usando uma estratégia de mistura interativa, o pesquisador explicitamente reúne os dois conjuntos de resultados mediante uma análise combinada. Por exemplo, o pesquisador analisa também os resultados quantitativos e qualitativos relacionando-os uns aos outros em uma matriz que facilita comparações e interpretações. Outra abordagem de **fusão** envolve transformar um tipo de resultado no outro tipo de dados e fusão mediante análises adicionais dos dados transformados.

✓ A **mistura durante a coleta de dados** ocorre quando os elementos quantitativos e qualitativos são misturados durante a fase do processo da pesquisa em que o pesquisador coleta um segundo conjunto de dados. Por exemplo, o pesquisador pode obter resultados quantitativos que conduzem à coleta subsequente de dados qualitativos em um segundo elemento. Um pesquisador pode também obter resultados qualitativos que produzem a subsequente coleção de dados quantitativos. A mistura ocorre na maneira em que os dois elementos são conectados. Essa **conexão** ocorre utilizando-se os resultados do primeiro elemento para moldar a coleta de dados no segundo elemento especificando as questões da pesquisa, selecionando os participantes e desenvolvendo protocolos ou instrumentos de coleta de dados.

✓ A **mistura durante o projeto** ocorre quando os elementos quantitativos e qualitativos são misturados durante o maior estágio de projeto do processo da pesquisa. A mistura durante o projeto pode envolver misturar dentro de um projeto de pesquisa quantitativo ou qualitativo uma teoria emancipatória, uma teoria da ciência social substantiva ou um objetivo geral do programa (Greene, 2007). A partir dessas ideias, encontramos os pesquisadores usando três estratégias para a mistura no nível do projeto: mistura incorporada, mistura baseada na estrutura teórica e mistura baseada na estrutura objetiva do programa. Quando usa uma estratégia de mistura incorporada, o pesquisador incorpora métodos quantitativos e qualitativos em um projeto associado a um desses dois métodos. Por exemplo, o pesquisador pode incorporar um elemento qualitativo suplementar em um projeto quantitativo maior (p. ex., experimental) ou incorporar um elemento quantitativo dentro de um projeto qualitativo maior (p. ex., narrativo). A natureza incorporada ocorre durante o projeto, em que o método incorporado é conduzido especificamente para se ajustar ao contexto da maior estrutura de projeto quantitativa ou qualitativa. Quando **a mistura ocorre em uma estrutura teórica**, o pesquisador mistura os elementos quantitativos e qualitativos em uma estrutura transformativa (p. ex., feminismo) ou de uma estrutura substantiva (p. ex., uma teoria da ciência social) que direciona o projeto geral. Nesse caso, os dois métodos são misturados em uma perspectiva teórica. Quando **a mistura ocorre em uma estrutura objetiva do programa**, o pesquisador mistura os elementos quantitativos e qualitativos dentro de um objetivo geral do programa que direciona a união de projetos ou estudos múltiplos em um projeto multifásico.

Um projeto dos métodos mistos persuasivo e forte lida com as decisões do nível de integração, prioridade, momento certo e mistura. As muitas tipologias do projeto que foram apresentadas no Quadro 3.1, juntamente com a ampla série de opções de decisão disponíveis aos pesquisadores apresentada nesta seção, ilustra a complexidade e a variedade inerentes na conduta da pesquisa de métodos mistos. Embora haja potencialmente um número ilimitado de combinações singulares, do nosso trabalho com pesquisadores de várias disciplinas e tendo por base a leitura de centenas de estudos de métodos mistos, descobrimos que há um conjunto de combinações relativamente pequeno que é usado mais frequentemente na prática. Por isso, apresentamos a seguir uma tipologia dos principais projetos de métodos mistos que comunicam os projetos básicos usados e também tentam encapsular a riqueza disponível aos pesquisadores dos métodos mistos.

PRINCIPAIS PROJETOS DOS MÉTODOS MISTOS

Um pesquisador dos métodos mistos pensa enquanto passa por esses pontos de decisão e escolhe um projeto que reflita interação, prioridade, momento certo e mistura. Como vamos mostrar, as várias opções de processo variam nesses momentos de decisão. Incluímos aqui as opções de projeto que são mais comumente usadas na prática e adiantamos uma classificação parcimoniosa e funcional. Por isso, recomendamos seis importantes projetos de métodos mistos que proporcionam uma estrutura útil para os pesquisadores que trabalham para planejar seus próprios estudos. Estimulamos os pesquisadores a selecionar cuidadosamente um projeto que melhor se compatibilize com o problema de pesquisa e com as razões para a mistura para tornar o estudo fácil de manejar e simples de implementar e descrever. Além disso, selecionando um projeto baseado na tipologia, o pesquisador fica provido de uma estrutura e uma lógica para guiar a implementação dos métodos de pesquisa para garantir que o projeto resultante seja rigoroso, persuasivo e de alta qualidade.

Os quatro projetos básicos de métodos mistos são o projeto paralelo convergente, o projeto sequencial explanatório, o projeto sequencial exploratório e o projeto incorporado. Além disso, a nossa lista dos principais projetos inclui dois exemplos de projetos que reúnem múltiplos elementos do projeto: o projeto transformativo e o projeto multifásico.

Protótipos dos principais projetos

As versões prototípicas desses seis projetos estão retratadas na Figura 3.2. Começamos

(a) O projeto paralelo convergente

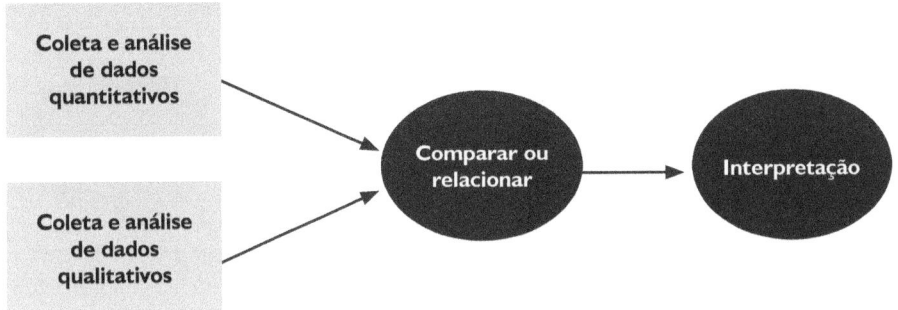

(b) O projeto sequencial explanatório

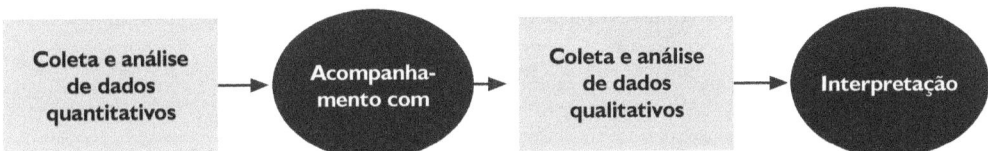

(c) O projeto sequencial exploratório

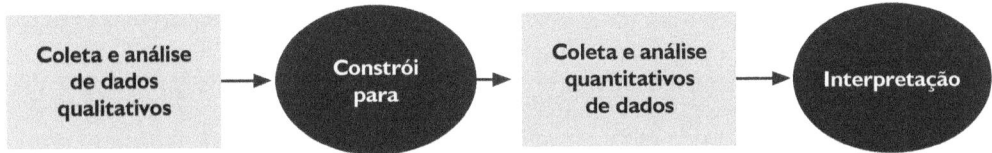

(d) O projeto incorporado

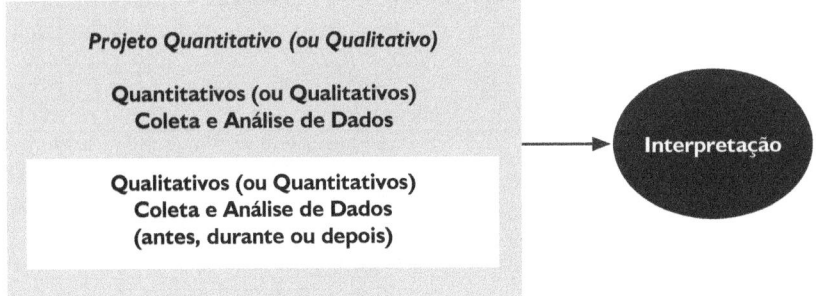

(continua)

FIGURA 3.2

Versões prototípicas dos seis principais projetos de pesquisa dos métodos mistos.

(e) O projeto transformativo

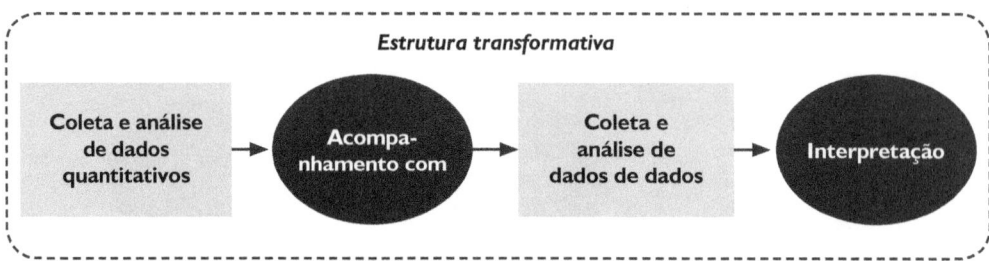

(f) O projeto multifásico

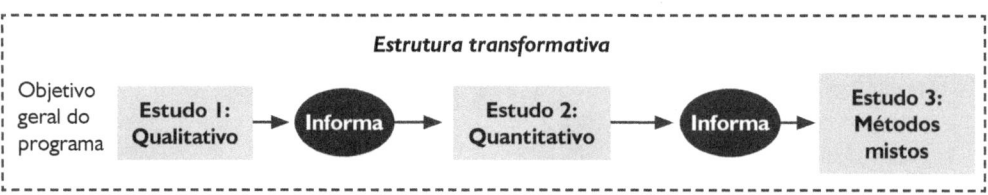

FIGURA 3.2 (continuação)
Versões prototípicas dos seis principais projetos de pesquisa dos métodos mistos.

com uma breve introdução desses projetos, incluindo exemplos simples de estudos que usam os projetos para estudar o tópico do uso do tabaco por parte dos adolescentes. Depois dessa introdução, apresentamos uma visão mais detalhada de cada projeto nas seções que se seguem.

✓ **Projeto paralelo convergente.** O projeto paralelo convergente (também referido como projeto convergente) ocorre quando o pesquisador usa o momento simultâneo para implementar os elementos quantitativos e qualitativos durante a mesma fase do processo da pesquisa, prioriza igualmente os métodos e mantém os elementos independentes durante a análise e depois mistura os resultados durante a interpretação geral, como está apresentado na Figura 3.2a. Por exemplo, o pesquisador pode usar um projeto convergente para desenvolver um entendimento completo das atitudes dos estudantes de segundo grau em relação ao uso do tabaco. Durante um semestre o pesquisador faz um levantamento dos estudantes de segundo grau sobre suas atitudes e também conduz entrevistas de grupo de foco sobre o tópico com os estudantes. O pesquisador analisa os dados da pesquisa de levantamento quantitativamente, e o grupo de foco, qualitativamente, e depois mistura os dois conjuntos de resultados para avaliar de que maneiras os resultados sobre as atitudes dos adolescentes convergem e divergem.

✓ **Projeto sequencial explanatório.** O projeto sequencial explanatório (também referido como projeto explanatório) ocorre em duas fases interativas distintas (ver Fig. 3.2b). Esse projeto se inicia com a coleta e a análise de dados quantitativos, que têm a prioridade para tratar das questões do estudo. Esta primeira fase é seguida pela subsequente coleta e análise de dados qualitativos. A segunda, a fase qualitativa do estudo, é destinada a acompanhar os resultados da primeira, a fase quantitativa. O pesquisador interpreta como os resultados qualitativos ajudam a explicar os resultados quantitativos iniciais. Por exemplo, o pesquisador coleta e analisa os dados quantitativos para identificar os prognosticadores importantes do uso de tabaco pelos adolescentes. Encontrando uma surpreendente associação entre a participação em atividades extracurriculares e o uso do tabaco, o pesquisador conduz entrevistas qualitativas com adolescentes que estão ativamente envolvidas em atividades extracurriculares para tentar explicar o resultado inesperado.

✓ **Projeto sequencial exploratório.** Como mostra a Figura 3.2c, o projeto sequencial exploratório (também referido como projeto exploratório) também usa o momento sequencial. Em contraste com o projeto explanatório, o projeto exploratório começa com – e prioriza – a coleta e análise de dados qualitativos em primeiro lugar. A partir dos resultados exploratórios, o pesquisador conduz uma segunda fase, quantitativa, para testar ou generalizar os achados iniciais. O pesquisador então interpreta como os resultados quantitativos foram construídos sobre os resultados qualitativos iniciais. Por exemplo, o pesquisador coleta histórias qualitativas sobre tentativas dos adolescentes de parar de fumar e analisa as histórias para identificar as condições, os contextos, as estratégias e as consequências das tentativas dos adolescentes de deixar de fumar. Considerando as categorias resultantes como variáveis, o pesquisador desenvolve um instrumento quantitativo e o utiliza para avaliar a prevalência geral dessas variáveis para um número maior de fumantes adolescentes.

✓ **Projeto incorporado.** O projeto incorporado ocorre quando o pesquisador coleta e analisa tanto dados quantitativos quanto qualitativos dentro de um projeto quantitativo ou qualitativo tradicional, como está descrito na Figura 3.2d. No projeto incorporado, o pesquisador pode acrescentar um elemento qualitativo dentro de um projeto quantitativo, como um experimento, ou adicionar um elemento quantitativo dentro de um projeto qualitativo, como um estudo de caso. No projeto incorporado, o elemento suplementar é adicionado para melhorar o projeto geral de alguma maneira. Por exemplo, o pesquisador pode querer desenvolver uma intervenção dos pares para ajudar os adolescentes a desenvolver estratégias para resistir à pressão para fumar. O pesquisador começa conduzindo alguns grupos de foco com adolescentes para aprender quando a pressão é sentida e como alguns adolescentes resistem. Usando esses resultados, o pesquisador desenvolve uma intervenção relevante e a testa com um projeto experimental quantitativo envolvendo estudantes de escolas diferentes.

✓ **Projeto transformativo.** O projeto transformativo é um projeto dos métodos mistos que o pesquisador molda dentro de uma estrutura teórica transformativa. Todas as outras decisões (interação, prioridade, momento certo e mistura) são tomadas dentro do contexto da estrutura transformativa. O papel importante da perspectiva teórica é destacado pela linha pontilhada na Figura 3.2e pela descrição dos possíveis métodos que podem ter sido selecionados em um projeto transformativo. Por exemplo, o pesquisador, usando uma perspectiva feminista, pode utilizar um projeto transformativo para revelar quantitativamente e depois iluminar qualitativamente como os estereótipos das mulheres fumantes serviram para marginalizá-las como estudantes "em risco" dentro do seu contexto escolar.

✓ **Projeto multifásico.** Como mostra a Figura 3.2f, o projeto multifásico combina os elementos sequenciais e simultâneos durante um período de tempo que o pesquisador implementa dentro de um programa de estudo que lida com um objetivo geral do programa. Essa abordagem é frequentemente usada na avaliação do programa em que abordagens quantitativas e qualitativas são usadas no correr do tempo para apoiar o desenvolvimento, a adaptação e a avaliação de programas específicos. Por exemplo, uma equipe de pesquisa pode querer ajudar a baixar os índices de fumo para os adolescentes que vivem em uma determinada comunidade de nativos americanos. Os pesquisadores podem começar pela condução de um estudo qualitativo de avaliação das necessidades para entender o significado do fumo e da saúde a partir da perspectiva dos adolescentes nessa comunidade. Usando esses resultados, os pesquisadores podem desenvolver um instrumento e avaliar a prevalência de diferentes atitudes entre a comunidade. Em uma terceira fase, os pesquisadores podem desenvolver uma intervenção baseada no que eles aprenderam e depois examinar tanto os processos quanto os resultados deste programa de intervenção.

Tendo em mãos essa breve introdução a seis projetos comuns dos métodos mistos, agora vamos discutir cada projeto mais detalhadamente. As discussões detalhadas tratam da história, do propósito, das razões para usar, das suposições filosóficas, dos procedimentos, pontos fortes, desafios e variantes destes projetos de métodos mistos. No Capítulo 4, vamos examinar em profundidade exemplos dos principais projetos, mas aqui vamos nos concentrar nas características básicas dos projetos. Essas características também estão resumidas no Quadro 3.3.

Projeto convergente paralelo

A abordagem mais conhecida dos métodos mistos é o projeto convergente. Os acadêmicos começaram a discutir esse projeto já na década de 1970 (p. ex., Jick, 1979) e ele é provavelmente a abordagem mais comum usada entre as disciplinas. O projeto convergente foi inicialmente conceituado como um projeto de "triangulação", em que os dois métodos diferentes foram usados para se obter resultados triangulados sobre um único tópico, mas isso com frequência fica confuso com o uso da triangulação na pesquisa qualitativa, e os pesquisadores com frequência usam esse projeto para outros propósitos além de produzir estudos triangulados. Desde a década de 1970, esse projeto já foi conhecido por vários nomes, incluindo triangulação simultânea (Morse, 1991), estudo paralelo (Tashakkori e Teddlie, 1998), modelo da convergência (Creswell, 1999) e triangulação corrente (Creswell, Plano Clark et al., 2003). Independentemente do nome, o projeto convergente ocorre quando o pesquisador coleta e analisa tanto dados quantitativos quanto qualitativos durante a mesma fase do processo de pesquisa e então funde os dois conjuntos de resultados em uma interpretação geral.

Propósito do projeto convergente. O propósito do projeto convergente é "obter dados diferentes, mas complementares, sobre o mesmo tópico" (Morse, 1991, p. 122) para melhor entender o problema da pesquisa. A intenção no uso desse projeto é reunir os diferentes pontos fortes e os pontos fracos não justapostos dos métodos quantitativos (tamanho grande da amostra, tendências, generalização) com aqueles dos métodos qualitativos (amostra pequena, detalhes, em profundidade) (Patton, 1990). Esse projeto é usado quando o pesquisador quer triangular os métodos comparando e contrastando diretamente os resultados estatísticos quantitativos com os achados qualitativos para propósitos de corroboração e validação. Outros propósitos para esse projeto incluem ilustrar os resultados quantitativos com achados qualitativos, sintetizando os resultados quantitativos e qualitativos complementares para desenvolver um entendimento mais completo de um fenômeno e comparar múltiplos níveis dentro de um sistema.

Quando escolher o projeto convergente. Além de compatibilizar o projeto com o propósito do estudo, as considerações que seguem também sugerem quando usar o projeto convergente:

- ✓ O pesquisador tem tempo limitado para coletar os dados e precisa coletar os dois tipos de dados em uma visita ao campo.
- ✓ O pesquisador acha que o valor da coleta e da análise de dados tanto quantitativos quanto qualitativos é igual para entender o problema.
- ✓ O pesquisador tem habilidades nos métodos quantitativos e qualitativos da pesquisa.

PESQUISA DE MÉTODOS MISTOS

QUADRO 3.3

Características prototípicas dos principais tipos de projetos dos métodos mistos

Características prototípicas	Projeto convergente	Projeto explanatório	Projeto exploratório	Projeto incorporado	Projeto transformativo	Projeto multifásico
Definição	✓ Coleta de dados quantitativos e qualitativos, análises quantitativas e qualitativas separadas, e a fusão dos dois conjuntos de dados	✓ Métodos implementados sequencialmente, começando com a coleta e a análise de dados quantitativa na Fase 1, seguida por coleta e análise de dados qualitativa na Fase 2, que se constrói sobre a Fase 1	✓ Métodos implementados sequencialmente, começando com a coleta e a análise de dados qualitativa na Fase 1, seguida por coleta e análise de dados quantitativa na Fase 2, que se constrói sobre a Fase 1	✓ A coleta simultânea ou sequencial dos dados de apoio com a análise de dados separada e o uso de dados de apoio antes, durante ou depois dos principais procedimentos de coleta de dados	✓ Estruturação da coleta e análise simultânea ou sequencial de conjuntos de dados quantitativos e qualitativos dentro de uma estrutura teórica que guia as decisões dos métodos	✓ Combinação de coleta concomitante ou sequencial de conjuntos de dados quantitativos e qualitativos sobre múltiplas fases de um programa de estudo
Propósito do projeto	✓ Necessita de um entendimento mais completo de um tópico ✓ Necessita validar ou corroborar escalas quantitativas	✓ Necessita explicar resultados quantitativos	✓ Necessita testar ou medir achados exploratórios qualitativos	✓ Necessita exploração preliminar antes de um teste experimental (sequencial/antes) ✓ Necessidade de um entendimento mais completo de um teste experimental, como o processo e os resultados (simultâneo/durante) ✓ Necessidade de explanações de acompanhamento depois de um teste experimental (sequencial/depois)	✓ Necessita conduzir uma pesquisa que identifique e desafie as injustiças sociais	✓ Necessita implementar múltiplas fases para lidar com um programa objetivo, como um programa de desenvolvimento e avaliação

(continua)

QUADRO 3.3
Características prototípicas dos principais tipos de projetos dos métodos mistos (continuação)

Características prototípicas	Projeto convergente	Projeto explanatório	Projeto exploratório	Projeto incorporado	Projeto transformativo	Projeto multifásico
Típica base de paradigma	✓ O pragmatismo como uma filosofia abrangente	✓ Pós-positivista na Fase I ✓ Construtivista na Fase 2	✓ Construtivista na Fase I ✓ Pós-positivista na Fase 2	✓ A visão de mundo pode refletir a principal abordagem (p. ex., pós-positivista ou construtivista ou pragmatismo se simultâneo ✓ Construtivista para o componente qualitativa e pós-positivista para o componente quantitativo se sequencial	✓ Visão de mundo transformativa como uma filosofia abrangente	✓ Pragmatismo se simultâneo ✓ Construtivista para o componente qualitativo e pós-positivista para o componente quantitativo se sequencial
Nível de interação	Independente	Interativo	Interativo	Interativo	Interativo	Interativo
Prioridade dos elementos	Ênfase igual	Ênfase quantitativa	Ênfase qualitativa	Ênfase quantitativa ou qualitativa	Ênfase igual, quantitativa ou qualitativa	Ênfase igual
Momento dos elementos	Simultâneo	Sequencial: quantitativo primeiro	Sequencial: qualitativo primeiro	Simultâneo ou sequencial	Simultâneo ou sequencial	Combinação multifásica
Principal ponto de interface para a mistura	✓ Interpretação se independente ✓ Análise se interativo	✓ Coleta de dados	✓ Coleta de dados	✓ Nível do projeto	✓ Durante o projeto	✓ Durante o projeto

(continua)

QUADRO 3.3
Características prototípicas dos principais tipos de projetos dos métodos mistos (continuação)

Características prototípicas	Projeto convergente	Projeto explanatório	Projeto exploratório	Projeto incorporado	Projeto transformativo	Projeto multifásico
Principais estratégias mistas	Fusão dos dois elementos: ✓ Depois da análise separada dos dados ✓ Com mais análises (p. ex., comparações ou transformações de resultados separados)	Conexão dos dois elementos: ✓ Da análise dos dados quantitativos para coleta dos dados qualitativos ✓ Uso dos resultados quantitativos para tomar decisões sobre as questões, a amostragem e a coleta de dados da pesquisa qualitativa na Fase 2	Conexão dos dois elementos: ✓ Da análise dos dados qualitativos para coleta dos dados quantitativos ✓ Uso dos resultados qualitativos para tomar decisões sobre as questões, a amostragem e a coleta de dados da pesquisa quantitativa na Fase 2	Incorporação de um elemento em um projeto baseado no outro tipo: ✓ Antes, durante ou depois de um componente importante ✓ Uso dos resultados secundários para melhorar o planejamento, o entendimento, ou para explicar o elemento primário	Mistura com uma estrutura teórica: ✓ Fusão, conexão ou incorporação dos elementos a partir de uma lente teórica transformativa	Mistura dentro de uma estrutura objetiva do programa: ✓ Conexão e possivelmente fusão e;ou incorporação a partir de um objetivo programático

(continua)

QUADRO 3.3

Características prototípicas dos principais tipos de projetos dos métodos mistos (continuação)

Características prototípicas	Projeto convergente	Projeto explanatório	Projeto exploratório	Projeto incorporado	Projeto transformativo	Projeto multifásico
Variantes comuns	✓ Bancos de dados paralelos ✓ Transformação dos dados ✓ Validação dos dados	✓ Explanações do acompanhamento ✓ Seleção dos participantes	✓ Desenvolvimento da teoria ✓ Desenvolvimento do instrumento	✓ Experimento incorporado ✓ Projeto correlacional incorporado ✓ Estudo de caso dos métodos mistos ✓ Pesquisa narrativa dos métodos mistos ✓ Etnografia dos métodos mistos	✓ Lente feminista ✓ Lente do incapacitado ✓ Lente da classe socioeconômica	✓ Desenvolvimento do programa de larga escala e avaliação de projetos ✓ Estudos estaduais multiníveis ✓ Estudos de métodos mistos isolados que combinam tanto a fase simultânea quanto a sequencial

✓ O pesquisador pode lidar com atividades extensivas de coleta e análise de dados. Em vista disso, esse projeto é mais adequado para a pesquisa em equipe ou para um único pesquisador que pode coletar dados quantitativos e qualitativos limitados.

Suposições filosóficas que estão por trás do projeto convergente. Como o projeto convergente envolve a coleta, análise e fusão de dados e resultados quantitativos e qualitativos simultaneamente, isso pode levantar questões com relação às suposições filosóficas que estão por trás da pesquisa. Em vez de tentar "misturar" diferentes paradigmas, recomendamos que os pesquisadores que usam esse projeto trabalhem a partir de um paradigma como um pragmatismo para proporcionar um paradigma abrangente para o estudo de pesquisa. As suposições do pragmatismo (como foi discutido anteriormente no Cap. 2) são bem adequadas para direcionar o trabalho de fusão das duas abordagens em um entendimento maior.

Procedimentos do projeto convergente. Os procedimentos para a implementação de um projeto convergente estão delineados no fluxograma procedural apresentado na Figura 3.3. Como está indicado na figura, há quatro passos principais no projeto convergente. Primeiro, o pesquisador coleta dados quantitativos e dados qualitativos sobre o tópico de interesse. Esses dois tipos de coleta de dados são simultâneos, porém separados – ou seja, um não depende dos resultados do outro. Eles normalmente também têm igual importância para tratar das questões de pesquisa do estudo. Segundo, o pesquisador analisa os dois conjuntos de dados separada e independentemente um do outro usando procedimentos analíticos quantitativos e qualitativos típicos. Uma vez que tem à mão dois conjuntos dos estudos iniciais, o pesquisador atinge o ponto de interface e trabalha para fundir os resultados dos dois conjuntos de dados no terceiro passo. Esse passo da fusão pode incluir comparar diretamente os resultados separados ou transformar os resultados para facilitar relacionar os dois tipos de dados durante a análise adicional. No passo final, o pesquisador interpreta até que ponto e de que maneiras os dois conjuntos de resultados convergem, divergem um do outro, relacionam-se um com o outro e/ou se combinam para criar um melhor entendimento na resposta ao propósito geral do estudo.

Pontos fortes do projeto convergente. Este projeto tem vários pontos fortes e vantagens.

✓ O projeto produz um sentido intuitivo. Os pesquisadores novos nos métodos mistos com frequência escolhem esse projeto. Foi o primeiro projeto a ser discutido na literatura (Jick, 1979) e se tornou uma abordagem popular para o pensamento sobre a pesquisa de métodos mistos.
✓ É um projeto eficiente, em que os dois tipos de dados são coletados durante uma fase da pesquisa, mais ou menos ao mesmo tempo.
✓ Cada tipo de dado pode ser coletado e analisado separada e independentemente, usando as técnicas tradicionalmente associadas a cada tipo de dado, o que é útil para a pesquisa em equipe, em que a equipe pode incluir indivíduos com perícia quantitativa e qualitativa.

Desafios no uso do projeto convergente. Embora esse projeto seja o mais popular dos projetos de métodos mistos, ele provavelmente também é o mais desafiador dos principais tipos de projetos. Seguem alguns dos desafios que os pesquisadores enfrentam ao usar o projeto convergente e também as opções para lidar com eles:

✓ Muito esforço e perícia são requeridos, particularmente porque a coleta de dados simultânea e pelo fato de em geral ser atribuído peso igual a cada tipo de dado. Isso pode ser tratado formando-se uma equipe de pesquisa que inclua membros que tenham experiência quantitativa e qualitativa, incluindo pesquisadores que têm experiência em comitês de pós-graduação, ou treinando pesquisadores isolados em pesquisa quantitativa e em

pesquisa qualitativa. As considerações para a pesquisa em equipe foram discutidas no Capítulo 1.
✓ Os pesquisadores precisam considerar as consequências de terem diferentes amostras e tamanhos de amostra ao fundir os dois conjuntos de dados. Diferentes tamanhos de amostra podem surgir porque os dados quantitativos e qualitativos são em geral coletados para diferentes propósitos (generalização *vs.* descrição em profundidade, respectivamente).

PASSO 1

Projetar o elemento quantitativo:
✓ Estabelecer as questões da pesquisa quantitativa e determinar a abordagem quantitativa.

Coletar os dados quantitativos:
✓ Obter permissões
✓ Identificar a amostra quantitativa
✓ Coletar dados fechados com instrumentos

e

Projetar o elemento qualitativo:
✓ Estabelecer as questões da pesquisa qualitativa e determinar a abordagem qualitativa.

Coletar os dados qualitativos:
✓ Obter permissões
✓ Identificar a amostra qualitativa
✓ Coletar dados abertos com protocolos.

PASSO 2

Analisar os dados quantitativos:
✓ Analisar os dados quantitativos usando estatística descritiva, estatística inferencial e tamanhos de efeito.

e

Analisar os dados qualitativos:
✓ Analisar os dados qualitativos usando procedimentos do desenvolvimento do tema e aqueles específicos da abordagem qualitativa.

PASSO 3

Usar estratégias para fundir os dois conjuntos de resultados:
✓ Identificar as áreas de conteúdo representadas nos dois conjuntos de dados e comparar, contrastar e/ou sintetizar os resultados em uma discussão ou tabela
✓ Identificar as diferenças em um conjunto de resultados com base nas dimensões dentro do outro conjunto e examinar as diferenças com uma mostra organizada pelas dimensões
✓ Desenvolver procedimentos para transformar um tipo de resultado no outro tipo de dados (p. ex., transformar os temas em contagens)
✓ Conduzir análises adicionais para relacionar os dados transformados com os outros dados (p. ex., conduzir análises estatísticas que incluam as contagens temáticas)

PASSO 4

Interpretar os resultados fundidos:
✓ Resumir e interpretar os resultados separados
✓ Discutir em que extensão e de que maneiras os resultados dos dois tipos de dados convergem, divergem, se relacionam um com o outro e/ou produzem um entendimento mais completo

FIGURA 3.3

Fluxograma dos procedimentos básicos na implementação de um projeto convergente.

Estratégias efetivas, como a coleta de grandes amostras qualitativas ou o uso de tamanhos de amostra desiguais, serão discutidas no Capítulo 6.
✓ Pode ser desafiador fundir dois conjuntos de dados muito diferentes e seus resultados de uma maneira significativa. Os pesquisadores precisam planejar seus estudos de forma que os dados quantitativos e qualitativos lidem com os mesmos conceitos. Essa estratégia facilita a fusão dos conjuntos de dados. Além disso, o Capítulo 7 proporciona técnicas para planejar uma discussão, construir mostras de comparação e usar a transformação dos dados.
✓ Os pesquisadores podem enfrentar a questão de o que fazer se os resultados quantitativos e qualitativos não coincidirem. As contradições podem produzir novos *insights* sobre o tópico, mas essas diferenças podem ser difíceis de se resolver e podem requerer a coleta de dados adicionais. Desenvolve-se então a questão de que tipo de dados adicionais coletar ou reanalisar: dados quantitativos, dados qualitativos ou ambos? O Capítulo 7 discute a coleta de dados adicionais ou o reexame dos dados existentes para tratar desse desafio.

Variantes do projeto convergente. As variantes do projeto comunicam a variação encontrada no uso dos principais projetos por parte do pesquisador. Na literatura encontramos três variantes comuns do projeto convergente:

✓ **A variante das bases de dados paralelas** é a abordagem comum em que dois elementos paralelos são conduzidos independentemente e só são reunidos durante a interpretação. O pesquisador usa os dois tipos de dados para examinar as facetas de um fenômeno e os dois conjuntos de resultados independentes são então sintetizados ou comparados. Por exemplo, Feldon e Kafai (2008) coletaram entrevistas etnográficas qualitativas juntamente com respostas da pesquisa de levantamento quantitativa e *logs* do servidor do computador e discutiram como os dois conjuntos de resultados desenvolveram um quadro mais completo das atividades dos jovens dentro de comunidades virtuais *online*.

✓ **A variante da transformação dos dados** ocorre quando os pesquisadores implementam o projeto convergente usando uma prioridade desigual, colocando maior ênfase no elemento quantitativo e usando um processo de fusão da transformação dos dados. Ou seja, depois da análise inicial dos dois conjuntos de dados, o pesquisador utiliza procedimentos para quantificar os achados qualitativos (p. ex., criando uma nova variável baseada em temas qualitativos). A transformação permite que os resultados a partir do conjunto de dados qualitativos sejam combinados com os dados e resultados quantitativos mediante comparação direta, inter-relação e análise adicional. O estudo dos valores parentais realizado por Pagano, Hirsch, Deutsch e McAdams (2002) é um exemplo do uso dessa abordagem. Eles derivaram temas qualitativos dos dados da entrevista qualitativa e depois pontuaram os temas dicotomicamente como "presentes" ou "não presentes" para cada participante. Esses escores quantificados foram então analisados com os dados quantitativos, usando correlações e regressão logística para identificar os relacionamentos entre as categorias, assim como as diferenças de gênero e raciais.

✓ **A variante da validação dos dados** é usada quando o pesquisador inclui questões abertas e fechadas em um questionário e os resultados das questões abertas são utilizados para confirmar ou validar os resultados das questões fechadas. Como os itens qualitativos são um acréscimo a um instrumento quantitativo, os itens em geral não resultam em um conjunto de dados qualitativos baseados no contexto. Entretanto, eles proporcionam ao pesquisador temas emergentes e citações interessantes que podem ser usadas para validar e embelezar os achados da pesquisa de levantamento quantitativa. Por exemplo, Webb, Sweet e Pretty (2002) incluíram questões qualitativas com suas medidas de uma pesquisa de levantamento quantitativa em seu estudo do impacto emocional e psicológico de incidentes de morte em massa em odontologistas forenses. Eles usaram os dados qualitativos para validar os resultados quantitativos dos itens da pesquisa de levantamento.

Projeto sequencial explanatório

A maior parte dos escritos sobre os projetos de métodos mistos tem enfatizado as abordagens sequenciais, usando nomes de projeto como modelo sequencial (Tashakkori e Teddlie, 1998), triangulação sequencial (Morse, 1991) e projeto de iteração (Greene, 2007). Embora esses nomes sejam utilizados para qualquer abordagem sequencial de duas fases, introduzimos nomes específicos para distinguir se a sequência se inicia quantitativa ou qualitativamente (Creswell, Plano Clark et al., 2003). O projeto explanatório é um projeto de métodos mistos em que o pesquisador começa conduzindo uma fase quantitativa e acompanha os resultados com uma segunda fase (ver Fig. 3.2). A segunda fase, qualitativa, é implementada com os propósitos de explicar os resultados iniciais em maior profundidade, e é devido a esse foco nas explicações dos resultados que está refletido no nome do projeto. Esse projeto também tem sido chamado de abordagem de acompanhamento qualitativo (Morgan, 1998).

Propósito do projeto explanatório. O propósito geral desse projeto é usar um elemento qualitativo para explicar os resultados quantitativos iniciais (Creswell, Plano Clark et al., 2003). Por exemplo, o projeto explanatório é bem adequado quando o pesquisador precisa de dados qualitativos para explicar resultados quantitativos significativos (ou não significativos), os exemplos de desempenho positivo, resultados discrepantes ou resultados surpreendentes (Bradley et al., 2009; Morse, 1991). Esse projeto também pode ser usado quando o pesquisador quer formar grupos segundo resultados quantitativos e fazer o acompanhamento destes mediante pesquisa qualitativa subsequente ou usam os resultados quantitativos sobre as características dos participantes para direcionar a amostragem intencional para uma fase qualitativa (Creswell, Plano Clark et al., 2003; Morgan, 1998; Tashakkori e Teddlie, 1998).

Quando escolher o projeto explanatório. Este projeto é mais útil quando o pesquisador quer avaliar tendências e relacionamentos junto com dados quantitativos, mas também ser capaz de explicar o mecanismo ou as razões que estão por trás das tendências resultantes. Outras considerações importantes incluem:

✓ O pesquisador e o problema da pesquisa estão mais orientados quantitativamente.
✓ O pesquisador conhece as variáveis importantes e tem acesso a instrumentos quantitativos para medir os constructos de principal interesse.
✓ O pesquisador tem a possibilidade de retornar aos participantes para uma segunda série de coleta de dados qualitativos.
✓ O pesquisador tem tempo para conduzir a pesquisa em duas fases.
✓ O pesquisador tem recursos limitados e precisa de um projeto onde apenas um tipo de dado está sendo coletado e analisado por vez.
✓ O pesquisador desenvolve novas questões baseadas nos resultados quantitativos e estas não podem ser respondidas com dados quantitativos.

Suposições filosóficas que estão por trás do projeto explanatório. Como esse estudo inicia-se quantitativamente, o problema e o propósito da pesquisa com frequência requerem que uma maior importância seja dada aos aspectos quantitativos. Embora isso possa encorajar os pesquisadores a usar uma orientação pós-positivista para o estudo, encorajamos os pesquisadores a considerar o uso de suposições diferentes em cada fase – ou seja – como o estudo inicia-se quantitativamente, o pesquisador normalmente parte das perspectivas do pós-positivismo para desenvolver instrumentos, medir as variáveis e avaliar os resultados estatísticos. Quando o pesquisador passa para a fase qualitativa que valoriza múltiplas perspectivas e a descrição em profundidade, há um deslocamento para o uso das suposições do construtivismo. As suposições filosóficas gerais nesse projeto mudam e se deslocam de pós-positivistas para construtivistas quando os pesquisadores usam múltiplas posições filosóficas.

Procedimentos do projeto explanatório. O projeto explanatório é provavelmente o mais direto dos projetos de métodos mistos. A Figura 3.4 apresenta uma visão geral dos passos procedurais usados para implementar um projeto explanatório típico de duas fases. Durante o primeiro passo, o pesquisador planeja e implementa um elemento quantitativo que inclui a coleta e a análise de dados quantitativos. No segundo passo, o pesquisador conecta-se com uma segunda fase – o ponto de interface para a mistura – identificando os resultados quantitativos específicos que requerem uma explanação adicional e usam esses resultados para guiar o desenvolvimento do elemento qualitativo. Especificamente, o pesquisador desenvolve ou aprimora as questões da pesquisa qualitativa, os procedimentos de amostragem e os protocolos de coleta de dados para que eles acompanhem os resultados quantitativos. Assim, a fase qualitativa depende dos resultados quantitativos. No terceiro passo, o pesquisador implementa a fase qualitativa coletando e analisando dados qualitativos. Finalmente, o pesquisador interpreta em que extensão e de que maneiras os resultados qualitativos explicam e adicionam *insight* aos resultados quantitativos e o que em geral é aprendido em resposta ao propósito do estudo.

Pontos fortes do projeto explanatório. As muitas vantagens do projeto explanatório o tornam o mais direto dos projetos dos métodos mistos. Essas vantagens incluem as seguintes:

- ✓ Esse projeto atrai os pesquisadores quantitativos porque, com frequência, começa com uma forte orientação quantitativa.
- ✓ Sua estrutura de duas fases torna a sua implementação direta, porque o pesquisador conduz os dois métodos em fases separadas e coleta apenas um tipo de dados em um momento. Isso significa que pesquisadores individuais podem conduzir esse projeto; não é necessária uma equipe de pesquisa para conduzir o projeto.
- ✓ O relatório final pode ser escrito com uma seção quantitativa seguida por uma seção qualitativa, tornando-o direto na sua escrita e proporcionando um delineamento claro para os leitores.
- ✓ O projeto se presta para as abordagens emergentes em que a segunda fase pode ser designada tendo por base o que é aprendido da fase quantitativa inicial.

Desafios do uso do projeto explanatório. Embora o projeto explanatório seja direto, os pesquisadores que escolhem essa abordagem ainda precisam antecipar os desafios específicos desse projeto. O projeto explanatório enfrenta os seguintes desafios:

- ✓ Este projeto requer uma grande quantidade de tempo para a implementação de suas duas fases. Os pesquisadores devem reconhecer que a fase qualitativa requer mais tempo para implementar do que a fase quantitativa. Embora a fase qualitativa possa ser limitada a poucos participantes, um tempo adequado ainda deve ser reservado para a fase qualitativa.
- ✓ Pode ser difícil garantir ao conselho de revisão institucional (*institutional review board* – IRB) a aprovação para esse projeto, porque o pesquisador não pode especificar como os participantes serão selecionados para a segunda fase até que sejam obtidos os achados iniciais. As abordagens que lidam com essa questão estruturando aproximadamente a fase qualitativa para o IRB e informando os participantes da possibilidade de eles serem novamente contatados estão discutidas no Capítulo 6.
- ✓ O pesquisador deve decidir que resultados quantitativos precisam ser mais explicados. Embora isso só possa ser determinado precisamente depois que a fase quantitativa estiver completa, opções

PASSO 1

Planejar e implementar o elemento quantitativo:
✓ Estabelecer as questões da pesquisa quantitativa e determinar a abordagem quantitativa.
✓ Obter permissões.
✓ Identificar a amostra quantitativa.
✓ Coletar dados fechados com instrumentos.
✓ Analisar os dados quantitativos usando estatística descritiva, estatística inferencial e os tamanhos do efeito para responder as questões da pesquisa quantitativa e facilitar a seleção dos participantes para a segunda fase.

PASSO 2

Usar estratégias para o acompanhamento dos resultados quantitativos:
✓ Determinar que resultados serão explicados, tais como:
 – resultados significativos,
 – resultados não significativos,
 – discrepantes ou
 – diferenças de grupo.
✓ Usar esses resultados quantitativos para:
 – refinar as questões qualitativas e dos métodos mistos,
 – determinar que participantes serão selecionados para a amostra qualitativa e
 – projetar os protocolos de coleta de dados qualitativos.

PASSO 3

Planejar e implementar o elemento qualitativo:
✓ Estabelecer as questões da pesquisa qualitativa que acompanham os resultados quantitativos e determinar a abordagem qualitativa.
✓ Obter permissões.
✓ Selecionar intencionalmente uma amostra qualitativa que possa ajudar a explicar os resultados quantitativos.
✓ Coletar dados abertos com protocolos informados pelos resultados quantitativos.
✓ Analisar os dados qualitativos usando procedimentos de desenvolvimento do tema e aqueles específicos da abordagem qualitativa para responder às questões qualitativas e da pesquisa de métodos mistos.

PASSO 4

Interpretar os resultados conectados:
✓ Resumir e interpretar os resultados quantitativos.
✓ Resumir e interpretar os resultados qualitativos.
✓ Discutir em que extensão e de que maneiras os resultados qualitativos ajudam a explicar os resultados quantitativos.

FIGURA 3.4

Fluxograma dos procedimentos básicos na implementação de um projeto explanatório.

como a seleção de resultados importantes e prognosticadores fortes podem ser consideradas quando o estudo está sendo planejado, como está discutido nos Capítulos 6 e 7.
✓ O pesquisador deve decidir quem amostrar na segunda fase e que critérios usar para a seleção do participante. O Capítulo 6 explora as abordagens que usam indivíduos da mesma amostra para proporcionar as melhores explanações e as opções de critério, incluindo o uso de características demográficas, grupos usados em comparações durante a fase quantitativa, e os indivíduos que variam na seleção dos prognosticadores.

Variantes do projeto explanatório. O projeto explanatório apresenta duas variantes:

✓ A prototípica **variante do acompanhamento das explanações** é a abordagem mais comum para o uso do projeto explanatório. O pesquisador dá prioridade à fase inicial, quantitativa, e usa a fase qualitativa subsequente para ajudar a explicar os resultados quantitativos. Por exemplo, Igo, Riccomini, Bruning e Pope (2006) começaram estudando quantitativamente o efeito de diferentes modos de notação no desempenho do teste aplicado em estudantes de Ensino Médio com dificuldades de aprendizagem. Tendo por base os resultados quantitativos, os pesquisadores conduziram uma fase qualitativa que incluía coletar entrevistas e documentos dos estudantes para entender suas atitudes e comportamentos nas notações para ajudar a explicar os resultados quantitativos.
✓ Embora menos comum, a **variante da seleção dos participantes** surge quando o pesquisador prioriza a segunda fase, qualitativa, em vez da primeira fase quantitativa. Essa variante também foi chamada de projeto preliminar quantitativo (Morgan, 1998). Ela é utilizada quando o pesquisador está concentrado em examinar qualitativamente um fenômeno, mas necessita de resultados quantitativos iniciais para identificar e selecionar apropriadamente os melhores participantes. Por exemplo, May e Etkina (2002) coletaram dados quantitativos para identificar estudantes de física com ganhos de aprendizagem conceitual consistentemente altos e baixos. Depois realizaram um estudo de comparação qualitativo das percepções de aprendizagem destes dois grupos de estudantes.

Projeto sequencial exploratório

Como foi descrito na Figura 3.2c, o projeto exploratório é também um projeto sequencial de duas partes que pode ser reconhecido porque o pesquisador começa explorando qualitativamente um tópico antes de partir para uma segunda fase, quantitativa. Essa ênfase na exploração está refletida no nome do projeto. Em muitas aplicações deste projeto iterativo, o pesquisador desenvolve um instrumento como um passo intermediário entre as fases que se desenvolve a partir dos resultados qualitativos e é utilizado na subsequente coleta de dados quantitativos. Por essa razão, este projeto tem sido referido como o projeto de desenvolvimento do instrumento (Creswell, Fetters e Ivankova, 2004) e projeto de acompanhamento quantitativo (Morgan, 1998).

Propósito do projeto exploratório. O principal propósito do projeto exploratório é generalizar achados qualitativos com base em alguns indivíduos da primeira fase para uma amostra maior coletada durante a segunda fase. Da mesma forma que no projeto explanatório, a intenção do projeto exploratório de duas fases é que os resultados do primeiro método, qualitativo, possam ajudar a desenvolver ou informar o segundo método, quantitativo (Greene et al., 1989). Esse projeto é baseado na premissa de que uma exploração é necessária por uma de várias razões:

1. as mensurações ou os instrumentos não estão disponíveis,
2. as variáveis são desconhecidas ou
3. não há estrutura ou teoria direcionadora.

Como esse projeto se inicia qualitativamente, é mais adequado para explorar um fenômeno (Creswell, Plano Clark et al., 2003). Ele é particularmente útil quando o pesquisador precisa desenvolver e testar um instrumento porque ele não está disponível (Creswell, 1999; Creswell et al., 2004) ou identificar variáveis importantes de se estudar quantitativamente quando as variáveis são desconhecidas. É também apropriado quando o pesquisador quer generalizar resultados qualitativos para grupos diferentes (Morse, 1991), para testar aspectos de uma teoria ou classificação emergente (Morgan, 1998) ou para explorar um fenômeno em profundidade e medir a prevalência de suas dimensões.

Quando escolher o projeto exploratório. O projeto exploratório é mais útil quando o pesquisador quer generalizar, avaliar ou testar os resultados exploratórios qualitativos para ver se eles podem ser generalizados para uma amostra e uma população. Além disso, as seguintes considerações são relevantes:

✓ O pesquisador e o problema da pesquisa são orientados mais quantitativamente.
✓ O pesquisador não sabe que constructos são importantes de serem estudados, e instrumentos quantitativos relevantes não estão disponíveis.
✓ O pesquisador tem tempo para conduzir a pesquisa em duas fases.
✓ O pesquisador tem recursos limitados e necessita de um projeto em que apenas um tipo de dado está sendo coletado e analisado em um momento.
✓ O pesquisador identifica novas questões de pesquisa emergentes com base nos resultados qualitativos que não podem ser respondidos com dados qualitativos.

Suposições filosóficas que estão por trás do projeto exploratório. Como o projeto exploratório inicia-se qualitativamente, o problema e o propósito da pesquisa com frequência requerem que o elemento qualitativo tenha uma prioridade maior no projeto. Por isso, os pesquisadores geralmente trabalham partindo de princípios construtivistas durante a primeira fase do estudo para valorizar as múltiplas perspectivas e aprofundar seu entendimento. Quando o pesquisador passa para a fase quantitativa, as suposições básicas podem se deslocar para aquelas do pós-positivismo para guiar a necessidade de identificar e mensurar as variáveis e as tendências estatísticas. Assim, múltiplas visões de mundo são utilizadas nesse projeto, e as visões de mundo deslocam-se de uma fase para a outra fase.

Procedimentos do projeto exploratório. Os quatro principais passos do projeto exploratório estão resumidos na Figura 3.5. Como essa figura mostra, esse projeto se inicia com a coleta e a análise de dados qualitativos para explorar um fenômeno. No próximo passo, que representa o ponto de interface na mistura, os pesquisadores que usam esse projeto constroem sobre os resultados da fase qualitativa desenvolvendo um instrumento, identificando variáveis ou estabelecendo proposições para a testagem baseadas em uma teoria ou estrutura emergente. Esses desenvolvimentos conectam a fase qualitativa inicial ao elemento quantitativo subsequente do estudo. No terceiro passo, o pesquisador implementa o elemento quantitativo do estudo para examinar as variáveis salientes usando o instrumento desenvolvido com uma nova amostra de participantes. Finalmente, o pesquisador interpreta de que maneiras e em que extensão os resultados quantitativos generalizam ou expandem os achados qualitativos iniciais.

Pontos fortes do projeto exploratório. Devido à sua estrutura de duas fases e ao fato de que apenas um tipo de dados é coletado em um momento, o projeto exploratório compartilha várias das mesmas vantagens do projeto explanatório. Suas vantagens específicas são as seguintes:

✓ As fases separadas tornam o projeto exploratório direto de descrever, implementar e relatar.
✓ Embora esse projeto enfatize normalmente o aspecto qualitativo, a inclusão de um componente quantitativo pode tornar a abordagem qualitativa mais aceitável para os públicos com vieses quantitativos.

- Este projeto é útil quando a necessidade de uma segunda fase, quantitativa, emerge tendo por base o que foi aprendido na fase qualitativa inicial.
- O pesquisador pode produzir um novo instrumento como um dos potenciais produtos do processo da pesquisa.

Desafios no uso do projeto exploratório. Há vários desafios associados ao uso do projeto exploratório:

- A abordagem de duas fases requer um tempo considerável para ser implementada, incluindo potencialmente tempo

PASSO 1 — Planejar e implementar o elemento qualitativo:
- Estabelecer as questões da pesquisa qualitativa e determinar a abordagem qualitativa.
- Obter permissões.
- Identificar a amostra qualitativa.
- Coletar dados abertos com protocolos.
- Analisar os dados qualitativos usando procedimentos do desenvolvimento do tema e aqueles específicos da abordagem qualitativa para responder as questões da pesquisa qualitativa e identificar as informações necessárias para informar a segunda fase.

PASSO 2 — Usar estratégias para construir sobre os resultados qualitativos:
- Refinar as questões ou hipóteses da pesquisa quantitativa e a questão dos métodos mistos.
- Determinar como os participantes serão selecionados para a amostra quantitativa.
- Planejar e realizar um teste piloto com um instrumento de coleta de dados quantitativos com base nos resultados qualitativos.

PASSO 3 — Planejar e implementar o elemento quantitativo:
- Estabelecer as questões ou hipóteses da pesquisa quantitativa que se constroem sobre os resultados qualitativos e determinar a abordagem quantitativa.
- Obter permissões.
- Selecionar uma amostra quantitativa que generalize ou teste os resultados qualitativos.
- Coletar dados fechados com o instrumento designado a partir dos resultados quantitativos.
- Analisar os dados quantitativos usando estatística descritiva, estatística inferencial e tamanhos do efeito para responder as questões quantitativas e as questões de pesquisa dos métodos mistos.

PASSO 4 — Interpretar os resultados conectados:
- Resumir e interpretar os resultados qualitativos.
- Resumir e interpretar os resultados quantitativos.
- Discutir em que extensão e em que medidas os resultados quantitativos generalizam ou testam os resultados qualitativos.

FIGURA 3.5

Fluxograma dos procedimentos básicos na implementação de um projeto exploratório.

para desenvolver um novo instrumento. Os pesquisadores devem reconhecer esse fator e gerar tempo em seus planos de estudo.
✓ É difícil especificar os procedimentos da fase quantitativa ao aplicar a aprovação inicial do IRB para o estudo. Proporcionar alguma direção aproximada em um plano do projeto ou planejar submeter duas aplicações separadas para o IRB será discutido mais detalhadamente no Capítulo 6.
✓ Os pesquisadores devem considerar usar uma pequena amostra intencional na primeira fase e uma amostra grande de participantes diferentes na segunda fase para evitar questões de viés no elemento quantitativo (ver a discussão da amostragem, Cap. 6).
✓ Se um instrumento for desenvolvido entre as fases, o pesquisador precisa decidir que dados usar a partir da fase qualitativa para construir o instrumento quantitativo e como usar estes dados para gerar mensurações quantitativas. No Capítulo 6, discutiremos os procedimentos para o uso de temas, códigos e citações qualitativos para gerar aspectos dos instrumentos quantitativos.
✓ Procedimentos devem ser realizados para garantir que as pontuações desenvolvidas pelo instrumento sejam válidas e confiáveis. No Capítulo 6, examinaremos passos rigorosos do desenvolvimento de instrumento e escala para esse processo.

Variantes do projeto exploratório. Do mesmo modo que no projeto explanatório, as duas principais variantes do projeto exploratório são diferenciadas pela prioridade relativa dos dois elementos:

✓ Na **variante do desenvolvimento da teoria**, o pesquisador coloca a prioridade na fase qualitativa inicial, com a fase quantitativa seguinte desempenhando um papel secundário para expandir os resultados iniciais. O elemento qualitativo é conduzido para desenvolver uma teoria emergente ou uma taxonomia ou sistema de classificação, e o pesquisador examina a prevalência dos achados e/ou testa a teoria com uma amostra maior (Morgan, 1998; Morse, 1991). Esse modelo é usado quando o pesquisador formula questões ou hipóteses de pesquisa quantitativas baseadas em achados qualitativos e prossegue conduzindo uma fase quantitativa para responder as questões. Por exemplo, Goldenberg, Gallimore e Reese (2005) descreveram como eles identificaram novas variáveis e hipóteses sobre os prognosticadores de práticas de alfabetização familiar com base em seu estudo de caso qualitativo. Depois conduziram um estudo quantitativo de análise do andamento para testar essas variáveis e relacionamentos qualitativamente identificados.
✓ Entretanto, os pesquisadores que usam o projeto exploratório, com frequência enfatizam a segunda fase, quantitativa. Na **variante do desenvolvimento do instrumento**, a fase qualitativa inicial desempenha um papel secundário, frequentemente com o propósito de coletar informações para construir um instrumento quantitativo que seja necessário para a fase quantitativa priorizada. Usando esse modelo, Mak e Marshall (2004) de início exploraram qualitativamente as percepções de adultos jovens sobre a importância do *self* para os outros nos relacionamentos românticos (i.e., como eles percebem que eles têm importância para a outra pessoa). Com base em seus resultados qualitativos, eles desenvolveram o Mattering to Romantic Others Questionnaire e o administraram como parte da segunda fase, quantitativa, para testar hipóteses baseadas no modelo teórico da formação e manutenção da importância percebida.

Projeto incorporado

O projeto incorporado é uma abordagem dos métodos mistos em que o pesquisador combina a coleta e análise tanto de dados quantitativos quanto qualitativos dentro de um projeto de pesquisa quantitativo tradicional ou de um projeto de pesquisa qualitativo (ver

Fig. 3.2d) (Caracelli e Greene, 1997; Greene, 2007). A coleta e a análise do segundo conjunto de dados podem ocorrer antes, durante e/ou depois da implementação dos procedimentos de coleta e análise dos dados tradicionalmente associados ao projeto maior. Em alguns projetos incorporados, um conjunto de dados proporciona um papel secundário no estudo. Por exemplo, os pesquisadores incorporaram um elemento qualitativo nos experimentos quantitativos para corroborar aspectos do projeto experimental (Creswell, Fetters, Plano Clark e Morales, 2009). Em outros casos, as abordagens quantitativas e qualitativas estão combinadas e incorporadas em um projeto ou procedimento tradicional. Por exemplo, em um estudo de caso de métodos mistos incorporados, o pesquisador coleta e analisa tanto dados quantitativos quanto qualitativos para examinar um caso. O pesquisador pode também incorporar abordagens quantitativas e qualitativas em um procedimento como a análise de rede social.

Propósito do projeto incorporado. As premissas desse projeto são que um único conjunto de dados não é suficiente, que diferentes questões precisam ser respondidas, e que cada tipo de questão requer diferentes tipos de dados. No caso do projeto de métodos mistos experimental incorporado, os pesquisadores o utilizam quando necessitam incluir dados qualitativos para responder a uma questão de pesquisa secundária dentro do estudo predominantemente quantitativo. No exemplo experimental, o investigador incorpora dados qualitativos por várias razões, como melhorar os procedimentos de recrutamento (p. ex., Donovan et al., 2002), examinar o processo de uma intervenção (p. ex., Victor, Ross e Axford, 2004) ou explicar as reações à participação em um experimento (p. ex., Evans e Hardy, 2002a, 2002b). Observe que os propósitos para a inclusão de dados qualitativos estão vinculados a – mas são diferentes de – o propósito fundamental do experimento, que é avaliar se um tratamento tem um efeito importante. Isso distingue o projeto incorporado de um projeto convergente quando o pesquisador está usando os dois métodos para lidar com uma única questão abrangente.

Quando escolher o projeto incorporado. O projeto incorporado é apropriado quando o pesquisador tem questões diferentes que requerem diferentes tipos de dados para melhorar a aplicação de um projeto quantitativo ou qualitativo para lidar com o propósito fundamental do estudo. Seguem algumas considerações adicionais:

✓ O pesquisador tem a perícia necessária para implementar de maneira rigorosa o projeto quantitativo ou qualitativo planejado.
✓ O pesquisador fica à vontade de ter seu estudo direcionado por uma orientação primária quantitativa ou qualitativa.
✓ O pesquisador tem pouca experiência anterior com o método suplementar.
✓ O pesquisador não tem os recursos adequados para dar igual prioridade aos dois tipos de dados.
✓ O pesquisador identifica questões emergentes relacionadas à implementação do projeto quantitativo ou qualitativo primário, e o *insight* nessas questões pode ser obtido com um conjunto de dados secundários.

Suposições filosóficas que estão por trás do projeto incorporado. O projeto incorporado é utilizado para melhorar a aplicação de um projeto quantitativo ou qualitativo tradicional. Por isso, as suposições deste projeto são estabelecidas pela abordagem primária, e o outro conjunto de dados é subserviente dentro dessa metodologia. Por exemplo, se o projeto primário é experimental, correlacional, longitudinal ou concentrado na validação do instrumento, então o pesquisador mais provavelmente estará trabalhando a partir de suposições pós-positivistas, pois o paradigma é abrangente. Do mesmo modo, se o projeto primário é fenomenológico, teoria fundamentada, etnografia, estudo de caso ou narrativa, então o pesquisador mais provavelmente estará trabalhando a partir de um paradigma construtivista. Em qualquer um dos casos, o método suplementar é usado a serviço da abordagem direcionadora.

Procedimentos do projeto incorporado. Uma boa maneira de pensar sobre os procedimentos para o projeto incorporado é se concentrar no momento da coleta e análise dos dados suplementares relativos ao elemento primário do estudo e às razões para adicioná-lo aos dados suplementares. Sandelowski (1996) foi o primeiro a introduzir a noção do elemento suplementar ocorrendo antes, durante ou depois (ou alguma combinação) do primeiro elemento, e acreditamos que esta é uma estrutura útil para pensar sobre o projeto incorporado, não importa que abordagem esteja colocada no papel principal. O pesquisador toma esta decisão quanto ao procedimento (antes, durante, depois ou alguma combinação) com base no propósito dos dados suplementares dentro do projeto maior (Creswell et al., 2009). Por isso, os projetos incorporados podem usar uma abordagem de uma fase ou uma abordagem de duas fases para o elemento incorporado, e os procedimentos refletem as questões relevantes para a natureza sequencial ou simultânea da implementação.

Como o tipo mais comum de projeto incorporado encontrado na literatura ocorre quando os pesquisadores incorporam dados qualitativos em um projeto experimental, a Figura 3.6 apresenta uma visão geral dos procedimentos para implementar dados qualitativos antes, durante e/ou depois da intervenção em um experimento. Os passos gerais incluem

1. projetar o experimento geral e decidir a razão por que os dados qualitativos precisam ser incluídos;
2. coletar e analisar dados qualitativos para melhorar o projeto experimental;
3. coletar e analisar dados do resultado quantitativo para os grupos experimentais; e
4. interpretar como os resultados qualitativos melhoraram os procedimentos experimentais e/ou entender os resultados experimentais.

Pontos fortes do projeto incorporado. Há várias vantagens específicas no projeto incorporado:

✓ Esse projeto pode ser usado quando o pesquisador não tem tempo ou recursos suficientes para se comprometer com a coleta de dados quantitativos e qualitativos extensivos porque é dada mais prioridade a um tipo de informação do que ao outro.
✓ Com a adição de dados suplementares, o pesquisador consegue melhorar o projeto maior.
✓ Como os diferentes métodos estão tratando de diferentes questões, esse projeto adapta-se bem a uma abordagem de equipe, em que os membros da equipe podem concentrar o seu trabalho em uma das questões baseadas em seus interesses e na sua perícia.
✓ O foco em questões diferentes significa que os dois tipos de resultados podem ser publicados separadamente.
✓ Esse projeto pode ser atrativo para agências de financiamento que estão menos familiarizadas com a pesquisa de métodos mistos porque o foco fundamental da abordagem está num projeto quantitativo ou qualitativo tradicional.

Desafios no uso do projeto incorporado. Há muitos desafios associados ao projeto incorporado. A seguir, estão os desafios e as estratégias sugeridas para lidar com eles:

✓ O pesquisador necessita ser perito no projeto quantitativo ou qualitativo usado, além de ser perito na pesquisa de métodos mistos.
✓ O pesquisador necessita especificar o propósito de coletar dados qualitativos (ou quantitativos) como parte de um estudo quantitativo (ou qualitativo) maior. Os pesquisadores podem estabelecer esses dados como os propósitos primário e secundário para o estudo. Ver o Capítulo 5 para exemplos da escrita destas declarações de propósito primária e secundária.
✓ O pesquisador necessita decidir em que ponto do estudo experimental coletar os dados qualitativos relacionados à intervenção (isto é, antes, durante, depois ou em alguma combinação). Essa decisão deve ser tomada tendo por base a intenção de incluir os dados qualitativos

PESQUISA DE MÉTODOS MISTOS 93

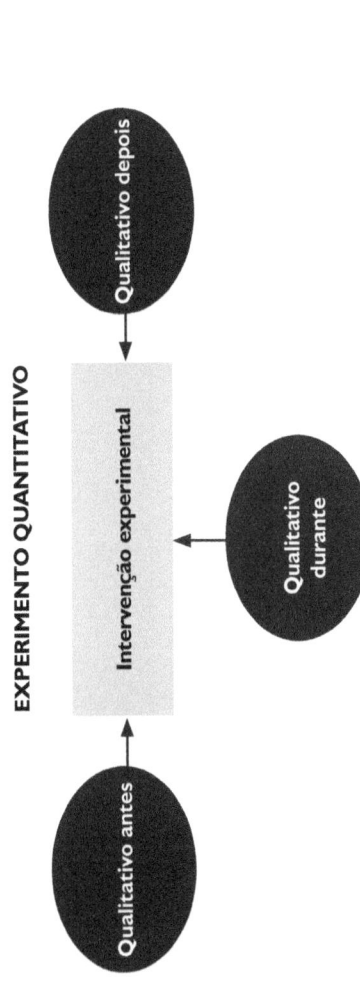

FIGURA 3.6

Fluxograma dos procedimentos básicos na implementação de um projeto incorporado.

(p. ex., moldar a intervenção, explicar o processo dos participantes durante o tratamento ou acompanhar os resultados do teste experimental). O Capítulo 6 proporciona mais detalhes sobre essas opções nas diferentes fases de um projeto.

✓ Pode ser difícil integrar os resultados quando os dois métodos são usados para responder diferentes questões da pesquisa. Entretanto, diferentemente do projeto convergente, a intenção do projeto incorporado não é fundir dois conjuntos de dados diferentes coletados para responder à mesma questão. Os pesquisadores que usam um projeto incorporado podem manter os dois conjuntos de resultados separados em seus relatórios, ou até relatá-los em documentos separados (ver Cap. 8 para uma discussão adicional sobre essas estratégias de escrita).

✓ Para as abordagens experimentais durante a intervenção, a coleta de dados qualitativos pode introduzir um viés de tratamento potencial que afeta os resultados do experimento. Sugestões para lidar com esse viés potencial na coleta de dados modestos serão discutidas no Capítulo 6.

Variantes do projeto incorporado. Do ponto de vista conceitual, há duas variantes do projeto incorporado baseadas em se o método é incorporado como um suplemento para um projeto maior ou os dois métodos estão incorporados em combinação dentro de um projeto ou procedimento maior. Também existem muitas variações dentro dessas duas categorias maiores:

✓ A variante protótipica do projeto incorporado ocorre quando o pesquisador incorpora um conjunto de dados suplementar dentro de um projeto maior para lidar com diferentes questões. O exemplo mais comum é a **variante do experimento incorporado**, que ocorre quando o pesquisador incorpora dados qualitativos em um teste experimental. Outras variantes similares incluem a **variante correlacional incorporada** (Harrison, 2005) e a **variante do desenvolvimento e da validação incorporadas** (Plano Clark e Galt, 2009). Por exemplo, Hilton, Budgen, Molzahn e Attridge (2001) coletaram informações qualitativas (por exemplo, comentários do participante, respostas abertas e anotações de observação de campo) enquanto realizavam o teste piloto do seu instrumento para proporcionar evidências adicionais de que o instrumento media resultados significativos do cliente em um centro de enfermagem.

✓ Recentemente, os estudiosos também têm discutido projetos híbridos em que os pesquisadores incorporam tanto dados quantitativos quanto qualitativos dentro dos projetos ou procedimentos tradicionais. Essas abordagens resultam em variantes, como os **estudos de caso dos métodos mistos** (Luck, Jackson e Usher, 2006) e a **pesquisa narrativa dos métodos mistos** (Elliot, 2005). Nesses exemplos, o caso ou a narrativa tornam-se um espaço reservado para coletar tanto dados quantitativos quanto qualitativos (Creswell e Tashakkori, 2007). Outro exemplo seria uma **etnografia dos métodos mistos**, em que o pesquisador discute a coleta das duas formas de dados dentro de um projeto etnográfico (Morse e Niehaus, 2009). A incorporação das duas formas de dados também pode acontecer dentro de procedimentos maiores, como os Neighborhood History Calendars, Life History Calendars ou sistemas de informações geográficas (*geographic information systems* – GIS), como foi discutido por demógrafos sociais (Axinn e Pearce, 2006). Por exemplo, Skinner, Matthews e Burton (2005) juntaram dados espaciais quantitativos com informações etnográficas qualitativas dentro de um procedimento de GIS para mapear as experiências de famílias satisfazendo as necessidades de seus filhos portadores de incapacidades.

Projeto transformativo

Um projeto que vai além dos quatro projetos dos métodos mistos ocorre quando os pesquisadores conduzem pesquisa de métodos mistos utilizando uma estrutura de base teórica, como uma visão de mundo transformativa. Uma estrutura teórica de base transformativa é uma estrutura para prever as necessidades de populações sub-representadas ou marginalizadas. Como foi discutido no Capítulo 2, isso envolve o pesquisador assumir uma posição, ser sensível às necessidades da população que está sendo estudada e recomendar mudanças específicas como um resultado da pesquisa para melhorar a justiça social para população em estudo. Alguns estudiosos rejeitam as perspectivas ideológicas como um critério para classificar os projetos de métodos mistos, argumentando que eles relacionam-se mais com o propósito de conteúdo do estudo do que com as decisões dos métodos do estudo (p. ex., Teddlie e Tashakkori, 2009). Outros, no entanto, têm incluído os projetos transformativos entre os principais projetos dos métodos mistos (Creswell, Plano Clark et al., 2003; Greene, 2007; Greene e Caracelli, 1997; Mertens, 2003). Mertens (2003, 2009) discutiu especificamente as maneiras em que uma perspectiva transformativa influencia todos os estágios do processo da pesquisa e do projeto. Encontramos pesquisadores planejando e nomeando seus projetos de maneiras que refletem a importância que eles atribuem ao uso de uma perspectiva transformativa. Como foi mencionado no Capítulo 2, têm sido publicados vários estudos de métodos mistos que utilizam uma lente transformativa extraída de uma teoria feminista, de uma teoria racial ou étnica, de uma teoria da orientação sexual ou de uma teoria da incapacidade (Mertens, 2009). Por exemplo, Lehan-Mackin (2007) classificou seu estudo proposto de duas fases de gravidezes indesejadas em estudantes universitárias como um "estudo de métodos mistos equivalente, sequencial e transformativo" (Resumo, parágrafo 1). Ela planejou seus procedimentos de modo que resultassem contextos e políticas sociais que promovem disparidades de saúde.

Propósito do projeto transformativo. O propósito desse projeto é conduzir uma pesquisa que seja orientada para a mudança e procure prever as causas de justiça social identificando os desequilíbrios de poder e a capacitação de indivíduos e/ou comunidades – ou seja, o propósito para os métodos mistos no projeto transformativo é mais para considerações baseadas em valor e ideologias do que para considerações relacionadas a métodos e procedimentos (Greene, 2007). O propósito é usar os métodos mais adequados para prever os objetivos transformativos (p. ex., desafiar o *status quo* e desenvolver soluções) do estudo.

Quando escolher o projeto transformativo. Esse projeto deve ser usado quando o pesquisador determina que os métodos mistos são necessários para tratar de um objetivo transformativo. A seguir, outras considerações:

✓ O pesquisador busca lidar com questões de justiça social e requerer mudança.
✓ O pesquisador enxerga as necessidades de populações sub-representadas ou marginalizadas.
✓ O pesquisador tem um bom conhecimento de trabalho das estruturas teóricas usadas para estudar populações sub-representadas ou marginalizadas.
✓ O pesquisador pode conduzir o estudo sem marginalizar mais a população sob estudo.

Suposições filosóficas que estão por trás do projeto transformativo. O paradigma transformativo proporciona as suposições abrangentes que estão por trás da condução do projeto transformativo (Mertens, 2003, 2007). Essa visão de mundo, discutida no Capítulo 2 como a visão de mundo defensiva e participatória, proporciona um paradigma abrangente para o projeto e inclui perspectivas de ação política, capacitação, colaborativas e pesquisa orientada para a mudança.

Procedimentos do projeto transformativo. Dependendo dos contextos específicos de um estudo transformativo individual, o pesquisador pode terminar usando procedimentos que são consistentes com quaisquer dos quatro projetos de métodos mistos já discutidos. A diferença é que o paradigma transformativo e a lente teórica usada pelo pesquisador tem uma "influência invasiva durante todo o processo da pesquisa" (Mertens, 2003, p. 142). Mertens descreveu as maneiras em que esta perspectiva influencia cinco passos do processo da pesquisa, incluindo

1. definir o problema e fazer uma busca na literatura;
2. identificar o projeto da pesquisa;
3. identificar as fontes de dados e selecionar os participantes;
4. identificar ou construir instrumentos e métodos de coleta de dados; e
5. analisar, interpretar, relatar e usar os resultados.

Além disso, Plano Clark e Wang (2010) identificaram vários procedimentos para a condução da pesquisa de métodos mistos de uma maneira multiculturalmente competente, examinando as práticas dos pesquisadores em 11 estudos publicados. Como foi sugerido por esses autores, a Figura 3.7 resume algumas das principais considerações que os pesquisadores transformativos precisam considerar quando planejam seus procedimentos de métodos mistos. Mais detalhes serão apresentados nos Capítulos 6 e 7 sobre os procedimentos de coleta e análise de dados dentro de um projeto transformativo.

Pontos fortes do projeto transformativo. Os pesquisadores podem implementar em seus projetos transformativos procedimentos consistentes com quaisquer dos quatro projetos dos métodos mistos. Desse modo, o projeto transformativo compartilha os mesmos pontos fortes previamente discutidos com esses projetos. Além disso, o projeto transformativo tem as seguintes vantagens:

✓ O pesquisador posiciona o estudo dentro de uma estrutura transformativa e de uma visão de mundo defensiva ou emancipatória.
✓ O pesquisador ajuda a capacitar os indivíduos e produzir mudança e ação.
✓ Os participantes frequentemente desempenham um papel ativo e participativo na pesquisa.
✓ O pesquisador é capaz de usar uma coleção de métodos que produzem resultados que são ao mesmo tempo úteis para os membros da comunidade e encarados como dignos de crédito para os financiadores e os formuladores de políticas.

Desafios no uso do projeto transformativo. Tal como os pontos fortes, o projeto transformativo compartilha desafios procedurais associados aos correspondentes projetos básicos dos métodos mistos. Além disso, o projeto transformativo tem os seguintes desafios adicionais:

✓ Há ainda poucas diretrizes na literatura para ajudar os pesquisadores na implementação dos métodos mistos de uma maneira transformativa. Uma maneira de proceder é examinar os estudos publicados de métodos mistos que empregam uma lente transformativa (ver Sweetman, Badiee e Creswell, 2010).
✓ O pesquisador pode necessitar justificar o uso da abordagem transformativa. Isso pode ser feito discutindo explicitamente as bases filosóficas e teóricas como parte da proposta e do relato do estudo, como foi discutido no Capítulo 2.
✓ O pesquisador necessita desenvolver confiança com os participantes e ser capaz de conduzir a pesquisa de uma maneira culturalmente sensível.

Variantes do projeto transformativo. As variantes do projeto transformativo são mais bem descritas pelas diversas estruturas teóricas usadas do que pelas diferentes decisões dos métodos. Por exemplo, Sweetman, Badiee e Creswell (2010) identificaram vários estudos de métodos mistos transformativos na literatura e classificaram as variantes pelas lentes teóricas utilizadas. Esses estudos usaram diferentes lentes teóricas, incluindo uma lente feminista (p. ex., Cartwright, Schow e Herrera, 2006), uma lente da incapacidade (p. ex., Boland, Daly e Staines, 2008) e uma lente da classe socioeconômica (Newman e Wyly, 2006).

Definir o problema e fazer uma busca na literatura:
✓ Buscar deliberadamente na literatura as preocupações de diversos grupos e questões de discriminação e opressão.
✓ Permitir a definição do problema que surge da comunidade de interesse.
✓ Construir confiança com os membros da comunidade.
✓ Resistir às estruturas teóricas com base no déficit.
✓ Gerar questões de pesquisa equilibradas – positivas e negativas.
✓ Desenvolver questões que conduzam a respostas transformativas, como questões concentradas na autoridade e nas relações de poder nas instituições e comunidades.

↓

Identificar o projeto da pesquisa:
✓ Usar metodologias mistas para captar a complexidade do problema e responder às diferentes necessidades das partes interessadas.
✓ Assegurar que o seu projeto de pesquisa respeita as considerações éticas dos participantes.
✓ Não negar tratamento a quaisquer grupos se incorporar procedimentos experimentais.

↓

Identificar as fontes de dados e selecionar os participantes:
✓ Concentrar-se nos participantes dos grupos associados com discriminação e opressão.
✓ Evitar rótulos estereotípicos para os participantes.
✓ Reconhecer a diversidade dentro da população-alvo.
✓ Usar as estratégias de amostragem que melhoram a inclusão da amostra para aumentar a probabilidade de que os grupos tradicionalmente marginalizados sejam adequada e acuradamente representados.

↓

Identificar ou construir instrumentos e métodos de coleta de dados:
✓ Considerar como o processo e os resultados da coleta de dados vão beneficiar a comunidade que está sendo estudada.
✓ Usar métodos que garantam que os achados da pesquisa serão críveis para essa comunidade.
✓ Usar métodos de coleta que sejam sensíveis aos contextos culturais da comunidade.
✓ Projetar a coleta de dados para abrir caminhos para a participação no processo de mudança social.

↓

Analisar, interpretar, relatar e usar os resultados:
✓ Estar aberto a resultados que levantem novas hipóteses.
✓ Analisar subgrupos (i.e., análises multiníveis) para examinar o impacto diferenciado nos diversos grupos.
✓ Estruturar os resultados para ajudar a entender e elucidar as relações de poder.
✓ Relatar os resultados de maneiras que facilitem a mudança e a ação sociais.

FIGURA 3.7

Fluxograma dos procedimentos básicos na implementação de um projeto transformativo.
Fonte: Adaptada de D.M. Mertens (2003) e J.W. Creswell (2009c, pp. 67-68). Adaptada com permissão da SAGE Publications, Inc.

Por isso, três variantes do projeto transformativo são

1. a **variante transformativa da lente feminista**, em que o pesquisador estrutura o estudo usando uma lente teórica feminista;
2. a **variante transformativa da lente da incapacidade**, em que o pesquisador estrutura o estudo usando uma lente teórica da incapacidade; e
3. a **variante transformativa da lente da classe socioeconômica**, em que o pesquisador estrutura o estudo usando uma lente teórica da classe socioeconômica.

Projeto multifásico

O projeto multifásico é um exemplo de um projeto dos métodos mistos que vai além dos projetos básicos (convergente, explanatório, exploratório e incorporado). Os projetos multifásicos ocorrem quando um pesquisador individual ou uma equipe de investigadores examina um problema ou tópico mediante uma iteração de estudos quantitativos e qualitativos conectados que são sequencialmente alinhados, com cada nova abordagem partindo do que foi aprendido para tratar de um objetivo central do programa. Escritos iniciais na área referiram ao projeto sanduíche, que ocorre quando o pesquisador alterna os métodos quantitativo e qualitativo entre as três fases (p. ex., qualitativo depois quantitativo depois qualitativo) (Sandelowski, 2003). Atualmente, os projetos multifásicos combinam aspectos sequenciais e simultâneos e são mais comuns em grandes estudos fundamentados que têm muitas questões sendo investigadas para avançar um objetivo programático. Dois exemplos fundamentais desse projeto seriam um projeto de métodos mistos fundamentado em um multiprojeto envolvendo vários investigadores e pesquisadores para o financiamento federal dos Estados Unidos (p. ex., um projeto dos National Institutes of Health [NIH] ou da National Science Foundation [NSF]) ou um estudo de avaliação estadual envolvendo múltiplos níveis de coleta e análise de dados e também múltiplos estudos.

Propósito do projeto multifásico. O propósito desse projeto é lidar com um conjunto de questões de pesquisa incrementais que avançam um objetivo de pesquisa programático. Ele proporciona uma estrutura metodológica abrangente a um projeto de muitos anos de duração que requer múltiplas fases para desenvolver um programa geral de pesquisa, ou de avaliação. Por exemplo, no contexto da avaliação de programa, estas múltiplas fases podem ser vinculadas a fases para avaliação das necessidades, desenvolvimento do programa e testagem da avaliação do programa.

Quando escolher o projeto multifásico. Além de compatibilizar o projeto com a série de questões de pesquisa, um projeto multifásico deve ser selecionado segundo as seguintes considerações:

- ✓ O pesquisador não pode satisfazer o objetivo de longo prazo do estudo com um único estudo de métodos mistos.
- ✓ O pesquisador tem experiência em pesquisa de larga escala (p. ex., experiência em avaliação, experiência em projetos complexos de ciência da saúde).
- ✓ O pesquisador tem recursos e financiamento suficientes para implementar o estudo durante muitos anos.
- ✓ O pesquisador faz parte de uma equipe que inclui profissionais além de indivíduos com experiência em pesquisa, tanto em pesquisa qualitativa quanto quantitativa.
- ✓ O pesquisador está conduzindo um projeto de métodos mistos que está emergindo, e novas questões surgem durante diferentes estágios do projeto.

Suposições filosóficas que estão por trás do projeto multifásico. As suposições filosóficas que proporcionam a base para um projeto multifásico vão variar dependendo das especificidades do projeto. Como uma estrutura geral, sugerimos que o pesquisador use o pragmatismo como uma base abrangente se os elementos forem implementados simultaneamente e use o construtivismo para os componentes qualitativos e o pós-positivismo para o componente quantitativo se os elementos forem sequenciais. Como as equipes com frequência implementam essa abordagem, é comum os diferentes subgrupos dentro das equipes estarem trabalhando a partir de diferentes suposições e se concentrando em diferentes aspectos do projeto geral. Além da importância das suposições filosóficas, os projetos multifásicos também se beneficiam de uma forte perspectiva teórica que proporciona uma estrutura direcionadora para se pensar sobre os aspectos substantivos do estudo durante as múltiplas fases.

Procedimentos do projeto multifásico. Os procedimentos gerais indicativos de um projeto multifásico estão descritos na Figura 3.8. Como ela ilustra, o projeto multifásico permite que cada estudo individual trate de um conjunto específico de questões de pesquisa que se desenvolvem para tratar de um objetivo maior do programa. Esses procedimentos em uma determinada fase do estudo ou uma sequência de estudos, com frequência se espelham nos procedimentos para a implementação de um ou mais dos projetos básicos dos métodos mistos. Além disso, os pesquisadores que utilizam um projeto multifásico também têm de estabelecer cuidadosamente as questões de pesquisa para cada fase, o que tanto contribui para o programa geral da investigação quanto parte do que foi aprendido nas fases anteriores e nos procedimentos construídos com base nos achados e resultados anteriores.

Pontos fortes do projeto multifásico. Esse projeto tem vários pontos fortes:

- ✓ O projeto multifásico incorpora a flexibilidade necessária para utilizar os elementos do projeto de métodos mistos requeridos para lidar com um conjunto de questões de pesquisa interconectadas.
- ✓ Os pesquisadores podem publicar os resultados de estudos individuais e ao mesmo tempo continuar a contribuir para a avaliação geral ou com o programa geral da pesquisa.
- ✓ O projeto se adapta bem à abordagem típica da avaliação e do desenvolvimento do programa.
- ✓ O pesquisador pode usar esse projeto para proporcionar uma estrutura geral para a condução de múltiplos estudos iterativos no correr de muitos anos.

Desafios no uso do projeto multifásico. Embora a natureza e a flexibilidade multifacetadas do projeto multifásico sejam seus principais pontos fortes, eles também representam seus principais desafios:

- ✓ O pesquisador deve prever os desafios em geral associados às abordagens individuais simultâneas e sequenciais dentro de fases individuais ou subsequentes.
- ✓ O pesquisador necessita de recursos, tempo e esforço suficientes para implementar com sucesso as várias fases durante muitos anos.
- ✓ O pesquisador deve colaborar efetivamente com uma equipe de pesquisadores sobre o escopo do projeto, embora também acomodando potenciais adições e perdas de membros da equipe.
- ✓ O pesquisador deve ponderar como conectar de maneira significativa os estudos individuais além de misturar os elementos quantitativos e qualitativos dentro das fases.
- ✓ Devido ao enfoque prático de muitos projetos multifásicos para o desenvolvimento do programa, o investigador precisa ponderar como transferir os achados de pesquisa para a prática mediante o desenvolvimento de materiais e programas.
- ✓ O pesquisador pode precisar submeter protocolos novos ou modificados ao IRB para cada fase do projeto.

Variantes do projeto multifásico. Estamos apenas começando a pensar em como classificar as variantes dos projetos multifásicos. Os exemplos podem ser difíceis de identificar porque são frequentemente publicados como diferentes projetos em diferentes periódicos. Considerando os exemplos que temos extraídos da literatura, sugerimos as seguintes variantes:

- ✓ Os **projetos de desenvolvimento e avaliação de programa de larga es-**

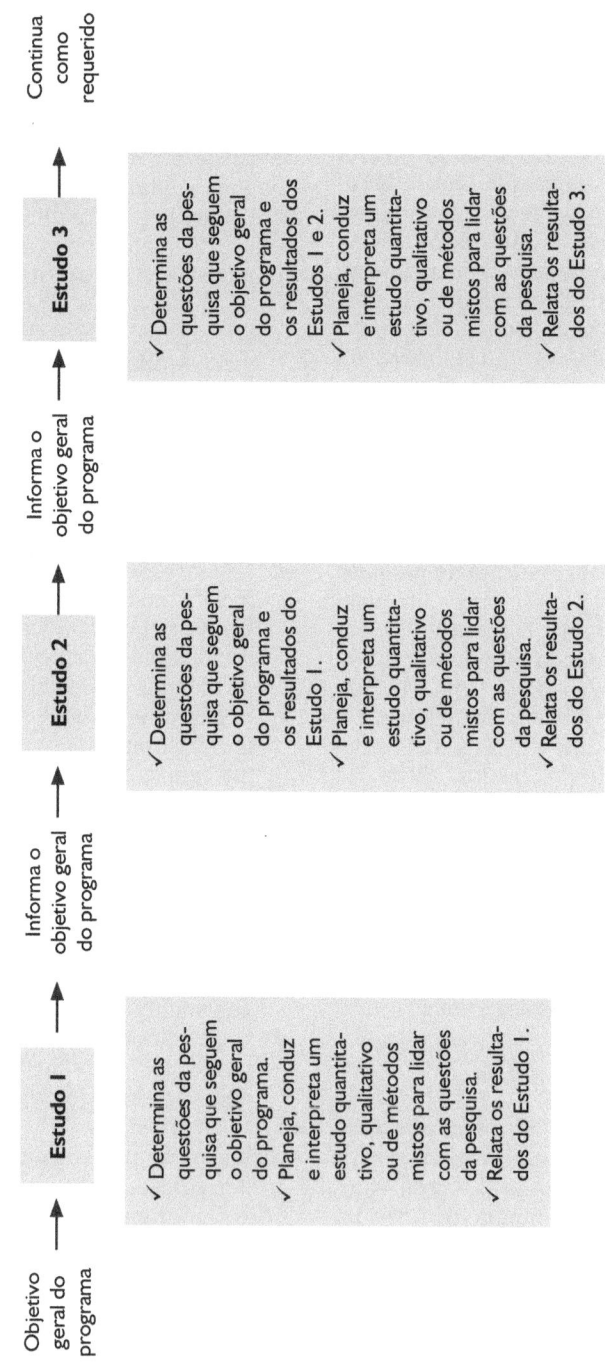

FIGURA 3.8

Fluxograma dos procedimentos básicos na implementação de um projeto multifásico.
Fonte: Baseada em Creswell e Plano Clark (2007) e em Morse e Niehaus (2009).

cala podem ser o uso mais comum dos projetos multifásicos. Esses projetos com frequência são programas de pesquisa com subvenção federal, como pesquisa em serviços de educação e saúde em que os investigadores conduzem projetos que requerem exploração, desenvolvimento de programa, testagem de programa e estudos de factibilidade.

✓ Os **estudos multifásicos estaduais** utilizam diferentes métodos e fases para examinar diferentes níveis de um sistema, como local, estadual e nacional. Por exemplo, Teddlie e Yu (2007) discutiram como projetos multiníveis concentrados em questões educacionais necessitam estudar cinco níveis diferentes: sistemas escolares, distritos escolares, escolas, professores e salas de aula, e estudantes, com cada nível requerendo métodos diferentes.

✓ Uma variante final inclui **estudos de métodos mistos individuais que combinam fases simultâneas e sequenciais**. Por exemplo, Fetters, Yoshioka, Greenberg, Gorenflo e Yeo (2007) relataram seu uso de um projeto combinado para estudar a prática de obtenção de consentimento para anestesia epidural anterior ao parto para mulheres japonesas. Esses pesquisadores utilizaram uma abordagem sequencial para identificar e explicar as perspectivas das mulheres com uma pesquisa de levantamento seguida de entrevistas. Eles combinaram esta abordagem sequencial com um estudo simultâneo das perspectivas dos profissionais de saúde pela coleta de dados quantitativos e qualitativos em uma pesquisa de levantamento realizada por *e-mail*.

UM MODELO PARA DESCREVER UM PROJETO EM UM RELATÓRIO ESCRITO

Pelo fato de muitos pesquisadores e redatores não estarem atualmente familiarizados com os diferentes tipos de projetos de métodos mistos, é importante incluir um parágrafo que introduza o projeto quando escrever sobre um estudo em propostas ou relatórios de pesquisa. Esse parágrafo de visão geral normalmente é colocado no início da discussão dos métodos e deve abranger quatro tópicos. Primeiro, identificar o tipo de projeto

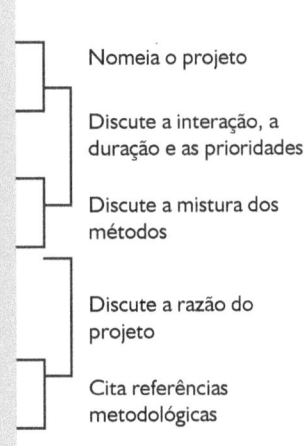

FIGURA 3.9

Um parágrafo de amostra para escrever um projeto de métodos mistos em um relatório.
Fonte: Ivankova, Creswell e Stick, 2006, p. 5.

de métodos mistos. Segundo, apresentar as características definidoras desse projeto, incluindo seu nível de interação, a duração, prioridades e decisões de mistura dos métodos. Terceiro, declarar o propósito geral ou a justificativa para usar este projeto para o estudo. Finalmente, incluir referências à literatura de métodos mistos nesse projeto. Um exemplo de um parágrafo de visão geral está incluído na Figura 3.9, juntamente com comentários que vão ajudar a identificar estes aspectos dentro do parágrafo.

✓ Resumo

Como as abordagens de pesquisa quantitativa e qualitativa, a pesquisa de métodos mistos abrange vários projetos diferentes. Os projetos proporcionam estruturas sólidas para coleta, análise, mistura, interpretação e relato dos dados quantitativos e qualitativos para melhor tratar dos tipos específicos de propósitos da pesquisa. Há quatro princípios que os pesquisadores devem considerar quando planejam seus estudos de métodos mistos. Primeiro, os projetos de métodos mistos podem ser fixados desde o início e/ou emergir à medida que o estudo prossegue. Segundo, os pesquisadores devem considerar sua abordagem para o projeto da pesquisa e decidir se vão usar uma abordagem baseada na tipologia ou uma abordagem dinâmica. Terceiro, os pesquisadores devem compatibilizar o projeto com seu problema e questões de pesquisa. Finalmente, os pesquisadores devem articular pelo menos uma razão por que eles estão misturando os métodos.

Os pesquisadores que planejam um estudo de métodos mistos tomam quatro decisões importantes ao escolherem um projeto de métodos mistos: se os elementos vão permanecer independentes ou ser interativos; se os dois elementos terão prioridade igual ou desigual no tratamento do propósito do estudo; se os elementos serão implementados simultaneamente, sequencialmente ou durante múltiplas fases; e como os elementos serão misturados. Misturar envolve tomar decisões quanto ao estágio na pesquisa em que a mistura vai ocorrer e as estratégias específicas usadas na mistura (i.e., fusão, conexão, incorporação ou uso de uma estrutura). Essas decisões, juntamente com a lógica básica mais adequada para o problema da pesquisa e as considerações práticas, são a base que os pesquisadores devem usar ao selecionar um projeto de métodos mistos para o seu estudo.

Os pesquisadores podem escolher entre seis importantes projetos de métodos mistos: convergente, explanatório, exploratório, incorporado, transformativo ou multifásico. Esses projetos são adequados para propósitos diferentes e com frequência encontram sua base dentro de suposições filosóficas diferentes. Cada um deles inclui um conjunto específico de procedimentos que proporcionam a lógica subjacente da abordagem. Os pesquisadores devem considerar cuidadosamente os desafios associados à sua escolha do projeto e planejar estratégias para enfrentar estes desafios. Nos diferentes projetos, também descobrimos que há variantes comuns além das decisões do projeto que são mais comuns nos estudos publicados na literatura recente.

ATIVIDADES

1. Reflita sobre os quatro princípios do projeto de métodos mistos (usando um projeto que seja fixo e/ou emergente, usando uma abordagem de projeto de métodos mistos, compatibilizando o projeto com o problema, e declarando a razão para misturar os métodos) em relação a um estudo que você está planejando realizar. Descreva brevemente como estes princípios serão aplicados em seu estudo.
2. Identifique um tópico de interesse substantivo para você. Descreva como esse tópico poderia ser estudado utilizando cada um dos principais projetos discutidos neste capítulo.
3. Qual dos principais tipos de projeto você vai utilizar no seu estudo? Escreva um parágrafo sobre a visão geral que identifica este projeto; defina seu nível de interação, prioridade, duração do projeto e a mistura dos métodos; e apresente suas razões para escolhê-lo para o seu estudo.
4. Que desafios estão associados à sua escolha do projeto? Escreva um parágrafo que discuta os desafios que você prevê que ocorrerão com seu projeto e como poderá lidar com eles.

Recursos adicionais a serem examinados

Para discussões adicionais sobre os principais tipos de projetos de métodos mistos, consulte os seguintes recursos:

Creswell, J.W., Plano Clark, V.L., Gutmann, M. & Hanson, W. (2003). Advanced mixed methods research designs. In A. Tashakkori & C. Teddlie (Eds.), *Handbook of mixed methods in social & behavioral research* (pp. 209-240). Thousand Oaks, CA: Sage.

Greene, J.C. (2007). *Mixed methods in social inquiry*. San Francisco: Jossey-Bass.

Mertens, D.M. (2003). Mixed methods and the politics of human research: The transformative--emancipatory perspective. In A. Tashakkori & C. Teddlie (Eds.), *Handbook of mixed methods in social & behavioral research* (pp. 135-164). Thousand Oaks, CA: Sage.

Morse, J.M. & Niehaus, L. (2009). *Mixed methods design. Principles and procedures*. Walnut Creek, CA: Left Coast Press.

Teddlie, C. & Tashakkori, A. (2009). *Foundations of mixed methods research*. Thousand Oaks, CA: Sage.

Consulte os seguintes recursos para discussões adicionais da interação, da duração do projeto, das prioridades e das decisões de mistura dos métodos:

Bazeley, P. (2009). Integrating data analyses in mixed methods research [Editorial]. *Journal of Mixed Methods Research, 3*(3), 203-207.

Caracelli, V.J. & Greene, J.C. (1993). Data analysis strategies for mixed-method evaluation designs. *Educational Evaluation and Policy Analysts, 15*(2), 195-207.

Greene, J.C., Caracelli, V.J. & Graham, W.F. (1989). Toward a conceptual framework for mixed-method evaluation designs. *Educational Evaluation and Policy Analysis, 11*(3), 255-274.

Veja as discussões que se seguem para abordagens alternativas para o projeto de métodos mistos:

Hall, B. & Howard, K. (2008). A synergistic approach: Conducting mixed methods research with typological and systemic design considerations. *Journal of Mixed Methods Research, 2*(3), 248-269.

Maxwell, J.A. & Loomis, D.M. (2003). Mixed methods design: An alternative approach. In A. Tashakkori & C. Teddlie (Eds.), *Handbook of mixed methods in social & behavioral research* (pp. 241-271). Thousand Oaks, CA: Sage.

4

Exemplos de projetos de métodos mistos

Depois de considerar a escolha de um projeto de métodos mistos para tratar de um problema de pesquisa, um próximo passo bom é os pesquisadores examinarem exemplos de estudos publicados em que o projeto de métodos mistos foi aplicado na prática. No Capítulo 1, introduzimos termos de busca úteis para localizar estudos de métodos mistos. Agora precisamos considerar como ler os estudos que representam os diferentes projetos de métodos mistos. A leitura e o entendimento dos estudos de métodos mistos é facilitada pela identificação das principais características do projeto usado nos estudos, pela descrição dos projetos gerais utilizando um sistema de anotação e traçando diagramas que comuniquem os procedimentos detalhados dos estudos de métodos mistos. Usando essas ferramentas, apresentamos seis estudos completos publicados e os examinamos em relação às suas características de métodos mistos como exemplos dos diferentes e importantes projetos de métodos mistos.

Este capítulo vai tratar de:

✓ lições a serem aprendidas pelo estudo de exemplos de estudos de métodos mistos publicados;
✓ duas ferramentas – um sistema de anotação e diagramas – que podem facilitar um entendimento dos estudos de métodos mistos publicados;
✓ as características do projeto que são úteis no exame de um estudo de métodos mistos;
✓ seis exemplos de estudos de métodos, cada um ilustrando um diferente tipo de projeto; e
✓ as semelhanças e diferenças entre os seis exemplos.

APRENDENDO COM EXEMPLOS DA PESQUISA DE MÉTODOS MISTOS

Com a nossa experiência de leitura e exame de muitas centenas de estudos de métodos mistos, descobrimos um grande valor em examinar a prática de outros pesquisadores quando eles implementam e relatam os projetos de métodos mistos que usaram em seus estudos de pesquisa. É também útil aos pesquisadores que planejam usar métodos mistos localizarem estudos de métodos mistos publicados dentro da sua disciplina, para poderem identificar a linguagem e os projetos que são comuns dentro do contexto dela. Identificando estudos que fazem uso de um determinado projeto de métodos mistos, os pesquisadores podem citar esses estudos como exemplos do projeto na seção de métodos de suas propostas e relatórios. Além disso, os pesquisadores que examinam exemplos de projetos de métodos mistos aprendem os diferentes procedimentos usados quando se conduz uma pesquisa de métodos mistos. Eles também serão mais capazes de prever desafios que podem ocorrer com um projeto específico. Os estudos publicados também proporcionam modelos para quem escreve e relata os resultados de um projeto de métodos mistos específico (um tópico que vamos discutir mais detalhadamente no Cap. 8). Para lidar com este passo, incluímos neste livro um exemplo de cada um dos principais projetos de métodos mistos. Em primeiro lugar, no entanto, vamos considerar duas ferramentas que facilitam o planejamento, a comunicação e a análise dos estudos de métodos mistos.

USANDO FERRAMENTAS PARA DESCREVER PROJETOS DE MÉTODOS MISTOS

Duas ferramentas são úteis na revisão dos estudos de métodos mistos publicados: um sistema de notação e diagramas para descrever os procedimentos, os métodos e os produtos dos estudos de métodos mistos. O sistema de notação e os diagramas têm uma história de uso substancial na literatura dos métodos mistos. Eles são ferramentas úteis para planejar e comunicar a complexidade inerente nos projetos de métodos mistos. Devido ao seu extenso uso na literatura e ao seu valor na comunicação das abordagens dos métodos mistos, os pesquisadores precisam estar familiarizados com a interpretação das informações transmitidas por estas ferramentas e estarem à vontade ao usá-las para descrever seus próprios estudos.

Um sistema de notação

Para facilitar a discussão das características do projeto de métodos mistos, um sistema de notação, primeiramente utilizado por Morse (1991), foi expandido e aparece extensivamente em toda a literatura dos métodos mistos. As notações comuns usadas por esse sistema estão resumidas no Quadro 4.1. O sistema de notação inicial de Morse usava "quan" para indicar os métodos quantitativos de um estudo e "qual" para indicar os métodos qualitativos. Essas abreviaturas têm o objetivo de comunicar um igual status dos dois métodos (i.e., as duas abreviaturas têm o mesmo número de letras e o mesmo formato). A prioridade relativa dos dois métodos dentro de um estudo particular é indicada por meio do uso de letras maiúsculas e minúsculas – ou seja, os métodos priorizados são indicados com letras maiúsculas (i.e., QUAN e/ou QUAL) e os métodos secundários com letras minúsculas (i.e., quan e/ou qual). Além disso, a notação usa um sinal de mais (+) para indicar os métodos que ocorrem ao mesmo tempo e uma seta (→) para indicar os métodos que ocorrem em uma sequência. Como está mostrado no Quadro 4.1, vários autores expandiram as notações para irem além destes elementos básicos. Plano Clark (2005) acrescentou o uso de parênteses para indicar os métodos que estão incorporados dentro de uma estrutura maior. Nastasi e colaboradores (2007) acrescentaram setas duplas (→←) para indicar os métodos que foram implementados de uma forma recursiva. Mais recentemente, Morse e Niehaus (2009) sugeriram o uso de colchetes ([ ]) para distinguir os projetos de métodos mistos em uma série de estudos e um sinal de igual (=) para indicar o propósito para a combinação dos métodos.

Essa notação abreviada pode ser muito útil para descrever o projeto geral de um estudo. Considere os seguintes exemplos do uso desse sistema de notação para os quatro métodos mistos básicos:

✓ QUAN + QUAL = os resultados convergem: Essa notação indica um projeto convergente, em que o pesquisador implementou os elementos quantitativos e qualitativos ao mesmo tempo, os dois elementos têm igual ênfase, e os resultados dos elementos separados convergiram.

✓ QUAN → qual = os resultados se explicam: Essa notação indica um projeto explanatório em que o pesquisador implementou os dois elementos em uma sequência, os métodos quantitativos ocorrendo primeiro e tendo uma maior ênfase ao lidar com o propósito do estudo, e os métodos qualitativos se seguiram para ajudar a explicar os resultados quantitativos.

QUADRO 4.1
Resumo de notações para descrever projetos de métodos mistos

Notação	Exemplo da aplicação	O que a notação indica	Principais citações
Abreviatura: "Quan", "Qual"	Elemento "Quan"	Métodos quantitativos	Morse (1991, 2003)
Letras maiúsculas: QUAN, QUAL	Prioridade QUAL	Os métodos qualitativos são priorizados no projeto	Morse (1991, 2003)
Letras minúsculas: quan, qual	Suplemento "qual"	Os métodos qualitativos têm uma prioridade menor no projeto	Morse (1991, 2003)
Sinal de mais: +	QUAN + QUAL	Os métodos QUAN e QUAL ocorrem simultaneamente	Morse (1991, 2003)
Seta: →	QUAN → qual	Os métodos ocorrem em uma sequência de QUAN seguido por qual	Morse (1991, 2003)
Parênteses: ( )	QUAN (qual)	Um método está incorporado dentro de um projeto ou procedimento maior ou misturado com uma estrutura teórica ou objetiva do programa.	Plano Clark (2005)
Setas duplas: →←	QUAL →← QUAN	Os métodos são implementados em um processo recursivo (QUAL → QUAN → QUAL → QUAN → etc.)	Nastasi e colaboradores (2007)
Colchetes: [ ]	QUAL → QUAN → [QUAN + qual]	Os métodos mistos [QUAN + qual] são usados dentro de um estudo ou projeto individual dentro de uma série de estudos	Morse e Niehaus (2009)
Sinal de igual: =	QUAN → qual = explica os resultados	O propósito para misturar os métodos	Morse e Niehaus (2009)

- ✓ QUAL → quan = os achados se generalizam: Essa notação indica um projeto exploratório em que o pesquisador implementou os dois elementos em sequência, os métodos qualitativos ocorrendo primeiro e tendo uma maior ênfase ao lidar com o propósito do estudo, e os métodos quantitativos se seguiram para avaliar a extensão em que os achados qualitativos iniciais se generalizam para uma população.
- ✓ QUAN (+qual) = o experimento melhora: Essa notação indica um projeto incorporado em que o pesquisador implementou um segundo elemento qualitativo dentro de um experimento quantitativo maior, os métodos qualitativos ocorreram durante a condução do experimento e o elemento qualitativo melhorou a condução e o entendimento do experimento.

Diagramas procedurais

Com base nesse sistema de notação, os diagramas procedurais têm sido usados para comunicar a complexidade dos projetos de métodos mistos. Esses diagramas foram introduzidos por Steckler, McLeroy, Goodman, Bird e McCormick (1992) e foram adotados por muitos autores (p. ex., Morse e Niehaus, 2009; Tashakkori e Teddlie, 2003b). Esses diagramas usam formas geométricas (caixas e ovais) para ilustrar os passos nos processos de pesquisa (i.e., coleta de dados, análise dos dados, interpretação) e setas feitas com linhas sólidas (→) para mostrar a progressão por meio desses passos. Eles incorporam detalhes sobre os procedimentos e produtos específicos (p. ex., o produto específico relata o que pode ir para uma agência financiadora) que vão além do nível das informações comunicadas pelo sistema de notação dos métodos mistos. Ivankova, Creswell e Stick (2006) estudaram o uso dos diagramas procedurais e sugeriram 10 diretrizes para traçar diagramas para os projetos de métodos mistos para que eles possam ser mais fácil e convenientemente construídos. Essas diretrizes estão listadas na Figura 4.1 e são aplicadas no desenvolvimento de diagramas que aparecem por todo o restante deste capítulo.

EXAMINANDO AS CARACTERÍSTICAS DO PROJETO DE ESTUDOS DE MÉTODOS MISTOS

No Capítulo 1, definimos a pesquisa de métodos mistos como a coleta e a análise tanto de dados quantitativos quanto qualitativos, a mistura dos dados e o uso de um projeto para estruturar os procedimentos. Agora acrescentamos mais detalhes a esses passos e apresentamos uma lista de checagem na Figura 4.2, que auxilia o processo de análise dos estudos de métodos mistos identificando as características do projeto de métodos mistos utilizado. Observe que, embora alguns itens falem do conteúdo substantivo do estudo, nossa atenção está concentrada nas decisões dos métodos que ocorreram durante a condução do estudo. Especificamente, recomendamos o uso dos seguintes passos para examinar um projeto de estudo de métodos mistos:

- ✓ Avalie o tópico de conteúdo do estudo. O tópico de conteúdo é a questão geral que está sendo estudada. Em geral é nomeado dentro do título do estudo e identificado dentro do resumo.
- ✓ Anote as bases filosóficas e teóricas. Se tratadas explicitamente, as bases filosóficas e teóricas para um estudo são com frequência discutidas em um segundo plano ou na seção de revisão de literatura de um artigo. Essas bases apresentam as perspectivas mais amplas que o autor está usando para direcionar o estudo.
- ✓ Identifique o propósito do conteúdo do estudo localizando a declaração de propósitos. A declaração de propósitos é a passagem em que o autor apresenta a intenção específica do estudo. É em geral encontrada dentro da seção da introdução do artigo e com frequência bem no fim dessa seção. Normalmente inclui uma frase como "o propósito deste estudo é" ou "o objetivo principal deste estudo foi".

✓ Identifique as amostras usadas para os elementos quantitativos e qualitativos. Os procedimentos de amostragem e o tamanho das duas amostras são apresentados na seção de métodos de um artigo. As informações sobre as amostras quantitativas e qualitativas podem ser discutidas juntas ou em parágrafos separados.
✓ Identifique os procedimentos de coleta de dados para os elementos quantitativos e qualitativos. A coleta de dados está descrita na seção de métodos de um artigo, e os procedimentos da coleta dos dados quantitativos e qualitativos são com frequência discutidos em parágrafos separados.
✓ Identifique os procedimentos de análise dos dados para os elementos quantitativos e qualitativos. Os procedimentos de análise dos dados são também discutidos na seção de métodos de um artigo e, como a coleta de dados, são com frequência discutidos separadamente para cada tipo de dado. Em alguns estudos, as técnicas de análise dos dados podem ter de ser inferidas a partir dos resultados.
✓ Avalie a razão do autor para usar a pesquisa de métodos mistos. A razão para usar uma abordagem de métodos mistos pode ser encontrada em um de vários lugares. Pode estar discutida bem próximo da declaração do propósito do estudo, na introdução ou como parte da descrição dos métodos. Alguns autores podem destacar a razão na seção final como parte da discussão dos achados do estudo.
✓ Determine a prioridade relativa dos elementos quantitativos e qualitativos. Há duas possibilidades para a prioridade relativa dos elementos para lidar com o propósito do estudo: igual ou desigual (em que o elemento quantitativo ou o qualitativo tem maior ênfase). Muitos autores vão discutir explicitamente a prioridade do estudo na introdução ou na seção de métodos ou indicá-la em um diagrama. Se não foi explicitamente estabelecida, os julgamentos sobre a prioridade de um estudo podem ser baseados na estrutura abrangente do estudo ou em suas bases filosóficas, na extensão dos bancos de dados e na sofisticação dos procedimentos analíticos e na linguagem utilizada no título e no propósito do estudo.
✓ Determine o momento de utilização dos elementos quantitativos e qualitativos. Há três possibilidades para a escolha do momento de uso dos dois elementos: eles são implementados simultaneamente em uma fase, sequencialmente em duas fases ou combinados em múltiplas fases ou projetos. O momento de uso dos métodos será descrito na seção de métodos de um

---

1. Dê um título ao diagrama.
2. Escolha uma distribuição horizontal ou vertical para o diagrama.
3. Trace caixas para as etapas quantitativas e qualitativas da coleta de dados, análise de dados e interpretação dos resultados do estudo.
4. Use letras maiúsculas ou minúsculas para designar a prioridade relativa da coleta e análise dos dados quantitativos e qualitativos.
5. Use setas com uma única direção para mostrar o fluxo dos procedimentos no projeto.
6. Especifique os procedimentos para cada etapa da coleta e da análise de dados quantitativos e qualitativos.
7. Especifique os produtos ou resultados esperados de cada procedimento na coleta e análise dos dados quantitativos e qualitativos.
8. Use uma linguagem concisa para descrever os procedimentos e os produtos.
9. Simplifique seu diagrama.
10. Limite seu diagrama a uma única página.

FIGURA 4.1

Dez diretrizes para traçar diagramas procedurais para os estudos de métodos mistos.
Fonte: Adaptada de Ivankova et al. (2006, p. 15), com permissão da SAGE Publications, Inc.

estudo e em um diagrama procedural, se apresentado.

✓ Determine o ponto de interface entre os elementos quantitativos e qualitativos. Há quatro possíveis pontos de interface entre os elementos do estudo: no ponto da interpretação, no ponto da análise dos dados, no ponto da coleta dos dados e no nível do projeto. O ponto de interface em geral tem de ser inferido pela maneira como os autores relatam seus resultados e descrevem seus métodos. Os autores normalmente comunicam o ponto de interface na seção dos resultados. Além disso, o ponto de interface pode ser discutido em outras seções de um estudo, como a declaração do propósito, na seção de métodos, em um diagrama ou na conclusão final do estudo. Os julgamentos sobre o(s) ponto(s) de interface são feitos com base no momento em que os dois elementos interagem diretamente um com o outro.

✓ Determine como os elementos quantitativos e qualitativos são misturados. Em todos os estudos de métodos mistos o autor deve fazer interpretações na seção de discussão sobre o que foi aprendido da combinação dos dois elementos. Além disso, há procedimentos gerais para a mistura dos elementos quantitativos e qualitativos de um estudo de métodos mistos interativo: fundir os resultados dos dois conjuntos de dados, conectar os resultados de um tipo de dado à coleta do outro, e incorporar os dois tipos de dados dentro de um projeto maior, de uma estrutura teórica ou de uma estrutura objetiva do programa. O ideal é que o autor discuta na seção de métodos como os elementos foram misturados, mas em muitos estudos esse processo deve ser inferido pela maneira como os resultados quantitativos e qualitativos se relacionam um com o outro, como é encontrado nas seções de resultados e interpretação.

✓ Identifique o projeto de métodos mistos usando o sistema de notação dos métodos mistos. Examine como os diferentes

---

_____ Avalie o tópico de conteúdo do estudo.

_____ Indique as bases filosóficas e teóricas.

_____ Identifique o propósito de conteúdo do estudo.

_____ Determine se o autor conduziu um elemento quantitativo que incluiu a seleção de uma amostra, a coleta de dados quantitativos e a análise dos dados quantitativos.

_____ Determine se o autor conduziu um elemento qualitativo que incluiu a seleção de uma amostra, a coleta de dados qualitativos e a análise dos dados qualitativos.

_____ Avalie as razões para coletar tanto dados quantitativos quanto qualitativos.

_____ Determine a prioridade relativa dos elementos quantitativos e qualitativos para tratar do propósito do estudo. Use (1) igual ou (2) desigual.

_____ Determine o momento de aplicação dos elementos quantitativos e qualitativos. Use (1) simultâneo, (2) sequencial ou (3) combinação multifásica.

_____ Determine o ponto de interface entre os elementos quantitativos e qualitativos. Use (1) interpretação, (2) análise dos dados, (3) coleta de dados ou (4) nível do projeto.

_____ Determine como o autor misturou os dois elementos. Use (1) misturados, (2) conectados, (3) incorporados, (4) dentro de uma estrutura teórica ou (5) dentro de uma estrutura objetiva do programa.

_____ Identifique o projeto geral dos métodos mistos.

_____ Apresente a notação do projeto usando o sistema de notação dos métodos mistos.

_____ Trace um diagrama do fluxo de atividades que ocorreram durante o estudo.

FIGURA 4.2

Lista de checagem para examinar as características de um estudo de métodos mistos.

métodos foram implementados dentro do estudo, considerando a prioridade, o momento da aplicação, o(s) ponto(s) de interface e a mistura dos dois métodos. Use o sistema de notação para descrever a abordagem geral dos métodos mistos e para nomear o projeto correspondente usando as classificações introduzidas no Capítulo 3.

✓ Trace um diagrama de uma página do fluxo de atividades que ocorreram no estudo. Considere as principais atividades da coleta de dados, análise de dados, mistura e interpretação dos resultados tanto para os elementos quantitativos quanto para os qualitativos. Delineie como essas atividades ocorreram no estudo. Refira-se à Figura 4.1 para diretrizes sobre o traçado desse diagrama.

SEIS EXEMPLOS DE PROJETOS DE MÉTODOS MISTOS

Para facilitar a nossa discussão dos métodos mistos, incluímos no *site* deste livro* seis estudos completos (ver os Apêndices A, B, C, D, E e F). Esses estudos representam exemplos da pesquisa de métodos mistos das ciências da saúde, ciências sociais, educação e ciências da avaliação. Além disso, cada estudo relata a aplicação de um projeto diferente dos métodos mistos.

Os seis artigos incluídos nos apêndices são:

✓ Wittink, M.N., Barg, F.K. e Gallo, J.J. (2006). *Unwritten rules of talking to doctors about depression: Integrating qualitative and quantitative methods. Annals of Family Medicine, 4*(4), 302-309. (Ver o Apêndice A.)
✓ Ivankova, N.V., e Stick, S.L. (2007). *Student's persistence in a Distributed Doctoral Program in Educational Leadership in Higher Education: A mixed methods study. Research in Higher Education, 48*(1), 93-135. (Ver o Apêndice B.)
✓ Myers, K.K., e Oetzel, J.G. (2003). *Exploring the dimensions of organizational assimilation: Creating and validating a measure. Communication Quarterly, 51*(4), 438-457. (Ver o Apêndice C.)
✓ Brady, B., e O'Regan, C. (2009). *Meeting the challenge of doing an RCT evaluation of youth mentoring in Ireland: A journey in mixed methods. Journal of Mixed Methods Research, 3*(3), 265-280. (Ver o Apêndice D.)
✓ Hodgkin, S. (2008). *Telling it all: A story of women's social capital using a mixed methods approach. Journal of Mixed Methods Research, 2*(3), 296-316. (Ver o Apêndice E.)
✓ Nastasi, B.K., Hitchcock, J., Sarkar, S., Burkholder, G., Varjas, K., e Jayasena, A. (2007). *Mixed methods in intervention research: Theory to adaptation. Journal of Mixed Methods Research, 1*(2), 164-182. (Ver o Apêndice F.)

A esta altura, leia esses diferentes artigos e examine como foram aplicadas diferentes características dos métodos mistos usando a lista de checagem apresentada na Figura 4.2. Depois de ler cada um dos seis artigos e identificar as características, leia o comentário apresentado nas seções seguintes. Esse comentário analisa e examina as importantes características dos métodos mistos relatadas em cada um dos estudos da amostra. Além desse comentário, incluímos diagramas dos procedimentos relatados em cada um dos artigos usando números fornecidos pelos próprios autores quando disponíveis, ou números que criamos com base nos procedimentos descritos no interior dos artigos.

Estudo A: Um exemplo do projeto paralelo convergente (Wittink, Barg e Gallo, 2006)

O projeto convergente envolve coletar e analisar dois elementos independentes de dados qualitativos e quantitativos em uma única fa-

---

* N. de R.: Os apêndices estão disponíveis em www.grupoa.com.br (conteúdo em português).

se; fundir os resultados dos dois elementos; e depois buscar a convergência, a divergência, as contradições ou os relacionamentos entre os dois bancos de dados. O estudo de Wittink e colaboradores (2006) ilustra as principais características deste projeto.

Wittink e colaboradores (2006) estavam interessados nos contextos que cercam a determinação do estado de depressão dos pacientes por parte dos médicos da atenção primária, com um foco nas visões dos pacientes das interações que eles têm com seus médicos. O propósito de seu estudo foi desenvolver um melhor conhecimento da ocorrência da concordância e da discordância entre as avaliações de pacientes e médicos do estado de depressão de um paciente para pacientes idosos.

Para lidar com o propósito do seu estudo, os pesquisadores selecionaram uma amostra composta de todos os participantes em um estudo de pesquisa maior (o Estudo Spectrum) que se autoidentificaram como depressivos ($N = 48$). Os bancos de dados reunidos para esse estudo então incluíram dados quantitativos e qualitativos coletados para cada um destes 48 indivíduos. Em termos dos dados quantitativos, os pesquisadores reuniram três medidas de *status* de depressão dos participantes: uma avaliação do médico, uma autoavaliação do paciente e a pontuação do participante em uma escala padronizada de sintomas depressivos (conhecida como CES-D). Os pesquisadores também reuniram outras medidas de cada participante, incluindo características demográficas e avaliações de ansiedade, desesperança, estado de saúde e funcionamento cognitivo. Ao analisar os dados quantitativos, os pesquisadores identificaram se as avaliações do paciente e do médico eram concordantes (concordavam uma com a outra) ou discordantes (discordavam uma da outra) para cada participante e depois calcularam as estatísticas descritivas e as comparações do grupo para ver se existiam diferenças importantes para os grupos concordantes e discordantes em termos das outras variáveis de interesse.

Os pesquisadores também incluíram entrevistas semiestruturadas qualitativas sobre as percepções dos pacientes de seus encontros com seus médicos. As entrevistas foram transcritas e a equipe da pesquisa analisou os textos usando estratégias comparativas constantes para o desenvolvimento do tema. Essa análise foi independente da análise quantitativa, pois os pesquisadores propositalmente não tiveram acesso às informações quantitativas enquanto completavam a análise qualitativa. Quatro temas principais emergiram para descrever as interações dos pacientes com seus médicos:

1. meu médico simplesmente percebeu;
2. eu sou um bom paciente;
3. eles apenas checam seu coração e essas coisas; e
4. eles só nos mandam para um psiquiatra.

Esses temas proporcionaram uma tipologia para classificar os participantes baseados em como eles discutiram as interações.

Wittink e colaboradores (2006) descreveram que necessitavam dos dois tipos de dados para desenvolver um entendimento mais completo. Ao explicar sua abordagem dos métodos mistos, eles escreveram: "Este projeto nos permitiu vincular os temas em relação à maneira como os pacientes falam com seus médicos com características pessoais e mensurações padronizadas de angústia" (p. 303). Por isso, para relacionar estes dois tipos diferentes de informação, eles selecionaram e analisaram seus conjuntos de dados quantitativos e qualitativos simultaneamente e separadamente um do outro. Os dois tipos de dado pareceram igualmente importantes para lidar com o propósito do estudo. Depois das análises separadas iniciais, eles misturaram os dois conjuntos de resultados de uma maneira interativa para que o ponto de interface ocorresse durante a análise e a interpretação. Depois analisaram os dados para desenvolver uma matriz (ver Tab. A.3 no Apêndice A) que juntou os achados qualitativos (quatro grupos derivados dos temas qualitativos) com os resultados quantitativos (avaliações de concordância da depressão e outras variáveis importantes). As informações contidas dentro das células da tabela mostram as estatísticas descritivas das variáveis para cada um dos grupos qualitativamente derivados para propósitos de comparação entre as diferentes perspectivas qualitativas. Os pesquisadores concluíram com uma breve discussão de como as comparações entre os dois conjuntos de dados proporcionaram um melhor entendimento do tópico do estudo.

Esse estudo é um exemplo de um projeto de métodos mistos convergente. A notação do projeto do estudo pode ser escrita como QUAN + QUAL = entendimento completo. Embora os autores não apresentem um diagrama dos seus procedimentos, nós desenvolvemos um, que está apresentado na Figura 4.3. A coleta e a análise dos dados quantitativos aparecem do lado esquerdo da figura, e a coleta e a análise dos dados qualitativos aparecem do lado direito. Como está mostrado nesse diagrama, os elementos quantitativos e qualitativos foram implementados durante a mesma fase do processo da pesquisa e pareceram ter uma ênfase igual dentro do estudo. Esses dois tipos de dados e seus resultados foram então fundidos com uma matriz de comparação e em uma interpretação geral, como está descrito nos dois ovais, que indicam esses pontos de interface entre os elementos.

Estudo B: Um exemplo do projeto sequencial explanatório (Ivankova e Stick, 2007)

O projeto explanatório é implementado em duas fases distintas. A primeira fase envolve coletar e analisar dados quantitativos. Com base em uma necessidade de entender melhor os resultados quantitativos, o pesquisador implementa uma segunda fase, qualitativa, que se destina a ajudar a explicar os resultados quantitativos iniciais. O estudo realizado por Ivankova e Stick (2007) ilustra as principais características do projeto explanatório.

Ivankova e Stick (2007) estudaram a questão da persistência dos estudantes na disciplina da educação superior. Tendo por base três importantes teorias sobre a persistência dos estudantes, eles optaram por estudar a persistência dos estudantes de doutorados em um programa de doutorado a distância em liderança educacional. Seu propósito era, especificamente, identificar os fatores que contribuem para a persistência dos estudantes no programa e explorar as visões dos participantes sobre esses fatores.

Os pesquisadores implementaram seu estudo em duas fases, iniciando com um elemento quantitativo. Primeiro, abordaram todos os estudantes que haviam estado ou estavam naquele momento matriculados no programa, e 207 concordaram em participar do estudo. Usando uma pesquisa de levantamento transversal, os pesquisadores desenvolveram e administraram uma pesquisa de levantamento *online* para os participantes que mensuraram nove variáveis prognosticadoras sugeridas pelas teorias da persistência do estudante. Os estudantes que responderam representaram quatro grupos relacionados à persistência no programa:

1. iniciantes,
2. matriculados,
3. pós-graduados e
4. retirados/inativos.

A análise dos dados quantitativos resultou em descrições das características demográficas dos quatro grupos e identificou cinco variáveis que discriminaram significativamente os quatro diferentes grupos definidos por seu nível de persistência.

Os pesquisadores conduziram uma segunda fase, qualitativa, depois de concluir a fase quantitativa. Usando os resultados quantitativos, eles identificaram indivíduos dentro da amostra que tinham escores que eram típicos das pontuações médias para cada grupo. Eles selecionaram propositalmente quatro indivíduos "típicos" (um por grupo) e conduziram um estudo de casa em profundidade das experiências de cada pessoa no programa e suas percepções sobre o programa. A principal forma de coleta de dados foi entrevistas particulares usan-

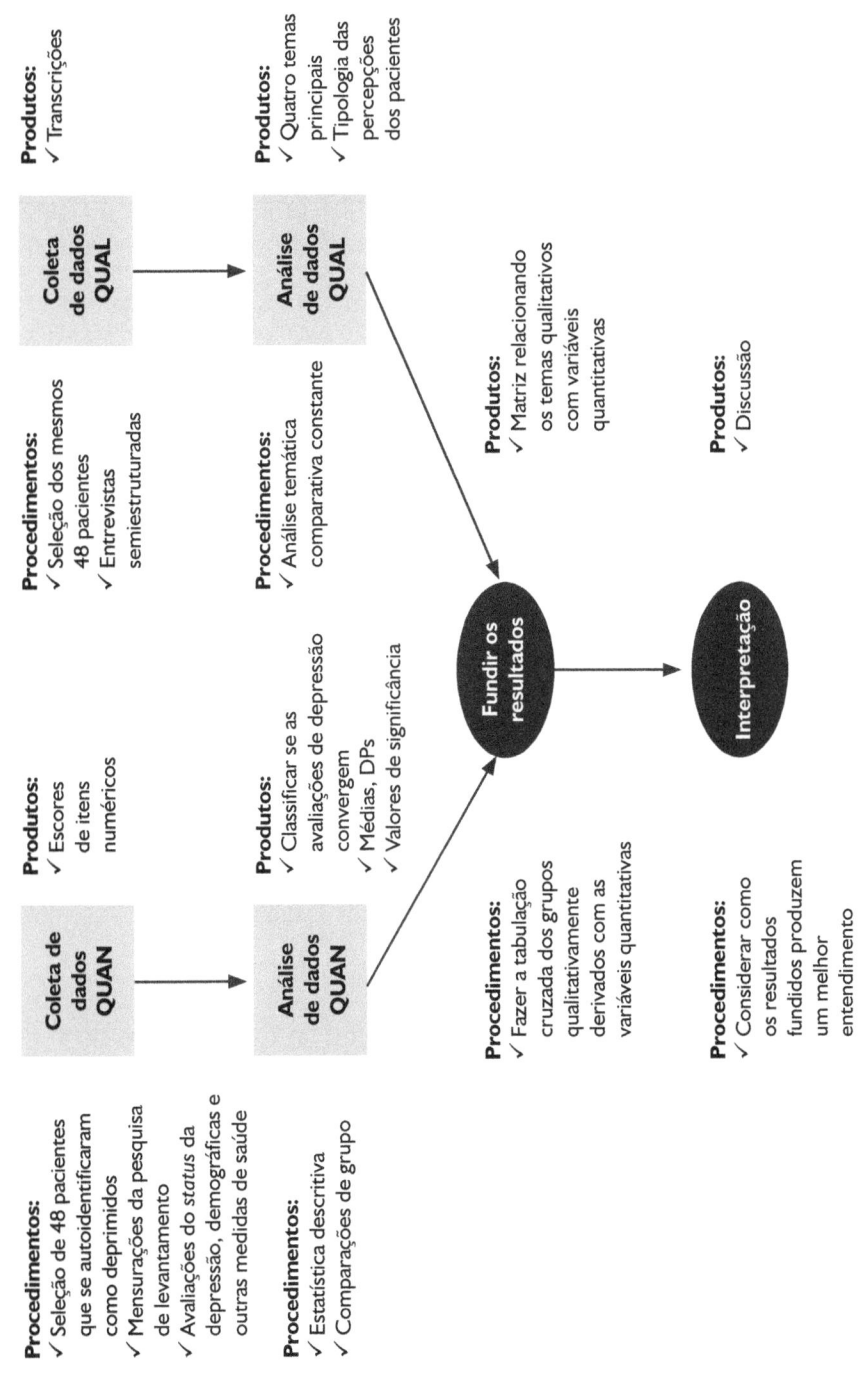

FIGURA 4.3

Diagrama para um estudo que usou o projeto convergente.
Fonte: Baseada em Wittink et al. (2006). DPs indicam desvios-padrão.

do um protocolo que foi desenvolvido para explorar os fatores considerados importantes na fase quantitativa. Outras formas de coleta de dados qualitativos incluíram entrevistas eletrônicas, respostas por escrito e documentos. Em primeiro lugar, a análise examinou os dados para a descrição e os temas em cada caso, e isso foi seguido por uma análise cruzada para identificar temas importantes sobre a persistência entre os quatro casos.

Ivankova e Stick (2007) observaram que um método apenas não é suficiente para captar as tendências e os detalhes de situações complexas como a persistência do estudante neste programa. Eles prosseguiram descrevendo o propósito de sua mistura na seguinte afirmação:

> Assim, os dados e os resultados quantitativos proporcionaram um quadro geral do problema da pesquisa, enquanto os dados qualitativos e sua análise refinaram e explicaram aqueles resultados estatísticos explorando as visões dos participantes com relação à sua persistência em maior profundidade. (p. 97)

Os pesquisadores precisavam primeiro identificar o quadro geral e os resultados estatisticamente significativos antes de saberem que resultados quantitativos precisariam ser mais explorados com um elemento qualitativo. Desse modo, o estudo usou um momento sequencial com os métodos quantitativos sendo implementados na primeira fase e os métodos qualitativos os seguindo em uma segunda fase. Os autores notaram que a fase qualitativa foi priorizada porque "se concentrava em explicações em profundidade dos resultados obtidos na primeira fase, quantitativa, e envolveram uma extensa coleta de dados de múltiplas fontes e uma análise de caso de dois níveis" (p. 97). O principal ponto de interface ocorreu no momento da coleta de dados qualitativos, durante a segunda fase. Os autores conectaram as fases usando os resultados da fase quantitativa para informar o plano de amostragem e o protocolo da entrevista usados na fase qualitativa. Também conectaram os resultados durante a interpretação, discutindo um importante resultado quantitativo e depois mostrando como um resultado qualitativo de acompanhamento ajudou a explicar o resultado estatístico em maior profundidade.

Tendo por base as características de projeto implementadas, a notação para o estudo poderia ser escrita como quan → QUAL = explicam os fatores importantes. Como o estudo foi conduzido em duas fases, com a segunda, qualitativa, dependendo dos resultados da fase inicial quantitativa, este estudo é um exemplo do projeto de métodos mistos explanatório. Sua distribuição em duas fases e os pontos de mistura estão destacados no diagrama desenvolvido pelos autores e reproduzido na Figura 4.4. Os procedimentos de coleta e análise dos dados da fase quantitativa inicial estão descritos nas duas primeiras caixas retangulares. As conexões com a fase qualitativa mediante a seleção de casos e do desenvolvimento do protocolo da entrevista estão mostradas no oval (o primeiro ponto de interface). Depois, os procedimentos realizados na segunda fase, qualitativa, estão descritas nas duas caixas retangulares seguintes. O diagrama conclui com outro oval indicando o segundo ponto de interface e como os autores interpretaram os resultados dos métodos mistos em geral.

Estudo C: Um exemplo do projeto sequencial exploratório (Myers e Oetzel, 2003)

O projeto exploratório é um projeto de duas fases em que o pesquisador começa coletando e analisando dados qualitativos na primeira fase. A partir dos resultados exploratórios iniciais, o pesquisador parte para uma segunda fase em que os dados quantitativos são coletados e analisados para testar ou generalizar os achados qualitativos iniciais. O estudo de Myers e Oetzel (2003) é um exemplo do uso do projeto exploratório para planejar estudar um problema de pesquisa.

Myers e Oetzel (2003) são pesquisadores da disciplina de comunicações. O tópico do seu estudo foi a assimilação de novos empregados em ambientes organizacionais. Declararam que a assimilação organizacional é importante de ser estudada porque conduz a uma melhor produtividade e persistência do empregado, mas que as atuais medidas de assimilação organizacionais eram inadequadas. Por isso, o propósito geral do estudo foi descrever e avaliar as dimensões da assimilação organizacional.

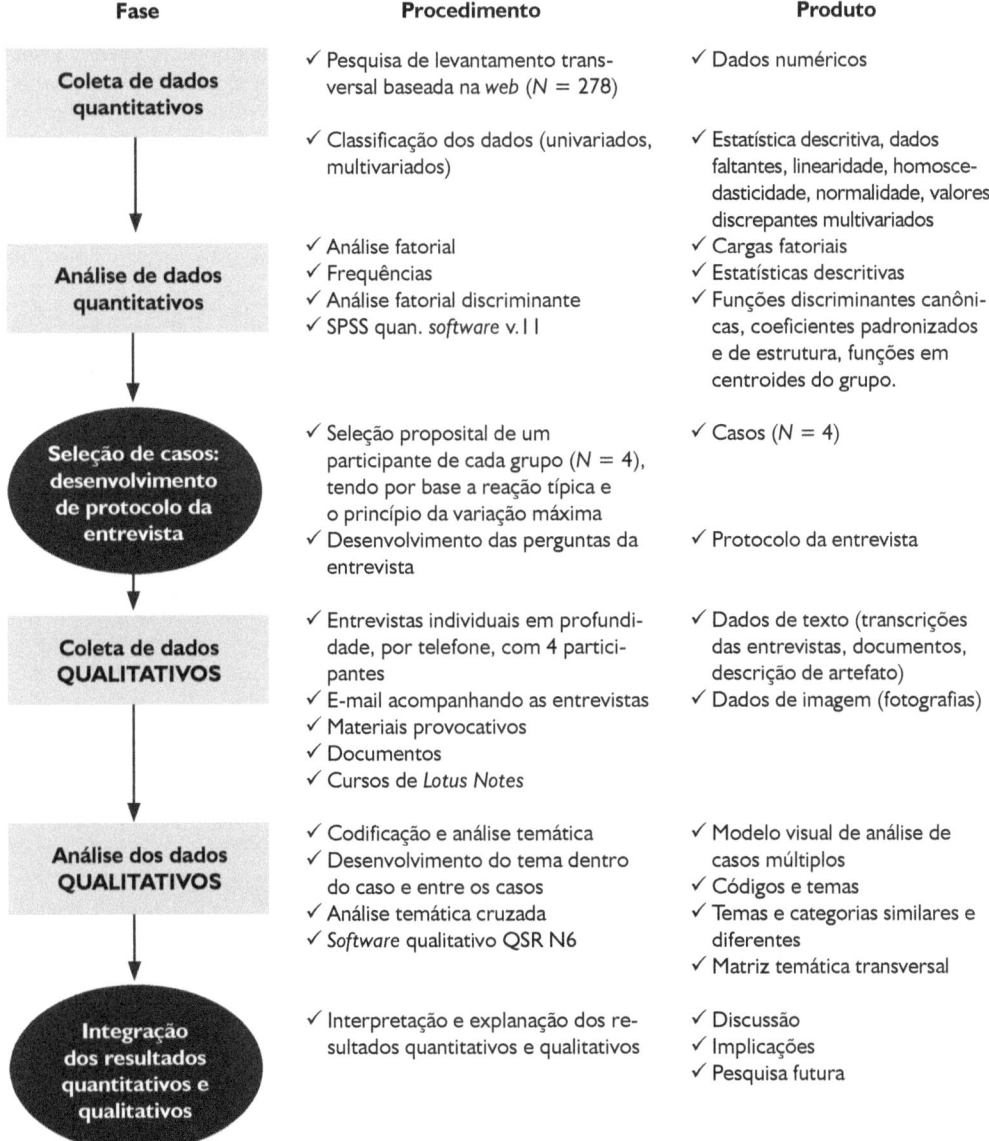

FIGURA 4.4

Diagrama para um estudo que usou o projeto explanatório.
Fonte: Extraída de Ivankova e Stick (2007, p. 98), com permissão da Springer Science+Business Media, Inc.

Para cumprir o propósito do estudo, Myers e Oetzel (2003) relataram que o seu estudo "aconteceu em dois estágios" (p. 439). Começaram seu estudo com uma exploração qualitativa das dimensões da assimilação organizacional. Durante essa fase, conduziram entrevistas individuais semiestruturadas com 13 participantes selecionados para representar diferentes tipos de organização, níveis dentro de uma organização e outras características demográficas. Essas entrevistas geraram dois tipos de dados qualitativos: as anotações de campo do entrevistador e as transcrições das entrevistas. Os pesquisadores usaram procedimentos analíticos temáticos para identificar seis dimensões da assimilação organizacional do conjunto de dados qualitativos.

Depois de criar um instrumento a partir dos achados qualitativos, o estudo passou para sua segunda fase, quantitativa. Os autores administraram seu instrumento em Índice de Assimilação Organizacional (IAO) juntamente com medidas adicionais hipoteticamente relacionadas às dimensões da assimilação organizacional. Essa pesquisa de levantamento foi administrada a 342 empregados de diversas indústrias. As respostas do questionário foram analisadas de três maneiras diferentes: análise da confiabilidade da escala, análise fatorial confirmatória para validar as subescalas, e testagem das hipóteses correlacionais para estabelecer a validade do constructo.

Os autores explicaram que as diferentes dimensões da assimilação organizacional eram desconhecidas e que eles precisavam primeiro explorar este fenômeno com dados qualitativos antes de poderem avaliá-lo quantitativamente para validar os achados com uma amostra mais ampla. Por isso, precisaram dos dois tipos de dados para criar e subsequentemente testar um instrumento. Os pesquisadores conduziram o estudo em duas fases sequenciais: primeiro para explorar um fenômeno e depois para mensurá-lo. A segunda, fase quantitativa, dependia dos resultados da fase inicial, qualitativa. Ocorreu um ponto de interface quando os autores conectaram sua fase inicial, qualitativa, à fase quantitativa, desenvolvendo um instrumento para medir a assimilação organizacional. Partindo dos seus achados qualitativos, os autores desenvolveram 61 itens de uma escala para representar as seis dimensões da assimilação organizacional. Este instrumento foi então implementado na segunda fase. Na discussão final, observaram achados qualitativos específicos e então discutiram a extensão em que os resultados quantitativos validavam os achados. Devido à ênfase dos autores no desenvolvimento e na validação de um instrumento quantitativo, esse estudo pareceu enfatizar os aspectos quantitativos, demonstrando assim a importância geral dos dados quantitativos neste estudo.

A notação para este estudo pode ser escrita como qual → QUAN = dimensões exploratórias validadas pelo planejamento e a testagem de um instrumento. Os autores utilizaram duas fases conectadas para implementar os métodos deste estudo em um projeto de métodos mistos exploratório. Como está descrito na Figura 4.5, o projeto começou com uma coleta e análise de dados qualitativos para explorar o fenômeno (as duas primeiras caixas do diagrama). A partir desta fase inicial foi desenvolvido um instrumento em um ponto de interface (observe o oval "desenvolver um instrumento", Fig. 4.5). Os pesquisadores utilizaram este instrumento para coletar dados quantitativos em uma segunda fase (as duas próximas caixas do diagrama) e concluíram interpretando o que foi aprendido nas duas fases.

Estudo D: Um exemplo do projeto incorporado (Brady e O'Regan, 2009)

O projeto incorporado envolve a coleta e análise em pelo menos um tipo de dados dentro de uma estrutura de planejamento em geral associada ao outro tipo de dados, como quando um pesquisador opta por incorporar um elemento qualitativo dentro de um experimento quantitativo. O propósito dos dados incorporados é melhorar a condução ou interpretação do projeto

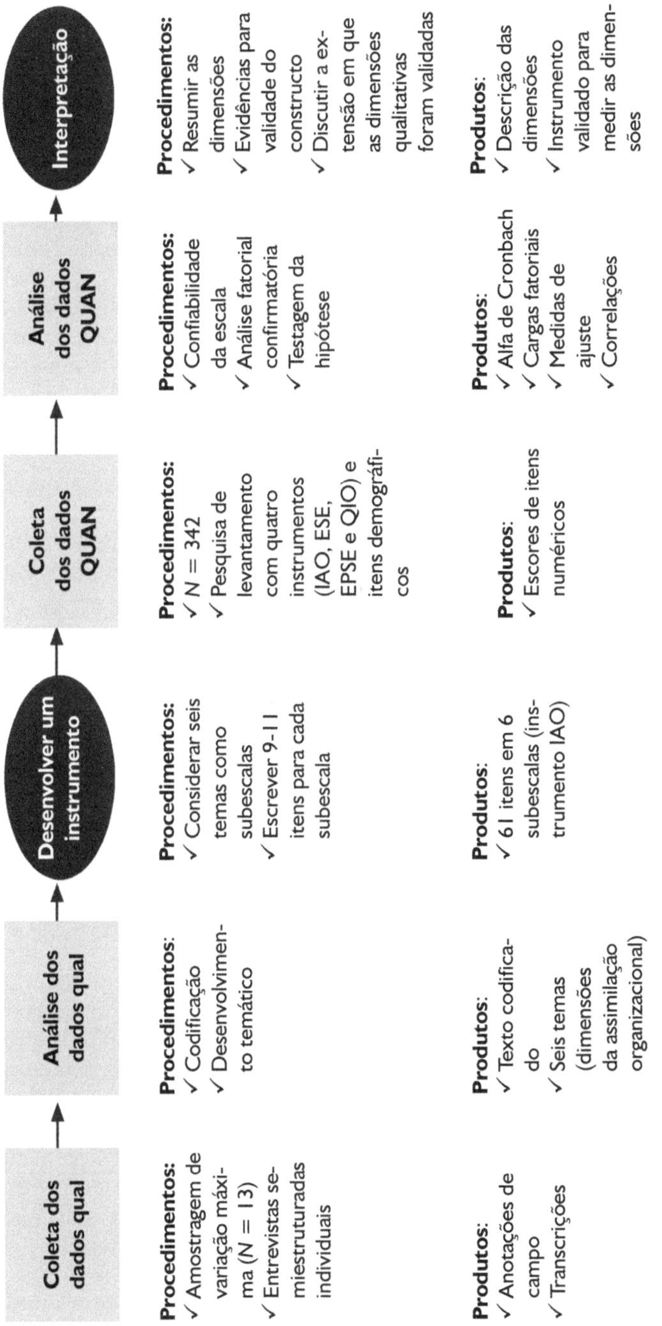

PESQUISA DE MÉTODOS MISTOS 117

Coleta dos dados qual

Procedimentos:
✓ Amostragem de variação máxima (N = 13)
✓ Entrevistas semiestruturadas individuais

Produtos:
✓ Anotações de campo
✓ Transcrições

Análise dos dados qual

Procedimentos:
✓ Codificação
✓ Desenvolvimento temático

Produtos:
✓ Texto codificado
✓ Seis temas (dimensões da assimilação organizacional)

Desenvolver um instrumento

Procedimentos:
✓ Considerar seis temas como subescalas
✓ Escrever 9-11 itens para cada subescala

Produtos:
✓ 61 itens em 6 subescalas (instrumento IAO)

Coleta dos dados QUAN

Procedimentos:
✓ N = 342
✓ Pesquisa de levantamento com quatro instrumentos (IAO, ESE, EPSE e QIO) e itens demográficos

Produtos:
✓ Escores de itens numéricos

Análise dos dados QUAN

Procedimentos:
✓ Confiabilidade da escala
✓ Análise fatorial confirmatória
✓ Testagem da hipótese

Produtos:
✓ Alfa de Cronbach
✓ Cargas fatoriais
✓ Medidas de ajuste
✓ Correlações

Interpretação

Procedimentos:
✓ Resumir as dimensões
✓ Evidências para validade do constructo
✓ Discutir a extensão em que as dimensões qualitativas foram validadas

Produtos:
✓ Descrição das dimensões
✓ Instrumento validado para medir as dimensões

FIGURA 4.5

Diagrama para um estudo que usou o projeto exploratório.
Nota: Diagrama baseado em Myers e Oetzel (2003). IAO indica Índice de Assimilação Organizacional; QIO indica Questionário da Identificação Organizacional; ESE indica Escala de Satisfação no Emprego; e EPSE indica Escala de Propensão para Sair do Emprego.

mais amplo. O estudo de Brady e O'Regan (2009) ilustra as principais características deste projeto.

Em seu artigo de 2009, Brady e O'Regan apresentaram um relato sobre o projeto do seu estudo de métodos mistos para avaliar o programa Big Brothers Big Sisters (BBBS) dentro do contexto da Irlanda. O propósito desse estudo foi duplo: avaliar o impacto do programa BBBS para os jovens irlandeses e examinar o processo e a implementação do programa. Os autores apresentaram uma rica discussão de como uma base pragmática e uma postura dialética lhes permitiram estar abertos a adicionar um componente qualitativo para um projeto experimental geral. Eles também descreveram como sua estrutura teórica direcionadora, o modelo de mentoria de Rhodes, lhes proporcionou um meio para pensar sobre a combinação destes diferentes aspectos.

Estes métodos do estudo foram moldados por ensaios controlados randomizados (ECRs) para testar se o programa BBBS tem um impacto significativo nos resultados dos jovens. Para satisfazer as necessidades de estudar o programa onde ele estava bem estabelecido e não negar serviços aos jovens carentes deles, os pesquisadores tiveram de se comprometer com um tamanho de amostra de 164 participantes jovens, aleatoriamente designados à condição do programa ou à condição controle do tratamento-como-o-usual. O estudo também incluiu os pais, mentores e professores dos jovens participantes. Os pesquisadores coletaram mensurações de resultados prognosticadas pelo modelo teórico no início da pesquisa, 12 meses depois e 18 meses depois. A análise dos dados quantitativos incluiu análises de regressão e de modelagem de equações estruturais (*structural equation modeling* – SEM) baseadas nos hipotéticos relacionamentos dentro do modelo de mentoria.

Os pesquisadores também descreveram o projeto do componente qualitativo do seu estudo, que era necessário para tornar a abordagem quantitativa aceitável para as partes interessadas e para lidar com as questões relacionadas ao processo, à factibilidade e à implementação. Eles coletaram informações sobre as experiências e percepções dos jovens, dos mentores, dos pais e da equipe. Especificamente, planejaram intencionalmente selecionar 12 pares de mentoria e entrevistar os indivíduos correspondentes na ocasião em que o relacionamento de mentoria foi formado e, novamente, seis meses ou mais depois. Além disso, a equipe coletou observações, documentos do processo e grupos de foco com a equipe do programa. A análise qualitativa se concentrou no desenvolvimento temático entre os casos e as perspectivas.

Embora os pesquisadores tenham iniciado com um estudo planejado experimental e rigoroso como seu foco "primário", acharam necessário lidar com as questões éticas, de factibilidade e metodológicas associadas ao uso deste projeto que poderia não ser tratado com um projeto puramente quantitativo. Por isso, os pesquisadores incorporaram um elemento qualitativo "secundário" dentro do projeto experimental quantitativo para lidar com questões como as preocupações das partes interessadas com a pesquisa, questões sobre o processo e a implementação, além dos resultados do programa, e questões tanto nos níveis individual quanto programático. Assim, o primeiro ponto de interface ocorreu no nível do planejamento. Pode-se considerar que os elementos deste estudo têm um relacionamento interativo, porque as decisões sobre o elemento qualitativo dependiam do projeto experimental quantitativo dentro do qual eles foram implementados. Especificamente, os métodos qualitativos desempenharam um papel suplementar para examinar as questões do processo e da implementação do experimento. Os pesquisadores também vincularam os dois elementos simultâneos em seu modelo teórico, sem nenhum elemento depender dos resultados do outro elemento. Os dois métodos foram utilizados para tratar de diferentes questões de pesquisa dentro do projeto experimental abrangente. Além disso, a equipe da pesquisa combinou os dados de impacto quantitativo e os dados do estudo de caso qualitativo

PESQUISA DE MÉTODOS MISTOS   119

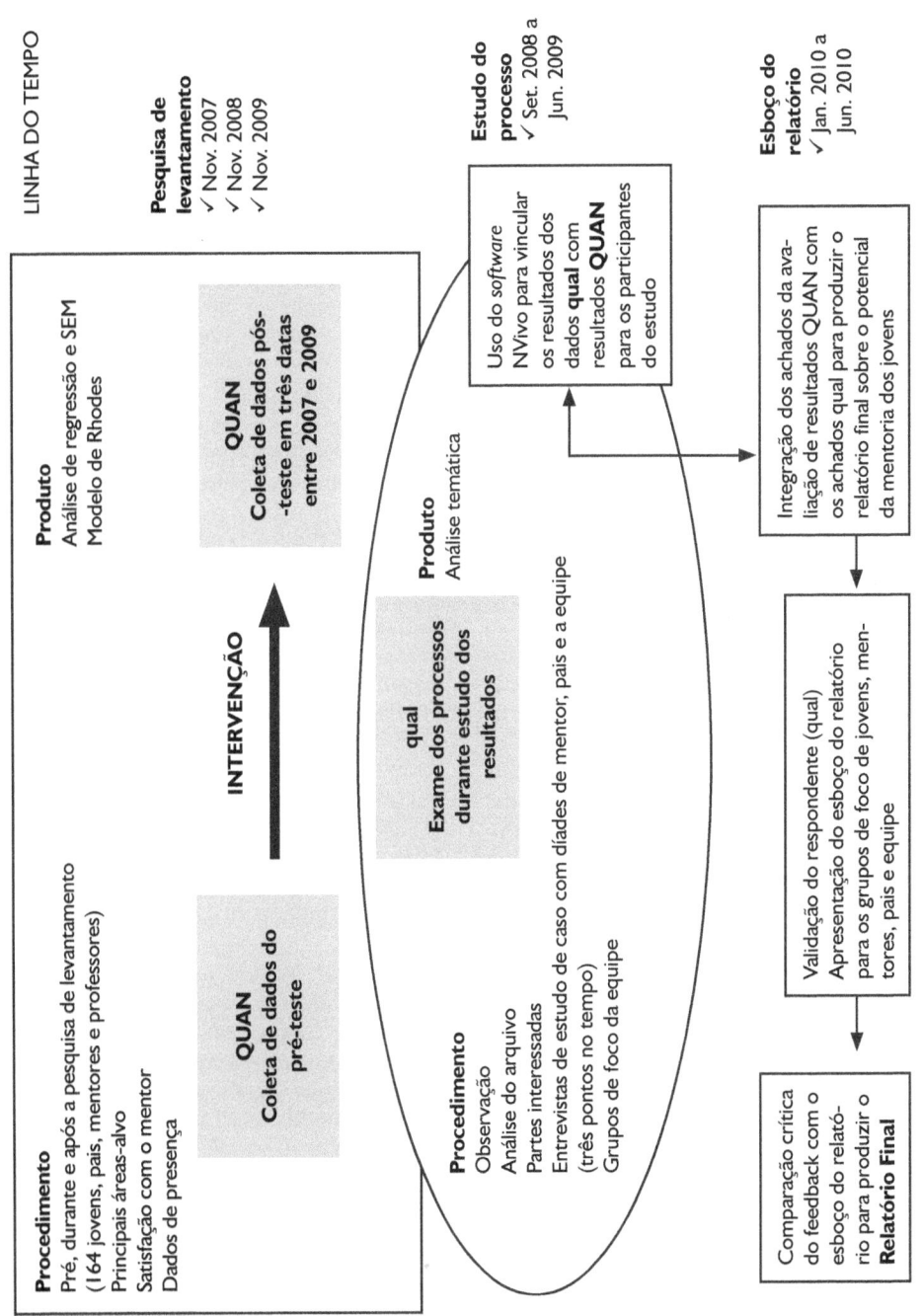

FIGURA 4.6

Diagrama para um estudo que usou o projeto incorporado.
Fonte: Reproduzida de Brady e O'Regan (2009, p. 277), com permissão da SAGE Publications, Inc.

no modelo teórico para melhorar o entendimento de como a intervenção foi experienciada no contexto irlandês.

Este estudo é um exemplo de um projeto de métodos mistos incorporado. A notação do projeto do estudo pode ser escrita como QUAN (+ qual) = melhorar o experimento. Os autores apresentaram um diagrama detalhado dos seus procedimentos, que está reproduzido na Figura 4.6. Este diagrama indica o elemento quantitativo primário na grande caixa retangular no alto da figura. Esta caixa indica os principais procedimentos para o ECR, incluindo as mensurações na intervenção e as mensurações pré e pós-intervenção. O elemento qualitativo secundário para examinar os processos durante a intervenção está indicado no grande oval, que é mostrado simultâneo aos procedimentos de intervenção e experimental. A grande área de justaposição entre a caixa retangular e o oval comunica a interface no nível do projeto. O diagrama também indica as maneiras em que os pesquisadores planejaram vincular os resultados finais com os resultados do estudo de caso para os indivíduos e para o programa, e os resultados combinados do relatório no relatório final do projeto. Observe que este diagrama também inclui uma linha do tempo para os diferentes componentes do lado direito.

Estudo E: Um exemplo do projeto transformativo (Hodgkin, 2008)

O projeto transformativo é utilizado quando o pesquisador estrutura um estudo de métodos mistos dentro de uma perspectiva teórica transformativa para ajudar a lidar com as injustiças ou produzir mudança para um grupo sub-representado ou marginalizado. Os elementos qualitativos e quantitativos do estudo podem proceder simultânea ou sequencialmente ou ambos. O artigo de Hodgkin (2008) descreve sua aplicação das principais características de um projeto transformativo.

O artigo de Hodgkin de 2008 discutiu como seu estudo foi localizado dentro do paradigma da pesquisa transformativa e foi especificamente estruturado a partir de uma lente teórica feminista. Ela estava interessada no tópico do capital social e se concentrou em entender o capital social das mulheres e em desafiar a ausência de sensibilidade para com o gênero. Partindo de suas perspectivas transformativas e feministas, ela descreveu que o propósito da sua pesquisa foi destacar a desigualdade de gêneros identificando diferenças nos perfis do capital social dos homens e das mulheres e explicando por que estas diferenças existiam para as mulheres.

Hodgkin (2008) começou com um elemento quantitativo utilizando procedimentos de pesquisas de levantamento transversais para identificar se os homens e as mulheres têm perfis de capital social diferentes. Usando procedimentos de amostragem aleatória, ela coletou respostas de pesquisa de levantamento por carta de 1.431 indivíduos em uma cidade regional da Austrália, incluindo 998 mulheres. Ao planejar o instrumento de pesquisa de levantamento, Hodgkin descreveu especificamente a localização de uma medida de capital social que fosse mostrada como suficientemente sensível às questões de gênero, incluindo escalas relacionadas à participação social, comunitária e cívica. Ela analisou os dados quantitativos usando análises multivariadas para comparar homens e mulheres e encontrou diferenças significativas em três escalas de participação, com as mulheres com pontuações mais altas em participação social informal, participação social em grupos e participação em grupo comunitário. Hodgkin concluiu que os dados quantitativos proporcionaram evidências de padrões de gênero na participação social, cívica e comunitária.

Em seguida, Hodgkin (2008) conduziu uma fase qualitativa para explicar por que as mulheres tinham perfis de capital social diferentes daqueles dos homens. Ela não conseguiu selecionar os participantes por suas respostas quantitativas devido a considerações éticas relacionadas a manter confidenciais os dados da pesquisa. Por isso, usou uma amostragem aleatória por agrupamento para selecionar uma subamostra de mulheres que haviam completado a pesquisa de levantamento quantitativa. Conduziu duas entrevistas individuais em profundidade com cada mulher participante, com uma semana de intervalo entre as duas entrevistas, pedindo a cada uma que registrasse reflexões por escrito em um diário durante a semana entre as duas sessões de entrevista. Essas reflexões escritas das atividades das mulheres foram discutidas como parte da segunda entrevista. As entrevistas relacionadas à participação das mulheres foram completadas até que a saturação foi alcançada com 12 participantes. Hodgkin realizou uma análise narrativa das histórias das participantes que emergiram dos dados qualitativos. Três temas ligados à maternidade emergiram, explicando as diferentes razões para a participação: querer ser uma "boa mãe", querer evitar o isolamento social e querer ser uma boa cidadã.

Hodgkin (2008) declarou que havia uma necessidade de desafiar a falta de sensibilidade de gênero no estudo do capital social, e de usar os métodos mistos para gerar um quadro abrangente e produzir tipos de dados que fossem considerados aceitáveis por aqueles que necessitavam mudar. O relacionamento entre os elementos foi interativo porque ela primeiro identificou se e de que maneiras os perfis de capital social diferiam entre os homens e as mulheres. Depois, ela buscou explicar as diferenças identificadas. O estudo usou o modelo sequencial, com os métodos quantitativos sendo implementados na primeira fase e os métodos qualitativos em uma segunda fase. A autora indicou que os dois métodos foram igualmente importantes para o desenvolvimento de um entendimento que pudesse promover mudança. Ela conectou o elemento quantitativo e o elemento qualitativo de duas maneiras. Usou a subamostra da primeira fase na segunda fase e planejou o protocolo da coleta de dados qualitativos para acompanhar os resultados quantitativos iniciais, desse modo conectando-os no ponto da coleta de dados. Concluindo, ela interpretou como os resultados quantitativos identificaram as diferenças no envolvimento entre os gêneros e como os achados qualitativos explicaram por que as mulheres ficaram envolvidas.

O estudo é um exemplo de um projeto de métodos mistos transformativo. Embora a autora tenha usado os procedimentos do projeto explanatório, esses procedimentos foram implementados dentro de uma estrutura teórica transformativa que moldou as decisões do projeto. Embora a autora não tenha apresentado um diagrama para seus procedimentos, desenvolvemos um, apresentado na Figura 4.7. A estrutura transformativa maior está ilustrada com a linha pontilhada que envolve os métodos, o que proporciona uma visão geral dos objetivos transformativos para os diferentes componentes do projeto e indica a mistura dentro de uma estrutura teórica encontrada neste estudo. A figura também inclui caixas que indicam a coleta e a análise dos dados quantitativos e qualitativos e ovais que indicam os pontos de mistura, como o que conecta a fase quantitativa à fase qualitativa. Não há notação formal para um projeto transformativo na literatura, mas um exemplo possível é o seguinte: teoria feminista (QUAN → QUAL) = destaque da desigualdade entre os gêneros.

Estudo F: Um exemplo do projeto multifásico (Nastasi et al., 2007)

O projeto multifásico combina tanto os elementos sequenciais quanto os simultâneos durante um período em um programa de estudo. Com frequência os elementos são implementados como projetos múltiplos dentro de um programa de investigação maior. Nastasi e colaboradores (2007) descreveram seu uso deste projeto e as principais características de sua implementação.

Nastasi e colaboradores (2007) se envolveram em uma pesquisa programática e em projetos de desenvolvimento com vários anos de duração relacionados com a promoção de saúde mental no Sri Lanka. As estruturas direcionadoras para este estudo incluíram o Participatory Culture-Specific Intervention Model e um modelo de saúde mental baseado na teoria ecológico-desenvolvimental. Para satisfazer esse objetivo, a equipe de pesquisa procurou atingir uma

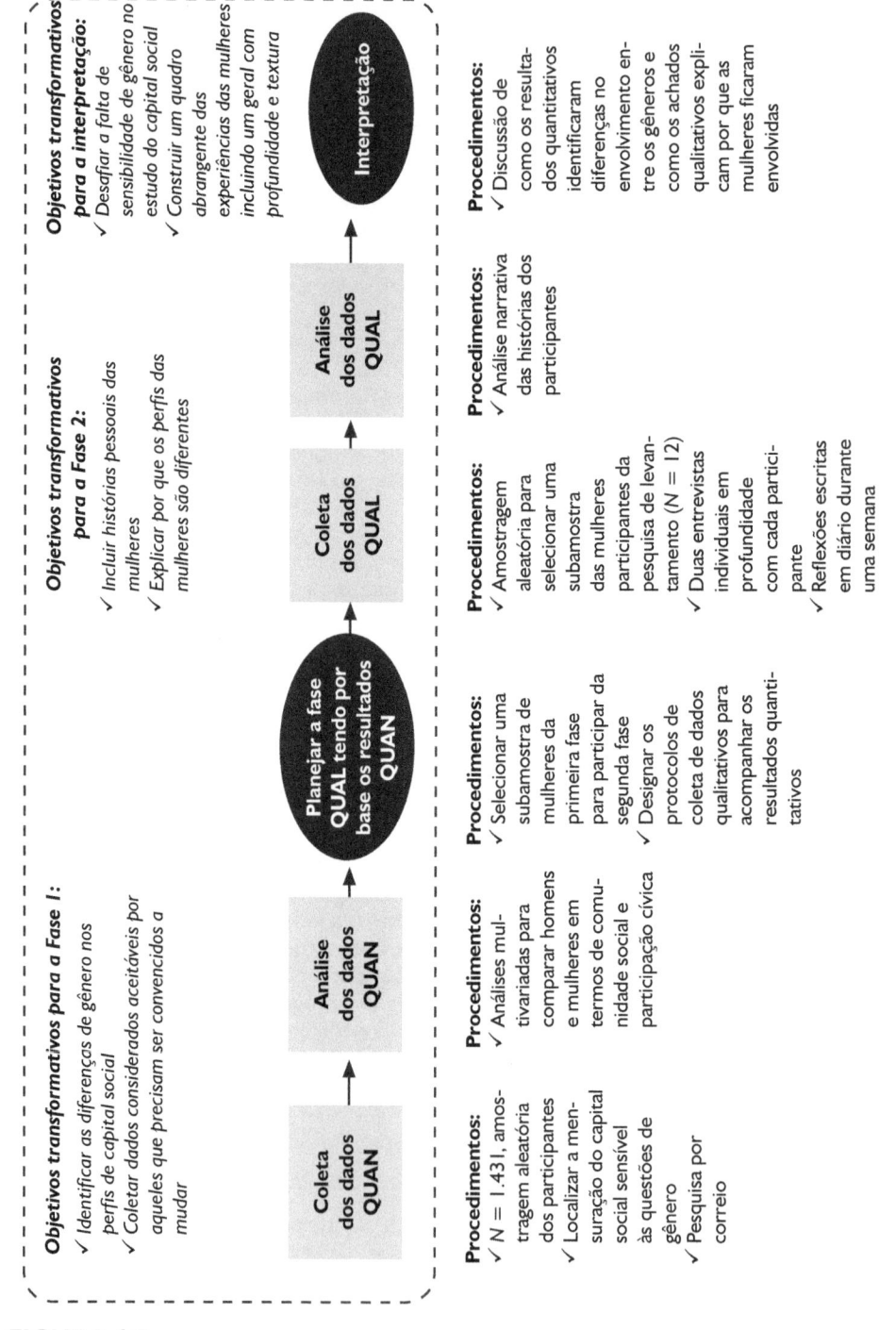

FIGURA 4.7
Diagrama para um estudo que usou o projeto transformativo.
Fonte: Baseada em Hodgkin (2008).

ampla série de propósitos inter-relacionados que requeriam a condução de pesquisa formativa, desenvolvimento e testagem de teoria específica da cultura, desenvolvendo e validando instrumentos específicos da cultura e desenvolvendo e avaliando programas de intervenção específicos da cultura.

A equipe da pesquisa descreveu várias abordagens para implementar métodos quantitativos dentro do seu projeto. Embora os detalhes específicos de coleta e análise dos dados tenham sido detalhados em outros lugares, os autores discutiram as abordagens quantitativas gerais que implementaram. Essas abordagens incluíram validar medidas psicológicas desenvolvidas, confirmar os resultados formativos levantando uma amostra representativa maior, e testando a eficácia de programas específicos desenvolvidos utilizando projetos verdadeiros e quase experimentais.

A equipe da pesquisa também implementou uma ampla série de atividades de coleta e análise de dados qualitativos em seu estudo de vários anos de duração. Devido à importância de se entender os contextos culturais de saúde mental no Sri Lanka, grande parte da pesquisa qualitativa utilizou um projeto etnográfico. Atividades específicas de coleta de dados incluíram entrevistas com grupos de foco, entrevistas individuais, observações do participante, documentos e anotações de campo.

Nastasi e colaboradores (2007) declararam que o seu objetivo de desenvolver práticas de saúde mental culturalmente apropriadas e baseadas em evidências requereu uma combinação recursiva e integrativa de métodos quantitativos e qualitativos, que é um exemplo de mistura dentro de um programa de estrutura objetiva. Eles precisavam de métodos qualitativos para identificar os contextos culturais que ajudavam a guiar o desenvolvimento do programa e a adaptação do programa a novos contextos, e isso requereu métodos quantitativos para testar modelos culturais e a eficácia do programa. Às vezes estes métodos foram interativos, como quando os métodos quantitativos foram usados para validar uma medida psicológica desenvolvida tendo por base resultados qualitativos. Esse relacionamento dependente foi mais fortemente visto quando o programa passou de uma fase sequencial para a seguinte. Além disso, era provável que houvesse momentos em que os métodos eram independentes quando estavam sendo implementados simultaneamente, como quando os autores fundiram os dois tipos de informações para entender a aceitabilidade, integridade e eficácia dos métodos de intervenção. Os autores não discutiram especificamente a prioridade das duas abordagens. Embora fosse possível que uma fase individual pudesse ter um método priorizado em relação ao outro, ficou claro pela visão do processo integral da pesquisa que os dois métodos desempenharam papéis igualmente importantes ao lidar com o objetivo do estudo. Os autores descreveram muitas maneiras em que misturaram os elementos quantitativos e qualitativos durante todo o projeto, como, por exemplo, designando um elemento quantitativo para testar a eficácia de um programa adaptado baseado em um elemento qualitativo (i.e., conexão) e combinando os dois métodos para examinar a aceitabilidade de um programa (i.e., fusão).

Esse projeto de avaliação em grande escala, com vários anos de duração, foi um exemplo de projeto de métodos mistos multifásico. O estudo foi implementado durante múltiplas fases, e os métodos quantitativos e qualitativos foram conduzidos sequencialmente ao longo de fases e também simultaneamente em algumas fases. Não há uma notação simples para descrever este estudo devido à sua natureza iterativa e recursiva de implementação dos métodos e, na verdade, os autores introduziram uma notação nova de setas duplas (→←) para comunicar a natureza recursiva do processo. Um início mais simples para descrever este estudo em geral poderia parecer algo como o seguinte: QUAL → QUAN [QUAN + QUAL] ... = desenvolvimento do programa. Melhor ainda, o diagrama que os autores fizeram do progresso, mostrado na Figura 4.8, comunica detalhes extensivos das múltiplas fases. Essa figura esboça as muitas fases envolvidas no processo de desenvolvimento do programa, em que cada círculo representa o uso de pelo menos um elemento qualitativo e/ou quantitativo. Além dessa figura, os autores também apresentaram um quadro detalhando as interações simultâneas e sequenciais dos dados em diferentes fases do projeto.

SEMELHANÇAS E DIFERENÇAS ENTRE OS ESTUDOS DE AMOSTRA

As principais características dos seis estudos de métodos mistos discutidos neste capítulo estão resumidas no Quadro 4.2. As

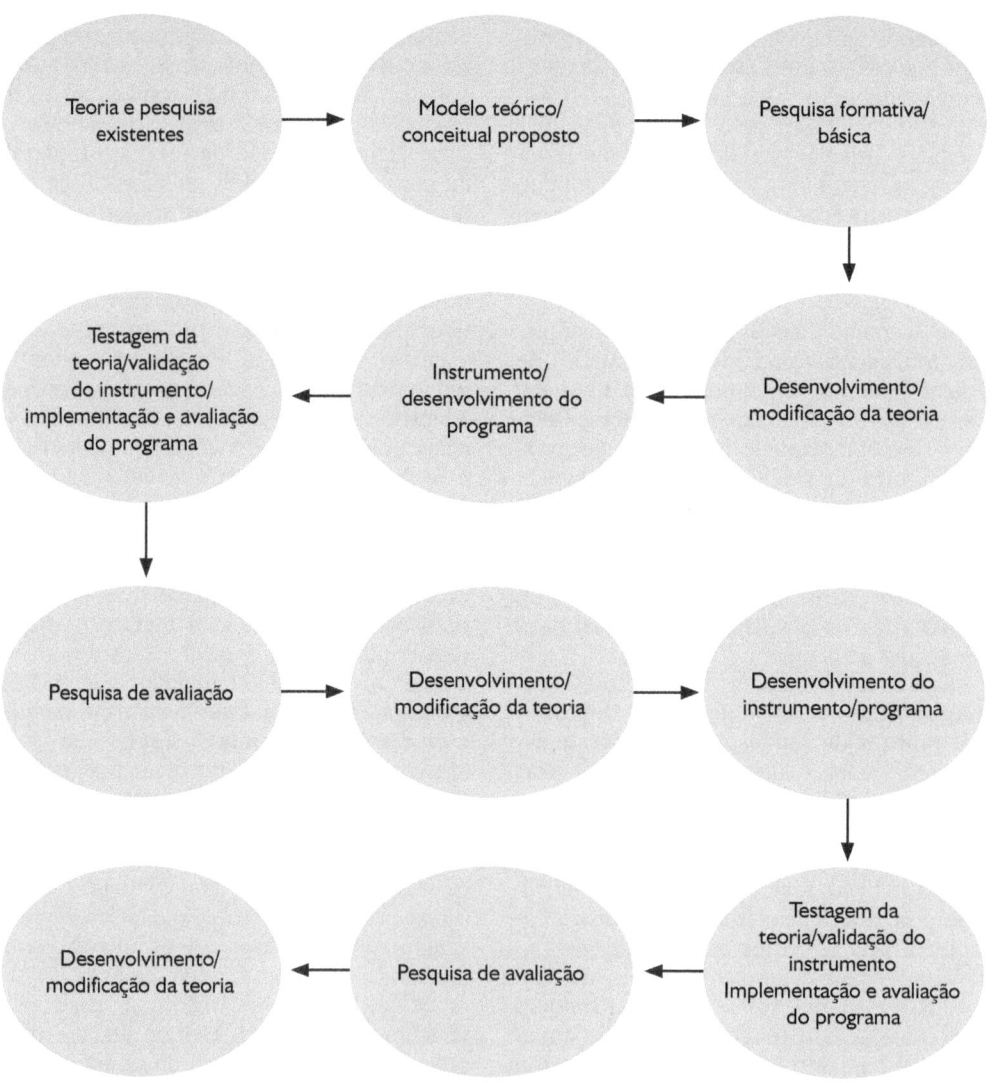

FIGURA 4.8

Diagrama para um estudo que usou o projeto multifásico.
Fonte: Reproduzida de Nastasi et al. (2007, p. 166), com permissão da SAGE Publications, Inc.

semelhanças e diferenças entre as informações contidas neste quadro destacam muitas das características importantes da pesquisa de métodos mistos e das diferentes abordagens para a aplicação da pesquisa de métodos mistos.

Em primeiro lugar, é interessante notar que estes seis estudos de exemplo representam disciplinas diferentes, examinam diferentes tópicos de pesquisa e incorporam diferentes perspectivas filosóficas e teóricas. Sua diversidade está também refletida no fato de que eles foram extraídos de diferentes disciplinas e conduzidos para diferentes propósitos. Wittink e colaboradores (2006) examinaram como os pacientes e os médicos se comunicam sobre o *status* de depressão de idosos, usando tanto informações qualitativas quanto quantitativas. Ivankova e Stick (2007) identificaram e explicaram prognosticadores da persistência do estudante em um programa de doutorado. Myers e Oetzel (2003) exploraram e validaram as dimensões da assimilação organizacional. Brady e O'Regan queriam avaliar o processo e a implementação do seu programa de mentoria como parte do seu experimento para testar o seu impacto. Hodgkin (2008) queria desafiar a desigualdade entre os gêneros no estudo do capital social. Finalmente, Nastasi e colaboradores (2007) trabalharam para desenvolver práticas de saúde mental culturalmente apropriadas no Sri Lanka.

Cada um destes estudos incluiu amostras de indivíduos para os elementos quantitativos e qualitativos, embora tenham usado diferentes estratégias. Por exemplo, Wittink e colaboradores (2006) usaram a mesma amostra (os mesmos indivíduos e o mesmo tamanho de amostra) para os dois elementos. Hodgkin (2008) e Ivankova e Stick (2007) selecionaram uma subamostra menor de indivíduos que participaram da sua fase quantitativa para participar da fase qualitativa. Myers e Oetzel (2003) selecionaram uma pequena amostra para sua fase qualitativa e depois selecionaram uma amostra maior de indivíduos diferentes para a fase quantitativa.

Cada um destes estudos coletou pelo menos uma forma de dados quantitativos e pelo menos uma forma de dados qualitativos. A pesquisa de levantamento transversal quantitativa e as abordagens experimentais foram usadas nos seis estudos. Os dados quantitativos foram coletados usando vários tipos de questionários estruturados ou instrumentos de mensuração. As formas de dados qualitativos coletados entre estes estudos incluíram entrevistas individuais, entrevistas com grupo de foco, observações, respostas por escrito e anotações de campo do pesquisador.

Cada estudo também incluiu procedimentos para analisar os dados quantitativos e qualitativos. Os procedimentos quantitativos apresentaram análises descritivas, comparações de grupo, teste para se avaliar a confiabilidade, análise fatorial confirmatória, análises correlacionais e análises multivariadas. Os procedimentos analíticos qualitativos incluíam descrição do desenvolvimento, análises temáticas e desenvolvimento da história narrativa.

Os autores de cada estudo ofereceram suas razões para coletar formas de dados tanto quantitativas quanto qualitativas. Wittink e colaboradores (2006) precisaram relacionar diretamente os dois tipos de dados para melhor entender o problema. Ivankova e Stick (2007) precisaram coletar dados qualitativos para explicar seus resultados quantitativos iniciais. Myers e Oetzel (2003) quiseram validar os achados qualitativos desenvolvendo um instrumento baseado em uma exploração inicial do seu tópico antes de tentarem mensurá-lo. Brady e O'Regan (2009) precisaram de dados qualitativos para tratar de questões éticas, de factibilidade e metodológicas como parte do seu teste experimental. Hodgkin (2008) precisou de uma combinação de métodos para desafiar a desigualdade de gênero com tipos de dados considerados aceitáveis por aqueles que precisavam ser convencidos a mudar e que comunicassem a grande figura junto com a história pessoal. Nastasi e colaboradores (2007) precisaram de uma combinação de métodos, durante vários anos, para identificar contextos culturais que ajudassem a direcionar o desenvolvimento do programa e a adaptação do programa para

QUADRO 4.2
Uma comparação dos exemplos de estudos de métodos mistos

	Wittink, Barg e Gallo (2006)	Ivankova e Stick (2007)	Myers e Oetzel (2003)	Brady e O'Regan (2009)	Hodgkin (2008)	Nastasi et al. (2007)
Área de conteúdo e campo de estudo	✓ *Status* de depressão (saúde mental)	✓ Persistência de estudantes de doutorado (estudos de educação superior)	✓ Assimilação organizacional (estudos de organização)	✓ Programa de mentoria do BBBS (estudos de jovens)	✓ Gênero e capital social (sociologia)	✓ Promoção de saúde mental no Sri Lanka (avaliação)
Bases filosóficas	✓ Não explicitamente discutidas	✓ Não explicitamente discutidas	✓ Não explicitamente discutidas	✓ Pragmática e dialética	✓ Paradigma transformativo	✓ Modelo de intervenção participativo específico da cultura
Bases teóricas (ciência social ou defesa)	✓ Não explicitamente discutidas	✓ Três principais teorias da persistência dos estudantes (ciência social)	✓ Teorias dos estágios de assimilação organizacional (ciência social)	✓ Modelo de mentoria de Rhodes (ciência social)	✓ Teoria feminista (defesa)	✓ Modelo de saúde mental baseado na teoria ecológico-desenvolvimental (ciência social)
Propósito do conteúdo	✓ Entender a concordância e a discordância entre médicos e pacientes sobre o *status* de depressão	✓ Entender a persistência em um programa de doutorado a distância pela identificação e exploração de fatores que prognosticam a persistência dos estudantes	✓ Descrever e medir as dimensões que descrevem a assimilação de novo emprego	✓ Avaliar o impacto, assim como o processo e a implementação do programa BBBS para os jovens na Irlanda	✓ Destacar a desigualdade entre os gêneros, identificando diferenças nos perfis de capital social de homens e mulheres e explicando por que existem estas diferenças para as mulheres	✓ Desenvolver práticas de saúde mental baseadas em evidências e culturalmente apropriadas no Sri Lanka

(continua)

QUADRO 4.2
Uma comparação dos exemplos de estudos de métodos mistos (continuação)

	Wittink, Barg e Gallo (2006)	Ivankova e Stick (2007)	Myers e Oetzel (2003)	Brady e O'Regan (2009)	Hodgkin (2008)	Nastasi et al. (2007)
ELEMENTO QUANTITATIVO						
Amostra	N = 48 indivíduos que se autoidentificaram como deprimidos em um estudo maior	N = 207 estudantes entre quatro grupos de *status* de matrícula	N = 342 empregados entre indústrias	N = 164 jovens participantes e seus pais, mentores e professores	N = 1.431 participantes amostrados aleatoriamente (n = 403 homens; n = 998 mulheres)	Amostras selecionadas como apropriado para cada fase
Coleta de dados	✓ Projeto de pesquisa transversal ✓ Mensurações de depressão (avaliação física, autorrelato do paciente e escala padronizada da depressão, CES-D) ✓ Demografia ✓ Outras mensurações de saúde (p. ex., ansiedade, status de saúde e funcionamento cognitivo	✓ Projeto de pesquisa transversal ✓ Pesquisa de levantamento *online* para avaliar as variáveis de prognóstico	✓ Questionário incluindo múltiplas escalas para medir seis dimensões do IAO e também do QIO, ESE e EPSE	✓ Projeto ECR ✓ Coletar medidas pré-teste e pós-teste durante três anos ✓ As medidas avaliam a satisfação com o mentor e dados de presença	✓ Projeto de pesquisa de levantamento transversal ✓ Localizar medida de capital social suficientemente sensível às questões de gênero ✓ Pesquisa de levantamento pelo correio que avalia o capital social em termos da participação social, comunitária e cívica	✓ Coleta de dados apropriada a cada fase ✓ As abordagens incluem técnicas de validação do instrumento e projetos experimentais

(continua)

QUADRO 4.2
Uma comparação dos exemplos de estudos de métodos mistos (continuação)

	Wittink, Barg e Gallo (2006)	Ivankova e Stick (2007)	Myers e Oetzel (2003)	Brady e O'Regan (2009)	Hodgkin (2008)	Nastasi et al. (2007)
Análise dos dados	✓ Estatística descritiva ✓ Comparação de grupos	✓ Estatística descritiva ✓ Análise discriminante	✓ Confiabilidade da escala ✓ Análise fatorial confirmatória ✓ Testes correlacionais	✓ Análise de regressão ✓ Análise SEM	✓ Análises multivariadas para comparar homens e mulheres	✓ Análise de dados como apropriado para cada fase
ELEMENTO QUALITATIVO						
Amostra	✓ Mesmos indivíduos (N = 48) que se autoidentificaram como deprimidos	✓ Quatro indivíduos propositalmente selecionados da amostra quantitativa que foram típicos de quatro grupos de status de matrícula	✓ 13 indivíduos intencionalmente selecionados para variação máxima	✓ As partes interessadas selecionam um programa incluindo jovens, mentores, pais e a equipe	✓ Amostragem aleatória por agrupamento para selecionar uma subamostra de mulheres participantes da pesquisa (N = 12)	✓ Amostras selecionadas como apropriado para cada fase
Coleta de dados	✓ Entrevistas semiestruturadas	✓ Projeto de estudo de múltiplos casos ✓ Entrevistas por telefone, entrevistas eletrônicas, respostas a questionário aberto e documentos relacionados ao programa	✓ Entrevistas individuais semiestruturadas ✓ Anotações de campo do pesquisador	✓ Entrevistas concentradas em torno de 12 pares de mentores ✓ Documentos de arquivo ✓ Grupos de foco com a equipe do programa ✓ Observações	✓ Duas entrevistas em profundidade com cada mulher ✓ Reflexões escritas em diários pelas pacientes durante uma semana	✓ Coleta de dados como apropriado para cada fase, como entrevistas com grupo de foco, observação do participante, documentos e anotações de campo

(continua)

QUADRO 4.2
Uma comparação dos exemplos de estudos de métodos mistos (continuação)

	Wittink, Barg e Gallo (2006)	Ivankova e Stick (2007)	Myers e Oetzel (2003)	Brady e O'Regan (2009)	Hodgkin (2008)	Nastasi et al. (2007)
Análise dos dados	√ Análise temática	√ Análise descritiva e temática dentro do caso √ Análise temática entre os casos	√ Análise temática	√ Análise temática	√ Análise narrativa das histórias dos participantes	√ Análise de dados apropriadas para cada fase
CARACTERÍSTICAS DOS MÉTODOS MISTOS						
Razão para os métodos mistos	√ Necessidade de relacionar mensurações quantitativas de depressão e características com descrições qualitativas das experiências do paciente com médicos para desenvolver um quadro mais completo	√ Necessidade de obter um quadro estatístico geral dos prognosticadores de persistência e de explorar em profundidade as visões dos participantes para explicar os resultados estatísticos	√ Necessidade de dados quantitativos para validar os achados qualitativos	√ Necessidade de lidar com as questões éticas, de factibilidade e metodológicas associadas ao uso de um ECR para estudar o impacto do programa	√ Necessidade de desafiar a falta de sensibilidade em relação ao gênero no estudo do capital social usando métodos que criem um quadro abrangente usando dados que sejam considerados aceitáveis por aqueles que precisam ser convencidos a mudar	√ Necessidade de métodos qualitativos para identificar contextos culturais que ajudam a guiar o desenvolvimento do programa e a adaptação do programa a novos contextos e necessidade de métodos quantitativos para testar modelos culturais e a eficácia do programa
Prioridade dos elementos	√ Igual	√ Prioridade qualitativa	√ Prioridade quantitativa	√ Prioridade quantitativa	√ Igual	√ Igual

(continua)

QUADRO 4.2
Uma comparação dos exemplos de estudos de métodos mistos (continuação)

	Wittink, Barg e Gallo (2006)	Ivankova e Stick (2007)	Myers e Oetzel (2003)	Brady e O'Regan (2009)	Hodgkin (2008)	Nastasi et al. (2007)
Momento de uso dos elementos	✓ Simultâneo	✓ Sequencial: quantitativo seguido por qualitativo	✓ Sequencial: qualitativo seguido por quantitativo	✓ Simultâneo	✓ Sequencial: quantitativo seguido por qualitativo	✓ Sequencial e simultâneo
Pontos principais da mistura (ponto de interface)	✓ Análise dos dados ✓ Interpretação	✓ Coleta de dados ✓ Interpretação	✓ Coleta de dados ✓ Interpretação	✓ Projeto	✓ Projeto ✓ Coleta de dados ✓ Interpretação	✓ Projeto ✓ Interpretação
Mistura dos elementos	✓ Fusão: Desenvolveu uma matriz que relacionou grupos qualitativamente derivados para escores quantitativos ✓ Interpretação: Discutido como as comparações entre os dois conjuntos de dados proporcionam um melhor entendimento	✓ Conexão: Resultados quantitativos usados para selecionar participantes e desenvolver protocolo de entrevista para a fase qualitativa ✓ Interpretação: Descritos os resultados quantitativos específicos e discutido como os achados qualitativos ajudam a explicar os resultados	✓ Conexão: Usados os achados qualitativos para informar o desenvolvimento de um instrumento para a fase quantitativa ✓ Interpretação: Discutida a extensão em que os resultados quantitativos validaram os achados qualitativos	✓ Incorporação: O elemento qualitativo é incorporado dentro do experimento quantitativo ✓ Fusão: Os dados quantitativos e qualitativos no nível individual ✓ Fusão: Impacto dos resultados e dos resultados do estudo de caso em relação ao modelo de orientação teórica	✓ Estrutura teórica: Os dois tipos de dados reunidos dentro de uma lente feminista ✓ Conexão: Uma subamostra é usada na segunda fase Designados os protocolos da coleta de dados qualitativa para acompanhar os resultados quantitativos ✓ Interpretação: Discutidas as diferenças	✓ Estrutura do objetivo do programa: Promover a saúde mental ✓ Conexão: Usado o elemento quantitativo para testar a eficácia de um programa baseado em um elemento qualitativo ✓ Fusão: Usados os dois métodos

(continua)

QUADRO 4.2
Uma comparação dos exemplos de estudos de métodos mistos (continuação)

	Wittink, Barg e Gallo (2006)	Ivankova e Stick (2007)	Myers e Oetzel (2003)	Brady e O'Regan (2009)	Hodgkin (2008)	Nastasi et al. (2007)
					quantitativas no envolvimento entre os gêneros e como os achados qualitativos explicam como as mulheres se tornam envolvidas	dos para examinar a aceitabilidade de um programa ✓Incorporação: Usados procedimentos de avaliação do processo dentro de uma avaliação somativa

PROJETO DE MÉTODOS MISTOS:

Tipo de projeto de métodos mistos	Convergente	Explanatório	Exploratório	Incorporado	Transformativo	Multifásico
Notação	QUAN + QUAL = completar o entendimento	quan → QUAL = explicar os fatores importantes	qual → QUAN = validar as dimensões exploratórias	QUAN (+ qual) = melhorar o experimento	Teoria feminista (QUAN → QUAL) = destacar a desigualdade entre os gêneros	QUAL → QUAN → [QUAN + QUAL]... = desenvolvimento do programa

NOTA: BBBS indica Big Brothers Big Sisters. CES-D indica Center for Epidemiologic Studies Depression Scale. IAO indica Índice de Assimilação Organizacional. QIO indica Questionário da Identificação Organizacional. ESE indica Escala de Satisfação no Emprego. EPSE indica Escala de Propensão para Sair do Emprego. ECR indica Ensaio Controlado Randomizado. SEM indica *structural equation modeling* (modelagem de equação estrutural).

novos contextos e para testar modelos culturais e a eficácia do programa.

De acordo com os diferentes propósitos, os estudos empregaram diferentes prioridades e momento de aplicação dos elementos. Os elementos foram igualmente importantes para tratar do propósito geral (por exemplo, Wittink et al., 2006) ou tiveram uma prioridade igual, quer priorizando o elemento qualitativo (p. ex., Ivankova e Stick, 2007) ou o elemento quantitativo (p. ex., Brady e O'Regan, 2009). Do mesmo modo, o momento da aplicação variou para incluir a simultânea (i.e., Brady e O'Regan, 2009; Wittink et al., 2006), a sequencial (i.e., Hodgkin, 2008; Ivankova e Stick, 2007; Myers e Oetzel, 2003) ou uma combinação de múltiplas fases (i.e., Nastasi et al., 2007).

Todos esses estudos misturaram seus elementos quantitativos e qualitativos, mas o fizeram em diferentes pontos e de diferentes maneiras. Wittink e colaboradores (2006) fundiram os dois conjuntos de dados durante a análise dos dados, inter-relacionando os dois conjuntos de achados e combinando-os em uma tabela. Hodgkin (2008), Ivankova e Stick (2007) e Myers e Oetzel (2003) misturaram conectando duas fases sequenciais em que a coleta de dados da segunda fase foi montada a partir dos resultados da primeira fase. Em seus respectivos estudos, Hodgkin (2008) e Ivankova e Stick (2007) identificaram resultados fundamentais para seus dados quantitativos e os utilizaram para direcionar sua fase qualitativa. Myers e Oetzel (2003) desenvolveram um instrumento baseado em seus achados qualitativos, que então usaram para coletar dados quantitativos em sua segunda fase. Brady e O'Regan (2009) misturaram incorporando dados qualitativos em seu projeto de teste experimental para examinar o processo e a implementação da intervenção a partir das perspectivas das partes interessadas. Hodgkin (2008) também misturou posicionando seu uso dos métodos mistos dentro de uma estrutura teórica feminista. Nastasi e colaboradores (2007) misturaram em uma estrutura objetiva do programa. Entre as múltiplas fases, eles também misturaram fundindo, conectando e incorporando os elementos com seu programa maior de investigação.

Cada um destes estudos representa um projeto diferente dos métodos mistos, e podemos destacar as diferenças metodológicas entre os projetos examinando os padrões diferentes que emergem das notações declaradas e dos diagramas apresentados nas Figuras 4.3 até 4.8. Observe como os projetos diferem em seu momento de aplicação dos elementos. As Figura 4.3 e 4.6 descrevem os dois métodos sendo simultaneamente implementados em uma fase, enquanto as Figuras 4.4, 4.5 e 4.7 descrevem os métodos sendo implementados em uma sequência definida. A Figura 4.8 abrange os dois aspectos, sequencial e simultâneo, do projeto multifásico. Os projetos também diferem em termos da prioridade relativa dada às diferentes formas de dados, como foi mostrado pelas letras QUAN e QUAL que aparecem em maiúsculas ou minúsculas. Os diagramas também destacam outras características importantes dos projetos, como a importância de uma perspectiva transformativa na Figura 4.7 e a natureza recursiva e iterativa de um projeto de desenvolvimento de vários anos apresentado na Figura 4.8.

Esses seis estudos ilustram muitas características importantes da pesquisa de métodos mistos que enumeramos no Capítulo 1 como as características fundamentais da pesquisa de métodos mistos. Esses estudos ilustram a coleta de dois tipos de dados; a análise dos dois conjuntos de dados; as razões para a coleta dos dois tipos de dados; o ponto de interface, a ênfase relativa e o tempo entre a aplicação dos dois elementos; e como os dois tipos de dados são misturados. É importante prestar atenção nessas características ao examinar os artigos publicados; pode ser muito útil utilizar a notação abreviada e traçar um diagrama para apresentar e organizar os procedimentos ao ler os estudos de outros autores ou planejar o seu próprio estudo.

☑ Resumo

É importante localizar e examinar exemplos da pesquisa de métodos mistos na literatura para melhorar o próprio conhecimento sobre a aplicação dos diferentes projetos. Devido à sua inerente complexidade e às numerosas e importantes características metodológicas, os projetos de métodos mistos podem ser comunicados por meio de um sistema de notação e diagramas que são traçados utilizando-se convenções padronizadas e que identifiquem os procedimentos e os produtos específicos para cada estágio do processo da pesquisa. Esses diagramas também comunicam o momento da aplicação e a ênfase relativa dos dois métodos. A leitura de estudos de métodos mistos publicados requer que características fundamentais sejam examinadas. Essas características incluem resumir o conteúdo avaliando o tópico, identificando perspectivas filosóficas e teóricas relevantes e localizando a declaração de propósito. As características também incluem analisar o uso dos dois métodos, identificando as amostras usadas para os elementos quantitativos e qualitativos, os tipos de coletas de dados quantitativos e qualitativos e os tipos de procedimentos de análise. Identificar características que destacam ainda mais o uso dos métodos mistos inclui observar a razão apresentada para coletar os dois tipos de dados e determinar os pontos de interface, a prioridade relativa e o momento de aplicação dos elementos quantitativos e qualitativos, assim como a maneira como os dois elementos são misturados. Finalmente, essas características atuam juntas para indicar o projeto de métodos mistos geral utilizado em um estudo. Os pesquisadores que querem ler e projetar estudos de métodos mistos vão se beneficiar de ter as habilidades para localizar características fundamentais ao estudar os relatórios de estudo para identificar modelos para os métodos mistos e a possibilidade de traçar diagramas que comuniquem os métodos de um estudo.

☑ ATIVIDADES

1. Localize um estudo de exemplo na literatura que utilize o mesmo projeto de métodos mistos que você está planejando. Faça uma lista das diferentes maneiras em que você pode aprender com ele e use este estudo em seu próprio trabalho.
2. Leia atentamente o estudo de métodos mistos que você localizou. Use a lista de checagem da Figura 4.2 e examine o estudo considerando os itens incluídos nesta lista.
3. Use o sistema de notação dos métodos mistos descrito no Quadro 4.1 e escreva uma notação abreviada que identifique o projeto geral usado no estudo.
4. Usando as regras para traçar os diagramas procedurais (ver Fig. 4.1) e as figuras de amostra neste capítulo, trace um diagrama representando as características dos métodos mistos do artigo que você localizou.
5. Usando o sistema de notação dos métodos mistos, as regras para traçar os diagramas (ver Fig. 4.1) e as figuras de amostra neste capítulo, trace um diagrama representando o estudo que você está trabalhando para planejar.

Recursos adicionais a serem examinados

Para discussões adicionais sobre o traçado de diagramas de procedimentos para os estudos de métodos mistos, veja os seguintes recursos:

Ivankova, N.V., Creswell, J.W. & Stick, S. (2006). Using mixed methods sequential explanatory design: From theory to practice. *Field Methods, 18*(1), 3-20.

Morse, J.M. & Niehaus, L. (2009). *Mixed methods design: Principles and procedures*. Walnut Creek, CA: Left Coast Press.

Tashakkori, A. & Teddlie, C. (2003). The past and future of mixed methods research: From data triangulation to mixed model designs. In A. Tashakkori & C. Teddlie (Eds.), *Handbook of mixed methods in social and behavioral research* (pp. 671-701). Thousand Oaks, CA: Sage.

Para exemplos de estudos de métodos mistos utilizando projetos diferentes, veja as seguintes coleções publicadas:

Plano Clark, V.L. & Creswell, J.W. (2008). *The mixed methods reader*. Thousand Oaks, CA: Sage.

Weisner, T.S. (Ed.). (2005). *Discovering successful pathways in children's development: Mixed methods in the study of childhood and family life*. Chicago: University of Chicago Press.

5
Introdução de um estudo de métodos mistos

Depois que aprendemos as características da pesquisa de métodos mistos, avaliamos as considerações preliminares, escolhemos um projeto de pesquisa e examinamos estudos, podemos iniciar o processo mais detalhado de planejar e conduzir um estudo de métodos mistos. Este capítulo discute como o início de um estudo de métodos mistos pode ser moldado. Começa com a escolha de um título para seu estudo de métodos mistos. Entendemos que este pode ser um lugar pouco comum para começar; entretanto, o título se torna um dispositivo de concentração que vai ajudar a dar forma ao estudo, e pode ser determinado na forma de "rascunho" e depois revisado à medida que o projeto prossegue. Depois desse passo segue a escrita de uma introdução para o estudo. Esta inclui discutir o problema de pesquisa que conduz a uma necessidade do estudo e em seguida apresentar uma declaração de propósito e as questões da pesquisa. O título, assim como as seções introdutórias que se seguem, são roteirizadas com base em ideias dos métodos mistos; a ideia de uma questão de pesquisa dos métodos mistos vai pegar alguns desprevenidos, pois esse tipo de questão não é tradicionalmente incluído nos textos de métodos de pesquisa. É, no entanto, um passo importante na boa pesquisa de métodos mistos, pois vincula o propósito geral do estudo com os métodos que se seguem.

Este capítulo vai tratar

✓ da escrita de um título de métodos mistos que reflita um tipo de projeto de métodos mistos,
✓ do desenvolvimento de uma seção introdutória que destaque o problema da pesquisa que conduz ao estudo,
✓ do roteiro de uma declaração de propósito que inclua os elementos de uma declaração apropriada dos métodos mistos e que se relacione com um tipo de projeto de métodos mistos, e
✓ da escrita de uma questão de pesquisa dos métodos mistos (assim como questões de

pesquisa quantitativas e qualitativas) que sejam adequadas ao tipo de projeto que está sendo usado no estudo.

ESCREVENDO UM TÍTULO DE MÉTODOS MISTOS

Muitos pesquisadores não prestam muita atenção aos títulos ou simplesmente os esboçam mais tarde em um estudo, quando ele vem a ser necessário. Em contraste, a nossa abordagem enfatiza a importância dos títulos. Eles servem como importantes localizadores em um estudo de pesquisa e ajuda a manter os pesquisadores concentrados no principal objetivo do seu estudo. Também encaramos esse título preliminar como um trabalho em progresso que pode ser moldado à medida que o projeto prossegue.

Títulos qualitativos e quantitativos

Antes de discutir um título dos métodos mistos, consideramos os elementos dos bons títulos em geral e depois os aspectos que diferenciam os títulos qualitativos e os quantitativos. Normalmente, os títulos necessitam comunicar informações básicas sobre um estudo para que outros pesquisadores possam captar com facilidade o significado de um estudo quando ele é referenciado na literatura. Normalmente, os títulos são curtos, com frequência contendo 12 palavras ou menos. Bons títulos refletem quatro importantes componentes: a principal área temática ou tópico que está sendo pesquisado, a abordagem geral da pesquisa, os participantes e o local onde a pesquisa será realizada.

Para os **títulos de estudos qualitativos**, os pesquisadores podem colocar uma questão ou usar palavras literárias, como metáforas ou analogias. Os títulos qualitativos incluem vários componentes: o fenômeno (ou conceito) central que está sendo examinado, os participantes e o local em que o estudo vai ocorrer. Além disso, um título qualitativo pode incluir o tipo de pesquisa qualitativa que está sendo usado, como etnografia ou teoria fundamentada. Os títulos qualitativos não sugerem uma comparação de grupos ou um relacionamento entre variáveis. Em vez disso, exploram uma ideia (o fenômeno central) para um entendimento em profundidade. Estas amostras de títulos ilustram esses componentes:

✓ *Reação do Campus a um Estudante Pistoleiro* (Asmussen e Creswell, 1995)
✓ *Esperando por um Transplante de Fígado* (Brown, Sorrell, McClaren e Creswell, 2006)
✓ *Como as Famílias Rurais de Baixa Renda se Divertem: Um Estudo de Teoria Fundamentada* (Churchill, Plano Clark, Prochaska-Cue, Creswell e Ontal-Grzebik, 2007)

Para os **títulos dos estudos quantitativos**, em contraste, os investigadores comparam os grupos ou relacionam variáveis. Na verdade, as principais variáveis estão evidentes no título, assim como os participantes e possivelmente o local do estudo de pesquisa. As palavras contidas no título, como "uma comparação de" ou "o relacionamento entre" ou "previsão", assinalam os estudos quantitativos. Às vezes, os pesquisadores mencionam a teoria que está sendo testada, a previsão que está sendo feita no estudo ou os resultados prenunciados. Do mesmo modo que com os títulos qualitativos, os títulos quantitativos são curtos e concisos. Listamos a seguir três exemplos de títulos quantitativos:

✓ *Fatores que Predizem uma Aliança de Trabalho Positiva para Estudantes de Educação em um Projeto de Mentoria* (Harrison, 2005)
✓ *A Afirmação dos Valores Pessoais Abranda as Reações Neuroendócrinas e Psicológicas ao Estresse* (Creswell et al., 2005)
✓ *Discrepância no Desempenho Acadêmico Entre as Crianças que Aniversariam no Verão e as que Aniversariam no Inverno nas Séries K-8* (Oshima e Domaleski, 2006)

Evidentemente, os títulos para os estudos qualitativos e quantitativos refletem algumas diferenças básicas entre a pesquisa qualitativa e a quantitativa, como o estudo de um fenômeno isolado *versus* múltiplas variáveis, a linguagem da exploração versos explanação e relacionamentos, e o desenvolvimento da teoria em oposição à testagem da teoria. Dadas essas diferenças, como se escreveria um título de métodos mistos que combine elementos tanto da pesquisa qualitativa quanto da pesquisa quantitativa?

Títulos dos métodos mistos

É importante escrever um título especificamente expressado que comunique a razão de a pesquisa de métodos mistos ter sido utilizada. Os **títulos dos métodos mistos** apresentam àqueles que os examinam uma introdução a essa forma de pesquisa. Eles antecipam o uso dos métodos mistos e o tipo de projeto de métodos mistos que o pesquisador vai usar. Também dão maior visibilidade aos métodos mistos como uma abordagem distinta nas ciências sociais e humanas. Como muitos enxergam os métodos mistos como uma nova abordagem à pesquisa, podemos enfatizar seu uso incorporando palavras que denotem esta forma de investigação no título. Seguem alguns componentes básicos de um bom título para os métodos mistos:

- ✓ Ele é curto e sucinto.
- ✓ Ele menciona o tópico principal que está sendo tratado, os participantes do estudo e o local onde será realizado o projeto.
- ✓ Ele inclui as palavras *métodos mistos* para destacar a abordagem geral que está sendo utilizada. Essa prática está sendo cada vez mais usada, como está mostrado em alguns exemplos apresentados em seguida.
- ✓ Ele é neutro, pois não inclui termos associados à pesquisa quantitativa ou à qualitativa. Uma exceção a isto é quando é dada prioridade a uma abordagem. A melhor prática é primeiro escrever o título de uma forma neutra e depois revisá-lo mais tarde quando o tipo de projeto de métodos mistos estiver firmemente estabelecido e a ênfase dada ao quantitativo ou qualitativo for conhecida.
- ✓ Ele contém palavras que sugerem o tipo específico de projeto de métodos mistos usado no estudo. Se o tipo de projeto ainda estiver emergindo no momento do planejamento do estudo, o título poderá ser mais tarde revisado para refletir o tipo de projeto depois que forem tomadas decisões sobre o tipo.

Além disso, para cada tipo importante de projeto de métodos mistos entram em jogo outras considerações. Para um projeto convergente, recomendamos escrever um título que seja neutro em sua orientação na direção de formas de pesquisa quantitativa (i.e., uma explanação) ou qualitativa (i.e., uma exploração). Como a característica básica desse projeto é fundir dados quantitativos e qualitativos, não queremos que o título tenda para uma ou outra direção. Essa tendência vem das palavras usadas que denotam uma orientação qualitativa ou quantitativa. Por exemplo, exemplos de palavras qualitativas podem ser "explorar", "significado", "descobrir", "gerar" ou "entender". Palavras quantitativas podem ser "prognosticar", "relacionamento", "comparação", "correlaciona" e "fatores". Essas palavras devem ficar fora dos títulos ou, alternativamente, tanto as palavras qualitativas quanto quantitativas podem ser incluídas. Os exemplos que se seguem de títulos para os estudos que usam o projeto convergente comunicam estas perspectivas.

- ✓ *A Validade Preditiva de uma Prova de Nivelamento do Inglês como Segunda Língua: Uma Abordagem de Métodos Mistos* (Lee e Greene, 2007)

Neste exemplo, há um tópico sendo estudado: a validade preditiva de uma prova de nivelamento. Não foram usadas palavras que tendencionem o título para uma direção quantitativa ou qualitativa. Além disso, as palavras *métodos mistos* foram incluídas para designá-lo como um estudo de métodos mistos. Neste próximo exemplo de um projeto convergente, os autores neutralizaram as palavras qualitativo e quantitativo inserindo ambas. Eles também incluíram as palavras *métodos mistos*.

✓ *Ferramentas de Indagação Abertas e Fechadas em uma Pesquisa de Levantamento por Telefone sobre "O Bom Professor": Um Exemplo de um Estudo de Métodos Mistos* (Arnon e Reichel, 2009)
✓ *Em Suas Próprias Palavras e Pelos Números: Um Estudo de Métodos Mistos dos Reitores de Faculdades da Comunidade Latina* (Muñoz, 2010)

No primeiro exemplo, o leitor foi introduzido tanto para a orientação quantitativa quanto para a qualitativa mediante palavras como *abertas* e *fechadas* no título; no segundo exemplo, pelas palavras *próprias palavras* e *números*. Estas seriam outras maneiras de escrever o título para um projeto convergente. Outra abordagem seria especificar tanto as abordagens quantitativas quanto as qualitativas no título:

✓ *Os Significados das Autoavaliações de Saúde: Uma Abordagem Qualitativa e Quantitativa* (Idler, Hudson e Leventhal, 1999)

Em um projeto explanatório, com uma ênfase na explicação da fase quantitativa inicial com dados qualitativos, a ênfase no título é com frequência colocada na primeira fase, quantitativa. O exemplo que se segue ilustra esta abordagem. Ele torna explícita a sequência quantitativa do estudo, seguida pela qualitativa.

✓ *Mensuração por Multimétodos dos Locais de Alto Risco de Bebida: Extensão do Método de Pesquisa de Levantamento em Técnica de Portal* com Entrevistas de Acompanhamento por Telefone* (Kelley-Baker, Voas, Johnson, Furr-Holden e Compton, 2007)

---

* N. de R.T.: Pesquisa de levantamento em técnica de portal refere-se à avaliação de múltiplas mensurações: autopercepção, aspectos biológicos, observação dos participantes, etc.

Em um projeto exploratório, vemos diferentes modelos para como planejar o título. Um deles é começar com palavras qualitativas, porque o estudo começa com uma exploração qualitativa. Outro é enfatizar a que o estudo conduz, como uma pesquisa de levantamento quantitativa comparando grupos, como no tipo de projeto de desenvolvimento do instrumento. Um exemplo de como começar uma exploração qualitativa usando a palavra *percepções* é ilustrado no primeiro exemplo a seguir e no segundo, como construir o desenvolvimento de um instrumento que avaliasse as semelhanças e diferenças entre diferentes agrupamentos de participantes.

✓ *Percepções dos Compradores sobre as Distribuições no Varejo: Shopping Centers Suburbanos e Mercados Noturnos em Singapura* (Ibrahim e Leng, 2003)
✓ *Semelhanças e Diferenças no Conhecimento Prático dos Professores Sobre o Ensino de Compreensão da Leitura* (Meijer, Verloop e Beijaard, 2001)

Em um projeto incorporado, também sugerimos que as palavras *métodos mistos* sejam incluídas no título. O título deve refletir o uso de dados incorporados e possivelmente a razão para o uso dos dados incorporados. Nos dois exemplos que se seguem, os dois estudos foram experimentos de intervenção com um componente qualitativo.

✓ *Melhorando o Projeto e a Conduta de Experimentos Randomizados Incorporando-os na Pesquisa Qualitativa: Estudo ProtecT (Teste de Próstata para Câncer e Tratamento)* (Donovan et al., 2002)
✓ *Reações dos Participantes aos Resultados de um Experimento Randomizado Controlado: Estudo Exploratório* (Snowdon, Garcia e Elbourne, 1998)

Em um projeto transformativo, esperaríamos ver a estrutura teórica ser avançada no título como um tópico de interesse e expressão importante incorporado para sugerir uma injustiça ou uma necessidade de um grupo específico. No primeiro exemplo, é enfatizada uma teoria e, no segundo exemplo, está sendo estudada a injustiça dos "mitos" nas culturas de atletas universitários:

✓ *Sociologia Reflexiva de Bourdieu como uma Base Teórica para a Pesquisa de Métodos Mistos: Uma Aplicação para a Medicina Complementar e Alternativa* (Fries, 2009)
✓ *Entendendo os Mitos do Estupro Específicos da Comunidade: Explorando a Cultura Atlética dos Estudantes* (McMahon, 2007)

Um título para um projeto multifásico precisa captar o espírito das muitas fases de um projeto. O título poderia também enfatizar que o programa está passando por uma avaliação que consiste em muitas fases. Estas ilustrações sugerem tal orientação:

✓ *Uma Avaliação de Programa Participativo de um Programa de Mudança de Sistemas para Melhorar o Acesso à Tecnologia da Informação por Pessoas Portadoras de Incapacidades* (Mirza, Anandan, Madnick e Hammel, 2006)
✓ *Pesquisa em Ação: Usando o Desvio Positivo para Melhorar a Qualidade da Atenção à Saúde* (Bradley et al., 2009)

DETERMINANDO O PROBLEMA DA PESQUISA NA INTRODUÇÃO

Depois de o pesquisador escrever o título, estruturá-lo dentro da pesquisa de métodos mistos e do tipo de projeto, a próxima seção a ser desenvolvida é a "determinação do problema", que introduz um estudo. Isso acontece quer o estudo seja uma proposta, um artigo de periódico, um manuscrito para a apresentação de uma conferência ou uma dissertação ou tese. A **declaração do problema** comunica um problema ou questão específica que necessita ser tratada e as razões por que é importante estudar o problema. Primeiro vamos examinar as partes básicas que entram em uma declaração da seção do problema e depois discutir como os elementos da pesquisa de métodos mistos podem ser incluídos nessa declaração.

Tópicos em uma seção da determinação do problema

A estrutura para iniciar um estudo de pesquisa e introduzir o problema inclui vários componentes – o tópico, o problema da pesquisa, a literatura, as deficiências e as audiências (ver Creswell, 2009c).

✓ Introduza o tópico. Inicie com um parágrafo que identifique o tópico do estudo de uma maneira que atraia um amplo público de leitores. Esse parágrafo deve começar com estatísticas sobre o problema, reivindicar mais pesquisa sobre o tópico ou apresentar uma questão que incite consideração.
✓ Identifique o "problema". Discuta o problema, ou a questão, que conduz a uma necessidade do estudo. Para escrever essa seção, considere iniciar com as palavras *uma questão enfrentada por* ou *um problema atual é*. Além disso, pense em esboçar esse problema partindo de um ou dois pontos de vista. O primeiro seria olhar o problema a partir da perspectiva de um problema que existe no mundo do trabalho cotidiano ou nas vidas dos indivíduos. Talvez, por exemplo, os estudantes estejam atualmente em risco devido ao crime nas escolas ou aos cidadãos seniores se sentindo incapacitados devido a problemas de saúde. Estes são problemas da "vida real" e merecem ser estudados. O segundo ponto de vista consideraria um problema relacionado a uma necessidade de pesquisar sobre um tópico. Essa necessidade pode surgir devido a uma lacuna no corpo de conhecimento existente ou a uma necessidade de estender a pesquisa atual a uma nova população ou a novas variáveis. Uma declaração ideal do problema poderia incluir várias declarações que comunicam tanto um problema da vida real na nossa sociedade quanto uma fraqueza ou lacuna na literatura.
✓ Discuta a pesquisa que tratou deste problema. Nesta seção, indique a literatura publicada sobre esse problema. Pense em termos de grupos de estudos, em vez de

em estudos individuais (que são discutidos em uma seção de revisão da literatura) para prever tendências amplas na literatura. Como a literatura atual poderia ser organizada e resumida? Identifique os principais temas de cada grupo de estudos para dar aos leitores um entendimento geral das tendências existentes. Nesta revisão, inspire-se em estudos de pesquisa quantitativos, qualitativos e de métodos mistos.

✓ Indique deficiências na literatura e como o seu estudo vai preencher esta lacuna e de que maneira. Essas lacunas podem ser áreas de conteúdo não tratadas ou falhas nos métodos de pesquisa (p. ex., todos os estudos foram quantitativos e, portanto, não ouvimos as vozes dos participantes mediante os estudos qualitativos). Se a seção em que o problema é estabelecido já trata dessas lacunas, não há necessidade de repetir as informações, mas se concentrar em como o estudo proporcionará acréscimos à literatura e dará uma importante contribuição.

✓ Discuta que públicos vão se beneficiar de se tratar desta lacuna ou deficiência. Vários públicos podem ser especificamente identificados que irão tirar proveito do seu estudo – como pesquisadores, formuladores de políticas, administradores, professores, provedores e outros. Convém citar vários públicos que se beneficiarão do seu estudo e enumerar as maneiras que eles podem usar cada benefício.

Finalize a introdução (determinação do problema) com a determinação do propósito e com as questões e hipóteses da pesquisa. Esses tópicos serão tratados mais adiante neste capítulo.

Integração dos métodos mistos na determinação do problema

Como a pesquisa de métodos mistos se ajusta a esta introdução? Embora as seções incluídas em uma introdução não estejam necessariamente relacionadas aos métodos ou ao projeto utilizado em um estudo, convém prever o tipo de projeto de métodos mistos até mesmo nas passagens de abertura da introdução. Uma maneira de fazer isso é relacionar o tipo de projeto de métodos mistos a ser utilizado à passagem das deficiências na introdução. Especificamente, a escolha de um projeto de métodos mistos é em parte baseada em uma necessidade que surge da literatura. Examine o Quadro 5.1. Aqui identificamos exemplos das necessidades na literatura que cada projeto de métodos mistos pode tratar. Você pode incluir os argumentos para o projeto dos métodos mistos com outras deficiências na literatura que mencione em sua introdução e efetivamente prever o tipo de projeto que vai ser posteriormente desenvolvido no seu estudo.

A seguir, damos um exemplo de como a deficiência tratada por um tipo de projeto de métodos mistos pode ser integrada a uma declaração introdutória:

> Em um estudo de estilos de liderança, a literatura tem discutido a liderança transformacional, liderança baseada nas características pessoais, e liderança pessoa-situação. Todos esses estudos têm sido investigações quantitativas que descrevem comportamentos de liderança, mas não incorporam as vozes dos participantes para descrever o significado que está por trás dos diferentes tipos de comportamentos de liderança. Uma questão que surge, então, é que os resultados quantitativos são inadequados para descrever e explicar as experiências dos líderes. (Essa questão implica na existência de uma necessidade de um projeto explanatório.)

DESENVOLVENDO A DECLARAÇÃO DO PROPÓSITO

Uma declaração de propósito dos métodos mistos pode também incluir uma linguagem para sugerir um projeto de métodos mistos. Antes de recorrermos a roteiros úteis para escrever essa declaração, pode convir rever

QUADRO 5.1
Deficiências na literatura relacionadas aos diferentes projetos de métodos mistos

Tipo de projeto de métodos mistos	Existe uma necessidade na literatura de ...
Projeto convergente	desenvolver um entendimento completo coletando dados quantitativos e qualitativos, porque cada um apresenta uma visão parcial.
Projeto explanatório	não só obter resultados quantitativos, mas explicar esses resultados com mais detalhes, especialmente em termos das vozes detalhadas e das perspectivas do participante, porque pouco se sabe sobre os mecanismos que estão por trás das tendências.
Projeto exploratório	explorar um tópico porque as variáveis são desconhecidas e estabelecer a extensão em que os resultados detalhados de alguns participantes se generalizam para uma população.
Projeto incorporado	examinar os resultados mediante métodos e processos experimentais, obtendo opiniões detalhadas dos participantes por meio de dados qualitativos.
Projeto transformativo	erguer as vozes dos participantes e desenvolver um chamado à ação usando fontes de dados que podem desafiar injustiças e proporcionar evidências que sejam aceitáveis pelas partes interessadas.
Projeto multifásico	satisfazer um objetivo geral mediante projetos que se desenvolvam no correr do tempo com muitas fases.

os elementos fundamentais tanto das declarações de propósito quantitativos quanto qualitativos (ver Creswell, 2009c).

Declarações de propósitos qualitativos e quantitativos

Uma **declaração de propósito qualitativa** comunica o propósito qualitativo geral do estudo e inclui um fenômeno central, os participantes, o local da pesquisa para o estudo e o tipo de projeto qualitativo no estudo. Ela começa com palavras como *o propósito deste estudo* ou *a intenção deste estudo*. A declaração também contém palavras que denotam o conceito sendo explorado em um estudo qualitativo. Este conceito é chamado de fenômeno central. O escritor inclui verbos de ação para indicar uma exploração deste fenômeno central. Palavras como *descrever, entender, explorar* e *desenvolver* comunicam essa exploração e o entendimento emergente do fenômeno central que vai se desenvolver durante o estudo. Como um estudo qualitativo comunica muitas perspectivas dos participantes, as declarações de propósito qualitativas não devem conter palavras condutoras ou direcionadoras que comuniquem uma postura, como "positivo", "útil" ou "prediz". O investigador qualitativo assume uma postura não direcional. Além disso, pode ser feita alguma referência ao tipo de projeto ou métodos qualitativos utilizados no estudo, como um estudo etnográfico ou estudo de caso ou, ainda, um estudo de teoria fundamentada. Finalmente, a declaração de propósito qualitativa pode também conter informações sobre os indivíduos ou os locais que estarão envolvidos no projeto.

Segue um exemplo de uma declaração de propósito qualitativa que começa com o propósito, identifica o tipo de projeto qualitativo, usa a expressão de um verbo de ação, especifica o fenômeno principal e menciona os participantes e o local do estudo:

> O propósito deste estudo etnográfico é explorar os comportamentos de compartilhamento da cultura e a linguagem dos sem-teto em um refeitório beneficente de distribuição de sopa em uma grande cidade do leste. (Está evidente nessa declaração de propósito qualitativa a ausência de palavras direcionadoras e de palavras relacionando as variáveis ou comparando grupos.)

Em uma **declaração de propósito quantitativa**, o pesquisador comunica o propósito quantitativo geral do estudo e apresenta as variáveis do estudo, os participantes e o local para a pesquisa. O uso da linguagem direcional e das variáveis são características fundamentais. Os autores especificam suas variáveis independentes e dependentes e, normalmente, as ordenam da esquerda para a direita, de independentes para dependentes. Eles começam com frases como *o propósito do estudo* ou *a intenção do estudo* e podem identificar a teoria que está sendo testada no estudo. Expressões que conectam as variáveis, como *o relacionamento entre* ou *uma comparação de*, refletem o relacionamento entre as variáveis do estudo. Como acontece com a pesquisa qualitativa, a declaração de propósito quantitativa pode incluir o tipo de métodos que será empregado e se referir aos participantes e ao local do estudo. Este exemplo ilustra estes elementos em uma boa declaração de propósito quantitativa:

> O propósito deste estudo correlacional será testar a teoria do papel do sexo, que prevê que os homens estarão mais condicionados do que as mulheres a papéis agressivos na universidade.

Declarações de propósitos dos métodos mistos

Achamos útil proporcionar roteiros específicos para a escrita das declarações de propósito dos métodos mistos, porque a declaração de propósito é a declaração mais importante em um projeto de pesquisa. Se esta declaração não for clara, o leitor terá dificuldade para entender todo o estudo. As declarações de propósito claras são importantes em todos os tipos de pesquisa, mas a necessidade de clareza é especialmente importante em um projeto de métodos mistos em que muitos elementos da pesquisa qualitativa e quantitativa precisam andar juntos. Dois elementos que entram em uma declaração de propósito dos métodos mistos são a declaração de propósito qualitativa e a declaração de propósito quantitativa, que precisam ser explicitadas. Como a declaração dos métodos mistos contém estes elementos, nem sempre é necessário em um estudo de métodos mistos colocar estas três declarações de propósitos – quantitativa, qualitativa e de métodos mistos – mas ter uma declaração dos métodos mistos é essencial. Esta declaração é normalmente colocada no final de uma introdução em um artigo de periódico. Como alternativa, em uma proposta para financiamento, ela é encontrada em uma seção de objetivo do estudo, no início da proposta, e é com frequência apresentada como uma seção separada em uma dissertação ou projeto de tese.

Uma **declaração de propósito dos métodos mistos** comunica o propósito geral do estudo de métodos mistos e inclui a intenção do estudo, o tipo de projeto de métodos mistos, as declarações de propósito quantitativas e qualitativas, e as razões para coletar tanto dados quantitativos quanto qualitativos. Os elementos específicos são os seguintes:

✓ Incluir a intenção geral (o objetivo do conteúdo) do projeto na primeira sentença. Começar com palavras como *este estudo trata, o propósito deste estudo é, o objetivo do estudo é,* ou *a intenção deste estudo é.*
✓ Identificar o tipo de projeto dos métodos mistos usando o nome por inteiro (p. ex., projeto sequencial explanatório), para que o leitor seja introduzido ao tipo específico dos métodos que serão utilizados.

Apresentar uma definição breve do tipo do projeto.
✓ Incorporar declarações de propósito quantitativas e qualitativas específicas, que indiquem o tipo de dados a serem coletados e também os participantes e o local para os dois elementos do estudo.
✓ Declarar as razões para a coleta dos dois tipos de dados que correspondem à justificativa para o tipo de projeto (ver Cap. 3).

Um exemplo de um roteiro que ilustra estes pontos está incluído na Figura 5.1. Esse exemplo apresenta um roteiro do modelo para um projeto convergente e inclui a intenção do estudo, o tipo de projeto e uma descrição breve do projeto, uma declaração de propósito quantitativa e qualitativa, e uma justificativa para a coleta dos dois tipos de dados usando o projeto específico. Para usar esse roteiro, os pesquisadores preenchem os espaços em brancos com informações do seu próprio estudo e mantêm os elementos do roteiro na ordem. Dessa maneira, ele proporciona uma declaração de propósito completa e detalhada dos métodos mistos.

Um exemplo deste roteiro de projeto é a declaração que planejamos em colaboração com os participantes do *workshop* na Conferência Internacional Qualitativa em Edmonton, no Canadá, em fevereiro de 2005. Eis o roteiro que desenvolvemos, com ligeiras mudanças para se adequar ao nosso modelo:

> A intenção deste estudo é aprender sobre as escolhas de alimentos das mulheres das First Nations com diabetes do Tipo 2. O propósito deste estudo de métodos mistos paralelo convergente será convergir tanto os dados quantitativos (numéricos) quanto os qualitativos (texto ou imagem). Nessa abordagem, os dados da pesquisa de levantamento serão utilizados para avaliar o relacionamento entre os fatores (p. ex., origens familiares) e as escolhas de alimentos. Ao mesmo tempo, no estudo, as escolhas de alimentos serão exploradas utilizando entrevistas e observações dos participantes com

---

Intenção	Este estudo de métodos mistos vai tratar de _____ [objetivo de conteúdo geral do estudo].
Tipo de projeto	Será usado um projeto de métodos mistos paralelo convergente e é um tipo de projeto em que os dados qualitativos e quantitativos são coletados em paralelo, analisados separadamente e depois fundidos. Neste estudo, _____
Dados e propósitos quantitativos e qualitativos	[dados quantitativos] serão usados para testar a teoria de _____ [a teoria] que prevê que _____ [variáveis independentes] irão influenciar _____ [positivamente, negativamente] as _____ [variáveis dependentes] para _____ [participantes] em _____ [o local da pesquisa]. Os dados qualitativos _____ [tipo de dado qualitativo, tais como entrevistas] explorarão _____ [o fenômeno central] para _____ [participantes] no _____ [local de pesquisa].
Justificativa	A razão para a coleta de dados quantitativos e qualitativos é convergir [ou comparar resultados, validar resultados, corroborar resultados] as duas formas de dados para proporcionar um maior *insight* do problema do que seria obtido por qualquer tipo de dados separadamente.

FIGURA 5.1

Exemplo de um roteiro de declaração de propósitos para um projeto convergente.

mulheres das First Nations com diabetes do Tipo 2 no norte de Manitoba. A razão para a coleta de dados quantitativos e qualitativos é comparar os resultados de duas perspectivas diferentes.

Em um projeto explanatório, a razão para o acompanhamento exploratório é mencionado na declaração de propósito entre a fase quantitativa inicial e a segunda fase qualitativa. A ordem das fases – da quantitativa para a qualitativa – destaca a sequência dos procedimentos usados neste projeto. Além disso, a segunda fase, qualitativa, é estabelecida experimentalmente, porque o fenômeno principal, e talvez os participantes e o local, não podem ser claramente especificados até a primeira fase do estudo, quantitativa, ter sido concluída.

> Este estudo vai tratar _____[objetivo de conteúdo do estudo]. Um projeto de métodos mistos sequencial explanatório será usado e vai envolver, primeiro, a coleta de dados quantitativos e, depois, explicar os resultados quantitativos com dados qualitativos coletados em profundidade. Na primeira fase do estudo, a fase quantitativa, _____os dados [do instrumento quantitativo] serão coletados de _____[participantes] em _____ [local da pesquisa] para testar _____ [nome da teoria] para avaliar se _____[variáveis independentes] estão relacionadas às _____[variáveis dependentes]. A segunda fase, qualitativa, será conduzida como um acompanhamento dos resultados quantitativos para ajudar a explicar os resultados quantitativos. Nesse acompanhamento exploratório, o plano experimental é explorar _____[o fenômeno central] com _____ [participantes] em _____[local da pesquisa].

Um estudante de uma das nossas classes de métodos mistos apresentou um exemplo desta declaração de propósito como um projeto de classe:

> A intenção deste estudo é examinar as perspectivas dos adolescentes latinos sobre os conflitos familiares. O propósito deste estudo de métodos mistos explanatório, de duas fases, será obter resultados quantitativos estatísticos de uma amostra e depois realizar um acompanhamento com alguns indivíduos para provar ou explicar esses resultados em maior profundidade. Na primeira fase, as hipóteses quantitativas vão tratar do relacionamento da aculturação e do conflito familiar com adolescentes latinos em suas respectivas escolas médias e/ou escolas superiores no sul da Califórnia. Na segunda fase serão utilizadas entrevistas qualitativas semiestruturadas em um estudo de caso múltiplo para explorar aspectos do conflito familiar com 4 indivíduos representando diferentes combinações (a partir dos resultados quantitativos) em uma escola média e uma escola superior. (Cerda, 2005)

Em uma declaração de propósito do projeto exploratório, a razão para a coleta de dados de acompanhamento qualitativos é colocada após a descrição da fase qualitativa do estudo e serve como uma ponte entre a primeira e a segunda fase de um estudo. Além disso, as questões e hipóteses da pesquisa quantitativa da segunda fase não podem ser especificadas até que a fase qualitativa esteja concluída. Se os leitores necessitarem que estes elementos sejam especificados na fase quantitativa, eles podem ser estabelecidos como declarações "tentativas".

> Este estudo trata _____[objetivo de conteúdo do estudo]. O propósito deste projeto sequencial exploratório será primeiro explorar qualitativamente uma pequena amostra e depois determinar se os achados qualitativos se generalizam para uma amostra maior. A primeira fase do estudo será uma exploração qualitativa de _____ [o fenômeno central] em que _____ [tipos de dados]

serão coletados de _____ [participantes] em _____ [local da pesquisa]. A partir dessa exploração inicial, os achados qualitativos serão usados para desenvolver medidas que podem ser administradas a uma amostra maior. Na fase quantitativa planejada prudentemente, _____ [dados do instrumento] serão coletados de _____ [participantes] em _____ [local da pesquisa].

Um exemplo desta declaração de propósito é extraída de outro ensaio de estudante de nossas classes de métodos mistos.

> Este estudo vai tratar da intermediação da linguagem (crianças atuando no papel de intérpretes) entre famílias imigrantes. O propósito deste estudo de métodos mistos exploratório, de duas fases, será explorar as visões do participante com a intenção de usar esta informação para desenvolver e testar um instrumento com uma amostra latina de uma cidade do meio-oeste. A primeira fase será uma exploração qualitativa do que significa para pais latinos terem seus filhos atuando no papel de intermediários ou intérpretes/tradutores da língua, coletando dados de entrevista de uma amostra de 20 pais latinos de um programa de mentoria em uma universidade do meio-oeste. Como não existem instrumentos para avaliar a intermediação da língua, um instrumento precisa ser desenvolvido, baseado nas visões qualitativas dos participantes. As declarações e/ou citações destes dados qualitativos serão então desenvolvidas em um instrumento para que possa ser testada uma série de hipóteses relacionadas com as visões dos pais sobre a intermediação da língua para um grupo de 60 pais latinos cujos filhos participam de um programa após a escola para estudantes latinos (da escola elementar ao segundo grau) no Centro da Comunidade Hispânica em uma cidade do meio-oeste. (Morales, 2005)

Em uma declaração de propósito de projeto incorporado, os componentes básicos precisam ser estabelecidos: a intenção do estudo, uma descrição do projeto, uma declaração de propósito quantitativa e qualitativa, e a razão para o projeto. Além disso, vários outros elementos relacionados ao aspecto incorporado deste projeto precisam ser acrescentados: a natureza do projeto maior, os tipos de dados que irão para o projeto maior e como estes tipos de dados serão incorporados.

> Este estudo de métodos mistos vai tratar _____ [objetivo geral do conteúdo do estudo]. Será utilizado um projeto incorporado em que _____ [dados qualitativos, dados quantitativos] são incorporados dentro de um projeto maior _____ [experiência de intervenção, estudo de caso ou outro projeto]. Os dados quantitativos serão usados para testar a teoria que prediz que _____ [variável independente] irá influenciar _____ [positivamente, negativamente] a _____ [variável dependente] para _____ [participantes] em _____ [local da pesquisa]. O _____ [tipo de dados qualitativos e quantitativos] será incorporado neste projeto maior _____ [experiência de intervenção, estudo de caso] _____ [antes, durante ou depois] para o propósito de _____ [justificativa para o conjunto de dados incorporados]. Os dados qualitativos vão explorar _____ [o fenômeno central] para _____ [participantes] em _____ [local].

Um exemplo do uso desse roteiro é encontrado na declaração de propósito planejada em um *workshop* de métodos mistos:

> A principal intenção desta investigação será testar uma intervenção de manejo de caso melhorada pela farmácia automatizada e por informações clínicas para melhorar o contro-

le da pressão arterial em hospitais de veteranos. Os objetivos serão melhorar o controle da pressão arterial entre pacientes com hipertensão mediante o uso mais adequado da medicação, e aumentar o manejo de casa mediante o uso de farmácia eletrônica e de dados clínicos para o tratamento mais eficaz da hipertensão não controlada. O projeto de pesquisa do estudo será um projeto de intervenção de métodos mistos incorporados e vai envolver a coleta de dados qualitativos antes e durante as fases de intervenção do estudo. Na fase qualitativa inicial do estudo, os investigadores vão coletar dados qualitativos para explorar potenciais barreiras à intervenção antes que comece a intervenção. Então, durante o experimento, dados qualitativos serão coletados para entender as experiências do paciente com a intervenção. Na linha de base, em muitos pontos durante o experimento e na conclusão, dados quantitativos serão coletados em vários resultados de pesquisas de levantamento e dados clínicos do paciente. (Creswell, 2005)

Em um projeto transformativo, as características básicas de uma declaração de propósito precisam ser incluídas: a intenção do estudo, menção do projeto transformativo, uma declaração de propósito quantitativa e qualitativa, e a razão para o projeto. Além disso, é importante especificar a lente transformativa que está sendo usada, por que está sendo usada e os elementos que ela traz para o estudo dos métodos mistos. Os procedimentos dos métodos mistos neste projeto podem ser coleta de dados simultânea ou sequencial.

Este estudo de métodos mistos vai tratar de _____ [objetivo geral de conteúdo do estudo]. Será utilizado um projeto transformativo em que _____ [tipo de lente teórica] vai proporcionar uma estrutura abrangente para o estudo. Essa lente está sendo usada pela seguinte razão _____ [determinar a razão] e tem os seguintes elementos _____ [aspectos da lente]. O estudo vai incluir tanto dados quantitativos quanto qualitativos coletados _____ [simultânea ou sequencialmente]. Os dados quantitativos serão usados para testar a teoria que prediz que _____ [variável independente] vai influenciar _____ [positivamente, negativamente] a _____ [variável dependente] para _____ [participantes] em _____ [local da pesquisa]. Os dados qualitativos vão explorar _____ [o fenômeno central] para _____ [participantes] em _____ [local].

O exemplo que se segue, de um artigo de periódico publicado, ilustra uma boa declaração de propósito transformativo.

O estudo usa um projeto de pesquisa de métodos mistos transformativo sequencial para explicar como a propaganda política falha no engajamento de estudantes universitários. Os grupos de foco qualitativo examinaram como os estudantes universitários interpretam o valor da propaganda política para eles, e uma análise de conteúdo manifesto quantitativa relacionada à estrutura de propaganda de mais de 100 propagandas da corrida presidencial de 2004 revelou por que os participantes do grupo de foco se sentiram tão alienados pela propaganda política. (Parmelee, Perkins e Sayre, 2007, p. 183)

Em um projeto multifásico, a declaração de propósito precisa alavancar a ideia de que há múltiplas fases (ou múltiplos projetos) no programa de investigação, que eles vão desenvolver no correr do tempo e que vão envolver tanto componentes simultâneos quanto sequenciais (ou um ou outro). Também é necessário incluir os componentes simultâneos e sequenciais na ordem em que serão realizados no estudo, assim como os elementos básicos da intenção, do tipo de projeto, dos tipos de dados e da razão para o projeto.

> Este estudo de métodos mistos vai tratar _____ [a intenção ou objetivo de programa do estudo]. Neste projeto multifásico, haverá várias fases [ou projetos] conduzidos no correr do tempo. Essas fases são _____ [identificar as fases]. Os tipos de dados coletados em cada fase serão _____ [menção das fases de dados qualitativos e quantitativos] e os _____ [tipo de dado] serão coletados _____ [simultaneamente/sequencialmente] em diferentes fases do estudo. A razão para o uso de um projeto multifásico é _____ [justificativa para o projeto].

O exemplo que se segue de uma proposta de financiamento ilustra uma declaração de propósito de um projeto multifásico:

> O propósito deste estudo internacional de métodos mistos, com 5 anos de duração, é explorar os comportamentos de estigma apresentados entre adolescentes indígenas, de ascendência asiática e de ascendência europeia nos ambientes escolares no Canadá, Nova Zelândia e Estados Unidos, para desenvolver medidas interculturais de estigma apresentado para pesquisas de levantamento de saúde de adolescentes, e examinar a associação dos tipos de estigma com os comportamentos de risco de HIV entre os adolescentes. Os objetivos específicos são: I. Comparar a prevalência dos comportamentos de risco de HIV associados à orientação sexual e a outras identidades estigmatizadas entre os jovens nas pesquisas de levantamento em grande escala com base em escolas, já existentes, e identificar tanto as medidas indiretas existentes de estigma que são fatores de risco quanto os fatores de proteção significativamente associados aos comportamentos de risco de HIV. II. Identificar a prevalência dos comportamentos de risco de HIV e o risco associado e os fatores de proteção entre adolescentes indígenas – nativos americanos (Estados Unidos), First Nations (Canadá), Maori (Nova Zelândia) – e também os jovens de ascendência asiática em cada país, e comparar os padrões entre adolescentes de origens étnicas similares nos 3 países. III. Explorar entre informantes-chave adolescentes e adultos as maneiras como o estigma é entendido, atribuído e apresentado no ambiente escolar, e comparar os padrões nos três países. Essa exploração irá se concentrar principalmente no estigma baseado no *status* de orientação sexual, mas outros tipos de identidades estigmatizadas serão examinados para se entender as semelhanças e diferenças de como o estigma é apresentado, e a potencial utilidade de medidas de estigma genéricas. IV. Dentro de cada país, suscitar modelos explanatórios de adolescentes e trabalhadores jovens nos achados da pesquisa de comportamentos de risco de HIV e estigma, e gerar estratégias sugeridas para reduzir o estigma e lidar com os comportamentos de risco sexual de maneiras culturalmente apropriados entre jovens GLBT. V. Incorporar os achados dos objetivos I-IV para desenvolver, aplicar e avaliar psicometricamente itens e escalas culturalmente competentes, universais e específicas do país, para pesquisas de levantamento de saúde dos adolescentes membros da população, que a medida percebeu e mostrou estigma na escola, para permitir comparações interculturais dos efeitos do estigma entre os adolescentes. (Saewye, 2003)

ESCREVENDO AS QUESTÕES E HIPÓTESES DA PESQUISA

As questões e hipóteses da pesquisa estreitam a declaração de propósito em questões e previsões específicas que serão examinadas no estudo. Em um estudo de métodos mistos, as questões qualitativas, quantitativas e de métodos mistos são apresentadas. Primeiro, vamos examinar os componentes básicos das questões qualitativas e quantitativas.

Questões qualitativas e questões e hipóteses quantitativas

As **questões da pesquisa qualitativa** focam e estreitam a declaração de propósito qualitativa e são estabelecidas como questões, não como hipóteses. Essas questões normalmente incluem uma questão central e várias subquestões. As subquestões extraem o tópico da questão central e formulam questões relacionadas a um pequeno número de aspectos da questão central. Por isso, as subquestões em geral não envolvem mais que cinco a sete questões.

A questão central e as subquestões são questões concisas e abertas que se iniciam com palavras como *o que* ou *como* para sugerir uma exploração do fenômeno central. Embora as palavras iniciais *por que* possam ser encontradas em estudos publicados, elas sugerem uma orientação quantitativa de causa e efeito, uma explicação de por que algo ocorreu. Essa explicação é contrária à natureza da pesquisa qualitativa, que busca um entendimento em profundidade de um fenômeno central, não explicações. Como acontece com a declaração de propósito qualitativa, as questões de pesquisa qualitativas se concentram em um único conceito ou fenômeno. Pode não haver necessidade de incluir informações sobre os participantes e o local da pesquisa para o estudo, porque isso já está incluído na declaração de propósito qualitativa. Segue-se um exemplo de uma questão central e subquestões qualitativas de um artigo sobre a reação de um *campus* a um incidente com um pistoleiro:

✓ O que aconteceu? (questão central)
✓ Quem estava envolvido na reação ao incidente? (subquestão)
✓ Que temas de reação emergiram durante o período de 8 meses que seguiu o incidente? (subquestão)
✓ Que constructos teóricos nos ajudaram a entender a reação do *campus*, e que constructos foram específicos deste caso? (subquestão) (Asmussen e Creswell, 1995, p. 576)

As **questões e hipóteses da pesquisa quantitativa** estreitam a declaração de propósito por meio de questões de pesquisa (que relacionam as variáveis) ou por meio de hipóteses (que fazem previsões sobre os resultados das variáveis relacionadas). As hipóteses são normalmente escolhidas quando a literatura ou pesquisa passada proporciona alguma indicação sobre o relacionamento previsto entre as variáveis (p. ex., os homens vão exibir mais agressão dos que as mulheres quando considerados em termos de estereótipos do papel do sexo). Se forem feitas previsões, o pesquisador tem a consideração adicional de escrever a previsão como uma hipótese nula ("não há diferença significativa") ou como uma hipótese direcional ("os homens exibem mais agressão do que as mulheres"). As hipóteses direcionais parecem mais populares hoje e são mais definitivas sobre os resultados antecipados do que uma hipótese nula.

Se o pesquisador escreve hipóteses ou questões de pesquisa (normalmente não haverá ambas no mesmo estudo quantitativo), o investigador estreita a declaração de propósito para que ela indique as variáveis específicas a serem testadas. Essas variáveis são então relacionadas uma à outra ou comparadas para um ou mais grupos. As hipóteses e questões mais rigorosas seguem uma teoria em que outros pesquisadores testaram os relacionamentos entre variáveis. Seguem-se exemplos de hipóteses e de uma questão da pesquisa quantitativa:

✓ Não há diferença significativa entre os efeitos das instruções verbais, das recompensas, e não há reforço na aprendizagem de ortografia entre as crianças de quarta série. (uma hipótese nula)

✓ As crianças de quarta série têm um desempenho melhor nos testes de ortografia quando recebem instrução verbal do que quando recebem recompensas ou não têm reforço. (hipótese direcional)

✓ Qual é o relacionamento entre a abordagem do ensino e o desempenho em ortografia para os alunos de quarta série? (questão da pesquisa)

Questões da pesquisa de métodos mistos

Como as questões de métodos mistos diferem das questões das pesquisas qualitativas e quantitativas? Os leitores podem não ter uma resposta imediata para esta questão porque o uso das questões de métodos mistos tem sido pouco discutido na literatura dos métodos mistos (exceções incluem Onwuegbuzie e Leech, 2006; Plano Clark e Badiee, no prelo; e Tashakkori e Creswell, 2007a).

As **questões da pesquisa de métodos mistos** são as questões em um estudo de métodos mistos que lida com a mistura ou integração dos dados quantitativos e qualitativos. Elas são necessárias em um estudo de métodos mistos porque tanto a coleta de dados quantitativos quanto de dados qualitativos são fundamentais para esta forma de investigação e levantam questões distintas além das questões qualitativas ou quantitativas. Como questões de pesquisa, as questões dos métodos mistos precisam ser respondidas (assim como as hipóteses quantitativas ou as questões de pesquisa qualitativas precisam ser respondidas) e, em uma seção de resultados e discussão, o pesquisador dos métodos mistos precisa proporcionar respostas às questões. Como um novo tipo de questão, a(s) questão(ões) dos métodos mistos com frequência permanece implícita em artigos e propostas. Entretanto, a nossa recomendação é que essa questão seja explicitada e claramente declarada.

Plano Clark e Badiee (no prelo) proporcionaram alguma orientação sobre a maneira como os pesquisadores podem estabelecer as questões em um estudo de métodos mistos. Eles trataram de três dimensões:

1. quando, no processo de condução de um estudo de métodos mistos, as questões de pesquisa são geradas;
2. como as múltiplas questões em um estudo de métodos mistos podem ser vinculadas ou mantidas separadas; e
3. o estilo retórico específico da escrita das questões.

Em primeiro lugar, em termos de quando as questões de pesquisa são geradas em um estudo de métodos mistos, eles acham que as questões podem ser predeterminadas e baseadas na literatura, na prática, nas tendências pessoais ou no campo, ou em considerações disciplinares. Essa abordagem pode ser usada em um projeto convergente quando a coleta de dados é estabelecida previamente. É também um procedimento recomendado para estudantes de pós-graduação no planejamento de um estudo de métodos mistos que têm membros do comitê (e dos comitês do conselho de análise institucional) requerendo as declarações específicas das questões antes do início do estudo. Contudo, as questões também podem ser emergentes e ocorrer durante o planejamento, a coleta de dados, a análise dos dados ou a interpretação do estudo. A abordagem emergente é consistente com as abordagens qualitativas tradicionais, e esta forma de questão pode ocorrer em projetos sequenciais e multifásicos. Way, Stauber, Nakkula e London (1994) descreveram as questões que emergiram do seu inesperado resultado quantitativo que os estudantes de duas escolas tinham diferentes padrões de substância usados como prognosticadores para depressão. Christ (2007) também ilustrou como novas questões emergiram dentro de um estudo de métodos mistos exploratório e longitudinal. Tirando vantagem de circunstâncias imprevistas de uma redução orçamentária em um de seus locais de estudo, ele acrescentou novas questões a uma terceira fase do seu estudo.

As questões de pesquisa nos métodos mistos podem ser ligadas conceitualmente ou estruturadas para que sejam independentes uma da outra (Plano Clark e Badiee, no prelo). Por exemplo, elas podem ser estabelecidas independentemente uma da outra, quando o pesquisador escreve duas ou mais questões de pesquisa em que uma questão não depende dos resultados da outra questão, ou dependentemente, quando uma questão depende da outra. O tipo de questionamento independente com frequência ocorre em um projeto simultâneo, em que dois elementos de dados separados e distintos (qualitativos e quantitativos) são coletados. Os projetos multifásico, transformativo e incorporado com abordagens convergentes também se ajustariam a este modelo. Por exemplo, o estudo de Brady e O'Regan (2009) proporcionou um bom exemplo de questões independentes quando eles perguntaram, "Qual é o impacto do programa BBBS (Big Brothers Big Sisters) nos jovens participantes? Como o programa é experienciado pelos patrocinadores?" (p. 273). A primeira questão foi tratada mediante uma pesquisa de levantamento de jovens relacionada ao impacto do programa de mentoria, enquanto a segunda questão foi respondida por meio de entrevistas com os patrocinadores. O tipo de questionamento dependente com frequência ocorre em tipos de projetos sequenciais, como o projeto explanatório, o projeto exploratório ou os procedimentos sequenciais nos projetos incorporados, transformativos e multifásicos. Biddix (2009) apresentou um exemplo útil do tipo de questões dependentes quando duas questões foram formuladas: "(1) Que caminhos de carreiras para mulheres conduzem ao SSAO (Senior Student Affairs Officer) da faculdade comunitária? (2) O que influencia as decisões de mudar de emprego ou de instituições?" (p. 3). Na primeira fase do estudo, os currículos do SSAO foram a principal fonte de dados, enquanto a segunda fase consistiu de entrevistas com os SSAOs.

O estilo de escrita das questões de pesquisa em um estudo de métodos mistos pode assumir várias formas (Plano Clark e Badiee, no prelo). O pesquisador pode apresentar uma questão abrangente dos métodos mistos que não indique uma abordagem quantitativa ou qualitativa específica. Por exemplo, Igo, Kiewra e Bruning (2008) formularam esta questão: "Como diferentes intervenções de anotações copiar-e-colar afetam a aprendizagem de estudantes universitários de ideias de texto baseadas na *web*?" (p. 150). Nesse exemplo, a palavra *como* chama a atenção para o componente qualitativo do estudo e as palavras *afetam* e *intervenções* estão relacionadas ao componente quantitativo.

O pesquisador pode formular uma questão híbrida ou ambígua com duas partes específicas e usar a abordagem quantitativa para lidar com uma parte e a abordagem qualitativa para lidar com a outra parte. Por exemplo, em um projeto com financiamento federal, Kruger (2006) apresentou uma declaração de propósito ambígua que podia ter sido expressada como uma questão híbrida dos métodos mistos: "O propósito do estudo exploratório de métodos mistos R21 é desenvolver e testar uma intervenção de coordenação de cuidado família-enfermeira para as famílias" (Resumo, parágrafo 1). Nessa declaração, a palavra *desenvolver* foi mais aberta e, portanto, mais implicitamente qualitativa, enquanto a palavra *testar* demonstrou uma abordagem quantitativa.

O pesquisador pode formular questões quantitativas e qualitativas separadas para os elementos quantitativos e qualitativos do estudo. Por exemplo, Webster (2009) tinha duas questões quantitativas e duas qualitativas, e sua abordagem pode ser ilustrada aqui por duas questões:

> Há uma diferença estatisticamente significante na empatia do estudante de enfermagem quando mensurada pelo Índice de Reatividade Interpessoal (Interpersonal Reactivity Index – IRI), após uma experiência clínica em enfermagem psiquiátrica? (uma questão quantitativa).
>
> Quais são as percepções do estudante de trabalhar com clientes mentalmente doentes em uma experiência clínica de enfermagem psiquiátrica? (uma questão qualitativa). (pp. 6-7)

O pesquisador pode apresentar uma questão sobre a integração dos bancos de dados em seu estudo de métodos mistos.

Chamamos isso de uma "questão de pesquisa dos métodos mistos" e sua forma está especificamente relacionada com o tipo de projeto de métodos mistos. Recomendamos esta abordagem para escrever uma questão de métodos mistos em um estudo.

Este último ponto necessita de mais elaboração porque se constrói sobre a nossa discussão sobre os tipos de projetos de pesquisa. As questões dos métodos mistos que se relacionam com a integração ou mistura dos bancos de dados podem ser escritas de várias maneiras: com um foco no método, um foco no conteúdo, ou em alguma combinação de conteúdo e método. Uma **questão de pesquisa dos métodos mistos concentrada no método** é uma questão de pesquisa sobre a mistura dos dados quantitativos e qualitativos em um estudo de métodos mistos em que o pesquisador escreve para se concentrar nos métodos do projeto de métodos mistos. Por exemplo,

✓ Em que extensão os resultados qualitativos confirmam os resultados quantitativos?

Entretanto, uma **questão de pesquisa dos métodos mistos concentrada no conteúdo** é uma questão de pesquisa sobre a mistura dos dados quantitativos e qualitativos em um estudo de métodos mistos em que o pesquisador explicita o conteúdo do estudo e indica os métodos de pesquisa. Por exemplo,

✓ Como as perspectivas de meninos adolescentes corroboram os resultados de que sua autoestima muda durante os anos de Ensino Médio?

Um exemplo final é uma **combinação da questão dos métodos mistos**, que é uma questão de pesquisa sobre a mistura dos dados quantitativos e qualitativos em um estudo de métodos mistos em que o pesquisador explicita tanto os métodos quanto o conteúdo do estudo. Nesse modelo, veremos que o conteúdo do estudo está incluído, assim como os métodos do projeto. Por exemplo,

✓ Que resultados emergem da comparação dos dados qualitativos exploratórios sobre a autoestima dos meninos com o resultado dos dados do instrumento quantitativo medidos em um instrumento de autoestima?

Destes três modelos de escrita de uma questão de pesquisa dos métodos mistos, recomendaríamos o modelo da combinação, porque é mais completo. Entretanto, não descartaríamos os modelos concentrados no método ou no conteúdo, dadas as inclinações de alguns pesquisadores ou analistas de enfatizar mais os métodos ou mais o conteúdo em seus estudos. Além disso, escrever a questão do método ajuda a pensar em como os métodos serão combinados ou vinculados em um estudo de métodos mistos.

Estes três tipos de questões de pesquisa dos métodos mistos – método, conteúdo ou alguma combinação – podem ser relacionados agora aos tipos de projeto de pesquisa que discutimos. O Quadro 5.2 apresenta exemplos dos três tipos de questões dos métodos mistos para cada tipo de projeto. Certamente, poderiam ser apresentadas variações em todos estes exemplos, e escolhemos a área de conteúdo da autoestima para os meninos de Ensino Médio como um tópico comum de todas estas questões hipotéticas para que as comparações entre elas possam ser facilmente feitas. As questões dos métodos mistos do projeto convergente precisam comunicar que os dois bancos de dados estão sendo fundidos, enquanto a questão do projeto explanatório trata do uso dos dados qualitativos para ajudar a explicar os resultados quantitativos. A questão do projeto exploratório ilustra como os achados qualitativos iniciais serão generalizados para uma amostra maior mediante a coleta e a análise dos dados quantitativos. A questão do projeto incorporado indica como os dados incorporados podem ajudar a proporcionar um papel suportivo para a forma de dados mais importante. Os exemplos do projeto transformativo mostram que a questão dos métodos mistos pode ser escrita a partir de um modelo explanatório, exploratório ou convergente, mas eles precisam incluir parte da linguagem pretendida por este projeto para tratar das iniquidades, para produzir transformação ou para mudar as injustiças

QUADRO 5.2

Tipo de projeto e exemplos de questões focadas no método, focadas no conteúdo, e combinadas na pesquisa de métodos mistos

Tipo de projeto	Questões dos métodos mistos focadas nos métodos	Questões dos métodos mistos focadas no conteúdo	Combinações de questões dos métodos mistos (métodos e conteúdos)
Projeto convergente	Em que extensão os resultados quantitativos e qualitativos convergem?	Em que extensão as avaliações de autoestima concordam com as visões de autoestima dos meninos de Ensino Médio?	Em que extensão os resultados quantitativos sobre a autoestima concordam com os dados do grupo de foco sobre a autoestima para meninos de Ensino Médio?
Projeto explanatório	De que maneiras os dados qualitativos ajudam a explicar os resultados quantitativos?	De que maneiras as visões dos meninos de Ensino Médio sobre sua autoestima explicam o que eles relataram sobre sua autoestima?	De que maneiras os dados de entrevista relatando as visões dos meninos de Ensino Médio sobre sua autoestima ajudam a explicar os resultados quantitativos sobre a autoestima relatados nas pesquisas de levantamento?
Projeto exploratório	De que maneiras os resultados quantitativos generalizam os achados qualitativos?	As visões dos meninos de Ensino Médio sobre sua autoestima são generalizáveis para muitos meninos de Ensino Médio?	Os temas sobre autoestima de meninos de Ensino Médio são generalizáveis para uma amostra de uma população de meninos de Ensino Médio?
Projeto incorporado	Como os achados qualitativos proporcionam um entendimento melhorado dos resultados quantitativos?	Como as visões dos meninos de Ensino Médio ajudam a desenvolver um programa de tratamento ou explicam os resultados de um programa destinado a melhorar a autoestima?	Como os dados de entrevista com meninos de Ensino Médio ajudam a planejar um programa de tratamento e explicar os resultados do teste de intervenção destinado a testar um programa para melhorar a autoestima?

(continua)

PESQUISA DE MÉTODOS MISTOS

QUADRO 5.2

Tipo de projeto e exemplos de questões focadas no método, focadas no conteúdo, e combinadas na pesquisa de métodos mistos (continuação)

Tipo de projeto	Questões dos métodos mistos focadas nos métodos	Questões dos métodos mistos focadas no conteúdo	Combinações de questões dos métodos mistos (métodos e conteúdos)
Projeto transformativo	Como os achados qualitativos proporcionam um entendimento dos resultados quantitativos para explorar as desigualdades?	Como as visões dos meninos de Ensino Médio ajudam a desenvolver um programa de tratamento ou explicar os resultados de um programa destinado a melhorar a autoestima para explorar como os programas após a escola marginalizam os meninos de Ensino Médio?	Como os dados de entrevista com meninos de Ensino Médio ajudam a planejar um programa de tratamento e explicar os resultados do teste de intervenção destinado a testar um programa para melhorar a autoestima para explorar como os programas após a escola marginalizam os meninos de Ensino Médio?
Projeto multifásico	Inclui combinações das questões anteriores em diferentes fases do projeto para que o objetivo da pesquisa seja alcançado.	Inclui combinações das questões anteriores em diferentes fases do projeto para que o objetivo da pesquisa seja alcançado.	Inclui combinações das questões anteriores em diferentes fases do projeto para que o objetivo da pesquisa seja alcançado.

na nossa sociedade. As questões de pesquisa dos métodos mistos do projeto multifásico combinam os tipos de projetos sequencial e simultâneo, e optamos por rotular os diferentes estudos no projeto multifásico de Estudo 1 e Estudo 2; outros estudos no projeto ou programa geral da investigação podem ter uma orientação qualitativa, quantitativa ou mista.

Finalmente, oferecemos várias recomendações para quando você planejar questões de métodos mistos (Plano Clark e Badiee, no prelo):

1. Quando escrever questões de pesquisa mistas, escolha o formato (questões, objetivos e/ou hipóteses) que corresponda às normas do seu público. Se houver uma escolha de formato, use o formato da questão para destacar sua importância dentro da conduta da pesquisa de métodos mistos.
2. Use termos consistentes para se referir às variáveis/fenômenos examinados pelas múltiplas questões.
3. Use uma combinação de tipos de questão para

a) comunicar a questão maior que direciona o estudo;
b) estabelecer as subquestões específicas associadas aos métodos quantitativos e qualitativos; e
c) inclua uma questão de métodos mistos que direcione e antecipe como e por que os elementos serão misturados.

4. Relacione o estilo e o conteúdo da questão ao projeto de métodos mistos específicos que está sendo usado. Por exemplo, as questões dependentes devem ser associadas a um projeto sequencial ou a procedimentos sequenciais (como o uso na variante de transformação dos dados do projeto convergente).

5. Se as questões forem independentes, primeiro relacione-as em sua ordem de importância. Se as questões forem dependentes, relacione-as na ordem do que tem de ser respondido primeiro.

6. Determine se o estudo será mais bem abordado com questões predeterminadas e/ou emergentes. Mesmo que você comece com questões predeterminadas, esteja aberto à possibilidade de questões emergentes. Quando as questões emergem, discuta explicitamente o processo pelo qual elas emergiram e as considerações que conduzem à colocação de novas questões.

✓ Resumo

Um estudo de métodos mistos começa com um título de métodos mistos. Na seção de introdução do estudo, o problema da pesquisa é destacado, o problema é estreitado em uma declaração de propósito, e a declaração de propósito é mais refinada em questões ou hipóteses da pesquisa. Com cada componente desta introdução, o pesquisador antecipa uma abordagem de métodos mistos e um tipo de projeto de métodos mistos para que o estudo seja rigoroso, interconectado e avaliado como um projeto de métodos mistos.

O título de um estudo de métodos mistos deve conter as palavras *métodos mistos* para indicar o tipo de abordagem que será usado. O título também precisa ser estruturado como um título neutro ou não direcional se o estudo der igual prioridade aos dados quantitativos e qualitativos ou pode pender na direção de quantitativos ou qualitativos se a prioridade do estudo se inclinar mais em uma ou em outra direção. A introdução a um estudo pode também antecipar a pesquisa de métodos mistos. No modelo apresentado neste capítulo, em que o pesquisador começa com um tópico, o problema, a literatura, as deficiências e o público, a razão ou razões para conduzir uma pesquisa de métodos mistos pode ser inserida na seção das deficiências como uma falha na literatura existente. A declaração de propósito dos métodos mistos precisa ser gerada para destacar o tipo de projeto de métodos mistos, as formas de dados a serem coletados e a(s) razão(ões) básica(s) para coletar os dois tipos de dados. Roteiros foram proporcionados neste capítulo para ajudar a planejar declarações de propósito que se relacione aos projetos apresentados no Capítulo 3. Finalmente as questões ou hipóteses de pesquisa estreitam a declaração de propósito. Apresentamos exemplos de questões de pesquisa qualitativas e quantitativas e adicionamos questões de métodos mistos especificamente expressadas. Em um estudo de métodos mistos, o pesquisador pode avançar questões ou hipóteses quantitativas, questões qualitativas e uma questão de métodos mistos. É importante que a questão de métodos mistos seja incluída na introdução, porque ela destaca a mistura dos dados e promove a visão dos métodos mistos como uma parte integrante da pesquisa, não como um acréscimo. Várias opções estão disponíveis para se escrever as questões de pesquisa em um estudo de métodos mistos, e recomendamos incluir uma questão de métodos mistos estruturada a partir de uma orientação do método, uma orientação do conteúdo ou uma combinação de ambas.

ATIVIDADES

1. Observe os títulos dos métodos mistos publicados e avalie-os em termos de (a) a inclusão de termos que se referem à pesquisa de métodos mistos (p. ex., métodos mistos quantitativos e qualitativos, integrados) e (b) se as palavras do texto refletem com precisão o tipo de projeto.
2. As introduções apresentadas nos estudos de métodos mistos publicados na literatura de periódicos reflete a(s) razão(ões) para o uso de pesquisa de métodos mistos? Considere um ou dois estudos de métodos mistos e observe atentamente suas introduções. Rotule as partes:
   a) o tópico,
   b) o problema da pesquisa,
   c) a literatura,
   d) as deficiências na literatura e
   e) o público.
   Também rotule a seção (possivelmente as deficiências) em que os autores sugerem uma necessidade de um estudo de métodos mistos.
3. Escreva uma boa declaração de propósito de métodos mistos. Primeiro, decida sobre o tipo de projeto mais adequado para o seu estudo (ver Cap. 3). Depois, usando o roteiro proporcionado neste capítulo, preencha as lacunas. O roteiro funcionou para você? Para as outras pessoas que estão analisando o seu estudo?
4. Escreva uma questão de métodos mistos. Mais uma vez, para o tipo de projeto mais adequado para o seu estudo, examine o Quadro 5.2 e escolha a questão de métodos mistos que precisa ser escrita. Considere uma questão de métodos mistos focada nos métodos, focada no conteúdo ou uma combinação das duas. Adapte a escrita para o seu estudo.

Recursos adicionais a serem examinados

Para os elementos que aparecem nas introduções, na escrita das declarações de propósito e na colocação das questões de pesquisa, ver o seguinte recurso:

Creswell, J.W. (2010). *Projeto de pesquisa: Métodos qualitativo, quantitativo e misto* (3. ed.). Porto Alegre: Artmed.

Para a importância de títulos criativos e provisórios que são continuamente revisados à medida que a pesquisa progride, ver o seguinte recurso:

Glesne, C. & Peshkin, A. (1992). *Becoming qualitative researchers : An introduction*. White Plains, NY: Longman.

Para uma boa visão geral da importância da escrita das declarações de propósito, ver o seguinte recurso:

Locke, L.F., Spirduso, W.W. & Silverman, S.J. (2000). *Proposals that work: A guide for planning dissertations and grant proposals* (4th ed.). Thousand Oaks, CA: Sage.

Para recursos adicionais sobre o desenvolvimento e a escrita de questões de pesquisa dos métodos mistos, ver os seguintes recursos:

Onwuegbuzie, A.J. & Leech, N.L. (2006). Linking research questions to mixed methods data analysis procedures. *The Qualitative Report, 11*(3), 474-498. Retrieved from http://www.nova.edu/ssss/QR/QR11-3/onwuegbuzie.pdf.

Plano Clark, V.L. & Badiee, M. (no prelo). Research questions in mixed methods research. In A. Tashakkori & C. Teddlie (Eds.), *SAGE handbook of mixed methods in social & behavioral research* (2nd ed.). Thousand Oaks, CA: Sage.

Tashakkori, A. & Creswell, J.W. (2007). Exploring the nature of research questions in mixed methods research [Editorial]. *Journal of Mixed Methods Research, 1*(3), 207-211.

6
Coleta de dados na pesquisa de métodos mistos

A ideia básica da coleta de dados em qualquer estudo de pesquisa é coletar informações que tratem das questões que estão sendo indagadas no estudo. Na pesquisa de métodos mistos, o procedimento de coleta de dados consiste em vários componentes chaves: amostragem, obtenção de permissões, coleta de dados, registro dos dados e administração da coleta de dados. A coleta de dados é mais que simplesmente coletar dados; envolve vários passos interconectados. Além disso, na pesquisa de métodos mistos, a coleta de dados precisa proceder ao longo de dois elementos: qualitativo e quantitativo. Cada elemento precisa ser inteiramente executado com abordagens persuasivas e rigorosas. Finalmente, há algumas decisões que precisam ser tomadas quando se coleta dados de métodos mistos em cada um dos projetos de pesquisa específicos tratados neste livro. Este capítulo, então, primeiro aborda os procedimentos mais gerais de coleta de dados encontrados tanto na pesquisa qualitativa quanto na quantitativa e depois considera como a coleta de dados pode ocorrer dentro de cada um dos seis projetos de pesquisa de métodos mistos.

Este capítulo vai tratar

✓ dos procedimentos para a coleta de dados quantitativos e qualitativos em um estudo de pesquisa e
✓ das decisões específicas que surgem na coleta de dados para cada um dos seis tipos de projetos de métodos mistos.

PROCEDIMENTOS NA COLETA DE DADOS QUALITATIVOS E QUANTITATIVOS

Como foi mencionado na nossa definição de métodos mistos no Capítulo 1, métodos de pesquisa qualitativos e quantitativos completos precisam ser parte de um estudo de métodos mistos, que inclui o processo de coleta de dados. Como foi declarado em sua revisão dos procedimentos dos métodos mistos para estudar o Projeto de Pesquisa Familiar de Tamang, no Nepal, Axinn e Pearce (2006) mencionaram:

> Assim, uma integração das técnicas etnográficas e de pesquisa de levantamento não devem ser uma desculpa para fazer menos que um trabalho completo com cada um dos componentes. (p. 73)

Ao planejar um estudo de métodos mistos, recomendamos que o pesquisador avance um elemento qualitativo que inclua procedimentos de coleta de dados qualitativos "persuasivos" e um elemento quantitativo que incorpore procedimentos quantitativos "rigorosos". Usamos termos diferentes – *persuasivos* e *rigorosos* – para o esmero deste aspecto da pesquisa para respeitar os diferentes termos que os pesquisadores qualitativos e quantitativos frequentemente utilizam. O que envolveriam estes procedimentos? O Quadro 6.1 proporciona os elementos destes procedimentos de coleta de dados organizados nos principais componentes encontrados na coleta de dados: o uso de procedimentos de amostragem, a obtenção de permissões, a coleta de informações, o registro dos dados e a administração dos procedimentos.

A discussão que se segue enfatiza os principais passos em cada um destes procedimentos de coleta de dados. Isso não significa substituir as informações mais detalhadas disponíveis em muitos textos dos métodos de pesquisa, como aqueles recomendados como leitura adicional no final deste capítulo. Além disso, como foi anteriormente mencionado, as habilidades da coleta de dados qualitativos e quantitativos são necessárias para conduzir a pesquisa de métodos mistos, e assim é importante revisá-las neste momento. Nesta discussão, destacamos os componentes específicos que precisam ser tratados para se ter um estudo de métodos mistos completo. Eles foram coligidos da análise de muitos estudos de métodos mistos e da escrita sobre os procedimentos detalhados tanto na pesquisa quantitativa quanto na qualitativa (p. ex., Creswell, 2008b; Plano Clark e Creswell, 2010).

Utilizando procedimentos de amostragem

Para lidar com uma questão ou hipótese de pesquisa, o pesquisador se engaja em um procedimento de amostragem que envolve determinar o local para a realização da pesquisa, os participantes que proporcionarão os dados do estudo e como eles serão amostrados, o número de participantes necessários para responder as questões da pesquisa e os procedimentos de recrutamento dos participantes. Esses passos na amostragem se aplicam tanto à pesquisa qualitativa quanto à quantitativa, embora haja diferenças fundamentais em como eles são tratados – especialmente em termos da abordagem da amostragem e do tamanho da amostra.

Na pesquisa qualitativa, o investigador seleciona propositalmente indivíduos e locais que possam proporcionar as informações necessárias. **Amostragem intencional**, na pesquisa qualitativa, significa que os pesquisadores selecionaram intencionalmente os participantes que experienciaram o fenômeno central ou o conceito-chave que está sendo explorado no estudo. Várias estratégias de amostragem intencionais estão disponíveis, cada uma com um propósito diferente (ver Creswell, 2008b). Uma das estratégias mais comuns é a amostragem de variação máxima, em que são escolhidos diversos indivíduos que se espera que tenham diferentes perspectivas sobre o fenômeno central. Os critérios para maximizar as diferenças dependem do estudo, mas podem ser raça, gênero, nível de escolaridade ou qualquer número de fatores que diferenciaria os participantes. A ideia central é que se, em primeiro lugar, os participantes forem propositalmente escolhidos para serem diferentes, então suas visões vão refletir esta diferença e proporcionar um bom estudo qualitativo em que a intenção é apresentar um quadro complexo do fenômeno. Outra abordagem é usar a amostragem de caso ex-

QUADRO 6.1

Procedimentos para a coleta de dados qualitativos e quantitativos recomendados para o planejamento de estudos de métodos mistos

Procedimentos persuasivos da coleta de dados qualitativos	Procedimentos da coleta de dados	Coleta de dados quantitativos rigorosos
✓ Identificação dos locais a serem estudados. ✓ Identificação dos participantes do estudo. ✓ Observação do tamanho da amostra. ✓ Identificação da estratégia intencional de amostragem para envolver os participantes e a razão por que foi escolhida (critérios de inclusão). ✓ Discussão das estratégias de recrutamento dos participantes.	Uso de procedimentos de amostragem	✓ Identificação do(s) local(is) a ser(em) estudado(s). ✓ Identificação dos participantes do estudo. ✓ Observação do tamanho da amostra, a maneira como ela foi determinada e como ela proporciona suficiente poder. ✓ Identificação da estratégia de amostragem probabilística ou não probabilística. ✓ Discutir estratégias de recrutamento para os participantes.
✓ Discutir as permissões necessárias para estudar os locais e os participantes. ✓ Obter aprovações dos conselhos* de análise institucional.	Obtenção de permissões	✓ Discussão das permissões necessárias para estudar os locais e os participantes. ✓ Obter aprovações dos conselhos de análise institucional.
✓ Discutir os tipos de dados a serem coletados (entrevistas abertas, observações abertas, documentos, materiais audiovisuais). ✓ Indicação da extensão da coleta de dados. ✓ Estabelecimento das questões da entrevista a serem indagadas.	Coleta de informações	✓ Discussão dos tipos de dados a serem coletados (instrumentos, observações, registros quantificáveis). ✓ Discussão dos escores relatados para validade e confiabilidade dos instrumentos usados.
✓ Menção dos protocolos que serão utilizados (protocolos de entrevista, protocolos de observação). ✓ Identificação dos métodos de registro (p. ex., registros de áudio, anotações de campo).	Registro dos dados	✓ Estabelecer que instrumentos ou listas de checagem serão usados e apresentar exemplos.
✓ Identificar as questões de coleta de dados antecipadas (p. ex., éticas, logísticas).	Administração dos procedimentos	✓ Estabelecer como os procedimentos serão padronizados. ✓ Identificar as questões éticas antecipadas.

---

* N. de R.T.: Os conselhos de análise institucional são entidades universitárias que avaliam aspectos éticos das pesquisas. O equivalente no Brasil são os comitês de ética, presentes em muitas universidades.

trema de indivíduos que apresentam casos pouco comuns, incômodos ou esclarecidos. Em contraste, um pesquisador pode usar a amostragem homogênea de indivíduos que são membros de um subgrupo com características distintas. À medida que um estudo se desenvolve, o pesquisador pode amostrar indivíduos que podem lançar luz no fenômeno que está sendo estudado usando estratégias de amostragem que emergem durante a coleta de dados inicial.

Em termos do número de participantes, em vez de selecionar um número grande de pessoas ou locais, o pesquisador qualitativo identifica e recruta um pequeno número que vai proporcionar informações em profundidade sobre o fenômeno ou conceito central que está sendo explorado no estudo. A ideia qualitativa não é generalizar a partir da amostra (como na pesquisa quantitativa), mas desenvolver um entendimento profundo de algumas pessoas – quanto maior o número de pessoas, menos detalhes que normalmente podem emergir de qualquer indivíduo isoladamente. Muitos pesquisadores qualitativos não gostam de restringir a pesquisa apresentando tamanhos de amostras definitivos, mas os números podem variar de 1 a 2 pessoas, como em um estudo narrativo, até 20 ou 30 em um projeto de teoria fundamentada (ver Creswell, 2007). Normalmente, quando os casos são estudados, é usado um número pequeno, como 4 a 10. O tamanho da amostra está relacionado à questão e ao tipo de abordagem qualitativa usada, tal como narrativa, fenomenologia, teoria fundamentada, etnografia ou pesquisa de estudo de caso (Creswell, 2007).

Contudo, a intenção da **amostragem probabilística** na pesquisa quantitativa é selecionar um grande número de indivíduos que são representativos da população ou que representam um segmento da população. O ideal é que os indivíduos sejam aleatoriamente escolhidos da população, para que cada pessoa da população tenha uma chance conhecida de ser selecionada. A amostragem probabilística envolve escolher aleatoriamente os indivíduos tendo por base um procedimento sistemático, como o uso de uma tabela de números aleatórios. A amostragem não probabilística envolve selecionar os indivíduos que estão disponíveis e podem ser estudados. Por exemplo, um pesquisador pode precisar selecionar todos os estudantes em uma sala de aula porque eles estão disponíveis, reconhecendo que a amostra não é representativa da população de todos os estudantes nas salas de aula ou mesmo dos estudantes nas salas de aula em uma escola que está sendo estudada. Além disso, o investigador pode querer algumas características representadas na amostra que possam estar fora de proporção na população maior. Por exemplo, mais mulheres do que homens podem estar na população e um procedimento de amostragem aleatório iria, logicamente, superamostrar mulheres. Nessa situação, o pesquisador primeiro estratifica a população (p. ex., mulheres e homens) e depois aleatoriamente as amostras dentro de cada camada. Desta maneira, um número igual de participantes na estratificação característica pode ser representado na amostra final escolhida para a coleta de dados.

O tamanho da amostra necessário para um estudo quantitativo rigoroso é normalmente muito grande. A amostra precisa ser grande o suficiente para satisfazer as exigências dos testes estatísticos. A amostra precisa ser uma boa estimativa para os parâmetros da população (redução do erro da amostra e apresentação da potência adequada). Para determinar o tamanho adequado da amostra, recomendamos que os pesquisadores usem as fórmulas de tamanho de amostra disponíveis nos manuais de métodos de pesquisa, como as fórmulas de análise da potência para os experimentos (p. ex., Lipsey, 1990) ou fórmulas para as pesquisas de levantamento com erro de amostragem (p. ex., Fowler, 2008).

Obtendo permissões

Os pesquisadores requerem permissão para coletar dados de indivíduos e locais. Esta permissão com frequência precisa ser buscada de múltiplos indivíduos e níveis nas organizações, como de indivíduos que estão encarregados dos locais, das pessoas que proporcionam os dados (p. ex., seus representantes, como pais) e de conselhos de análise institucional baseados no *campus*.

A obtenção de acesso a pessoas e locais requer a obtenção de permissões dos indivíduos encarregados dos locais. Às vezes isto envolve indivíduos de diferentes níveis, como o administrador do hospital, o diretor médico e a equipe que participa do estudo. Esses níveis de permissões são requeridos independentemente de o estudo ser qualitativo ou quantitativo. No entanto, como a coleta de dados qualitativos envolve passar algum tempo nos locais e os locais podem não ser aqueles normalmente visitados pelo público (p. ex., refeitórios de entidades beneficentes que fornecem sopa para desabrigados), os pesquisadores precisam encontrar um guardião, um indivíduo na organização que dê apoio à pesquisa proposta e que vai, essencialmente, "abrir" a organização. A pesquisa qualitativa é bem conhecida pela postura colaborativa de seus pesquisadores, que procuram envolver os participantes em muitos aspectos da pesquisa. A abertura de uma organização pode também ser necessária para estudos quantitativos em organizações difíceis de visitar, como o FBI ou outras agências governamentais.

Para conduzir pesquisa patrocinada por uma universidade ou faculdade, os pesquisadores precisam buscar e obter aprovações dos conselhos de análise institucional (IRBs). Esses conselhos foram estabelecidos para proteger os direitos dos indivíduos que participam de estudos de pesquisa e avaliar o risco e o potencial dano da pesquisa a estes indivíduos. Os pesquisadores precisam obter a permissão do conselho apropriado e garantir que os direitos dos participantes serão protegidos. Não conseguir isso pode ter consequências negativas para a universidade ou a faculdade, como a suspensão de recursos federais. Normalmente, a obtenção de permissão de um IRB envolve preencher um pedido, apresentar informações sobre o nível de risco e dano e garantir que os direitos serão protegidos. O pesquisador garante a proteção dos direitos estabelecendo-os por escrito e fazendo os participantes (ou o adulto responsável, caso o participante seja menor de idade) assinarem um formulário (i.e., um formulário de consentimento informado) antes de proporcionarem os dados. Os pesquisadores podem não apresentar ou publicar seus achados se as permissões não forem obtidas antes do início da coleta dos dados.

Na pesquisa qualitativa, os procedimentos para como o investigador vai coletar os dados e proteger as informações coletadas precisam ser estabelecidos detalhadamente, porque a pesquisa com frequência envolve fazer perguntas pessoais e coletar dados em locais onde os indivíduos vivem ou trabalham. As informações coletadas da observação de famílias em casa, por exemplo, podem colocar os indivíduos em um risco particular. Quando os comportamentos são gravados em vídeo, os participantes correm o risco de ter revelados comportamentos indesejados. Na pesquisa quantitativa, os indivíduos precisam também proporcionar ao pesquisador permissão para completar os instrumentos ou ter seu comportamento observado e selecionado. Com frequência, essa pesquisa não ocorre nos lares ou nos locais de trabalho dos indivíduos, e é menos intrusiva e menos provável de colocar os indivíduos em risco de danos. Se a pesquisa envolve manipular as condições experienciadas pelos participantes, como acontece em um experimento, os detalhes dos procedimentos e potenciais riscos e benefícios precisam ser cuidadosamente considerados e descritos.

Coletando informações

Há muitos tipos de dados qualitativos e quantitativos que podem ser coletados em um estudo de métodos mistos. Os pesquisadores precisam examinar e pesar cada opção para poderem determinar que fontes de dados melhor responderão as questões ou hipóteses da pesquisa. Algumas formas de dados não podem ser facilmente categorizadas em dados qualitativos ou quantitativos, como registros do paciente em que tanto o texto na forma de anotações dos provedores quanto os dados numéricos na forma de resultados da avaliação dos testes se apresentam lado a lado. A distinção básica que fazemos entre dados qualitativos e quantitativos é que os dados qualitativos consistem em informações obtidas sobre **questões abertas** em que o pesquisador não usa categorias ou escalas predeterminadas para coletar os dados. Na verdade, os participantes apresentam informações baseadas em questões que não restringem as suas opções para responder. Em contraste, dados quantitativos são coletados sobre **questões fechadas** baseadas em escalas ou categorias de resposta predeterminadas. Um questionário quantitativo, por exemplo, ilustra como um pesquisador identifica as questões e pede aos participantes para avaliar suas respostas às questões em uma escala.

Na pesquisa qualitativa, os tipos de dados que os pesquisadores podem coletar são muito mais extensivos do que os tipos de dados da pesquisa quantitativa. Algumas formas de dados qualitativos podem ser decididas antes de um estudo ser iniciado e outras vão emergir durante o estudo. Os tipos de dados qualitativos podem ser amplamente organizados em dados de texto (i.e., palavras) ou de imagens (i.e., tipos de pinturas). Estas duas formas amplas podem, por sua vez, ser categorizadas em termos dos tipos de informação que os pesquisadores normalmente coletam: entrevistas abertas (p. ex., entrevistas individuais, entrevistas por telefone, entrevistas por *e-mail*, grupos de foco), observações abertas, documentos (privados e públicos) e materiais audiovisuais (p. ex., fitas de vídeo, fotografias, sons). As opções para fontes de dados qualitativos continuam a se expandir e formas mais recentes incluem mensagens de texto, *blogs* e *wikis*, *e-mails* e várias formas de suscitar informações (como mediante entrevistas) usando artefatos, pinturas e *videotapes*. Como a coleta de dados qualitativos é muito trabalhosa, os pesquisadores com frequência fazem questão de mencionar a natureza extensiva de sua coleta de dados (p. ex., 3.000 páginas de transcrições das entrevistas, múltiplas observações de um lugar durante um período de mais de 6 meses). Além disso, os pesquisadores qualitativos comunicam as principais questões da entrevista indagadas – se as entrevistas forem coletadas durante um estudo – para ilustrar que informações foram obtidas dos participantes. Isso é similar à prática dos pesquisadores quantitativos que incluem reproduções completas de seus instrumentos nos apêndices quando relatam seus resultados em artigos de periódicos.

Na pesquisa quantitativa, as formas dos dados têm permanecido razoavelmente estáveis no passar dos anos. Os investigadores coletam dados quantitativos utilizando instrumentos que medem o desempenho individual (p. ex., testes de aptidão) ou atitudes individuais (p. ex., atitudes com relação às escalas de autoestima). Eles também coletaram dados de entrevistas estruturadas e de observações em que as categorias de resposta são determinadas antes da coleta de dados, e as pontuações são registradas em escalas de uma maneira fechada. Eles coletam informações factuais na forma de números de dados do censo, relatórios de comparecimento e resumos do progresso. Outras formas mais novas de dados quantitativos incluem testes biomédicos (como rastrear os movimentos do olho ou as reações do cérebro), dados espaciais de sistemas de informações geográficas (*geographical information systems* – GIS), e dados de rastreamento baseados em computador (como de *logs* do servidor). Mais uma vez, como com as formas de dados qualitativos, os pesquisadores de métodos mistos precisam avaliar que tipos de dados quantitativos irão tratar melhor suas questões ou hipóteses de pesquisa.

Registrando os dados

A abordagem que utilizamos para a coleta de dados envolve coletar e registrar sistematicamente as informações de uma maneira que elas possam ser preservadas e analisadas por um único pesquisador ou por uma equipe de pesquisadores. Para a pesquisa qualitativa, precisam ser desenvolvidas formas de registrar as informações. Se os dados da entrevista forem coletados, então é necessário um **protocolo de entrevista** que inclua questões a serem indagadas durante uma entrevista e espaço para registrar as informações coletadas durante a entrevista. Esse protocolo também proporciona espaço para registrar os dados essenciais sobre o tempo, o dia e o local da entrevista. Em muitos casos, o pesquisador grava em fitas de vídeo as entrevistas qualitativas e mais tarde transcreve as entrevistas, e o protocolo se torna um sistema de *backup* para o registro das informações. Ter um protocolo de entrevista ajuda a manter o pesquisador organizado, além de proporcionar um registro das informações no caso de os dispositivos de gravação não funcionarem. Um **protocolo da observação** é também uma maneira útil de organizar uma observação. Sobre esta forma, o pesquisador registra uma descrição dos eventos e dos processos observados, assim como observações reflexivas sobre os códigos, temas e preocupações emergentes que surgem durante a observação. Formas de registro também podem ser desenvolvidas para examinar documentos e registrar dados de imagens, como fotografias.

Na pesquisa quantitativa, o investigador escolhe o instrumento a ser usado, modifica um instrumento existente ou desenvolve um instrumento original. Se for selecionado um instrumento já existente, os pesquisadores precisam identificar um para os quais haja evidências de que o uso passado resultou em escores mostrando alta validade e confiabilidade. Como alternativa, para as observações estruturadas, o pesquisador vai usar um lista de checagem comprovada para registrar as informações. Para os documentos com dados numéricos, o pesquisador com frequência desenvolve uma forma de registro das informações que resume os dados. A coleta de dados por meio dos métodos baseados em computador precisam ser cuidadosamente registrados e organizados dentro de arquivos eletrônicos seguros.

Administrando os procedimentos

A administração dos procedimentos da coleta de dados envolve as ações específicas realizadas pelo pesquisador para coletar os dados. Na pesquisa qualitativa, grande parte da discussão na literatura é direcionada para a revisão e a previsão dos tipos de questões que podem surgir "no campo" que vão produzir dados menos-que-adequados. Questões como o tempo para recrutar os participantes, o papel do pesquisador na observação, o desempenho adequado do equipamento de gravação, o tempo para localizar os documentos e os detalhes da colocação adequada do equipamento de gravação em vídeo ilustram os tipos de preocupações que precisam ser consideradas. Além disso, o pesquisador precisa entrar nos locais de uma maneira respeitosa e que não perturbe o fluxo das atividades. Questões éticas, como proporcionar reciprocidade para os participantes para sua disposição para proporcionar dados, lidar com informações sensíveis e revelar os propósitos da pesquisa se aplicam tanto à pesquisa qualitativa quanto à pesquisa quantitativa.

A administração da coleta de dados em uma pesquisa quantitativa envolve tratar destas questões éticas. Além disso, os procedimentos de coleta de dados quantitativos precisam ser administrados com o mínimo de variação possível, para que não sejam introduzidos vieses no processo. Devem existir procedimentos padronizados para a coleta de dados sobre os instrumentos, sobre as listas de checagem e dos documentos públicos. Se mais de um investigador estiver envolvido na coleta de dados, deve ser proporcionado treinamento para que o procedimento seja administrado sempre de uma maneira padronizada.

COLETA DE DADOS NOS MÉTODOS MISTOS

É essencial conhecer os procedimentos gerais de coleta de dados na pesquisa qualitativa e quantitativa, porque os métodos mistos são construídos em cima destes procedimentos. Antes de recorrer aos projetos específicos dos métodos mistos e aos seus procedimentos de coleta de dados, apresentamos várias diretrizes gerais para coletar ambas as formas de dados na pesquisa de métodos mistos:

- ✓ O propósito da coleta de dados em um estudo de métodos mistos é desenvolver respostas para as questões da pesquisa (Teddlie e Yu, 2007). Os pesquisadores dos métodos mistos não podem perder a visão desse objetivo e devem continuamente indagar a si mesmos se seus dados proporcionarão respostas às questões.
- ✓ A pesquisa de métodos mistos envolve coletar tanto dados quantitativos quanto qualitativos. Como muitas fontes de dados são coletadas, o pesquisador de métodos mistos precisa estar familiarizado com a série de procedimentos de coleta de dados qualitativos e quantitativos. Encorajamos os procedimentos de métodos mistos que envolvem a coleta de dados qualitativos (p. ex., uso de fotos para suscitar informações) e a seleção cuidadosa de instrumentos quantitativos que não se estendam além daqueles necessários para responder as questões da pesquisa.
- ✓ Na amostragem, é possível ter uma forma combinada de amostragem aleatória (quantitativa) e intencional (qualitativa). Por exemplo, Teddlie e Yu (2007) discutiram um procedimento de amostragem intencional estratificado em que o pesquisador primeiro estratifica os potenciais participantes tendo por base algumas dimensões e usando procedimentos consistentes com amostragem probabilística e depois intencionalmente seleciona um pequeno número de casos de cada estrato.
- ✓ Não há muito material escrito especificamente sobre os procedimentos de coleta dos métodos mistos, exceto para a discussão das estratégias de amostragem por Teddlie e Yu (2007), que admitiram não existir uma tipologia amplamente aceita de estratégias de amostragem dos métodos mistos.
- ✓ Enfatizamos a importância de detalhar os procedimentos de coleta de dados na seção de métodos de um relatório de estudo de métodos mistos. Isso permite aos leitores e analistas entenderem os procedimentos usados e fazer julgamentos sobre sua qualidade. Além disso, relatórios detalhados dos procedimentos ajudam outros a aprenderem sobre a pesquisa dos métodos mistos e entenderem a combinação frequentemente complexa dos esforços de coleta de dados qualitativos e quantitativos.
- ✓ Os diferentes tipos de projetos de métodos mistos levantam tipos específicos de decisões e questões para os procedimentos de coleta de dados. Essas decisões estão relacionadas principalmente à amostragem e às estratégias de amostragem, aos tipos de questões indagadas durante a coleta de dados, à permissão de questões associadas à garantia de aprovações dos IRBs e ao reconhecimento e ao respeito aos participantes. Uma visão geral dos tipos de decisões e nossas recomendações relacionadas a cada um dos seis projetos destacados neste livro estão mostradas no Quadro 6.2.

É para essas questões que agora voltaremos nossa atenção, discutindo cada um dos projetos destacados neste livro.

Projeto convergente

No projeto convergente, a coleta de dados envolve coletar simultaneamente tanto dados quantitativos quanto qualitativos, analisar as informações separadamente e depois fundir os dois bancos de dados. O ideal é que este projeto priorize os dois tipos de informações igualmente, mas os pesquisadores também usam variantes em que há uma prioridade quantitativa ou qualitativa para tratar do propósito do estudo. Dentro desse processo geral, os pesquisadores devem tomar decisões relacionadas à amostragem e às formas de coleta de dados. Importantes **decisões da coleta de dados para o projeto convergente** incluem quem será selecionado para as duas amostras, o tamanho das duas amostras, o planejamento das questões da coleta de dados e o formato e a ordem das diferentes formas de coleta de dados.

Decidir se as duas amostras vão incluir os mesmos indivíduos ou indivíduos diferentes. Há duas opções para selecionar os indivíduos para participar dos elementos

QUADRO 6.2

Tipos de projetos, decisões e recomendações dos métodos mistos para a coleta de dados

Tipo de projeto de métodos mistos	Decisões necessárias na coleta de dados	Recomendações para o planejamento de um estudo de métodos mistos
Projeto convergente	As duas amostras incluirão indivíduos diferentes ou os mesmos indivíduos?	Se a intenção é comparar os conjuntos de dados, use os mesmos indivíduos.
	As amostras serão do mesmo tamanho?	Considere que opção usar, como determinar que não é um problema ter tamanhos diferentes, escolher amostras de tamanhos iguais ou estabelecer que tamanhos desiguais é uma limitação do estudo.
	O mesmo conceito será avaliado qualitativa e quantitativamente?	Crie questões paralelas para a coleta de dados qualitativa e quantitativa.
	Os dados serão coletados de duas fontes de dados independentes ou de uma única fonte?	Colete conjuntos de dados qualitativos e quantitativos independentes de duas fontes.
Projeto explanatório	Em ambas as amostras serão usados os mesmos indivíduos ou indivíduos diferentes?	Os indivíduos que participam da fase qualitativa devem ser os mesmos indivíduos que participaram da fase quantitativa.
	As amostras serão do mesmo tamanho?	A fase de acompanhamento qualitativo tem um tamanho menor do que a fase quantitativa.
	Que resultados quantitativos serão acompanhados?	Considere múltiplas opções dependendo do acompanhamento necessário (por exemplo, resultados significativos, prognosticadores significativos).
	Como os participantes do acompanhamento serão selecionados?	Selecione os participantes do acompanhamento tendo por base os resultados iniciais, quantitativos.
	Como a fase de acompanhamento emergente deve ser descrita para aprovação do IRB?	Descreva a fase do acompanhamento como tentativa e acrescente um adendo, se necessário.
Projeto exploratório	Quem e quantos indivíduos deverão participar da fase de acompanhamento quantitativo?	Para a fase quantitativa, use uma amostra diferente daquela da fase qualitativa, e obtenha uma amostra maior.
	Como a fase de acompanhamento emergente deve ser descrita para aprovação do IRB?	Descreva a fase de acompanhamento como tentativa e acrescente um adendo, se necessário.

(continua)

QUADRO 6.2

Tipos de projetos, decisões e recomendações dos métodos mistos para a coleta de dados (continuação)

Tipo de projeto de métodos mistos	Decisões necessárias na coleta de dados	Recomendações para o planejamento de um estudo de métodos mistos
	Que resultados qualitativos serão usados para informar a coleta de dados quantitativa?	Use temas, códigos e citações para ajudar a planejar o instrumento (p. ex., os temas se tornam variáveis) ou a taxonomia (p. ex., grupos diferentes)
	No planejamento do instrumento, como você desenvolve um bom instrumento?	Use procedimentos rigorosos no desenvolvimento da escala.
	Como você comunica o rigor do planejamento do instrumento?	Use um diagrama dos procedimentos para comunicar os múltiplos passos neste processo.
Projeto incorporado	Por que e quando os dados incorporados devem ser usados no estudo?	Dê razões para incorporar os dados e considere o momento adequado para a incorporação.
	A incorporação de um segundo conjunto de dados introduzirá viés?	Colete os dados secundários discretamente (p. ex., diários durante um experimento).
	Se um projeto ou procedimento for usado (para unir os dados qualitativos e quantitativos), qual será ele?	Considere que projetos e procedimentos têm sido usados na pesquisa de métodos mistos (p. ex., estudo de caso, redes sociais).
	Que questões de coleta de dados podem ser antecipadas?	Examine a literatura para os tipos de questões associadas ao projeto ou procedimento escolhido.
Projeto transformativo	Que rótulos serão usados para a referência aos participantes?	Use rótulos significativos para os participantes do estudo.
	Como a inclusividade pode ser promovida no estudo?	Projete um procedimento de amostragem colaborando com os prováveis participantes.
	Como você coleta dados que serão dignos de crédito para a comunidade que está sendo estudada?	Envolva os participantes como participantes colaborativos (p. ex., comitê consultivo).
	Que tipos de instrumentos podem ser usados que sejam sensíveis aos participantes?	Escolhe medidas sensíveis para os participantes do estudo.

(continua)

QUADRO 6.2

Tipos de projetos, decisões e recomendações dos métodos mistos para a coleta de dados (continuação)

Tipo de projeto de métodos mistos	Decisões necessárias na coleta de dados	Recomendações para o planejamento de um estudo de métodos mistos
	Como a coleta de dados será sensível à comunidade do estudo?	Crie maneiras de recompensar a comunidade (p. ex., encaminhamentos, compartilhamento dos achados).
Projeto multifásico	Que estratégias de amostragem múltiplas serão usadas nas fases ou projetos?	Use estratégias de amostragem que se adéquem às fases ou projetos do estudo (p. ex., níveis, amostragem qualitativa e quantitativa).
	Ocorrerá tanto amostragem simultânea quanto sequencial?	Corresponda a estratégia de amostragem às necessidades das fases ou projetos.
	Como o projeto vai lidar com as questões de mensuração e perda de pessoal?	Considere as abordagens emergentes, recontactando os indivíduos e planejando a perda de pessoal.
	Que objetivo geral (ou direcionamento teórico) vinculará as fases ou os projetos?	Identifique um objetivo único para a linha de investigação composta de múltiplas fases ou projetos.

quantitativos e qualitativos de um estudo convergente: as amostras podem incluir indivíduos diferentes ou os mesmos indivíduos. Indivíduos diferentes podem ser usados quando o pesquisador está tentando sintetizar informações sobre um tópico partindo de níveis diferentes de participantes. Por exemplo, Schillaci e colaboradores (2004) incluíram dados da pesquisa quantitativa coletados de uma amostra aleatória de famílias e dados etnográficos qualitativos coletados de indivíduos (p. ex., médicos, enfermeiras, pessoal administrativo e pacientes) em várias instituições de provisão de cuidado para entender as práticas de imunização. Quando o propósito é corroborar, comparar diretamente ou relacionar dois conjuntos de achados sobre um tópico, recomendamos que os indivíduos que participam da amostra qualitativa sejam os mesmos indivíduos que participam da amostra quantitativa. Em um estudo convergente realizado por Morell e Tan (2009), 209 estudantes do Ensino Elementar foram incluídos na amostra quantitativa, e 34 destes estudantes foram incluídos na amostra qualitativa. Se o pesquisador dos métodos mistos coletar diferentes tipos de dados de diferentes participantes, o pesquisador está introduzindo informações estranhas ao estudo e influenciando potencialmente a sua capacidade de fundir os resultados.

Decidir se o tamanho das duas amostras será o mesmo ou diferente. O pesquisador dos métodos mistos precisa considerar o tamanho das duas amostras em relação ao uso do projeto convergente. Uma boa opção é as duas amostras terem tamanhos diferentes, com o tamanho da amostra qualitativa sendo muito menor do que o da amostra quantitativa. Isto ajuda o pesquisador a obter uma exploração qualitativa em profundidade e um exame quantitativo rigoroso do tópico. Essa disparidade pode levar a questão de como convergir ou comparar as duas bases de dados de qualquer maneira significativa quando o tamanho for tão diferente. Há várias opções para o pesquisador de métodos mistos tratar esta questão. Uma delas, adotada por alguns pesquisadores (i.e., os pesquisadores de orientação qualitativa), é que esse diferencial de tamanho não é um problema porque a intenção da coleta de dados é diferente para as duas bases de dados: a coleta de dados quantitativos visa fazer generalizações para uma população, enquanto a coleta de dados qualitativos busca desenvolver um entendimento em profundidade de algumas pessoas.

Se a diferença no tamanho da amostra é um problema, outra opção é usar uma amostra igual tanto para as amostras quantitativas quanto para as qualitativas. Em um estudo convergente das atitudes e do conhecimento multiculturais de candidatos a professores, Capella-Santana (2003) coletou dados de questionário quantitativo de 90 candidatos ainda não graduados para professores do Ensino Fundamental. Ela também convidou todos os 90 participantes a serem entrevistados "para corroborar as informações obtidas mediante os questionários" (p. 185). Esta abordagem com amostra de igual tamanho provavelmente sacrificou parte da riqueza dos dados qualitativos. Entretanto, esta opção é recomendada para os pesquisadores que usam uma variante de transformação dos dados onde ter duas amostras grandes de igual tamanho e com os mesmos indivíduos é uma consideração importante no planejamento da coleta de dados qualitativos que finalmente serão quantificados (um processo que será discutido mais detalhadamente no Cap. 7). Quando os tamanhos são iguais, porém pequenos, o pesquisador pode estar sacrificando o uso de testes estatísticos rigorosos. McVea e colaboradores (1996) avaliaram práticas familiares que haviam adotado materiais de prevenção em seu projeto convergente. Eles coletaram tanto dados quantitativos (p. ex., usando uma lista de checagem de observação estruturada) quanto qualitativos (p. ex., mediante entrevistas-chave com os informantes) partindo das mesmas oito práticas. Essa abordagem conduziu ao uso de estatística quantitativa descritiva devido ao pequeno tamanho. Alguns pesquisadores cedem a tamanhos de amostra iguais que são pequenos demais ou grandes demais e então discutem as resultantes limitações do estudo. Bikos e colaboradores (2007a, 2007b) usaram amostras das mesmas 32 esposas expatriadas que se mudaram para a Turquia para os dois elementos do seu estudo de adaptação cultural. Em suas conclusões, notaram que seu tamanho da amostra resultou em um baixo poder estatístico para o elemento quantitativo, porque era pequeno e pode ter limitado a sua possibilidade de encontrar diferenças individuais nas experiências no elemento qualitativo grande porque o tamanho da amostra era grande.

Decidir planejar questões de coleta de dados paralelas. Recomendamos que a fusão das duas bases de dados funciona melhor se o pesquisador planejar o estudo indagando questões paralelas nos esforços de coleta de dados tanto qualitativos quanto quantitativos. Por questões paralelas, queremos dizer que os mesmos conceitos precisam ser tratados tanto na coleta de dados qualitativos quanto na coleta de dados quantitativos, para que as duas bases de dados possam ser comparadas ou fundidas. Se o conceito de "autoestima" estiver sendo tratado em uma pesquisa de levantamento quantitativa, uma questão aberta sobre a "autoestima" precisa ser indagada durante as entrevistas individuais qualitativas. Dessa maneira, os resultados podem ser fundidos em torno do conceito durante a análise dos dados. Decida se os dados serão coletados em duas fontes independentes ou em uma única fonte. Os pesquisadores precisam considerar se os dois conjuntos de dados serão coletados independentemente, usando formas diferentes (como a coleta de dados quantitativos com um questionário de pesquisa de levantamento e dados qualitativos mediante entrevistas do grupo de foco) ou se serão ambos coletados em um formulário (p. ex., um único questionário com questões abertas e fechadas). Embora os pesquisadores que usam uma variante de transformação dos dados com frequência utilizem um formato único, em geral encorajamos o uso da coleta de dois conjuntos de dados independentes ao usar este projeto. Segue-se uma questão relacionada, pois o pesquisador precisa decidir a ordem da coleta dos dois conjuntos de dados. Muitos projetos convergentes coletam um formulário de dados (p. ex., pesquisas de levantamento) antes do outro formulário (p. ex., grupo de foco), por razões simplesmente logísticas. Se o pesquisador está preocupado de que possa haver uma interação entre os dois formulários (p. ex., a participação em uma discussão de grupo de foco pode mudar a maneira em que os participantes respondem aos itens da pesquisa de levantamento), uma opção é alternar a ordem da coleta dos dados. Luzzo (1995) coletou pacotes de pesquisa de levantamento e entrevistas individuais de estudantes e observou que "a ordem em que estes estudantes completaram o pacote e participaram da entrevista foi contrabalançada" (p. 320).

Projeto explanatório

Os procedimentos de coleta de dados no projeto explanatório envolve primeiro coletar dados quantitativos, analisar os dados e usar os resultados para informar a coleta de dados qualitativos do acompanhamento. Assim, a amostragem ocorre em dois pontos neste projeto: na fase quantitativa e na fase qualitativa. Nesse projeto, as coletas de dados quantitativos e qualitativos estão relacionadas uma à outra e não são independentes. Uma se constrói sobre a outra. A ênfase na coleta de dados pode favorecer os dados quantitativos ou qualitativos. Normalmente, é colocada uma ênfase na coleta de dados quantitativos inicial, substancial, com uma ênfase menor no acompanhamento qualitativo.

As **decisões de coleta de dados para o projeto explanatório** incluem quem devem ser os participantes da segunda fase, que tamanhos de amostra usar para os dois elementos, que dados coletar de uma fase para a outra e de quem, e como garantir permissões do IRB para as duas coletas de dados.

Decidir se usar os mesmos indivíduos ou indivíduos diferentes nas duas amostras. Como o projeto explanatório visa a explicar os resultados iniciais, quantitativos, os indivíduos para a fase de acompanhamento qualitativa devem ser indivíduos que participaram da coleta de dados inicial, quantitativa. A intenção desse projeto é usar dados qualitativos para proporcionar mais detalhes sobre os resultados quantitativos, e os indivíduos mais adequados para fazer isso são aqueles que contribuíram para o conjunto de dados quantitativos.

Decidir sobre os tamanhos das duas amostras. Embora alguns pesquisadores optem por realizar o acompanhamento qualitativo com todos os participantes da primeira fase (resultando em amostras de igual tamanho), recomendamos que a coleta de dados qualitativos venha de uma amostra muito menor do que a coleta de dados quantitativos. A intenção deste projeto não é fundir ou comparar os dados como nos procedimentos convergentes, portanto, ter tamanhos desiguais não é um problema nos projetos sequenciais. A consideração importante está em coletar informações qualitativas suficientes para que temas significativos possam ser desenvolvidos. No estudo do projeto explanatório realizado por Thøgersen-Ntoumani e Fox (2005), os autores coletaram dados quantitativos de 312 empregados e depois os acompanharam na fase qualitativa com um subconjunto de 10 empregados que participaram do questionário quantitativo.

Decidir que resultados quantitativos acompanhar. Em termos da coleta de dados do acompanhamento, os pesquisadores precisam tomar uma decisão quanto a que resultados quantitativos precisam ser mais explorados mediante a coleta de dados qualitativos. Existem várias opções para se tomar esta decisão. O primeiro passo é conduzir a análise quantitativa e examinar os resultados para ver quais estão obscuros ou são inesperados e requerem mais informações. Isso vai ajudar a ditar uma estratégia. Alguns resultados que podem ser considerados para o acompanhamento são resultados estatisticamente significantes, resultados estatisticamente não significantes, prognosticadores-chave significativos, variáveis que distinguem entre os grupos, casos discrepantes ou extremos, ou a distinção entre as características demográficas. O pesquisador deve identificar os resultados que necessitam de informações adicionais e usar estes resultados para orientar o planejamento das questões de pesquisa, da seleção da amostra e das questões de coleta de dados da fase qualitativa.

Decidir como selecionar os melhores participantes para a fase de acompanhamento qualitativo. Outra decisão é como selecionar os participantes a serem estudados no acompanhamento qualitativo. Certamente, os resultados quantitativos que se tornam o foco do elemento qualitativo vão sugerir quem estes participantes podem ser. Às vezes os participantes serão simplesmente indivíduos que se oferecem como voluntários para participar das entrevistas. Em um estudo de projeto explanatório de pais adotivos e pais biológicos, Baumann (1999) pediu aos pais para completar o questionário quantitativo na primeira fase caso se oferecessem como voluntários para as entrevistas da fase de acompanhamento. Essa abordagem proporciona uma conexão mais fraca entre as fases, mas pode ser necessária em estudos em que as informações identificadas não podem ser coletadas como parte dos dados quantitativos. Uma abordagem mais sistemática é usar os resultados estatísticos quantitativos para direcionar os procedimentos de amostragem do acompanhamento para selecionar os participantes mais capazes de ajudar a explicar o fenômeno de interesse. Way, Stauber, Nakkula e London (1994) usaram uma abordagem sistemática. Esses pesquisadores determinaram que o relacionamento entre a depressão e o uso de substância diferiu entre estudantes de segundo grau suburbanos e urbanos e decidiram usar este resultado quantitativo como uma base para estudar os estudantes que estivessem nos 10% com escores máximos de depressão das escolas em entrevistas de acompanhamento qualitativo.

Decidir como descrever a fase de acompanhamento emergente para aprovação do conselho de análise institucional. Como este projeto é implementado em duas fases distintas, os pesquisadores podem considerar buscar a aprovação do IRB para cada fase separadamente. Entretanto, recomendamos que os pesquisadores descrevam os planos para as duas fases em seus materiais de submissão inicial ao IRB, observando que os planos para a segunda fase, qualitativa, são provisórios porque vão se desenvolver a partir dos resultados da primeira fase. Os IRBs requerem, sempre que possível, uma total transparência nos procedimentos de coleta dos dados. Isso significa que os participantes devem ser informados desde o início sobre o potencial de serem contatados no futuro para uma segunda coleta de dados. O pesquisador também pode ter que explicar ao IRB que as informações identificadas serão coletadas como parte dos dados quantitativos para facilitar o processo de acompanhamento e lidar com as preocupações éticas adicionais associadas a estas informações. Também recomendamos estabelecer a fase de acompanhamento como "tentativa", reconhecendo que pode ser necessário um adendo ao IRB quando os procedimentos da coleta de dados de acompanhamento forem firmemente estabelecidos.

Projeto exploratório

Em um projeto exploratório, os pesquisadores primeiro coletam dados qualitativos, os analisam e depois usam as informações para desenvolver uma fase de coleta de dados quantitativos para acompanhamento. Desse modo, o elemento quantitativo é construído sobre o qualitativo. A amostragem ocorre em duas fases, e elas estão relacionadas uma à outra. Entretanto, em alguns projetos exploratórios, um modelo de três fases este em uso quando a fase inicial, exploratória, é seguida por uma fase de planejamento do instrumento, e depois por uma fase de testagem e administração do instrumento. Como alternativa, a fase intermediária pode ser o desenvolvimento de uma tipologia, a busca de um instrumento apropriado ou a modificação de um instrumento. A prioridade neste projeto pode ser colocada em qualquer uma das fases.

Embora os dois projetos sejam sequenciais e levantem os mesmos tipos de questões de coleta de dados, as considerações para a tomada de decisões para um projeto exploratório diferem em muitos aspectos daquelas para o projeto explanatório. As principais **decisões de coleta de dados para o projeto exploratório** são a determinação de amostras para cada fase, as decisões sobre os resultados da primeira fase a serem utilizados e, se for usada uma fase intermediária, como planejar um instrumento rigoroso com boas propriedades psicométricas.

Decidir quem e quantos indivíduos incluir na amostra para a fase quantitativa. Diferentemente do projeto explanatório, os indivíduos que participam de um acompanhamento quantitativo para o projeto exploratório não são normalmente os mesmos indivíduos que proporcionaram os dados qualitativos na fase inicial. Como o propósito da fase quantitativa é generalizar os resultados para uma população, os participantes que serão usados no estágio de acompanhamento quantitativo são diferentes daqueles usados na parte inicial, qualitativa. Além disso, a segunda fase requer um tamanho de amostra maior para que o pesquisador possa realizar testes estatísticos e potencialmente fazer generalizações sobre a população em questão. Em seu estudo dos fatores percebidos como estando afetando mudanças nos programas de graduação de educação de adultos, Milton, Watkins, Studdard e Burch (2003) conduziram entrevistas qualitativas com 11 membros do corpo docente e administrativo e depois aplicaram um instrumento quantitativo para uma segunda população de 131 indivíduos representando 71 programas de educação de adultos.

Decidir como descrever a fase de acompanhamento emergente para aprovação do conselho de análise institucional. Para propósitos do IRB, apenas a fase inicial da coleta de dados no projeto exploratório pode ser identificada com alguma certeza quando a aplicação inicial for preparada, porque a segunda fase irá se desenvolver a partir da primeira. Ao preencher a submissão inicial para o IRB, o pesquisador pode proporcionar alguns detalhes provisórios para a segunda fase e depois juntar um adendo quando o instrumento quantitativo tiver sido desenvolvido. Como as duas fases não incluem os mesmos participantes, também é possível submeter a aplicação como duas propostas separadas ao IRB, pois necessitarão ser descritos procedimentos separados de seleção, recrutamento e consentimento informado.

Decidir que aspectos dos resultados qualitativos usar para informar a coleta de dados quantitativos. No projeto exploratório com uma intenção de desenvolver e testar um instrumento (ou taxonomia), uma decisão é determinar que informações da fase inicial, qualitativa, poderão ser mais úteis na designação do instrumento para a fase quantitativa. Durante a fase inicial, qualitativa, recomendamos que uma análise de dados qualitativos típica consiste na identificação de citações ou sentenças úteis, codificação de segmentos de informação e o agrupamento de códigos em temas amplos (como será discutido no Cap. 7). Com esta configuração dos dados qualitativos, o pesquisador dos métodos mistos pode usar o fenômeno central como o construto quantitativo a ser avaliado pelo instrumento, os temas amplos como as escalas a serem mensuradas, os códigos individuais dentro de cada tema como as variáveis, e as citações específicas dos indivíduos como itens ou questões específicas sobre o instrumento.

Decidir que passos seguir no desenvolvimento de um bom instrumento quantitativo. Outra decisão diz respeito a como planejar um bom instrumento para que ele tenha fortes propriedades psicométricas. Isso requer tempo e trabalho árduo, e o pesquisador de métodos mistos pode usar os temas da fase qualitativa inicial para localizar os instrumentos publicados para usar aquele que melhor corresponda aos diferentes temas qualitativos. Como alternativa, os pesquisadores de métodos mistos podem decidir desenvolver seu próprio instrumento baseado nos achados qualitativos. Os melhores instrumentos são rigorosamente desenvolvidos utilizando bons procedimentos de desenvolvimento da escala. Uma abordagem geral que recomendamos foi adaptada de DeVellis (1991):

1. Determine o que você quer medir e se baseie na teoria e nos construtos a serem tratados (e também nos achados qualitativos).
2. Gere um agrupamento de itens, usando itens curtos, um nível de leitura apropriado e questões que indaguem uma única questão (quando possível, na língua do participante).
3. Determine a escala de mensuração dos itens e a construção física do instrumento.
4. Submeta o agrupamento dos itens a uma revisão de especialistas.
5. Considere a inclusão de itens validados de outras escalas ou instrumentos.
6. Administre o instrumento a uma amostra, para validação.
7. Avalie os itens (p. ex., correlações da escala de itens, variância dos itens, confiabilidade).
8. Otimize a extensão da escala tendo por base o desempenho do item e as checagens de confiabilidade.

Outra maneira de aprender sobre os procedimentos dos pesquisadores dos métodos mistos para gerar um instrumento de achados qualitativos é examinar os estudos de métodos mistos publicados que usam um projeto exploratório com a intenção de desenvolver um instrumento. Além do estudo sobre a criação de uma medida de assimilação organizacional em diversas indústrias (Myers e Oetzel, 2003) encontrado no Apêndice C*, outros exemplos deste projeto são um estudo de educação sobre o ensino de compreensão da leitura (Meijer, Verloop e Beijaard, 2001), um estudo psicológico da tendência a se enxergar como importante para um parceiro romântico (Mak e Marshall, 2004), um estudo de educação superior sobre os fatores percebidos como afetando mudanças no tamanho dos programas de graduação (Milton et al., 2003) e um estudo intercultural dos comportamentos de estilo de vida de estudantes universitárias japonesas (Tashiro, 2002). Em Tashiro (2002), a autora começou coletando dados de grupo de foco. Ela criou um questionário usando dados dos grupos de foco, e também de outras fontes inéditas. Os participantes do grupo de foco foram então solicitados a avaliar a clareza das questões, e o questionário resultante foi usado em um teste piloto com participantes similares àqueles do estudo. O conteúdo do questionário foi validado por vários especialistas em pesquisa e checado para confiabilidade entre os itens e confiabilidade teste-reteste. Esses procedimentos seguiram aqueles recomendados por DeVellis (1991).

Decidir como comunicar um componente do desenvolvimento do instrumento em um diagrama procedural. Finalmente, a fase de conexão durante a qual o pesquisador planeja o instrumento pode ser incorporada em uma discussão ou um diagrama dos procedimentos gerais em um estudo de métodos mistos. Recomendamos o uso de um diagrama para destacar os numerosos passos requeridos para planejar um bom instrumento. Bulling (2005) planejou um estudo de métodos mistos que lidava com a maneira como o pessoal de emergência reagia aos tornados. A Figura 6.1 é extraída do seu estudo. Ela indica os estágios de desenvolvimento do instrumento e como eles foram paralelos aos procedimentos qualitativos e quantitativos em seu estudo.

Projeto incorporado

Em um projeto incorporado, os dados quantitativos e qualitativos podem ser coletados sequencialmente ou simultaneamente, ou ambos. Neste projeto, uma forma de dados é incorporada dentro da outra forma (p. ex., dados qualitativos incorporados dentro de um teste de intervenção experi-

---

* N. de R.: Ver Apêndice C em www.grupoa.com.br.

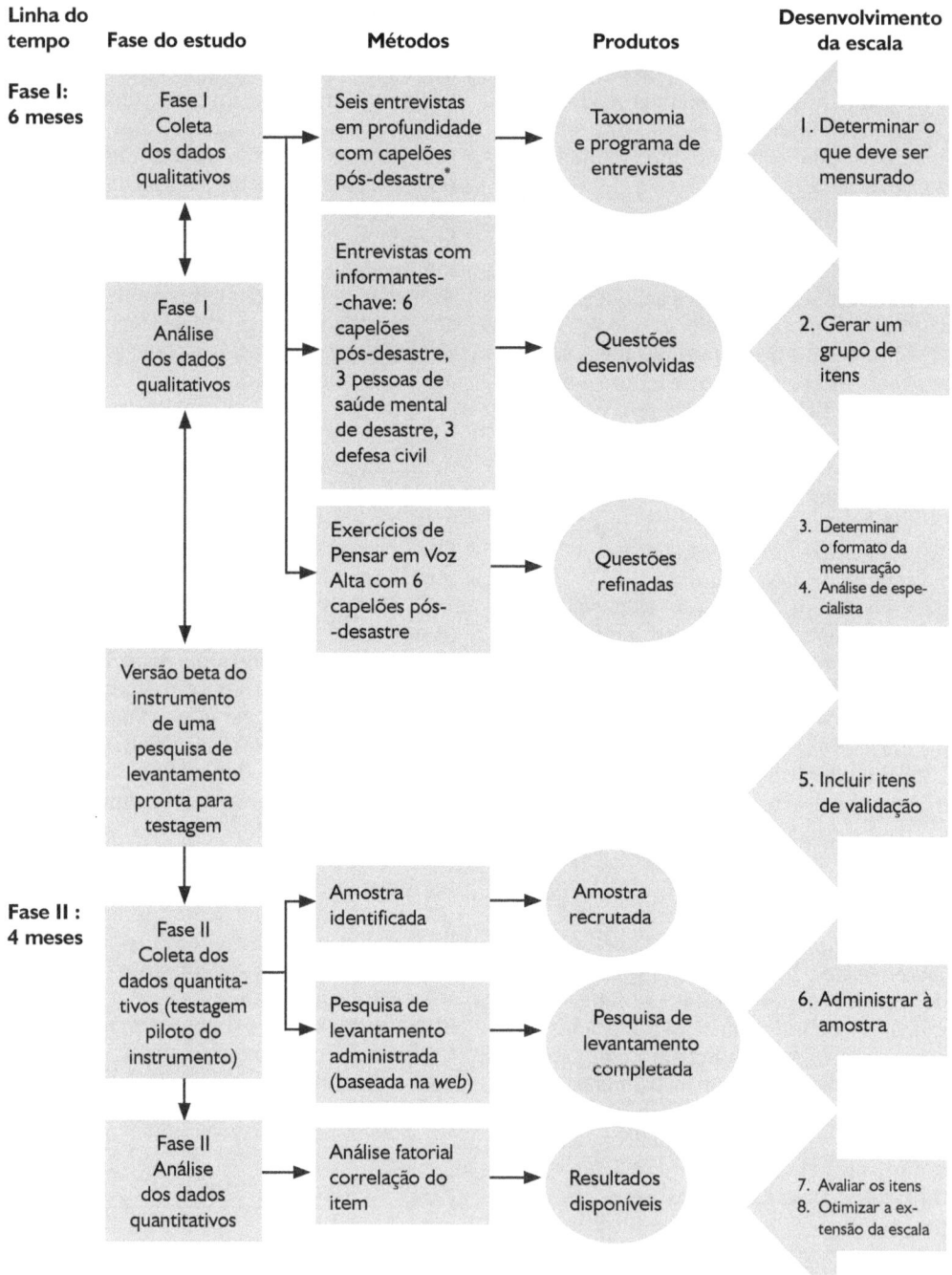

FIGURA 6.1

Procedimentos para o planejamento de um instrumento exploratório de estudo de métodos mistos.
Fonte: Bulling (2005). Usada com permissão do autor.

---

* N. de R.T.: Capelões pós-desastre são voluntários que atuam diante de catástrofes naturais, levando auxílio espiritual.

mental ou entrevistas qualitativas incorporadas em um projeto correlacional longitudinal). Uma variante desta abordagem é incorporar tanto dados qualitativos quanto quantitativos dentro de um projeto ou procedimento tradicional (p. ex., pesquisa de levantamento de informações geográficas que inclui tanto informações quantitativas quanto qualitativas). As questões de coleta de dados serão discutidas tendo em vista essas duas variantes.

Que decisões sobre coleta de dados um pesquisador tem de enfrentar quando usa este projeto? Quando se incorpora uma forma de dados dentro de outra forma, as **decisões de coleta de dados para o projeto incorporado** são a justificativa para incorporar uma forma de dados, o momento certo de incorporar os dados, e como lidar com problemas que podem surgir da incorporação. Se usar a variante onde as duas formas de dados estão incorporadas em um projeto ou procedimento tradicional (p. ex., projeto de estudo de caso ou análise de rede social), o pesquisador precisa decidir que procedimento usar e como trabalhar com problemas que podem resultar durante a incorporação dentro do procedimento. Começamos discutindo as decisões associadas ao uso da incorporação de uma forma de dados dentro de outra seguida pela incorporação das duas formas de dados dentro de um procedimento.

Decidir a razão e o momento certo para incorporar um segundo tipo de dados dentro de um projeto maior. Em termos de uma justificativa e de um momento certo para incorporar dados suportivos em outra forma importante de coleta de dados, como um experimento quantitativo ou estudo correlacional, é necessário adiantar as razões por que os dados suportivos estão sendo usados. Estas razões podem ser estabelecidas em uma declaração de propósito (ver Cap. 5). Uma abordagem de um estudo experimental é considerar a introdução da base de dados qualitativa suportiva em uma ou mais fases do experimento: antes do início do experimento, durante o experimento ou depois do experimento. Antes e depois do experimento significa uma introdução sequencial dos dados qualitativos, enquanto durante o experimento indica um uso simultâneo das duas bases de dados. Sandelowski (1996) foi o primeiro a conceituar estas possibilidades. Em escritos subsequentes, expandimos sobre as maneiras específicas em que os dados qualitativos podem fluir para um experimento de intervenção e as razões para sua inclusão na pesquisa de ciências da saúde (Creswell, Fetters, Plano Clark e Morales, 2009). Estas razões estão mencionadas no Quadro 6.3.

Também notamos que, dependendo dos recursos e do pessoal, os dados qualitativos podem ser adicionados em uma única fase, como antes do experimento (ver Donovan et al., 2002, em que os autores coletaram dados de entrevistas qualitativas antes do experimento controlado randomizado [ECR] para melhorar o índice de consentimento em participar), ou em múltiplas ocasiões durante um estudo (ver Rogers, Day, Randall e Bentall, 2003, em que os dados qualitativos foram coletados antes do experimento de intervenção para informar o projeto de tratamento e depois do experimento de intervenção para examinar os processos que estão por trás da aderência dos pacientes à medicação antipsicótica). Embora os exemplos aqui sejam para variantes dos projetos experimentais incorporados, a noção de incorporação de dado suplementar antes, durante ou depois da principal coleta de dados é uma conceituação útil, independentemente da abordagem (como um estudo de caso) utilizada quando tanto dados quantitativos quanto qualitativos estão incorporados dentro de um projeto maior.

Decidir se a questão de introdução de viés dentro de um experimento incorporado é uma preocupação. Uma questão que pode ocorrer quando um pesquisador incorpora simultaneamente dados qualitativos em um experimento de intervenção é a questão da introdução de viés na coleta de dados qualitativos que afeta a validade interna do experimento. Por exemplo, a coleta dos dados de grupo de foco durante o experimento com a amostra do tratamento experimental afeta os resultados do experimento? Os pesquisadores precisam estar alerta para essa pos-

QUADRO 6.3

Razões para adicionar a pesquisa qualitativa em experimentos de intervenção

Razões para adicionar dados qualitativos antes do início do experimento:

- ✓ Desenvolver um instrumento para ser usado em um experimento de intervenção (quando um instrumento adequado não está disponível)
- ✓ Desenvolver boas práticas de recrutamento ou consentimento para os participantes de um experimento de intervenção
- ✓ Entender os participantes, o contexto e o ambiente, para que uma intervenção possa funcionar (i.e., aplicar as intervenções para situações da vida real)
- ✓ Documentar uma necessidade de intervenção
- ✓ Compilar uma avaliação abrangente de informações básicas

Razões para adicionar dados qualitativos durante o experimento:

- ✓ Validar os resultados quantitativos com dados qualitativos que representem as vozes dos participantes.
- ✓ Entender o impacto da intervenção sobre os participantes (p. ex., barreiras e facilitadores)
- ✓ Entender as experiências imprevistas dos participantes durante o experimento
- ✓ Identificar construtos-chave que possam impactar potencialmente os resultados do experimento, como mudanças no ambiente sociocultural
- ✓ Identificar recursos que possam facilitar a conduta da intervenção
- ✓ Entender e descrever os processos experienciados pelos grupos experimentais
- ✓ Checar a fidelidade da implementação de procedimentos
- ✓ Identificar potenciais fatores de mediação e moderação

Razões para adicionar dados qualitativos depois da conclusão do experimento:

- ✓ Entender como os participantes encaram os resultados do experimento
- ✓ Receber *feedback* dos participantes para revisar o tratamento
- ✓ Ajudar a explicar os resultados quantitativos, como variações sub-representadas nos resultados do experimento
- ✓ Determinar os efeitos de longo prazo e sustentados de uma intervenção depois de um experimento
- ✓ Entender em maior profundidade como os mecanismos funcionaram em um modelo teórico
- ✓ Determinar se os processos na condução do experimento tiveram fidelidade ao tratamento
- ✓ Avaliar o contexto quando as comparações dos resultados são feitas com dados básicos

FONTE: Adaptado da Tabela 9.1 em Creswell et al. (2009).

sibilidade e discuti-las abertamente. Devem ser tomadas medidas para minimizar esse viés potencial. Uma opção para o pesquisador é coletar dados qualitativos modestos, como coletar diários ou fazer registros das atividades que ocorrem durante as sessões de intervenção. Victor, Ross e Axford (2004) usaram diários em um experimento de intervenção de indivíduos com osteoartrite do joelho. Eles pediram aos indivíduos do grupo de intervenção para manter diários durante a intervenção para rever seus sintomas, o uso da medicação e os objetivos para o tratamento durante o experimento. Os investigadores então coletaram esses diários depois da intervenção e os revisaram. Outra abordagem é distribuir igualmente a coleta de dados qualitativos entre os grupos de tratamento e controle. Finalmente, os investigadores podem adiar a coleta de dados qualitativos até depois que a intervenção esteja completa empregando uma abordagem sequencial à coleta de dados.

Decidir que abordagem o projeto ou procedimento vai proporcionar para a coleta de dados quantitativos e qualitativos. Inquestionavelmente, cada vez mais projetos e procedimentos estão sendo usados para coletar tanto dados qualitativos quanto quantitativos (Creswell e Tashakkori, 2007). Uma maneira de encarar estes projetos é considerá-los "ferramentas" que as disciplinas têm usado que se tornam uma estrutura para coleta de ambos os tipos de dados. Por exemplo, a etnografia tem sido há muito considerada um método de coleta de dados (assim como um estudo de grupos de compartilhamento de cultura) e poderia ser vista como um projeto para coletar múltiplas formas de dados – tanto qualitativos quanto quantitativos (Morse e Niehaus, 2009). Dependendo da questão, do projeto e do propósito da pesquisa, um estudo de caso pode ser considerado qualitativo, quantitativo ou ambos (Luck, Jackson e Usher, 2006). Um Calendário da História de Vida, tecnologia de sistemas de informações geográficas (SIG), um Calendário da História do Bairro ou um Estudo da Comunidade Microdemográfica também podem ser vistos como procedimentos para a coleta de dados dentro da demografia social (Axinn e Pearce, 2006). A análise da rede social torna-se um projeto para a incorporação de abordagens etnográficas, como no estudo sociológico do manejo legal do estupro (Quinlan e Quinlan, 2010).

Qualquer que seja o projeto ou procedimento escolhido, o pesquisador precisa ter alguma perícia com relação à coleta de dados dentro dessa estrutura além da perícia em pesquisa de métodos mistos.

Decidir que questões de coleta de dados podem ser antecipadas dentro do projeto ou procedimento escolhido. Os pesquisadores que incorporam os dois tipos de dados dentro de um projeto ou procedimento maior vão encarar questões na coleta de dados relacionadas ao projeto ou procedimento específico (p. ex., Calendários de História de Vida) que está sendo usado como uma estrutura e também como uma implementação dele em um projeto de métodos mistos. Usando os exemplos de demografia social mencionados por Axinn e Pearce (2006), podemos reunir alguns dos problemas de coleta de dados específicos envolvidos na incorporação de dados qualitativos e quantitativos em "ferramentas" como os Calendários de História de Vida. Os métodos do Calendário da História de Vida tentam encontrar um equilíbrio entre as abordagens de coleta de dados mais estruturados e não estruturados para relatos retrospectivos. Questões de pesquisa de levantamento altamente estruturadas podem ser usadas com relatos de história oral menos estruturados. Ao combinar estas fontes de dados em um Calendário de História de Vida, o pesquisador gera um estudo de métodos mistos. Algumas das questões na coleta de dados mencionadas por Axinn e Pearce (2006) envolvem padronizar o período de retorno dos respondentes, incluindo múltiplas dicas do momento certo para ajudar a limitar a carga de retorno para membros mais antigos; usar alternativas entre as populações que não empreguem registros de tempo; usar alternativas de registro flexíveis; incluir comportamentos e eventos culturalmente relevantes; confinar a coleta de dados a eventos e experiências, e não às atitudes, valores ou crenças; limitar a escala da aplicação do calendário a projetos maiores; treinar os entrevistadores qualitativos; e empregar unidades de tempo maiores que dias, tais como meses, para os respondentes mais velhos.

Projeto transformativo

O projeto transformativo é um projeto de métodos mistos que o pesquisador estrutura dentro de uma perspectiva teórica para ajudar a lidar com as injustiças ou produzir mudança para um grupo sub-representado ou marginalizado. A coleta de dados para os elementos qualitativos e quantitativos do estudo pode proceder simultaneamente, sequencialmente ou ambos. Por isso, este projeto pode incluir decisões de coleta de dados já levantadas para os projetos simultâneos e/ou sequenciais. As **decisões de coleta de dados adicionais para o projeto transformativo** estão relacionadas à amostragem, a benefícios para aqueles que participam do estudo, e a colaboração durante o processo de coleta de dados. Muitas destas questões vieram à tona durante o nosso estudo de projetos de métodos mistos transformativos e o exame específico de estudos com lentes feministas, raciais, étnicas, gays e lésbicas, de incapacidade (Sweetman, Badiee e Creswell, 2010).

Decidir como melhor se referir a e interagir com os participantes. Evitar os rótulos estereotípicos para os participantes ao coletar os dados e usar rótulos que sejam significativos para os participantes do estudo. Em um estudo de métodos mistos de indivíduos portadores de incapacidades, Boland, Daily e Staines (2008) mencionaram que os entrevistadores usados na fase qualitativa foram treinados na linguagem e nas normas de comportamento apropriadas relacionadas à incapacidade: "Cinco entrevistadores receberam treinamento específico sobre o modelo social da incapacidade, normas de comportamento e linguagem ao entrevistar clientes portadores de incapacidade" (p. 201).

Decidir que estratégias de amostragem promoverão a inclusividade. Usar estratégias de amostragem que melhorem a inclusividade da amostra para aumentar a probabilidade de que grupos tradicionalmente marginalizados sejam adequada e acuradamente representados. Pode ser utilizada uma abordagem colaborativa para tomar decisões sobre a amostragem. Por exemplo, Payne (2008) descreveu como ele formou uma equipe de pesquisa com quatro homens negros moradores de rua, e junto com esta equipe mapeou as comunidades de rua de interesse, identificou "aliados da rua" (p. 11) como guardiões, e utilizou amostragem em bola de neve para identificar homens negros moradores de rua para participar de seu estudo participativo dos métodos mistos sobre a resiliência.

Decidir como envolver ativamente os participantes no processo de coleta de dados. Usar métodos para garantir que os achados de pesquisa sejam dignos de crédito para essa comunidade e planeje a coleta de dados para permitir a comunicação efetiva com membros da comunidade. Use métodos de coleta que sejam sensíveis aos contextos culturais da comunidade e que abram vias para a participação no processo de mudança social. Uma maneira em que isto pode ocorrer é envolvendo os participantes como copesquisadores ou criando um conselho consultivo que consiste de membros da comunidade. Boland e colaboradores (2008) discutiram consultar um conselho consultivo que consistia de membros de uma comunidade; além disso, o principal entrevistador também era portador de uma incapacidade. Kumar e colaboradores (2000) também utilizaram um conselho consultivo que consistia de membros que variavam em religião, casta, política, gênero e situação previdenciária. O projeto de Shapiro, Setterlund e Cragg (2003) foi supervisionado por membros da OWN (Oprah Winfrey Network), uma organização de autoajuda dedicada a promover os direitos e a dignidade de mulheres idosas.

Decidir usar instrumentos que são sensíveis ao contexto cultural do grupo que está sendo estudado. Além de tomar decisões sobre todo o processo de coleta de dados, os pesquisadores que usam projetos transformativos precisam selecionar cuidadosamente medidas quantitativas que sejam sensíveis aos construtos e grupos que estão sendo estudados. Hodgkin (2008) descreveu a escolha de um método específico de capital social que se mostrou sensível à série de atividades formais e informais em que as mulheres ficavam envolvidas. McMahon (2007) também discutiu a escolha de uma medida não padronizada para ser usada em seu estudo de culturas dos mitos do estupro em estudantes atletas. Ela escreveu que a medida selecionada "representa um ponto de partida dos instrumentos que são normalmente usados para medir as atitudes dos estudantes com relação ao ataque sexual porque foi especificamente designada para lidar com questões de conhecimento do estupro em um *campus* universitário" (p. 360).

Decidir como o processo e os resultados da coleta de dados irão beneficiar a comunidade que está sendo estudada. Esta decisão reflete a noção de reciprocidade – ou devolução aos participantes. Não basta desenvolver e implementar um estudo que possa ser útil à comunidade; tem que haver também uma tentativa de disseminar os achados dentro da comunidade. Durante o processo de condução de um estudo de mulheres hispânicas, Cartwright, Schow e Herrera (2006) tentaram compartilhar os achados com os participantes: "*Formando* foi conceituado com a ideia de compartilhar os achados com os participantes à medida que o estudo progredia, assim como lidar com as questões dos participantes durante o processo" (p. 100). Os encaminhamentos podem ser outra fonte de reciprocidade. Filipas e Ullman (2001), estudando mulheres sobreviventes de ataques sexuais em um estudo de métodos mistos, proporcionaram às suas participantes "uma lista de recursos de saúde física e mental na comunidade para lidar com o estupro e com outros atos de violência, e a carta de apresentação às estudantes proporcionava um contato adicional para encaminhamentos de aconselhamento na universidade" (p. 676). Em outro estudo de métodos mistos, Kumar e colaboradores (2000) proporcionaram testes e aconselhamento gratuitos para HIV, encaminhamentos médicos, alimentação e a perspectiva de se tornarem um educador de pares para usuários de droga.

Projeto multifásico

O projeto multifásico combina os elementos sequencial e simultâneo durante um período de tempo em um programa de estudo. Os principais exemplos são projetos de avaliação em larga escala e projetos de ciências da saúde. Eles podem envolver múltiplos níveis de análise e, normalmente, são conduzidos durante vários anos. O que todos esses projetos têm em comum é que

1. eles são mais complexos do que os projetos de duas fases em nossos projetos básicos de pesquisa de métodos mistos;
2. eles normalmente ocorrem no correr do tempo;
3. eles com frequência envolvem uma equipe de pesquisadores;
4. eles requerem um financiamento extensivo; e
5. eles envolvem a coleta de múltiplas bases de dados quantitativos e qualitativos que se formam na direção de um objetivo geral.

Esses estudos com frequência aparecem como projetos diferentes baseados em bancos de dados e em diferentes publicações (com diferentes intervalos de publicação) (Morse e Niehaus, 2009), o que dificulta discernir as questões específicas da coleta de dados. Até que os procedimentos de vinculação de vários estudos e projetos no correr do tempo sejam discutidos mais detalhadamente, nossa discussão só pode ser um ponto de partida para a conversa sobre importantes questões de coleta de dados. Entretanto, à medida que os métodos mistos se tornam mais enraizados em estudos isolados, seu uso em programas longitudinais também se tornará mais comum (Axinn e Pearce, 2006).

As **decisões de coleta de dados para o projeto multifásico** incluem amostragem, o uso de projetos longitudinais e o desenvolvimento de um objetivo programático que una os múltiplos projetos.

Decidir usar múltiplas estratégias de amostragem. O projeto multifásico com frequência envolve múltiplas estratégias de abordagem e pode incluir diferentes procedimentos de amostragem para diferentes níveis de análise. Em um exame de escolas no Louisiana Effectiveness Study (Teddlie e Stringfield, 1993), os autores usaram oito estratégias de amostragem diferentes (p. ex., tipos de probabilidade, como a aleatória; tipos de qualitativa intencional, como amostragem de caso típica; e tipos de combinações, como estratificada intencional) em cinco níveis de educação: sistema escolar estadual, distritos escolares, escolas individuais, professores ou salas de aula e estudantes dentro das salas de aula.

Decidir como amostrar e coletar os dados para cada fase. Os projetos multifásicos podem incluir tanto formas simultâneas quanto formas sequenciais de coleta de dados, e uma ou ambas as formas podem se aplicar a diferentes níveis de uma organização (Teddlie e Yu, 2007) e/ou a diferentes fases de um estudo longitudinal. Isso pode significar usar diferentes amostras para projetos diferentes para evitar viés dos participantes ou provocar neles fadiga da pesquisa. Bradley e colaboradores (2009) descreveram suas diferentes amostras e procedimentos de coleta de dados em quatro fases para melhorar o cuidado hospitalar para pacientes com infarto agudo do miocárdio. Eles primeiro examinaram os dados de desempenho quantitativos em uma base de dados representando todos os hospitais dos Estados Unidos. No passo seguinte, conduziram estudos qualitativos em profundidade de 11 hospitais identificados como de alto desempenho. A amostra em cada hospital incluiu indivíduos em vários papéis, como cardiologistas, médicos pronto-socorristas, enfermeiras, técnicos, equipe de ambulância e administradores. A partir das práticas qualitativamente derivadas, a equipe desenvolveu uma pesquisa de levantamento quantitativa na *web* que foi administrada a uma amostra aleatoriamente selecionada de 365 hospitais. Depois de disseminar as recomendações baseadas em resultados, a equipe avaliou o sucesso dos esforços de disseminação usando uma combinação de abordagens.

Decidir como lidar com as questões de mensuração e desgaste. Questões específicas podem vir à tona relacionadas ao aspecto longitudinal de um projeto multifásico. Estas incluem o possível desgaste dos participantes de os métodos de coleta de dados ocorrerem durante vários anos (Axinn e Pearce, 2006). Outras questões envolvem a tensão entre manter uma íntima comparabilidade de medidas no correr do tempo e medidas que mudam no correr do tempo dados os esforços emergentes da coleta de dados. Além disso, com múltiplos pontos de coleta de dados, os participantes podem mudar (assim como as mudanças no contexto social ou no tema de interesse) no decorrer de um estudo multifásico que inclua coleta de dados longitudinais. Os procedimentos para recontato e cooperação precisam ser embutidos no estudo. Se a unidade de análise consistir de famílias, no correr do tempo os indivíduos mudam dentro das famílias. Além disso, os pesquisadores precisam manter em mente uma abordagem emergente para que as investigações sejam construídas incrementalmente e não simplesmente se desenvolvam como estudos separados. Como foi apontado por Axinn e Pearce (2006), "as informações colhidas dos métodos usados em um momento do tempo podem ser usadas para guiar a implementação na próxima série de métodos alternativos" (p. 178).

Decidir sobre o impulso programático para proporcionar a estrutura para os projetos multifásicos. Precisa haver consistência entre os múltiplos projetos em um projeto multifásico, que devem ser proporcionados por um impulso programático central. Morse e Niehaus (2009) discutiram a importância de um objetivo programático que proporciona ao programa de pesquisa seu impulso teórico. Por exemplo, o objetivo programático principal do desenvolvimento de intervenções complexas para melhorar a saúde foi o tema de um artigo de autoria de Campbell e colaboradores (2000). Eles discutiram intervenções complexas "compostas de várias partes interconectadas" (p. 694). Exemplos de seus estudos de intervenção complexos nas ciências da saúde foram a prestação de serviço e as unidades de organização (p. ex., unidades de derrame), o comportamento dos profissionais da saúde (p. ex., estratégias para implementar as diretrizes), as comunidades (p. ex., os programas baseados na comunidade para prevenir doença cardíaca), os grupos (p. ex., intervenções baseadas na escola para reduzir o fumo) e os indivíduos (p. ex., terapia comportamental cognitiva para a depressão). As fases destes projetos de intervenção podiam ser sequenciais ou iterativas e com frequência não eram lineares. Suas fases consistiam de uma fase pré-clínica ou teórica, uma fase definidora dos componentes da intervenção, uma fase definidora do experimento e do projeto de intervenção, e uma fase de promoção de implementação efetiva. Nessas fases, os investigadores incluíram métodos de coleta de dados qualitativos e quantitativos e discutiram questões de método da dificuldade de randomização, ocultação do local de tratamento e recrutamento deficiente.

✓ Resumo

A coleta de dados qualitativa e quantitativa envolve os principais componentes da amostragem, a obtenção de permissões, a seleção dos tipos de dados, a preparação de formulários para o registro de dados e a administração da coleta de dados. Para cada componente, as abordagens diferem para as abordagens quantitativas e qualitativas para a coleta de dados. Na pesquisa de métodos mistos, convém conceituar os dois tipos de coleta de dados como simultânea ou sequencial e relacionar os procedimentos de coleta de dados aos tipos específicos dos projetos de métodos mistos. Os princípios gerais para a coleta de dados nos estudos de métodos mistos envolve a coleta de informações para lidar com as questões de pesquisa, proporcionar detalhes para os procedimentos, estar familiarizados tanto com a coleta de dados quantitativos quanto com a coleta de dados qualitativos, e usar uma amostragem que se baseie nas abordagens encontradas tanto na pesquisa qualitativa quanto na quantitativa.

Há também decisões específicas relacionadas à coleta de dados associada a cada um dos projetos de métodos mistos. Para o projeto convergente, as decisões estão relacionadas ao que os indivíduos incluem nas amostras para cada elemento, ao tamanho relativo das duas amostras, ao uso de questões paralelas entre os formulários de dados, e ao formato e à ordem da coleta dos dois tipos de dados. Com relação ao projeto explanatório, as decisões estão relacionadas a quem participa da segunda fase, ao tamanho relativo das duas amostras, à maneira como planejar a coleta de dados qualitativos com base nos resultados quantitativos, como selecionar os melhores indivíduos para a segunda amostra, e como garantir a aprovação do IRB para a abordagem de duas fases. Para o projeto exploratório, as decisões são similares devido à abordagem de duas fases, mas as considerações são diferentes. Essas decisões estão relacionadas à determinação das amostras e aos tamanhos das amostras para cada fase, a abordagem para garantir as aprovações do IRB, as decisões sobre que resultados usar desde a primeira fase, como planejar um instrumento rigoroso com boas propriedades psicométricas, e como comunicar este passo importante dentro do projeto. Para um projeto incorporado, as questões de coleta de dados incluem criar uma justificativa para a incorporação dos dados, para decidir o momento certo para a incorporação dos dados, para lidar com os problemas de vieses que podem surgir da incorporação, para decidir sobre um projeto ou procedimento como uma perspectiva abrangente a ser usada, e para trabalhar com problemas que podem ocorrer durante a incorporação em um projeto ou procedimento tradicional. No projeto transformativo, as decisões estão relacionadas a identificar e interagir com os participantes de grupos marginalizados de maneiras sensíveis, usando estratégias de amostragem inclusivas, colaborando ativamente com os participantes durante o processo de coleta de dados, selecionando os instrumentos que são sensíveis aos contextos dos participantes, e utilizando procedimentos que conduzam a benefícios para aqueles que estão participando do estudo. Para um projeto multifásico, as decisões de coleta de dados são emergentes e não sabemos muito sobre as preocupações específicas, mas elas se relacionam à necessidade de múltiplas estratégias de amostragem, à designação de procedimentos para coletas de dados múltiplas que se desenvolvem longitudinalmente no correr do tempo, ao tratamento das questões de mensuração e desgaste, e ao desenvolvimento de um objetivo programático que una os múltiplos projetos.

> **ATIVIDADES**
>
> 1. Examine um artigo de periódico qualitativo e um quantitativo. Os dois estudos devem exibir as duas formas de amostragem: amostragem intencional e amostragem aleatória ou sistemática. Discuta as diferentes abordagens utilizadas.
> 2. Encontre um estudo de projeto de métodos mistos convergente publicado em um periódico. Trace um diagrama das atividades de coleta e análise dos dados. Indique no traçado as especificidades sobre as estratégias de amostragem, os tamanhos da amostra, os participantes e as diferentes formas de coleta de dados.
> 3. Encontre um estudo de projeto de métodos mistos explanatório publicado em um periódico. Examine como o autor selecionou os participantes para a segunda fase e a(s) razão(ões) que o autor apresenta para selecionar esses indivíduos. Liste as maneiras em que o autor usou os resultados quantitativos para guiar a coleta dos dados na fase qualitativa.
> 4. Encontre um estudo do projeto de métodos mistos exploratório em que o interesse era desenvolver um instrumento. Liste os passos que os autores usaram para desenvolver o instrumento a partir da base de dados qualitativos. Compare estes passos com aqueles em DeVellis (1991) mencionados neste capítulo.
> 5. Encontre um estudo de projeto de métodos mistos transformativo feminista. Examine atentamente a coleta de dados e determine como os autores colaboraram com os participantes, respeitaram seus direitos, utilizaram procedimentos de coleta de dados que eram sensíveis aos contextos dos participantes, e construíram apoio para se envolverem em sua pesquisa.
> 6. Encontre um projeto multifásico na avaliação ou nas ciências da saúde. Identifique os vários projetos que foram vinculados. Trace um diagrama dos seus procedimentos de coleta de dados dentro de cada um dos projetos.
> 7. Escreva uma descrição dos procedimentos de coleta e dados que vocês podem usar em um estudo de métodos mistos da sua escolha. Especifique sua estratégia de amostra, tamanho da amostra, tipos de coleta de dados, formulários para registro de informações, e procedimentos de administração para os elementos quantitativos e qualitativos do seu estudo.

Recursos adicionais a serem examinados

Há muitos livros disponíveis para desenvolver um bom entendimento dos métodos quantitativos e qualitativos ou ambos. Há livros disponíveis dentro de campos de disciplina específicos, mas aqui estão dois recursos que incluem tanto métodos quantitativos e qualitativos e são amplamente destinados para as ciências sociais e a educação:

Creswell J.W. (2008b). *Educational research: Planning, conducting, and evaluating quantitative and qualitative research* (3rd ed). Upper Saddle River, NJ: Pearson Education.

Plano Clark, V.L. & Creswell, J.W. (2010). *Understanding research: A consumer's guide*. Upper Saddle River, NJ: Pearson Education.

Há também uma fonte da *web* sobre os métodos de pesquisa que proporciona uma visão geral de ideias importantes tanto na pesquisa quantitativa quanto qualitativa:

Trochim, W.M. The research methods knowledge base (2nd ed.). Retrieved from http://www.socialresearchmethods.net/kb/

Para uma visão geral detalhada dos passos envolvidos na construção de um instrumento e no desenvolvimento da escala, ver o seguinte recurso:

DeVellis, R.F. (1991). *Scale development : Theory and application*. Newbury Park, CA: Sage.

Para uma discussão detalhada sobre os estudos de métodos mistos transformativos e questões específicos de coleta de dados, ver o seguinte recurso:

Sweetman, D., Badiee, M. & Creswell, J.W. (2010). *Use of the transformative framework in mixed methods studies. Qualitative Inquiry.* Prepublished April 15, 2010, DOI: 10.1177/1077800410364610.

Para uma discussão da coleta de dados tanto qualitativos quanto quantitativos incorporados em um projeto ou procedimento, ver os seguintes recursos:

Axinn, W.G. & Pearce, L.D. (2006). *Mixed method data collection strategies.* Cambridge, UK: Cambridge University Press.

7
Análise e interpretação dos dados na pesquisa de métodos mistos

A análise dos dados na pesquisa de métodos mistos consiste em analisar separadamente os dados quantitativos usando métodos quantitativos e os dados qualitativos usando métodos qualitativos. Também envolve analisar os dois conjuntos de informações usando técnicas que "misturem" os dados e resultados quantitativos e qualitativos – a análise dos métodos mistos. Essas análises respondem às questões ou hipóteses de pesquisa em um estudo, incluindo as questões de métodos mistos. Por isso, nosso foco aqui serão principalmente os tipos de análise que serão utilizadas para tratar das questões de métodos mistos nos estudos. Os dados são analisados para lidar com estas questões mediante passos distintos e decisões-chave tomadas pelo pesquisador. Os passos e as decisões variam entre os seis diferentes projetos de pesquisa dos métodos mistos que introduzimos no Capítulo 3. Usando esses procedimentos de análise, o pesquisador de métodos mistos representa, interpreta e valida os dados e os resultados. Programas de computador podem ajudar nas análises quantitativas, qualitativas e de métodos mistos. No entanto, nossa discussão se inicia com uma revisão dos princípios básicos da análise e interpretação dos dados quantitativos e qualitativos. Por isso, neste capítulo nós vamos

✓ examinar os princípios básicos da análise e da interpretação dos dados quantitativos e qualitativos;
✓ resumir os princípios-chave na análise e na interpretação dos dados dos métodos mistos;
✓ discutir os passos na análise dos dados de métodos mistos para todos os seis projetos de métodos mistos;
✓ destacar as decisões tomadas na fusão dos dados para projetos simultâneos e para conectar os dados em projetos sequenciais;
✓ relacionar as questões da validade com os projetos de métodos mistos; e
✓ identificar as maneiras em que os programas de *software* de computador podem

ser usados na análise dos dados dos métodos mistos.

PRINCÍPIOS BÁSICOS DA ANÁLISE E DA INTERPRETAÇÃO DOS DADOS QUANTITATIVOS E QUALITATIVOS

Tanto para a análise dos dados quantitativos quanto para a análise dos dados qualitativos, os pesquisadores percorrem um conjunto de passos similar: preparar os dados para a análise, explorar os dados, analisar os dados, representar a análise, interpretar a análise e validar os dados e as interpretações. Estes passos se desenvolvem de maneira linear na pesquisa quantitativa, mas são com frequência implementados tanto simultânea quanto iterativamente na pesquisa qualitativa. Como mostra o Quadro 7.1, os procedimentos associados a cada passo também diferem para a pesquisa quantitativa e qualitativa.

Esses passos podem ser familiares, e por isso a apresentação aqui irá rever e destacar aspectos essenciais da análise dos dados (ver Creswell, 2008b, para uma apresentação mais detalhada).

Preparação dos dados para análise

Na pesquisa quantitativa, o investigador começa convertendo os dados brutos em uma forma útil para a análise dos dados, o que significa pontuar os dados designando valores numéricos a cada resposta, limpando os erros da entrada dos dados do banco de dados, e criando variáveis especiais que serão necessárias, tais como recodificação dos itens nos instrumentos com pontuações invertidas ou computando novas variáveis que compreendem itens múltiplos que formam as escalas. A recodificação e a computação são completadas com programas de computador estatísticos, como aqueles preparados pelo Statistical Program for the Social Sciences (SPSS) (http://www.spss.com) e pelo Statistical Analysis System (SAS) (http://www.sas.com). Também precisa ser desenvolvido um livro de códigos que relacione as variáveis, suas definições e os números associados às opções de resposta para cada uma.

Para a análise dos dados qualitativos, preparar os dados significa organizar o documento ou os dados visuais para examinar ou transcrever o texto de entrevistas e observações em arquivos de processamento de texto para análise. Durante o processo de transcrição, o pesquisador checa as transcrições para a acurácia e depois a integra em um programa de *software* de análise de dados qualitativos, como o MAXQDA (http://www.maxqda.com/), Atlas.ti (http://www.atlasti.com/), NVivo (http://www.qsrinternational.com) ou HyperRESEARCH (http://www.researchware.com/).

Exploração dos dados

Explorar os dados significa examinar os dados com atenção para desenvolver tendências amplas e a forma da distribuição ou da leitura por meio dos dados, da preparação de anotações e do desenvolvimento de um entendimento preliminar do banco de dados.

Explorar os dados na análise de dados quantitativos envolve inspecionar visualmente os dados e conduzir uma análise descritiva (a média, o desvio-padrão [DP] e a variância das respostas para cada item nos instrumentos ou listas de checagem) para determinar as tendências gerais nos dados. Os pesquisadores exploram os dados para ver a distribuição dos dados e determinar se eles são adeptos da distribuição normal para que a estatística apropriada possa ser escolhida para análise. A qualidade dos escores dos instrumentos de coleta de dados também é examinada utilizando-se procedimentos para avaliar sua confiabilidade e validade. Estatísticas descritivas são geradas para todas as principais variáveis do estudo – especialmente as principais, como as variáveis independentes e as dependentes.

Explorar os dados na análise de dados qualitativos envolve ler todos os dados para desenvolver um entendimento geral do banco de dados. Isso significa registrar os pensa-

QUADRO 7.1

Procedimentos de análise de dados quantitativos e qualitativos recomendados para o planejamento de estudos de métodos mistos

Procedimentos rigorosos da análise de dados quantitativos	Procedimentos gerais na análise dos dados	Procedimentos persuasivos da análise de dados qualitativos
✓ Codificar os dados atribuindo valores numéricos. ✓ Preparar os dados para análise com um programa de computador. ✓ Limpar o banco de dados. ✓ Recodificar ou computar novas variáveis para a análise por computador. ✓ Estabelecer um conjunto de códigos.	Preparação dos dados para análise	✓ Organizar os documentos e os dados visuais. ✓ Transcrever o texto. ✓ Preparar os dados para análise com um programa de computador.
✓ Inspecionar os dados visualmente. ✓ Conduzir análises descritivas. ✓ Verificar as tendências e as distribuições.	Exploração dos dados	✓ Ler por meio dos dados. ✓ Escrever anotações. ✓ Desenvolver um livro de códigos qualitativo.
✓ Escolher um teste estatístico apropriado. ✓ Analisar os dados para responder às questões de pesquisa ou testar as hipóteses. ✓ Relatar os testes inferenciais, os tamanhos do efeito e os intervalos de confiança. ✓ Usar programas de computador estatísticos quantitativos.	Análise dos dados	✓ Codificar os dados. ✓ Atribuir rótulos aos códigos. ✓ Agrupar os códigos em temas (ou categorias). ✓ Inter-relacionar os temas (ou as categorias) ou resumir para um conjunto menor de temas. ✓ Usar programas de computador de análise de dados qualitativos.
✓ Representar os resultados em declarações dos resultados. ✓ Apresentar os resultados em tabelas e figuras.	Representação das análises dos dados	✓ Representar os achados nas discussões de temas ou categorias. ✓ Apresentar modelos visuais, figuras e/ou tabelas.
✓ Explicar como os resultados tratam as questões ou hipóteses da pesquisa. ✓ Comparar os resultados com a literatura usada na pesquisa, as teorias ou as explanações anteriores.	Interpretação dos resultados	✓ Avaliar como as questões da pesquisa foram respondidas. ✓ Comparar os achados com a literatura. ✓ Refletir sobre o significado pessoal dos achados. ✓ Estabelecer novas questões baseadas nos achados.

(continua)

QUADRO 7.1
Procedimentos de análise de dados quantitativos e qualitativos recomendados para o planejamento de estudos de métodos mistos (continuação)

Procedimentos rigorosos da análise de dados quantitativos	Procedimentos gerais na análise dos dados	Procedimentos persuasivos da análise de dados qualitativos
✓ Usar padrões externos. ✓ Validar e checar a confiabilidade dos escores pelo uso do instrumento no passado. ✓ Estabelecer a validade e a confiabilidade dos dados atuais. ✓ Avaliar a validade interna e externa dos resultados.	Validação dos dados e dos resultados	✓ Usar os padrões do pesquisador, do participante e do examinador. ✓ Usar estratégias de validação, como checagem do membro, triangulação, evidências não confirmadoras e examinadores externos. ✓ Checar a precisão do relato. ✓ Empregar procedimentos limitados para checar a confiabilidade.

mentos iniciais escrevendo anotações curtas nas margens das transcrições ou anotações de campo. Nessa revisão geral dos dados, todas as formas de dados são examinadas, como anotações das observações de campo, dos diários, das minutas das reuniões, dos quadros e das transcrições das entrevistas. A composição destas anotações torna-se um primeiro passo importante na formação de categorias mais amplas de informações, como códigos ou temas. As anotações são normalmente frases ou ideias curtas escritas nas margens das transcrições ou observações de campo. Também nesta ocasião pode ser desenvolvido um livro de códigos. O conjunto de códigos é um estabelecimento dos códigos para um banco de dados. Ele é gerado durante um projeto e pode se basear em códigos de literatura usada na pesquisa e também nos códigos que emergem durante uma análise. O processo de geração deste livro de códigos ajuda a organizar os dados, e isso facilita o acordo (se vários indivíduos codificam os dados) sobre o conteúdo das transcrições quando novos códigos são adicionados e outros códigos removidos durante o processo de codificação. Nem todos os pesquisadores qualitativos usam esse procedimento sistemático, mas esse processo ajuda a organizar grandes bancos de dados.

Análise dos dados

A análise dos dados consiste no exame do banco de dados para lidar com as questões ou hipóteses da pesquisa. Tanto na análise quantitativa quanto na qualitativa, vemos múltiplos níveis de análise. Na **análise de dados quantitativos**, o pesquisador analisa os dados tendo por base o tipo de questões ou hipóteses e usa o teste estatístico apropriado para lidar com as questões ou hipóteses. A escolha de um teste estatístico é baseada no tipo de questões que estão sendo formuladas (p. ex., uma descrição de tendências, uma comparação de grupos ou o relacionamento entre as variáveis), no número de variáveis independentes e dependentes, nos tipos de escalas usadas para medir essas variáveis, e se os escores das variáveis estão normal ou anormalmente distribuídos. As informações nos textos dos métodos de pesquisa discutem cada uma destas considerações (p. ex., Creswell, 2008b). Os pesquisadores também devem buscar evidências de resultados práticos, relatados como tamanhos do efeito e intervalos de confiança. A análise dos dados quantitativos prossegue da análise descritiva para a análise inferencial, e muitos passos na análise inferencial geram uma análise refinada maior

(p. ex., dos efeitos da interação para os efeitos principais para as comparações de grupo *post hoc*).*

A **análise dos dados qualitativos** envolve a codificação dos dados, a divisão do texto em unidades pequenas (expressões, sentenças ou parágrafos), atribuição de um rótulo a cada unidade, e depois agrupamento dos códigos em temas. O rótulo da codificação pode vir das palavras exatas dos participantes (i.e., na codificação *in vivo*), das expressões compostas pelo pesquisador ou dos conceitos usados nas ciências sociais ou humanas. Se o pesquisador codifica diretamente na transcrição impressa, as páginas transcritas precisam ser digitadas com margens extra-grandes para que os códigos e as anotações possam ser colocados nas margens. Nesse processo de codificação à mão, os pesquisadores atribuem palavras em código aos segmentos de texto em uma margem (p. ex., do lado esquerdo) e os temas mais amplos de registro na outra margem (p. ex., do lado direito).

Atualmente, uma abordagem mais prática é usar um dos muitos programas de computador de análise de dados qualitativos (ver Creswell e Maietta, 2002). Todos esses programas contêm alguma combinação das seguintes características. Os **programas de computador qualitativos** podem armazenar documentos de texto para análise; permitem ao pesquisador bloquear e rotular os segmentos de texto com códigos para que eles possam ser facilmente recuperados, organizar os códigos em um elemento visual, possibilitando diagramar e ver o relacionamento entre eles; e buscar segmentos de texto que contenham múltiplos códigos. Os programas variam na maneira e na extensão em que realizam estas funções.

A característica fundamental da análise dos dados qualitativos é o processo de codificação. Codificação é o processo de agrupamento de evidências e rotulação de ideias para que elas reflitam perspectivas cada vez mais amplas. As evidências de um banco de dados são agrupadas em códigos, e os códigos são agrupados em temas mais amplos. Os temas então podem ser agrupados em dimensões ou perspectivas ainda maiores, relacionadas ou comparadas. Um exemplo típico de temas relacionados pode ser visto na teoria fundamentada, em que os pesquisadores criam temas ou códigos (chamados categorias) e depois as relacionam em um modelo teórico. Outro exemplo pode ser visto na pesquisa narrativa, em que uma cronologia da vida de um indivíduo é composta usando-se uma sequência de códigos, ou temas, a partir dos dados. Nesse processo, os temas, os temas inter-relacionados ou as perspectivas mais amplas são os achados, ou resultados que proporcionam respostas às questões da pesquisa qualitativa.

Representação da análise dos dados

O passo seguinte no processo da análise é representar os resultados da análise em forma resumida em declarações, tabelas ou figuras. Estes sumários podem ser declarações resumindo os resultados. Na pesquisa quantitativa, isto envolve representar os achados em declarações resumindo os resultados estatísticos: "Os escores variaram para os quatro grupos do experimento. A análise indicou uma diferença estatisticamente significativa** ($p < 0,05$) entre os grupos, $F(4.10) = 9,98$, $p = 0,023$, tamanho do efeito = $0,93$ *DP*."

As tabelas na pesquisa quantitativa podem relatar resultados relacionados a questões descritivas ou questões inferenciais. Se hipóteses foram testadas, as tabelas relatam se os resultados do teste foram estatística-

---

* N. de R.T.: *Post hoc* refere-se, por exemplo, ao teste de Tuckey na Análise de Variância ou o teste de Dunn no teste de Kruskal-Wallos.

** N. de R.T.: $F(4,10) = 9,98$, $p = 0,023$ e tamanho do efeito = $0,93$ *DP* significa que o teste de Anova foi usado com uma variável dependente (y) com cinco níveis e uma variável independente (x) com 11 casos. Tamanho do efeito diz respeito à estatística f de Cohen [ver Cohen, J. (1989). *Statistical power analysis for the behavior sciences*. N. J.: Erlbaum].

mente significantes (assim como o tamanho do efeito e os intervalos de confiança). Os pesquisadores em geral apresentam apenas um teste estatístico em cada tabela. As tabelas precisam ser bem organizadas, com um título claro e detalhado e com as linhas e as colunas rotuladas. Há uma informação padronizada que deve ser relatada para cada tipo de procedimento estatístico, e vários livros de estatística proporcionam tabelas de amostra como modelos.

Os pesquisadores usam números para apresentar os resultados quantitativos de uma forma visual, como em gráficos de barras, gráficos de dispersão, gráficos de linhas ou diagramas. Essas formas visuais representam as tendências e distribuições dos dados. As informações precisam aumentar, não duplicar as informações apresentadas no texto, ser fáceis de ler e entender, e omitir detalhes que distraiam a atenção. Alguns programas estatísticos permitem que as figuras sejam copiadas diretamente em documentos de processamento de texto.

Na pesquisa qualitativa, a representação dos resultados pode envolver uma discussão das evidências para os temas ou categorias; a apresentação de números que descrevam o ambiente físico do estudo; ou diagramas que apresentem estruturas, modelos ou teorias. Ao discutir as evidências para um tema, ou categoria, a ideia básica é construir uma discussão que convença o leitor de que um tema, ou categoria, emerge dos dados. Escrever estratégias para a provisão desta evidência inclui comunicar subtemas, ou subcategorias; fazer citações específicas; usar fontes de dados diferentes para citar itens múltiplos de evidências; e prover múltiplas perspectivas de indivíduos em um estudo para mostrar as visões divergentes (ver Creswell, 2008b, para exemplos específicos dessas estratégias). Além destas discussões, os pesquisadores podem representar seus achados mediante recursos visuais, como figuras, mapas ou tabelas que apresentem os diferentes temas. Os temas inter-relacionados podem compreender um modelo (como na teoria fundamentada), uma cronologia (como na pesquisa narrativa) ou em tabelas de comparação (como na etnografia). Um mapa pode mostrar o aspecto físico do local em que a ocorreu a pesquisa.

Interpretação dos resultados

Depois de apresentar os resultados ou achados, o pesquisador em seguida faz uma interpretação do significado dos resultados. Isso com frequência aparece em uma seção de discussão de um relato. Basicamente, uma **interpretação dos resultados** envolve recuar para os resultados detalhados e avançar seu significado mais amplo em vista dos problemas de pesquisa, questões em um estudo, a literatura existente e, talvez, as experiências pessoais. Para a pesquisa quantitativa, isso significa comparar os resultados com as questões de pesquisa iniciais formuladas para determinar como a questão ou hipóteses foram respondidas no estudo. Isso também significa comparar os resultados com previsões anteriores ou explicações extraídas de estudos ou teorias passados da pesquisa, que proporcionam explicações para o que o pesquisador encontrou.

Na pesquisa qualitativa, a interpretação proporciona explicações similares sobre os resultados, mas com algumas diferenças. O pesquisador qualitativo precisa lidar com a maneira como as questões de pesquisa foram respondidas pelos achados qualitativos. Além disso, podem ser feitas comparações dos achados com estudos de pesquisa passados na literatura. Mas, além destas abordagens, os pesquisadores qualitativos também podem se basear em suas experiências pessoais e extrair avaliações pessoais dos significados dos achados. Este último aspecto coloca a pesquisa qualitativa separada das abordagens quantitativas e reflete o papel do pesquisador qualitativo, que acredita que a pesquisa (e suas interpretações) nunca pode ser separada das visões e caracterizações pessoais do pesquisador.

Validação dos dados e dos resultados

Outro componente de toda boa pesquisa é utilizar procedimentos para garantir a validade dos dados, resultados e sua interpretação. A validade difere na pesquisa quantitativa e qualitativa, mas nas duas abordagens, serve ao propósito de checar a qualidade dos dados, dos resultados e das interpretações.

Na pesquisa quantitativa, o pesquisador está preocupado com questões de validade em dois níveis: a qualidade dos escores dos instrumentos usados e a qualidade das conclusões que podem ser extraídas dos resultados das análises quantitativas. A **validade quantitativa** significa que os escores recebidos dos participantes são indicadores significativos do construto que está sendo medido. Os padrões são extraídos de uma fonte externa do pesquisador e dos participantes: procedimentos estatísticos ou especialistas externos. Os pesquisadores buscam evidências de validade de conteúdo (como os juízes julgam se os itens ou questões são representativos dos possíveis itens), da validade relacionada ao critério (se os escores estão relacionados a algum padrão externo, como escores sobre um instrumento similar), ou a uma validade de constructo (se eles mensuram o que pretendem mensurar). Os Standards for Educational and Psychological Testing (American Educational Research Association, 1999) usam uma terminologia baseada no tipo de evidência coletado (conteúdo do teste, processos de resposta, estrutura interna, outras variáveis e consequências da testagem) e se concentram na interpretação dos escores do teste em relação ao uso proposto do teste. Para avaliar a validade de um estudo, os investigadores estabelecem a validade de seus instrumentos mediante a validade de conteúdo e de seus escores por meio de procedimentos relacionados aos critérios e à validade do constructo. Os pesquisadores quantitativos também consideram a validade das conclusões que eles são capazes de extrair de seus resultados. Isto significa que os pesquisadores quantitativos precisam planejar seus estudos para reduzir as ameaças à validade interna e à validade externa. A validade interna é a extensão em que o investigador pode concluir que há um relacionamento de causa e efeito entre as variáveis. O investigador só pode extrair inferências de causa e efeito se ameaças, como atrito do participante, viés de seleção e maturação dos participantes, são responsáveis pelo projeto (ver Creswell, 2008b). A validade interna é da maior preocupação em estudos experimentais. A validade externa é a extensão em que o investigador pode concluir que os resultados se aplicam a uma população maior, que é em geral da maior preocupação nos projetos de pesquisa. Isto significa que as inferências corretas só podem ser extraídas para outras pessoas, ambientes e situações passadas e futuras se o investigador tiver usado procedimentos como seleção de uma amostra representativa.

Os pesquisadores quantitativos também consideram questões de confiabilidade. A **confiabilidade quantitativa** significa que os escores recebidos dos participantes são consistentes e estáveis no correr do tempo A confiabilidade dos escores dos usos passados, avaliados em termos de que os coeficientes de confiabilidade, e dos instrumentos de resultados teste-reteste, precisam ser tratados. Em um estudo, os pesquisadores precisam checar a confiabilidade dos escores (por meio de procedimentos estatísticos de consistência interna) e de quaisquer comparações teste-reteste enquanto estiver explorando os dados. A confiabilidade dos dados precisa ser estabelecida antes de as avaliações da sua validade poder ser tratada.

Na pesquisa qualitativa, há mais de um foco na validade do que a confiabilidade de determinar se o relato proporcionado pelo pesquisador e os participantes for preciso, puder ser confiável e digno de crédito (Lincoln e Guba, 1985). A validade qualitativa vem dos procedimentos de análise do pesquisador, baseado em informações colhidas durante as visitas dos participantes e de examinadores externos. A confiabilidade desempenha um papel menor na pesquisa qualitativa e se relaciona, fundamentalmente, na confiabilidade de múltiplos codificadores em uma equipe para conseguir um acordo com relação aos códigos para as passagens no texto.

A validação qualitativa é importante para estabelecer, mas há muitos comentários e tipos de validade qualitativo que é difícil saber que abordagem adotar. Vamos trabalhar a partir de padrões que estabelecemos em publicações anteriores (Creswell, 2007; Creswell e Miller, 2000). Em geral, checar as medidas de validade qualitativa significa avaliar se as informações obtidas pela coleta de dados qualitativos são precisas. Há estratégias disponíveis para determinar esta validade, e os pesquisadores qualitativos normalmente usam mais que um procedimento. A checagem dos membros é uma abordagem frequentemente utilizada, em que o investigador emprega resumos dos achados (p. ex., estudos de caso, temas importantes, modelo teórico) para os principais participantes do estudo e lhes perguntam se os achados são um reflexo preciso de suas experiências. Outra abordagem da validade é a triangulação dos dados extraídos de várias fontes (p. ex., transcrições e quadros) ou de vários indivíduos. Esse procedimento é uma prática comum de análise de dados. O investigador constrói evidências para um código ou tema de várias fontes ou de vários indivíduos. Outra abordagem consiste em relatar evidências desmentidas. Evidências desmentidas são informações que apresentam uma perspectiva que é contrária àquela indicada pelas evidências estabelecidas. O relato de evidências desmentidas na verdade confirma a precisão da análise dos dados, porque na vida real esperamos que as evidências dos temas divirjam e incluam mais que apenas informações positivas. Uma abordagem final é pedir a outros que examinem os dados. Esses outros podem existir na forma de pares (i.e., alunos de pós-graduação ou membros do corpo docente), que estejam familiarizados com a pesquisa qualitativa e também com a área de conteúdo da pesquisa específica, ou com auditores externos, indivíduos não afiliados com o projeto que examinam os bancos de dados e os resultados qualitativos usando seus próprios critérios (Creswell, 2007).

A confiabilidade tem um significado limitado na pesquisa qualitativa, mas é popular na pesquisa qualitativa quando há um interesse em comparar a codificação entre vários codificadores. O chamado **acordo entre codificadores na pesquisa qualitativa**, este procedimento básico envolve ter vários indivíduos codificados em uma transcrição e depois comparar o seu trabalho para determinar se eles chegaram aos mesmos códigos e temas ou a códigos e temas diferentes (Miles e Huberman, 1994). Normalmente, os codificadores buscam passagens de textos que eles têm todos codificado e, usando um esquema de codificação predeterminado, identificam se eles atribuem os mesmos códigos ou códigos diferentes para a passagem do texto. Os índices são desenvolvidos para a percentagem dos códigos que são similares, e as estatísticas de confiabilidade (*kappas*) podem ser comutadas para comparações de dados sistemáticas.

ANÁLISE E INTERPRETAÇÃO DOS DADOS NOS PROJETOS DE MÉTODOS MISTOS

A **análise de dados dos métodos mistos** consiste em técnicas analíticas aplicadas aos dados quantitativos quanto aos qualitativos, e também à mistura das duas formas de dados simultânea e sequencialmente em um projeto isolado ou em um projeto multifásico (ver uma definição similar em Onwuegbuzie e Teddlie, 2003). As análises de dados podem ocorrer em um único ponto do processo da pesquisa de métodos mistos ou em múltiplos pontos. Isso também envolve alguns passos realizados pelo pesquisador e decisões importantes tomadas em momentos diferentes. Uma vez que as análises estão completas, a **interpretação dos métodos mistos** envolve olhar para os resultados quantitativos e para os achados quantitativos e fazer uma avaliação de como as informações tratam da questão dos métodos mistos em um estudo. Teddlie e Tashakkori (2009) chamam esta interpretação de extrair "inferências" e "metainferências" (p. 300). As **inferências na pesquisa dos métodos mistos** são conclusões ou interpretações extraídas de elementos quantitativos e qualitativos separados de um estudo, assim como entre os elementos quantitativos e qualitativos, chamados de "metainferências". Teddlie e Tashakkori (2009) encaram os métodos mistos como um veículo para melhorar a qualidade das inferências que são extraídas tanto dos métodos quantitativos quanto dos qualitativos. Antes de discutir detalhes da análise dos dados dentro das diferentes abordagens dos métodos mistos, convém de início – acreditamos nós – rever nosso próprio entendimento de como se desenvolveu a análise dos dados dos métodos mistos.

O *insight* na análise dos dados dos métodos mistos emergiu lentamente no correr dos anos. As primeiras discussões sobre a análise dos dados nos métodos mistos identificaram vários dos procedimentos gerais que poderiam ser usados. Esses procedimentos não estavam relacionados a projetos específicos, mas vistos como abordagens genéricas para a análise dos dados. Um caso em questão é a discussão das quatro estratégias analíticas realizadas por Caracelli e Greene, 1993. Suas quatro estratégias foram:

✓ transformação dos dados – a conversão ou transformação de um tipo de dado no outro para que ambos possam ser analisados juntos;
✓ desenvolvimento da tipologia – a análise de um tipo de dado para que ele produza uma tipologia (ou conjunto de categorias) que seja então usada como uma estrutura aplicada na análise de outros tipos de dados;
✓ análise de caso extrema – a identificação de "casos extremos" da análise de um tipo de dado, que é examinado com dados do outro tipo para testar e refinar a explanação inicial dos casos extremos; e o tipo para testar e refinar a explanação inicial para os casos extremos; e
✓ consolidação ou fusão dos dados – a revisão conjunta de ambos os tipos de dados para criar variáveis novas ou consolidadas de conjuntos de dados usados em análises posteriores.

Em 2003, uma conversa mais substantiva estava ocorrendo em torno da análise de dados que estavam ligados mais ao processo da condução da pesquisa. Onwuegbuzie e Teddlie (2003) discutiram um modelo para a análise dos dados de métodos mistos em torno de sete estágios nos processos de análise dos dados:

1. Redução dos dados – reduzir os dados coletados mediante análise estatística dos dados quantitativos ou da escrita de resumos dos dados qualitativos;
2. Mostra dos dados – redução dos dados quantitativos para, por exemplo, tabelas e os dados qualitativos para, por exemplo, gráficos e rubricas;
3. Transformação dos dados – transformação dos dados qualitativos em dados quantitativos (i.e., quantificar os dados qualitativos) ou vice-versa (i.e., qualificar os dados quantitativos);
4. Correlação dos dados – correlacionar os dados quantitativos com dados qualitativos quantificados;
5. Consolidação dos dados – combinar os dois tipos de dados para criar novas variáveis ou variáveis consolidadas ou conjuntos de dados;
6. Comparação dos dados – comparar os dados de diferentes fontes;
7. Integração dos dados – integrar todos os dados em um todo coerente.

A lista dos dois passos neste processo de análise segue passos lógicos na análise dos dados, mas os últimos cinco passos (da transformação para a integração) nesta lista de procedimentos parecem ser opções alternativas para análise do que passos que sigam um ao outro. Além disso, estes passos não estão especificamente relacionados a projetos dos métodos mistos.

Um editorial mais recente começa a trazer a discussão sobre a análise dos dados dos métodos mistos para os projetos de pesquisa. Bazeley (2009) discutiu as maneiras emergentes de considerar a análise dos dados dos métodos mistos: mediante um propósito comum substantivo para um estudo (p. ex., análise de caso intensiva, casos extremos ou negativos, ou análise inerentemente mista, como a análise da rede social); mediante o emprego dos resultados em uma análise da abordagem da análise de outra forma de dados (p. ex., desenvolvimento da tipologia); mediante a síntese dos dados de várias fontes para interpretação conjunta (p. ex., compara os dados temáticos com variáveis categóricas ou escalonadas usando matrizes); mediante a conversão de uma forma de dados em outra (p. ex., transformação dos dados); mediante a criação de variáveis misturadas; e mediante fases múltiplas e sequenciadas da análise iterativa.

Acreditamos que a lista de Bazeley (2009) prenuncia muitos dos procedimentos de análises dos dados dos métodos mistos que são fundamentais para os projetos de métodos mistos. Olhando para os seis principais projetos, percebemos que a análise dos métodos mistos envolve considerar os passos na análise normalmente realizados para cada um dos projetos, assim como decisões importantes que o pesquisador toma quando implementa estes passos. Os **passos na análise dos dados dos métodos mistos** referem-se aos procedimentos realizados em uma ordem lógica pelo pesquisador ao conduzir a análise dos dados para um projeto de métodos mistos. As **decisões na análise dos dados dos métodos mistos** se referem àqueles pontos críticos na análise dos dados quando o pesquisador decide que opção selecionar para análise. Uma visão geral dos passos e das decisões fundamentais pode ser encontrada no Quadro 7.2.

Passos e decisões-chave na análise dos dados para cada projeto de métodos mistos

Como foi mostrado no Quadro 7.2, no projeto convergente, depois de coletar simultaneamente tanto dados quantitativos quanto qualitativos, o pesquisador analisa as informações separadamente e então funde os dois bancos de dados. A análise é conduzida para fundir os resultados comparando os dois conjuntos de dados ou para fundir os dados depois de o pesquisador transformar um dos conjuntos de dados. A análise dos dados, neste projeto, ocorre em três pontos distintos em uma fase da pesquisa: com cada conjunto de dados independentemente, quando ocorrer a comparação ou transformação dos dados, e depois de concluída a comparação ou transformação. Os passos nesse ínterim podem ocorrer entre estes pontos, como identificar as dimensões em que os dados serão comparados, definir que variável será transformada, e representar comparações nas mostras dos dados ou nas discussões. No fim, o pesquisador compara os resultados fundidos com as questões da pesquisa. As decisões da análise dos dados principais neste projeto estão relacionadas à decisão de como comparar os dois conjuntos de dados (p. ex., dimensões, informações), como apresentar as análises combinadas e que análise adicional conduzir se os resultados divergirem.

Os procedimentos de análise dos dados no projeto explanatório envolvem primeiro coletar dados quantitativos, analisar os dados e usar os resultados para informar o acompanhamento da coleta de dados qualitativos. A análise dos dados ocorre em três fases: a análise dos dados quantitativos iniciais, uma análise dos dados qualitativos do acompanhamento e uma análise da questão dos métodos mistos de como os dados qualitativos ajudam a explicar os dados quantitativos. Nesse projeto, a análise dos dados da fase quantitativa inicial está conectada à coleta dos dados da fase qualitativa do acompanhamento. Na fase de interpretação neste projeto, a análise é utilizada para tratar da questão dos métodos mistos sobre se e como os dados qualitativos ajudam a explicar os resultados quantitativos. As decisões fundamentais da análise dos dados estão relacionadas a como usar a análise quantitativa para identificar os participantes para determinar quais resultados serão explicados qualitativamente e decidir como os resultados qualitativos explicam os resultados quantitativos.

Em um projeto exploratório, os pesquisadores primeiro coletam dados qualitativos, os analisam e depois usam a informação para desenvolver uma fase quantitativa de acompanhamento da coleta dos dados. Desse modo, o elemento quantitativo se conecta ao elemento qualitativo inicial, depois

QUADRO 7.2
Passos e decisões na análise dos dados dos métodos mistos por projeto

Tipo de projeto de métodos mistos	Tipo de análise de dados dos métodos mistos	Passos da análise de dados no projeto	Decisões de análise dos dados
Projeto convergente	Fusão da análise dos dados para comparar os resultados	1. Coleta dos dados quantitativos e qualitativos simultaneamente.	
		2. Análise independente da análise quantitativa dos dados quantitativos e qualitativamente dos dados qualitativos usando abordagens analíticas mais adequadas para as questões de pesquisa quantitativas e qualitativas.	
		3. Especificar as dimensões pelas quais comparar os resultados dos dois bancos de dados.	Decidir como os dois conjuntos de dados serão comparados (p. ex., dimensões, informações)
		4. Especificar quais informações serão comparadas entre as dimensões.	
		5. Completar as análises refinadas e/ou qualitativas para produzir as informações de comparação necessárias.	
		6. Representar as comparações.	Decidir como representar ou apresentar a análise combinada.
		7. Interpretar como os resultados combinados respondem as questões qualitativas e dos métodos mistos.	Decidir se é necessária mais análise.

(continua)

QUADRO 7.2
Passos e decisões na análise dos dados dos métodos mistos por projeto (continuação)

Tipo de projeto de métodos mistos	Tipo de análise de dados dos métodos mistos	Passos da análise de dados no projeto	Decisões de análise dos dados
Projeto convergente	Fundir a análise dos dados mediante transformação dos dados (exemplo da quantificação dos dados qualitativos)	1. Coletar os dados quantitativos e os dados qualitativos simultaneamente. 2. Analisar independentemente os dados quantitativos quantitativamente e os dados qualitativos qualitativamente usando as abordagens analíticas mais adequadas para as questões de pesquisa quantitativas e qualitativas. 3. Definir uma variável quantificada baseada nos resultados qualitativos, e desenvolver uma rubrica para pontuar os resultados qualitativos. 4. Pontuar sistematicamente os resultados qualitativos para determinar a variável quantificada. 5. Analisar os dados quantitativos, incluindo a variável quantificada, usando qualitativamente as abordagens analíticas mais adequadas para a questão de pesquisa dos métodos mistos.	Decidir como quantificar os dados qualitativos (i.e., pontuar a rubrica). Decidir sobre as estatísticas a serem usadas ao relacionar os dois conjuntos de dados.

(continua)

QUADRO 7.2
Passos e decisões na análise dos dados dos métodos mistos por projeto (continuação)

Tipo de projeto de métodos mistos	Tipo de análise de dados dos métodos mistos	Passos da análise de dados no projeto	Decisões de análise dos dados
		6. Interpretar como os resultados combinados respondem às questões qualitativas, quantitativas e dos métodos mistos.	
Projeto explanatório	Análise dos dados conectados para explicar os resultados	1. Coletar os dados quantitativos.	
		2. Analisar os dados quantitativos quantitativamente usando as abordagens analíticas mais adequadas para a questão de pesquisa quantitativa.	
		3. Planejar os elementos qualitativos baseados nos resultados quantitativos.	Decidir quais participantes acompanhar e quais resultados precisam ser explicados.
		4. Coletar os dados qualitativos.	
		5. Analisar os dados qualitativos qualitativamente usando as abordagens analíticas mais adequadas para as questões de pesquisa qualitativas e dos métodos mistos.	

(continua)

QUADRO 7.2
Passos e decisões na análise dos dados dos métodos mistos por projeto (continuação)

Tipo de projeto de métodos mistos	Tipo de análise de dados dos métodos mistos	Passos da análise de dados no projeto	Decisões de análise dos dados
		6. Interpretar como os resultados conectados respondem às questões quantitativas, qualitativas e de métodos mistos.	Decidir como os resultados qualitativos explicam os resultados quantitativos.
Projeto exploratório	Análise dos dados conectados para generalizar os achados	1. Coletar os dados qualitativos. 2. Analisar os dados qualitativos qualitativamente usando as abordagens analíticas mais adequadas para a questão da pesquisa qualitativa. 3. Planejar o elemento quantitativo baseado nos resultados qualitativos. 4. Desenvolver e realizar um teste piloto do novo instrumento (ou do novo tratamento de intervenção). 5. Coletar os dados quantitativos. 6. Analisar os dados quantitativos quantitativamente usando as abordagens analíticas mais adequadas às questões de pesquisa quantitativas e dos métodos mistos.	Decidir que dados podem ser usados no acompanhamento quantitativo. Decidir como melhor avaliar a qualidade psicométrica do instrumento.

(continua)

QUADRO 7.2

Passos e decisões na análise dos dados dos métodos mistos por projeto (continuação)

Tipo de projeto de métodos mistos	Tipo de análise de dados dos métodos mistos	Passos da análise de dados no projeto	Decisões de análise dos dados
		7. Interpretar como os resultados conectados respondem às questões qualitativas, quantitativas e dos métodos mistos.	Decidir como os resultados quantitativos constroem ou expandem os achados qualitativos.
Projeto incorporado	Análise dos dados fundidos ou conectados dependendo se o projeto é simultâneo ou sequencial	1. Analisar o conjunto de dados principais para responder às questões principais da pesquisa.	
		2. Analisar os dados secundários (qualitativos ou quantitativos) onde eles forem incorporados dentro do projeto principal, fundindo ou se conectando, usando os passos envolvidos nos projetos convergente, explanatório ou exploratório.	Decidir como usar os resultados dos dados secundários. Decidir quando os dados secundários devem ser incorporados ao conjunto dos dados principais.
		3. Interpretar como os resultados primários e secundários respondem às questões qualitativas, quantitativas e dos métodos mistos.	Decidir como os dados secundários corroboram ou melhoram os dados primários.

(continua)

PESQUISA DE MÉTODOS MISTOS 197

QUADRO 7.2
Passos e decisões na análise dos dados dos métodos mistos por projeto (continuação)

Tipo de projeto de métodos mistos	Tipo de análise de dados dos métodos mistos	Passos da análise de dados no projeto	Decisões de análise dos dados
Projeto transformativo	Análise dos dados fundidos ou conectados dependendo de o projeto ser simultâneo ou sequencial	1. Analisar os dados quantitativos e qualitativos fundindo ou conectando, usando os passos envolvidos nos projetos convergente, explanatório ou exploratório. 2. Interpretar como os resultados respondem às questões quantitativas, qualitativas e dos dados mistos	Decidir sobre as análises que melhor proporcionarão evidências para as lentes transformativas Optar pelas decisões de análise dos dados correspondentes à fusão ou conexão dos procedimentos de análise dos dados esboçados para os projetos convergente, explanatório ou exploratório. Decidir em que extensão os resultados revelam iniquidades e requerem mudança.
Projeto multifásico	Análise de dados fundidos ou conectados para cada fase ou projeto no projeto multifásico	1. Analisar os dados para cada projeto no programa geral. 2. Empregar estratégias para a análise fundida e conectada quando ditar o momento certo do projeto. 3. Interpretar como os resultados respondem às questões do projeto de pesquisa e contribuem para o objetivo geral.	Decidir sobre a aplicabilidade da análise de dados fundidos e conectados ou alguma combinação para cada fase do projeto. Decidir sobre como melhor combinar as análises dos dados de todos os projetos no estudo para lidar com o objetivo comum da pesquisa. Decidir em que extensão os resultados avançam o objetivo do programa.

da coleta de dados quantitativos do acompanhamento, e na fase de interpretação quando o pesquisador conecta os dois bancos de dados para tratar de como a análise do acompanhamento ajuda a generalizar ou estender os achados exploratórios qualitativos iniciais. As decisões fundamentais da análise dos dados neste projeto relacionam-se ao ponto de interface quando os achados qualitativos iniciais são usados para a coleta dos dados na fase quantitativa do acompanhamento. Outras decisões precisam ser tomadas sobre a qualidade psicométrica do instrumento, como analisar os dados a partir daí e como os resultados quantitativos constroem ou expandem os achados qualitativos iniciais.

Em um projeto incorporado, os dados quantitativos e qualitativos podem ser coletados sequencialmente, simultaneamente ou de ambos os modos. Nesse projeto, uma forma de dados é incorporada dentro de outra forma (p. ex., dados qualitativos incorporados dentro de uma intervenção experimental ou de entrevistas qualitativas incorporadas dentro de um projeto correlacional longitudinal). Uma variante desta abordagem é incorporar tanto os dados qualitativos quanto os quantitativos dentro de um projeto ou procedimento (p. ex., o procedimento de usar pesquisas de levantamento de informações geográficas que incluam tanto informações quantitativas quanto qualitativas). Assim, os passos da análise dos dados depende de quando e como os dados incorporados são usados no estudo. Três passos importantes são usados na análise dos dados: análise dos dados primários, análise dos dados secundários e análise mais detalhada dos métodos mistos para determinar como e de que maneira os dados secundários corroboram ou aumentam os dados primários. As decisões fundamentais da análise dos dados neste projeto envolvem como usar a análise secundária e quando ela deve ser incorporada no planejamento dos dados principais.

No projeto transformativo, o pesquisador estrutura o estudo dentro de uma perspectiva teórica transformativa para ajudar a tratar de injustiças ou promover mudança para um grupo sub-representado ou marginalizado. A coleta de dados para os elementos qualitativos e quantitativos do estudo pode proceder simultaneamente, sequencialmente ou dos dois modos. Os passos da análise podem refletir procedimentos simultâneos da análise dos dados (p. ex., como no projeto convergente) ou procedimentos sequenciais da análise dos dados (como nos projetos explanatório ou exploratório). Assim, as decisões da análise dos dados ocorrem dentro de cada conjunto de dados, na fusão ou conexão dos dois conjuntos de dados, e na fase de interpretação. Combinações similares de análise podem ser usadas no projeto multifásico. Esse projeto combina tanto elementos sequenciais como simultâneos durante um período de tempo em um programa de estudo. Exemplos importantes deste projeto são a avaliação em larga escala e projetos da ciência da saúde. Eles podem envolver níveis múltiplos de análise e são normalmente conduzidos durante vários anos. Nesses projetos, tanto os bancos de dados quantitativos quanto os qualitativos são construídos visando a um objetivo geral. As decisões de análise dos dados estão relacionadas principalmente à obtenção de resultados para lidar com o objetivo comum da pesquisa e avançar o programa geral da pesquisa.

Como está sugerido no Quadro 7.2, muitas decisões detalhadas estão envolvidas na análise dos dados para cada um dos seis projetos. Quando observamos os projetos, dois procedimentos analíticos – fusão quando os dados simultâneos são coletados e conexão quando são coletados os dados sequenciais – são utilizados pelos pesquisadores dos métodos mistos. Esses procedimentos envolvem uma discussão mais detalhada das técnicas específicas da análise dos métodos mistos surgida nos últimos anos.

Decisões para a análise dos dados fundidos em uma abordagem simultânea

Em quatro tipos de desenhos que podem utilizar procedimentos simultâneos – o projeto convergente, o projeto incorporado, o projeto transformativo e o projeto multifásico – o pesquisador emprega as abordagens de análise e interpretação dos dados dos métodos mistos para fundir os dados quantitativos e qualitativos. Como foi mencionado no Capítulo 5, a questão prototípica dos métodos mistos a ser respondida quando se funde os dados é a seguinte: Até que ponto os resultados quantitativos e qualitativos convergem (projeto convergente)? Exemplos de outras questões de pesquisa dos métodos mistos que requerem procedimentos de análise dos dados fundidos incluem as seguintes: Os achados qualitativos estão significativamente relacionados aos resultados quantitativos (variante de transformação dos dados do projeto convergente)? Até que ponto os achados do processo qualitativo melhoram o entendimento dos resultados experimentais (variante durante o experimento do projeto incorporado)? De que maneiras os temas qualitativos e os resultados quantitativos convergem e divergem para revelar injustiça e sugerir mudança (projeto transformativo)? Todas essas questões requerem procedimentos e técnicas de análise de dados fundidos.

A análise dos dados dos métodos mistos é conduzida para responder à questão da pesquisa dos métodos mistos sobre se os resultados de ambas as análises convergem e como eles convergem. As **estratégias de análise dos dados fundidos** envolvem usar técnicas analíticas para a fusão dos resultados, avaliar se os resultados dos dois bancos de dados são congruentes ou divergentes e, se forem divergentes, então analisar mais os dados para reconciliar os achados divergentes. Várias opções estão disponíveis para a implementação destas estratégias.

Estratégias para comparar os resultados. Na análise dos dados, quando são feitas comparações após as análises quantitativas e qualitativas iniciais, que opções existem para comparar os resultados? Existem três opções para as **comparações na análise dos dados fundidos**, estabelecidas em grande parte na ordem em que elas são popularmente encontradas hoje nos estudos de métodos mistos: comparações lado a lado em uma discussão ou tabela resumida, comparações de mostra conjunta nos resultados ou interpretações, ou na transformação dos dados nos resultados.

A primeira opção para a fusão, uma **comparação lado a lado para a análise dos dados fundidos**, envolve apresentar juntos os resultados quantitativos e os resultados dos achados qualitativos em uma discussão ou em uma tabela resumida para que eles possam ser facilmente comparados. A apresentação torna-se então o meio para comunicar os resultados fundidos. Por exemplo, quando este é apresentado em uma discussão dentro de um estudo, a discussão torna-se o veículo para fundir os resultados. Uma abordagem popular é primeiro apresentar os resultados quantitativos seguidos pelos resultados qualitativos na forma de citações (ou vice-versa) em uma seção de resultados ou de discussão. Segue-se então um comentário especificando como as citações qualitativas confirmam ou não confirmam os resultados quantitativos. Um exemplo pode ser visto na seção dos resultados em um estudo do trabalho social de métodos mistos que lida com o sucesso das coalizões (Mizrahi e Rosenthal, 2001), como mostra a Figura 7.1.

Neste exemplo, os autores apresentam uma passagem em que usam uma citação qualitativa (ver Fig. 7.1) para corroborar os achados descritivos quantitativos (apresentados no alto da figura). Essa comparação pode facilmente ser revertida em outro estudo com os resultados quantitativos usados para apoiar as citações qualitativas (ver McAuley, McCurry, Knapp, Beecham e Sleed, 2006, para um exemplo). Além disso, no exemplo da Figura 7.1 não há tentativa por parte dos autores de diretamente fundir ou integrar os dados; em vez disso, a discussão destaca uma comparação dos resultados dos dois conjuntos de dados. Na verdade, a fusão dos dados ocorre mediante as seções de resultados e discussão.

Outra forma de uma comparação lado a lado pode ser feita usando-se uma tabela resumida que funde os achados quantitativos e qualitativos, como aqueles encontrados

Resultado QUAN presente	No geral, alguns elementos foram consistentemente considerados como possuindo um impacto grande ou considerável no sucesso da coalizão, independente de como o sucesso foi definido. "O compromisso com o objetivo/causa/sucesso" (95,0%) e "liderança competente" (92,5%o) foram os dois elementos principais, independente das definições de sucesso, seguidos por "compromisso com a coalizão de unidade/trabalho" (87,5%), "estrutura/processo de tomada de decisão equitativa" (80,0%) e "respeito/tolerância mútuos" (77,5%). Importantes elementos adicionais de sucesso estavam tendo um público de base ampla" (75,0%), "conquista de vitórias temporárias" (72,5%), "recursos que contribuem para a continuação dos membros" (67,5%) e "responsabilidade e propriedade compartilhadas" (65,0%). Observe que os elementos tangíveis relacionados aos recursos (equipe e financiamento) receberam muito menos importância geral. Apenas três fatores externos foram considerados importantes pela maioria dos líderes da coalizão: "o momento certo" e a escolha de uma "questão crítica" (cada um com 87,5%) e "alvo apropriado" (71,5%). Se os líderes da coalizão não conseguem controlar muito estes fatores, fica claro que estes exercem influência nos processos de tomada de decisão com respeito à estruturação dos objetivos e das estratégias:
Resultado QUAL correspondente presente e relacionado ao resultado QUAN	Os recursos reunidos pela nossa coalizão são valorizados e respeitados. Eles [os membros] todos possuíam um enorme conhecimento sobre suas áreas temáticas e sobre o processo político. Serem reconhecidos como especialistas dá à coalizão alavancagem e respaldo com relação ao alvo.

FIGURA 7.1

Excerto de uma seção de resultados mostrando uma comparação lado a lado de resultados de dados quantitativos e qualitativos.
Fonte: Mizrahi e Rosenthal (2001, p. 70).

em um estudo de métodos mistos de inclusão na pré-escola (Li, Marquart e Zercher, 2000). Como está mostrado na Figura 7.2, os autores compararam seus dados de entrevista com seus dados de uma pesquisa de levantamento sobre quatro temas importantes (informações similares encontradas nas duas fontes de dados). Eles apresentaram esta informação em uma tabela para que um leitor possa ver como as duas fontes de dados – lado a lado – proporcionaram evidências para cada tópico.

A segunda opção de fusão de estratégia é o uso de uma mostra conjunta. Uma **mostra conjunta** é uma figura ou tabela em que o pesquisador prepara tanto os dados quantitativos quanto os qualitativos de forma que as duas fontes de dados possam ser diretamente comparadas. Na verdade, a mostra funde as duas formas de dados. Os pesquisadores que usam uma mostra conjunta precisam decidir sobre as dimensões a serem consideradas e as informações específicas a serem comparadas entre as dimensões. Existem várias opções para criar esta mostra, e os pesquisadores estão continuamente criando novas opções. A forma mais direta é criar uma **mostra de categoria/tema na análise dos dados fundidos** que apresente os temas qualitativos derivados da análise qualitativa com dados quantitativos categóricos ou contínuos de itens ou variáveis dos resultados estatísticos quantitativos. Um exemplo dessa mostra está na Figura 7.3. Esta figura retrata os dados gerados em um estudo de métodos mistos que explorou a construção de relacionamentos positivos entre 16 estudantes de formação para professores em um programa de mentoria (McEntarffer, 2003).

PESQUISA DE MÉTODOS MISTOS 201

Comparação de informações de dados de entrevistas e de pesquisas de levantamento: exemplos de quatro dos oito temas

	Tema	Resultados QUAL — Entrevistas face a face	Resultados QUAN — Pesquisas de levantamento por telefone
Principais tópicos	1. Como e por que a criança foi colocada no programa	Dois aspectos da decisão: (1) Opção "inclusiva" baseada na comunidade (2) Centro específico de atenção à infância Fatores que afetam a escolha: ✓ Classe e professora visitadas e apreciadas ✓ Conveniência do lugar ✓ Boa reputação do centro ✓ Preocupação se o centro aceitaria a criança por causa do comportamento	Razões mais importantes para os pais usarem o programa: ✓ Oferece serviços de educação especial ou terapias ✓ Proporciona oportunidades para a criança aprender ✓ Proporciona oportunidades para a criança brincar com outras crianças
	2. Adequação do programa para a criança	Em um local bem-sucedido, há uma "correspondência ou adequação" entre as necessidades da criança e da família e o programa. Os fatores que afetam a correspondência ou a adequação são: ✓ Aceitação pela equipe e pela criança ✓ Atividades e rotinas preferidas da criança ✓ A criança gosta do programa ✓ Vê benefícios ou melhoras específicos	90% disseram que é muito importante para a criança estar em um programa inclusivo 80% indicaram que a criança em geral ou sempre recebe os serviços especiais necessários 86% estavam satisfeitos com a maneira como os objetivos educacionais da criança foram alcançados
	3. Participantes úteis e não úteis	Características dos participantes úteis: ✓ Presença consistente no tempo e locais ✓ Investimento pessoal na criança ✓ Proporciona diferentes tipos de apoio ✓ Fonte de informação confiável sobre a criança Características dos participantes não úteis: ✓ Minimiza ou negligencia as preocupações da família ✓ Comunicação inadequada	Os apoios mais úteis foram: ✓ Outros membros da família em casa ✓ Professores da criança ✓ Outros profissionais da comunidade e do programa da criança
	4. Participação da criança nas atividades da família e da comunidade	Fatores que afetam a participação: ✓ Preocupações dos pais com a segurança da criança ✓ Percepção dos pais do que é esperado do comportamento da criança ✓ Falta de outras crianças pequenas na vizinhança imediata ✓ Estilo e horários da própria família e como ela participa na comunidade. ✓ Um sistema de família ampliada era uma parte tão forte da cultura familiar que a família não precisava ou escolhia participar muito na comunidade ✓ Idade precoce das crianças	Limitações da participação: ✓ Habilidades de linguagem da criança ✓ Restrições de horário e tempo da família ✓ Atitudes de outras pessoas com relação à incapacidade da criança ✓ Comportamento da criança ✓ Falta de outras crianças para brincar na vizinhança

FIGURA 7.2

Comparação de informações de dados de entrevistas e de pesquisas de levantamento.
Fonte: Li et al., 2000, Tabela 2, pp. 124-125. Reproduzida com permissão da SAGE Publications, Inc.

Nesse estudo, pares de mentores juniores ou seniores e alunos iniciantes completaram o instrumento quantitativo StrengthsFinder, desenvolvido pela Gallup Organization e consistindo de 180 itens correlacionados sobre as potencialidades ou talentos individuais (Clifton e Anderson, 2002). A análise deste instrumento conduziu à identificação das cinco principais potencialidades de cada indivíduo. Para todos os mentores e alunos iniciantes, as três principais potencialidades foram capacidade, relator e executor, que estão mostradas ao longo da dimensão vertical do quadro na Figura 7.3. Essas potencialidades representam diferentes níveis de uma variável quantitativa categórica na mostra. Para os dados qualitativos na dimensão horizontal do quadro na Figura 7.3, o pesquisador coletou documentos, conduziu entrevistas e realizou anotações de campo observando as interações entre os mentores e os alunos. Uma análise destes dados qualitativos conduziu a três temas: estratégias de construção de relacionamento, consciência das potencialidades e resultados do relacionamento. Como está mostrado na Figura 7.3, o investigador desenvolveu uma mostra para retratar os dados quantitativos (potencialidades) e os dados qualitativos (tema). Os dados foram fundidos dentro das células com informações indicando o número de unidades de texto associadas a cada tema para os diferentes indivíduos em cada categoria, assim como subtemas que comunicam o que os indivíduos disseram. Um tipo similar de mostra também poderia ser usado quando o pesquisador desenvolve uma tipologia. Uma **mostra da análise de dados fundidos da tipologia e da estatística** combina na análise fundida os dados temáticos qualitativos e os dados quantitativos baseados em uma tipologia ou classificação. Um exemplo desta mostra pode ser encontrado na Tabela A.3 do Apêndice A* no estudo realizado por Wittink, Barg e Gallo (2006).

Outra mostra conjunta para a fusão dos dados atua diferentemente de apresentar os dados categóricos por temas. Para destacar os **achados convergentes e divergentes em uma mostra de análise de dados fundidos**, um pesquisador analisa tanto os dados quantitativos quanto os qualitativos, compara os resultados, e cria uma tabela exibindo os achados congruentes ou incongruentes (ou discrepantes) ao longo da dimensão horizontal. Ao longo da dimensão vertical, o pesquisador pode indicar tópicos diferentes e/ou tipos de participantes como está indicado por seus escores numéricos. Dentro das células desta mostra poderiam estar citações, números ou ambos. Uma mostra conjunta proporcionada por Lee e Greene (2007) dos escores do teste de seu estudo de métodos mistos da validade preditiva do inglês dos estudantes como uma colocação de segunda língua ilustra este tipo de mostra. Esses pesquisadores coletaram e analisaram indicadores quantitativos e qualitativos do desempenho dos estudantes, incluindo a média das notas do estudante (*grade point average* – GPA) e os escores no teste juntamente com questionários e entrevistas com os estudantes e com membros do corpo docente. Como está mostrado na Figura 7.4, os diferentes relacionamentos entre a colocação dos escores do teste e os GPAs (p. ex., baixo escore e baixo GPA; baixo escore e alto GPA) foram apresentados com citações (e informações demográficas associadas) que ilustram citações selecionadas que foram congruentes e discrepantes com as hipóteses de que escores altos no teste estariam associados a alto desempenho acadêmico e baixos escores com baixo desempenho.

Um exemplo final de uma **mostra de análise fundida orientada para o caso** posiciona os casos em uma escala quantitativa ao longo de dados do texto qualitativo sobre os casos individuais. Esse exemplo de uma mostra indica como os pesquisadores podem ser criativos quando desenvolvem matrizes para adequar às suas necessidades. Um exemplo desta mostra é encontrado em um estudo de comportamentos de saúde das mulheres entre as díades mãe-filha de seis grupos étnicos (israelenses, europeus, norte-africanos, ex-soviéticos, americanos/ca-

---

* N. de R.: Ver Apêndice A em www.grupoa.com.br.

nadenses e etíopes) (Mendlinger e Cwikel, 2008). Como mostra a Figura 7.5, quatro casos individuais são apresentados em uma escala para a avaliação da saúde variando de deficiente a excelente. As citações são proporcionadas por filhas e mães para indicar o que elas disseram sobre sua saúde, o que formou a base para as avaliações quantitativas. As categorias dos países também foram designadas às filhas e às mães. Desta

	Dimensão: temas QUAL		
	Temas qualitativos		
Três principais potencialidades do teste de potencialidades de talento StrengthsFinder da Gallup	Estratégias de construção de relacionamento	Consciência das potencialidades	Resultados do relacionamento
Capacidade (n=8)	24 Relaxou. Falou um pouco.	15 Falou sobre os resultados. Falou sobre a estranheza da terminologia das potencialidades.	55 Vimos um aumento no conforto. As conversas ficaram perceptivelmente mais fáceis
Relator (n=6)	32 Conversas sobre "Como está indo a sua semana?" Conversas sobre assuntos delicados.	13 Conversou sobre as potencialidades de uma maneira casual. Discutiu sobre ser positivo, com bom humor.	13 Desenvolveu-se um relacionamento especial entre nós. Enfrentamos um período inicial de desconforto. As primeiras conversas foram superficiais.
Executor (n=5)	22 Conversamos sobre nossas vidas. Confiou-me informações pessoais.	3 Foi bom ouvir sobre as potencialidades de outras pessoas. Percebi minhas potencialidades na vida cotidiana. Assistir a um filme nos ajudou a refletir sobre as potencialidades.	3 O nervosismo do projeto inicial desapareceu. Não saímos juntos porque éramos obrigados. Aprendemos coisas novas sobre nós mesmos.

(Dimensão: categorias QUAN)

FIGURA 7.3

Exemplo de mostra conjunta dispondo as categorias por temas.
Fonte: Adaptada do banco de dados em McEntarffer (2003). Com permissão.

Vinculação das pontuações do Computerized Enhanced ESL Placement Test (CEEPT) e das citações dos estudantes e dos membros do corpo docente com relação ao papel da proficiência em inglês no desempenho no curso

Dimensão: exemplos congruentes e discrepantes

Escore no CEEPT	GPA	Respostas dos membros do corpo docente		Respostas dos estudantes	
		Congruente	Discrepante	Congruente	Discrepante
2	Acima de 3,18	"Ele tem problemas para ouvir, falar e ler. No meu curso, obteve uma nota A-; e a nota mais baixa que lhe dei foi B+. Ele é o segundo a perseverar." (ID 0624, I) (3,80) (tecnologia)	"Suas atribuições apresentadas foram bem consideradas e preparadas." (ID 2005, Q) (3,75) (humanidades) "Ele é o segundo mais bem qualificado entre 12 estudantes. Formulou perguntas muito boas baseadas nas aulas. Suas notas foram bastante boas." (ID 0620, I) (4,00) (ciências)	"A ausência de conhecimento sobre as expressões idiomáticas me impede de entender as perguntas nas lições de casa." (ID 2037, I) (3,22) (negócios) "Devido ao meu ouvido ruim, estou lutando para acompanhar meus cursos." (ID 0605, I) (3,5) (humanidades) "Só entendo 60-70% das aulas. Isso tem colocado minhas pontuações abaixo da minha expectativa." (ID 0620, Q) (4,00) (ciências)	"É fácil entender das aulas e participar das discussões em classe. O instrutor fala devagar." (ID 0624, I) (3,80) (tecnologia)
3	Abaixo de 3,18	Sem dados disponíveis	Sem dados disponíveis	Sem dados disponíveis	Sem dados disponíveis
	Acima de 3,25	"A estudante é quieta na classe, mas foi bem na sua apresentação oral. Seu trabalho escrito na lição de casa é comparável a outros estudantes internacionais (no geral, muito boa)." (ID 2036, Q) (3,57) (humanidades)	"Ela está entre os 10% melhores. Obteve uma nota A. Não acho que ela teria problemas por causa da sua língua." (ID 2032, I) (4,00) (ciências)	"Eu ainda tenho alguns problemas para falar. Esta dificuldade não afeta a minha capacidade de ir bem em todas as matérias que faço." (ID 0603, Q) (3,39) (tecnologia) "Ouvir é um problema. A falta de conhecimento cultural interfere com o entendimento do conceito." (ID 0610, I) (3,53) (tecnologia)	Sem dados disponíveis

Dimensão: QUAN relacionamentos entre os escores do teste e o GPA

FIGURA 7.4

Excerto de uma mostra conjunta para a apresentação de achados congruentes ou discrepantes
Fonte: Adaptada de Lee e Greene (2007, Tab. 5, p. 383). Usada com permissão da Sage Publications, Inc.

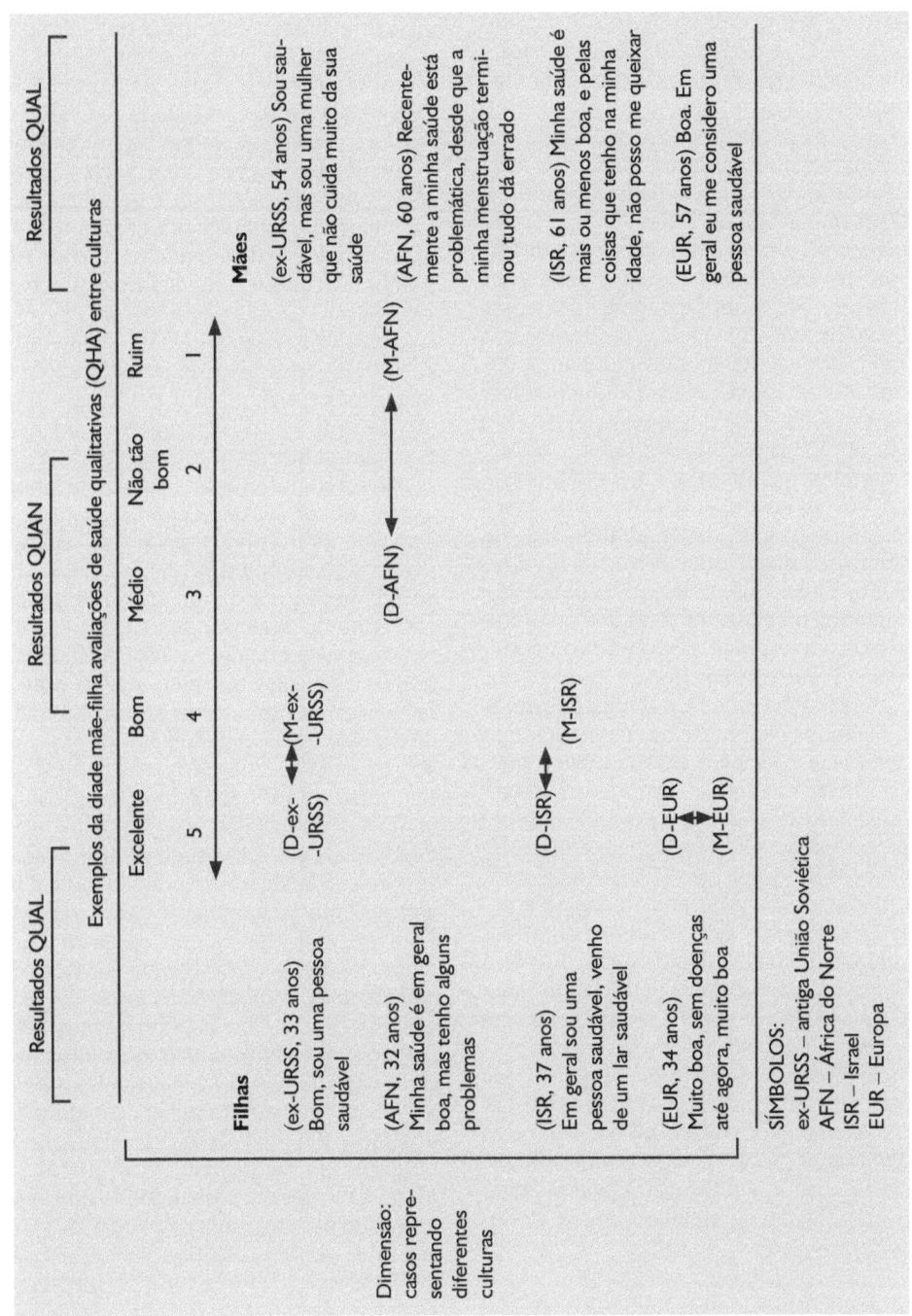

FIGURA 7.5

Exemplo de uma mostra conjunta usando a abordagem de caso para posicionar os casos individuais em uma escala e proporcionar texto.
Fonte: Mendling e Cwikel (2008, Figura 3, p. 288). Reproduzida com permissão da SAGE Publications, Inc.

maneira, a figura resultante ilustra a combinação de escores de avaliação numérica e também dados qualitativos textuais em uma mostra isolada.

A terceira opção de estratégia para o uso simultâneo de dados é por meio da **análise fundida de transformação dos dados**. Nessa forma de fusão, o pesquisador transforma um tipo de dado no outro tipo, de forma que os dois bancos de dados podem ser facilmente comparados e depois analisados. A transformação dos dados é um tópico que tem sido tratado na literatura dos métodos mistos (Caracelli e Greene, 1993; Onwuegbuzie e Teddlie, 2003; Sandelowski, Voils e Knafl, 2009). Hesse-Biber e Leavy (2006), por exemplo, perguntaram aos pesquisadores: Vocês querem usar dados quantitativos para informar seus dados qualitativos, ou querem usar dados qualitativos para informar seus dados quantitativos? Sem dúvida, é mais fácil transformar os dados qualitativos em contagens numéricas (dados quantitativos) do que o contrário.

A **transformação de dados qualitativos** em dados quantitativos envolve reduzir os temas ou códigos a informações numéricas, como categorias dicotômicas. Algumas das informações mais específicas sobre os procedimentos baseiam-se em escritos de Onwuegbuzie e Teddlie (2003). Uma questão fundamental neste procedimento é decidir que aspecto dos dados qualitativos quantificar e como quantificá-los. Talvez a abordagem mais simples seja definir uma nova variável dicotômica que indique se um tema ou código está presente (escore um) ou não presente (escore zero) para cada participante. Outras abordagens podem envolver a contagem, como o número de vezes que um tema ou código aparece nos dados. Onwuegbuzie e Teddlie (2003) apresentaram abordagens detalhadas para a contagem, como contar

- ✓ a frequência de um tema dentro de uma amostra, convertendo-o em percentagens;
- ✓ o número de unidades para cada tema convertendo-o em uma percentagem;
- ✓ a percentagem de temas totais associada a um fenômeno;
- ✓ a percentagem de pessoas que selecionam ou endossam múltiplos temas;
- ✓ as observações, entrevistas, texto – a sequência e duração do tempo da unidade;
- ✓ o número de vezes em que o comportamento foi observado por hora;
- ✓ o número de vezes que uma declaração importante aparece por página; e
- ✓ a quantidade de tempo transcorrido antes que uma unidade de análise seja observada.

Em um artigo de Daley e Onwuegbuzie (2010), o processo da transformação dos dados é discutido em um estudo de atribuição de violência de delinquentes juvenis do sexo masculino. Os autores procuraram correlacionar itens fechados com itens abertos usando um projeto convergente. A partir das respostas abertas emergiram sete temas. Os pesquisadores binarizaram cada tema atribuindo um escore de um ou zero para cada indivíduo da amostra, dependendo se o tema era representado por aquele indivíduo. Então desenvolveram uma mostra entre os respondentes para comparar cada indivíduo e os escores correlacionados dos temas abertos com os escores nos itens fechados. Em outro estudo, Sandelowski (2003) discutiu a "quantização" (p. 327) dos dados qualitativos em seu estudo de transição para a maternidade e a paternidade. Ela e seus colegas transformaram os dados da entrevista em uma mostra que comparou o número de casais que estavam tendo amniocentese com o número de médicos que os encorajavam ou não os encorajavam a realizar o procedimento. Então usaram um teste estatístico para relatar os achados não importantes. Outra abordagem de quantização dos dados qualitativos inclui atribuir escores baseados em um modelo teórico (p. ex., ver Idler, Hudson e Leventhal, 1999, que desenvolveram um modelo teórico para desenvolver uma rubrica para pontuar as respostas qualitativas em uma escala de seis pontos de avaliação da saúde).

Bem menos exemplos existem da transformação de dados quantitativos em dados qualitativos. No entanto, Punch (1998) apresentou um exemplo para este procedimento. Ele citou um caso em que os dados quantitativos poderiam ser carregados em fatores em uma análise fatorial e os fatores encarados como unidades agregadas similares a temas, de modo que os fatores (derivados quantitativamente) poderiam ser diretamente comparados com os temas desenvolvidos qualitativamente. Como outro exemplo, Teno, Stevens, Spernak e Lynn (1998) relataram a transformação de dados quantitativos (i.e., registros médicos, entrevistas fechadas, previsões de sobrevivência) em resumos narrativos qualitativos como parte do seu estudo sobre o uso de diretivas prévias por escrito.

Estratégias para interpretar os resultados fundidos e reconciliar as diferenças. Os pesquisadores devem interpretar seus resultados combinados (quer fundidos em uma apresentação lado a lado, em uma mostra conjunta ou mediante a transformação dos dados) para avaliar como a análise responde a questão de pesquisa dos métodos mistos. Por isso, essas interpretações estão relacionadas especificamente ao projeto que está sendo usado. Por exemplo, um pesquisador que usa a transformação dos dados pode interpretar se um relacionamento importante é encontrado entre os dados transformados com outros dados e que significado pode ser extraído do relacionamento e que limitações devem ser consideradas. Como outro exemplo, um pesquisador usando um projeto incorporado durante a intervenção pode sintetizar os achados sobre o processo com os resultados experimentais para melhorar o entendimento das condições experimentais. Mais comumente, no entanto, os pesquisadores que usam estas abordagens interpretam a extensão em que os dois bancos de dados convergem, se são encontradas diferenças ou semelhanças, e que conclusões podem ser extraídas das diferenças e das semelhanças.

Ao fundir os dois conjuntos de dados para o propósito de convergência, que diferenças o pesquisador de métodos mistos deve buscar quando faz uma interpretação dos achados? E, se ocorrerem diferenças, como o pesquisador tratará as inconsistências? Em termos da primeira questão, o que o pesquisador de métodos mistos busca ao comparar os dois conjuntos de dados não é fixado e rígido. Como foi anteriormente discutido, Lee e Greene (2007) buscaram evidências congruentes e discrepantes entre os bancos de dados. Outras maneiras de comparar os dois conjuntos de dados é buscar consistências ou inconsistências, conflitos (dos quais se possa extrair sentido) e contradições (que se apresentem em uma situação ou/ou) (ver Slonim-Nevo e Nevo, 2009). Slonim-Nevo e Nevo (2009) citaram a ilustração de uma avaliação do funcionamento familiar usando uma escala quantitativa padronizada e entrevistas em profundidade com os membros da família. Nesta situação, as entrevistas em profundidade contaram "[...] uma história diferente [...]" (p. 112), levando os autores a perguntar "Que método, então, é o certo – o quantitativo ou o qualitativo?" (p. 112). Os autores então prosseguiram para discutir potenciais discrepâncias entre seus resultados quantitativos e qualitativos em um estudo de adolescentes imigrantes e seus pais e professores em Israel. Tendo em vista as diferentes maneiras em que os resultados podem ser interpretados, nós defendemos a ideia de observar os resultados "discrepantes" e "congruentes" como foi sugerido nos estudos convergentes de Lee e Greene (2007) e Slonim-Nevo e Nevo (2009). Nesse sentido, acreditamos que o pesquisador de métodos mistos deve buscar como os bancos de dados quantitativos e qualitativos contam histórias diferentes e avaliar se os resultados estatísticos e os temas qualitativos são mais congruentes do que discrepantes.

E se os dados contarem a história de achados discrepantes? Existem várias opções para se lidar com esta situação. A discrepância pode muito bem ser um resultado de problemas metodológicos nos aspectos quantitativo ou qualitativo do estudo, como problemas de amostragem quantitativa ou questões de desenvolvimento do tema qualitativo. Nesse caso, o pesquisador de métodos mistos precisaria estabelecer limitações do estudo. Como alternativa, o pesquisador poderia coletar dados adicionais para ajudar a resolver as discrepâncias ou citar que tinham mais confiança nos resultados de uma forma de dados do que na outra. Os pesquisadores também poderiam encarar o problema como um trampolim para novas direções da investigação (Bryman, 1988).

Entretanto, a alternativa melhor e menos cara é reexaminar as bases de dados existentes. Esta foi a abordagem utilizada por Padgett (2004) no trabalho social. O estudo de Padgett (2004) relatou como uma equipe de pesquisadores retornou a sua base de dados inicial para conseguir um *insight* adicional. Seu projeto foi chamado de Estudo de Mamografia do Harlem – um projeto financiado pelo Instituto Nacional de Câncer dos Estados Unidos. Ele examinou fatores que influenciavam o atraso na resposta a uma mamografia anormal entre mulheres afro-americanas residentes na cidade de Nova Iorque. A equipe de pesquisa de Padgett coletou tanto dados quantitativos estruturados quanto dados de entrevistas abertas. Depois das análises dos dados, a equipe concluiu que as decisões das mulheres de adiar uma tomada de atitude não eram direcionadas por fatores em seu modelo quantitativo. Os pesquisadores então voltaram aos seus dados qualitativos, destacaram dois temas qualitativos e reexaminaram suas bases de dados quantitativas para apoiarem os temas. Para sua surpresa, os dados quantitativos confirmaram o que as participantes haviam dito. Essa nova informação, por sua vez, conduziu a uma exploração adicional da literatura, em que eles encontraram alguma confirmação dos novos achados.

Decisões para a análise de dados conectados em uma abordagem sequencial

Quando duas bases de dados são implementadas sequencialmente e conectadas – como nos projetos explanatórios e exploratórios e em alguns projetos incorporados, transformativos e multifásicos – a análise dos dados de métodos mistos é muito mais simples do que nos projetos de dados simultâneos. Isso porque os dados quantitativos e qualitativos são analisados em diferentes fases e não são fundidos. Entretanto, isso não significa que sejam necessárias decisões especiais na análise das abordagens sequenciais, e essas decisões estão relacionadas principalmente a como analisar melhor os conjuntos de dados para corroborar as ações de acompanhamento.

Além disso, a análise precisa reagir à resposta das perguntas da pesquisa de métodos mistos que surgem quando o pesquisador está usando uma abordagem sequencial, como foi discutido no Capítulo 5 e no Quadro 5.2. Quando os dados quantitativos são coletados antes dos dados qualitativos (em projetos explanatórios e em alguns projetos incorporados, transformativos e multifásicos), a questão dos métodos mistos pode ser a seguinte: De que maneiras os dados qualitativos ajudam a explicar os resultados quantitativos? Variações desta questão aparecem em outros projetos sequenciais, como as seguintes em que extensão os achados do acompanhamento qualitativo explicam as reações dos participantes às diferentes condições de tratamento (projeto incorporado depois do experimento)? Quando os dados qualitativos são coletados antes dos dados quantitativos (nos projetos exploratórios ou em alguns projetos incorporados, transformativos ou multifásicos), a questão típica dos métodos mistos é a seguinte: De que maneiras os resultados quantitativos generalizam os achados qualitativos? A variação desta questão pode ser a seguinte: De que maneiras os procedimentos qualitativamente informados melhoram o experimento (projeto incorporado antes do experimento)?

Nessas situações sequenciais, as questões relacionadas à análise dos dados não se concentram na análise em si, mas nos procedimentos para usar a análise a partir de análises quantitativas e qualitativas separadas. Passos e decisões específicos para as abordagens sequenciais foram identificados anteriormente no Quadro 7.2. Aqui vamos discutir as estratégias específicas para a análise de dados dos métodos mistos.

Estratégias para analisar dados conectados. Quando os pesquisadores pensam na análise de dados dentro de abordagens sequenciais, eles se engajam na **análise de dados conectados dos métodos mistos**, em que os analistas do primeiro conjunto de dados está conectado com a coleta de dados no segundo conjunto de dados. Além disso, como o segundo conjunto de dados depende dos resultados da primeira fase, os pesquisadores também devem considerar como a análise do segundo conjunto de dados pode ampliar o que foi aprendido na primeira fase. Vamos considerar cada um destes aspectos das duas abordagens sequenciais básicas, começando pelas abordagens explanatórias.

Quando a intenção é explicar os resultados quantitativos, o pesquisador pode precisar incluir os procedimentos analíticos durante a primeira fase para ajudar a guiar a seleção dos participantes na segunda fase. Embora os participantes da primeira fase possam simplesmente se apresentar como voluntários para participar de uma segunda fase, qualitativa, uma conexão mais forte pode ser feita quando os participantes são determinados mediante as informações que surgem da análise dos dados quantitativos. Os pesquisadores precisam avaliar as opções disponíveis, como as seguintes:

- ✓ Selecionar os participantes que sejam típicos ou representativos dos diferentes grupos para o acompanhamento para entender como os grupos diferem. Isto pode envolver conduzir análises quantitativas para descrever escores ou tendências típicas dentro dos grupos de interesse na amostra quantitativa. A partir destas análises, são selecionados intencionalmente para a segunda fase indivíduos que são típicos dos grupos. Por exemplo, no estudo de Ivankova e Stick (2007) da persistência dos estudantes em um programa de doutorado, os pesquisadores identificaram escores típicos para cada um dos quatro grupos (um grupo iniciante, um grupo matriculado, um grupo de pós-graduação e um grupo de afastados/inativos) e depois selecionaram um indivíduo por grupo cujos escores fossem similares aos escores típicos para o grupo correspondente.
- ✓ Selecionar os participantes que pontuaram nos níveis extremos, fora da norma, para entender por que eles podem ter pontuado assim. Isso pode envolver exibir graficamente os escores dos participantes na primeira fase para identificar os discrepantes ou usar procedimentos como o cálculo dos escores z para identificar os escores extremos (p. ex., estabelecendo um nível como um número específico de desvios-padrão [DP] da média da amostra). Então amostrar esses indivíduos tendo por base seus escores e lhes fazer perguntas sobre por que seus escores foram tão extremos.
- ✓ Selecionar os participantes de grupos que podem ter diferido em seus resultados estatísticos. Isto vai permitir uma análise de por que os grupos podem ter diferido. Faça as mesmas perguntas a todos dos grupos para ver por que eles podem ter diferido. Por exemplo, Weine e colaboradores (2005) estudaram os refugiados bosnianos engajados em grupos de apoio familiar e de educação em Chicago. Eles compararam dois grupos – aqueles que se engajaram e aqueles que não se engajaram, mediante análise estatística na primeira fase do estudo. Os fatores que distinguiram entre os dois grupos tornaram-se então as questões fundamentais exploradas nas entrevistas qualitativas de acompanhamento.
- ✓ Selecionar os participantes que diferiram em seus escores em prognosticadores importantes (escores positivos, escores neutros e escores negativos) para que as razões que estão por trás dos diferentes resultados possam ser examinadas mais detalhadamente. Isso envolve analisar os dados para identificar prognosticadores importantes, mas depois também examinar as respostas para identificar os participantes cujos escores correspondiam aos padrões de interesse. Quando os participantes são selecionados, concentrar-se nas questões de acompanhamento sobre os prognosticadores importantes e pedir aos participantes para explicar seus pensamentos sobre os prognosticadores. No estudo de métodos mistos das anotações feitas pelos estudantes, Igo, Kiewra e Bruning (2008)

encontraram resultados confusos nas mensurações quantitativas dependentes da aprendizagem do estudante que foram inconsistentes com a pesquisa anterior. A fase qualitativa de acompanhamento foi destinada então a explicar estes resultados. Os participantes foram selecionados com base em vários dos critérios anteriores (demografia, resultados estatísticos e assim por diante) e as questões de coleta de dados relacionadas aos prognosticadores e aos fatores de grupo.

Os pesquisadores que usam uma abordagem sequencial para explicar os resultados (p. ex., projeto explanatório ou projeto incorporado após o teste) podem também querer refletir sobre como melhor analisar o segundo conjunto de dados, qualitativo. Essa análise qualitativa de usar procedimentos persuasivos para lidar com a questão da pesquisa qualitativa (ver Quadro 7.1), mas deve também garantir que o pesquisador será capaz de responder à questão de pesquisa dos métodos mistos (em relação a como os dados qualitativos ajudam a explicar os resultados quantitativos). Por isso, o pesquisador pode utilizar os resultados quantitativos iniciais para informar aspectos da análise de dados qualitativos. Por exemplo, o pesquisador pode incluir alguns códigos de tópicos predeterminados na análise qualitativa que são baseados nos importantes fatores identificados nos resultados quantitativos. Como outro exemplo, se o pesquisador planeja explicar as diferenças de grupo com os dados de acompanhamento qualitativos, então a estratégia pode vincular as variáveis de grupo demográficas aos temas qualitativos na análise dos métodos mistos.

✓ Quando se amplia da coleta e análise de dados qualitativos para uma fase quantitativa (como no projeto exploratório ou um projeto incorporado antes do teste), a análise se concentra em usar resultados de análises de dados da análise qualitativa na fase de acompanhamento. O pesquisador vai começar com procedimentos de análise de dados qualitativos e pode incluir algumas técnicas para facilitar a utilidade dos resultados para desenvolver um instrumento (ou uma tipologia ou um tratamento de intervenção) para a segunda fase:

✓ Analisar os dados qualitativos para melhor planejar uma tipologia ou um instrumento. Por exemplo, buscar diferenças naturais nas respostas para que as categorias possam ser formadas para uma tipologia ou prestar atenção na linguagem dos participantes para desenvolver bons termos para usar ao escrever os itens. Esse processo analítico também pode incluir analisar os dados qualitativos para identificar citações, códigos e temas úteis que possam ser usados para planejar os itens, as variáveis e as escalas em um instrumento. Desenvolver uma tabela de temas, códigos e citações é particularmente útil para especificar o conteúdo a ser incluído ao desenvolver um instrumento com base nos resultados qualitativos. Em um estudo de métodos mistos exploratório, Meijer, Verloop e Beijaard (2001) examinaram o conhecimento dos professores de linguagem sobre o ensino de compreensão da leitura para estudantes de 16 a 18 anos de idade. Eles conduziram primeiro um estudo qualitativo consistindo em entrevistas e mapeamento de conceitos, e utilizaram os dados para desenvolver um questionário. Eles descreveram em alguns detalhes o procedimento de planejamento deste questionário: usar as categorias qualitativas para organizar o questionário baseando-se nas expressões específicas do professor, formulando as expressões do professor em itens, criando escalas tipo Likert para os itens, e depois traduzindo cada questionário para as línguas dos participantes do estudo.

✓ Analisar os dados qualitativos para melhorar um projeto maior. Analisar os dados qualitativos para as informações que podem ser usadas no planejamento de uma intervenção ou no planejamento da próxima fase na coleta de dados quantitativos em um projeto correlacional longitudinal ou em um projeto multifásico. Para determinar como usar os resultados da análise dos dados em um projeto incorporado, considere as sugestões oferecidas no Quadro 6.2. Por exemplo, em um estudo controlado randomizado (*randomized controlled trial* – RCT) testando diferentes opções de tratamento para o câncer de próstata, os pesquisadores não estavam recrutando com sucesso os números adequados de participantes. Donovan e colaboradores (2002) acrescentaram um elemento qualitativo para aprender como os participantes em perspectiva entendiam as informações do recrutamento. Com base em suas análises e seus resultados temáticos qualitativos, eles descreveram quatro tipos específicos de mudanças feitas para os procedimentos de recrutamento, que resultaram em um maior aumento dos indivíduos dispostos a se matricular no estudo quantitativo.

✓ Como no projeto explanatório, os pesquisadores que usam um projeto exploratório podem também considerar a melhor maneira de analisar os dados quantitativos na segunda fase não apenas para responder à questão da pesquisa quantitativa, mas também para proporcionar os resultados necessários para responder à questão de métodos mistos. Essa análise quantitativa deve usar procedimentos rigorosos, como aqueles listados no Quadro 7.1. Isso significa que, se o pesquisador estiver desenvolvendo um novo instrumento, os procedimentos devem ser incluídos para avaliar a confiabilidade e validade dos escores deste instrumento para a população que está sendo estudada. O pesquisador também deve considerar a melhor maneira de analisar os dados quantitativos para que eles generalizem ou testem os resultados qualitativos iniciais. Essas análises podem incluir a estatística descritiva para determinar a prevalência relativa, ou a importância, de diferentes dimensões e/ou da estatística inferencial para testar os relacionamentos entre as variáveis, como está sugerido pelos achados qualitativos.

Estratégias para interpretar resultados conectados. Quando os dados estão conectados entre fases ou projetos, como o pesquisador de métodos mistos interpreta os achados? Essa interpretação pode também ser chamada de "extrair conclusões" ou "extrair inferências". A seguir, listamos algumas ideias básicas sobre a extração de "inferências" e "metainferências" em um estudo de métodos mistos em que a análise se baseia em dados conectados:

✓ Embora as inferências possam ser extraídas após cada fase (quantitativa ou qualitativa, as metainferências são extraídas no final do estudo e incluídas na interpretação mais ampla que está sendo feita na conclusão ou na seção de discussão de um estudo.

✓ Para um projeto explanatório, as metainferências estão relacionadas a se os dados qualitativos do acompanhamento proporcionam um melhor entendimento do problema do que simplesmente os resultados quantitativos. Essa inferência lida com a questão de métodos mistos em um projeto explanatório. Para um projeto explanatório, as metainferências se relacionam a se o elemento quantitativo do acompanhamento proporciona um entendimento mais generalizado do problema do que apenas a base de dados qualitativa. Mais uma vez, esta interpretação se relaciona a responder à questão dos métodos mistos. Para um projeto incorporado com coleta de dados sequenciais antes ou depois de um experimento ou de um estudo correlacional, as inferências estão ligadas a quando os dados de apoio estão sendo usados. Se os dados qualitativos são usados antes de um experimento, por exemplo, então uma metainferência a ser extraída é se os dados qualitativos coletados antes do experimento conduz a um planejamento melhor da intervenção OUA a um recrutamento melhor dos participantes para o experimento do que um experimento sem um componente qualitativo anterior ao projeto (p. ex., ver os resultados da análise de dados qualitativos que melhoraram o índice de consentimento para participar no experimento de Donovan et al., 2002). Em um projeto transformativo, as inferências são extraídas da combinação das duas fases e interpretadas como de que maneira os resultados ajudam a revelar injustiças e sugerir mudança. Em um projeto multifásico, as inferências podem ser extraídas da coleta dos resultados da análise de vários projetos ou de todo o programa de pesquisa que se desenvolveu mediante múltiplas fases.

A VALIDAÇÃO E OS PROJETOS DE MÉTODOS MISTOS

As discussões sobre a validade nos métodos mistos têm sido descritas como estando em seus primórdios (Onwuegbuzie e Johnson, 2006). O tópico tem sido identificado como uma das seis principais questões na pesquisa de métodos mistos e como o aspecto mais importante de um projeto de pesquisa (Tashakkori e Teddlie, 2003a). Como indicaram Maxwell e Mittapalli (no prelo), a validade tem sido rejeitada por alguns estudiosos dos métodos mistos, ou devido ao seu uso exagerado, a sua ausência de sentido ou porque ela é rotineiramente usada na pesquisa quantitativa e, por isso, não é apreciada pelos pesquisadores qualitativos. Para aqueles que têm tratado da validade, as discussões iniciais se concentraram em identificar tanto suas abordagens quantitativas quanto qualitativas (ver, p. ex., Tashakkori e Teddlie, 1998 e, mais recentemente, Onwuegbuzie e Johnson, 2006). Além disso, uma discussão recente apresentou os tipos de validação quantitativa tradicional, qualitativa tradicional e de métodos mistos sob uma estrutura geral de validação do constructo, e incorporou várias discussões da validade dos métodos mistos sob uma rubrica comum (Dellinger e Leech, 2007). Além disso, os autores discutiram como ela se relaciona com o projeto de pesquisa e a coleta de dados, com a análise dos dados e com a interpretação dos achados (Onwuegbuzie e Johnson, 2006).

A perspectiva de Onwuegbuzie e Johnson (2006) ilustra como a validade nos métodos mistos pode ser relacionada aos estágios no processo de pesquisa. Temos visto este foco na orientação de outros pesquisadores dos métodos mistos. Por exemplo, Teddlie e Tashakkori (2009) trataram da validade nos métodos mistos como relacionada ao projeto e ao estágio de interpretação da pesquisa. Eles discutiram a qualidade do projeto (adequação atribuída às questões, fidelidade da qualidade e rigor dos procedimentos, consistência em todos os aspectos do estudo, e implementação analítica dos procedimentos) e rigor interpretativo (consistência com os achados, consistência com a teoria, interpretações dadas aos participantes e aos acadêmicos, e singularidade em termos de conclusões dignas de crédito ou plausíveis). Onwuegbuzie e Johnson (2006), por outro lado, se concentraram na análise dos dados, chamando a validade de "legitimação" (p. 57) e especificaram uma tipologia de formas de validade de métodos mistos. Além disso, trataram de como conceituar a legitimação (p. ex., o planejamento, a análise ou a interpretação dos dados) e os procedimentos específicos que os pesquisadores dos métodos mistos podem empregar na fase de análise dos dados de sua pesquisa.

Consequentemente, ao discutir a validade nos métodos mistos, nosso foco será as estratégias que os pesquisadores podem usar em todas as três fases de coleta, análise e interpretação dos dados da pesquisa. Entretanto, vamos levar a discussão um passo adiante e relacionar a validade e as fases da pesquisa para especificar as técnicas de análise usadas nos métodos mistos para fundir ou conectar os dados. Achamos que a validade não pode ser adequadamente tratada (ou tornada específica) como um procedimento, a menos que o pesquisador a conceitue dentro de um projeto de pesquisa. O próprio ato de combinar as abordagens qualitativa e quantitativa levanta questões adicionais da validade potencial que se estendem bem além das preocupações de validade que surgem nos procedimentos separados dos métodos quantitativos ou qualitativos.

Em geral, recomendamos o seguinte para os pesquisadores de métodos mistos que escrevem sobre, ou conduzem, procedimentos de validade:

✓ Como a pesquisa de métodos mistos envolve tanto elementos de quantitativos quanto de dados qualitativos, há uma necessidade de tratar os tipos específicos de checagens de validade que serão feitas para os dois elementos. As discussões sobre as formas específicas de validade tanto para a pesquisa quantitativa quanto para a pesquisa qualitativa estão delineadas em Onwuegbuzie e Johnson (2006), assim como em muitos livros de métodos de pesquisa.

- ✓ Ainda que diferentes termos estejam disponíveis na literatura dos métodos mistos, acreditamos que o melhor termo a ser usado é *validade*, devido a sua aceitação atual tanto por pesquisadores quantitativos quanto por pesquisadores qualitativos, e que esse uso apresenta uma linguagem comum compreensível para muitos pesquisadores.
- ✓ Definimos a **validade na pesquisa de métodos mistos** como empregando estratégias que lidam com as questões potenciais na coleta de dados, análise de dados, e as interpretações que podem comprometer a fusão ou conexão dos elementos quantitativos e qualitativos do estudo e as conclusões extraídas da combinação. Estes compromissos e estratégias que os pesquisadores dos métodos mistos podem usar para lidar com eles estão detalhados nos Quadros 7.3 e 7.4. Os planejamentos envolvidos na fusão dos dados têm considerações de validade diferentes dos planejamentos que conectam os dados. Levantamos muitas destas questões em nossas discussões sobre a coleta e a análise de dados e nas nossas recomendações para procedimentos no uso dos projetos. Questões que podem comprometer a coleta de dados envolvem a seleção da amostra, o tamanho da amostra e o registro e o uso de dados que podem não se prestar a comparação, podem influenciar os resultados ou podem conduzir a procedimentos de acompanhamento defeituosos. Questões que podem comprometer a análise dos dados incluem representações inadequadas dos dados e análise obscura ou inapropriada que se torna o foco para os procedimentos de acompanhamento. Na interpretação, os compromissos ocorrem

quando os resultados relacionados às questões da pesquisa não são declarados, as contradições são deixadas sem tratar, os pesquisadores favorecem um conjunto de dados em detrimento do outro, a fusão das abordagens é usada quando os conjuntos de dados não devem ser comparados, a ordem da discussão dos conjuntos de dados é invertida, e a plena vantagem dos dois conjuntos de dados não é considerada. Os pesquisadores devem usar ativamente estratégias para minimizar as ameaças à validade em seus estudos e também discutir as limitações do projeto do estudo como parte da interpretação maior do estudo na seção de discussão de um relatório.

APLICATIVOS DE *SOFTWARE* E ANÁLISE DE DADOS DOS MÉTODOS MISTOS

Os pacotes de *software* quantitativos e qualitativos têm estado disponíveis há anos para ajudar os pesquisadores na análise de dados quantitativos e qualitativos. Só recentemente a atenção e a discussão se desenvolverem em torno do tópico das aplicações de *software* para computador e dos métodos mistos. Em nossa opinião, a conversa tem se localizado principalmente no nível mais geral, mas os comentários estão se tornando cada vez mais específicos. Os exemplos que se seguem ajudam a ilustrar este ponto. Dois escritores em particular – Bazeley (2009) e Kuckartz (2009) – iniciaram conversas substantivas sobre os métodos mistos e produtos específicos de *software*. Bazeley (2009) examinou a extensão de pacotes de *software* que podem ser usados para a análise de métodos mistos – Nvivo (http://www.qsrinternational.com) e MAXQDA (http://www.maxqda.com). Ela mencionou outro programa do Provalis (http://www.provalisresearch.com) que tem subprogramas (isto é, o SimStat e o QDA Miner) tanto para capacidades de análises de dados quantitativos quanto qualitativos. Bazeley descreveu as

QUADRO 7.3

Potenciais ameaças e estratégias de validade quando se funde os dados em projetos convergentes, incorporados, transformativos e multifásicos simultâneos

Potenciais ameaças à validade quando se funde os dados	Estratégias para minimizar a ameaça
QUESTÕES DE COLETA DOS DADOS	
✓ Seleção de indivíduos inapropriados para a coleta de dados qualitativos e quantitativos	✓ Extração de amostras quantitativas e qualitativas da mesma população para gerar dados comparáveis
✓ Obtenção de tamanhos de amostras desiguais para a coleta de dados qualitativos e quantitativos	✓ Uso de grandes amostras qualitativas ou pequenas amostras quantitativas para que o mesmo número de casos possa ser selecionado
✓ Introdução de viés potencial por meio de uma coleta de dados na outra coleta de dados (adicionando dados qualitativos em um experimento enquanto o experimento está em andamento)	✓ Uso de procedimentos separados de coleta de dados e coleta de dados no fim de um experimento.
✓ Coleta de dois tipos de dados que não lidam com os mesmos tópicos	✓ Tratamento da mesma questão (paralela) tanto na coleta de dados quantitativos quanto na coleta de dados qualitativos
QUESTÕES DA ANÁLISE DOS DADOS	
✓ Uso de abordagens inadequadas para convergir os dados (por exemplo, mostra não interpretável)	✓ Desenvolvimento de uma mostra conjunta com dados categóricos quantitativos e temas qualitativos ou o uso de outras configurações de mostra
✓ Realização de comparações ilógicas dos dois resultados da análise	✓ Encontro de citações que correspondam aos resultados estatísticos
✓ Utilização de abordagens inadequadas de transformação dos dados	✓ Manutenção da transformação objetiva (p. ex., contagem de códigos ou temas) e procedimentos de uso para melhorar a confiabilidade e a validade das pontuações transformadas.
✓ Uso de estatísticas inadequadas para analisar resultados qualitativos quantizados	✓ Examinar a distribuição das pontuações e considerar o uso de estatísticas não paramétricas, se necessário
QUESTÕES DE INTERPRETAÇÃO	
✓ Não resolução dos achados divergentes	✓ Uso de estratégias como coleta de mais dados, reanálise dos dados atuais e avaliação dos procedimentos

(continua)

QUADRO 7.3

Potenciais ameaças e estratégias de validade quando se funde os dados em projetos convergentes, incorporados, transformativos e multifásicos simultâneos (continuação)

Potenciais ameaças à validade quando se funde os dados	Estratégias para minimizar a ameaça
✓ Não discussão das questões de pesquisa dos métodos mistos	✓ Tratamento de cada questão dos métodos mistos
✓ Atribuição de mais peso a uma forma de dado do que a outra	✓ Uso dos procedimentos para apresentar os dois conjuntos de resultados de igual maneira (p. ex., uma mostra conjunta) ou apresentação de uma justificativa para o porquê de uma forma de dados proporcionou um melhor entendimento do problema
✓ Não interpretação dos resultados dos métodos mistos à luz da defesa ou das lentes da ciência social	✓ Retorno à interpretação de um estudo transformativo às lentes usadas no início do estudo, e avançar um chamado à ação com base nos resultados
✓ Não relacionamento dos estágios ou projetos um com o outro em um estudo multifásico	✓ Consideração de como um problema, uma teoria ou uma lente pode ser uma maneira abrangente de conectar os estágios ou projetos
✓ Diferenças inconciliáveis entre os diferentes pesquisadores em uma equipe	✓ Os pesquisadores de uma equipe avaliam os objetivos gerais do projeto e negociam as diferenças filosóficas e metodológicas.

aplicações dos métodos mistos usando estes pacotes de *software*, para

- ✓ comparar como casos com características diferentes discutem uma questão;
- ✓ examinar mudanças nas experiências individuais no passar do tempo em uma base de caso por caso ou de grupo;
- ✓ considerar o impacto de mudar os locais na evolução de uma experiência;
- ✓ examinar o inter-relacionamento de códigos exportados; e
- ✓ conduzir análises comparativas quantitativas dos casos.

Kuckartz (2009) entra em mais detalhes sobre o relacionamento dos métodos mistos para análise qualitativa por computador – especificamente o uso de métodos mistos com o MAXQDA. Ele acha que o argumento mais forte para usar o MAXQDA na pesquisa de métodos mistos está em vincular, codificar e anotar; transformar os dados qualitativos em dados quantitativos; e criar representações visuais de distribuições de código para exportar o *software* estatístico. Algumas aplicações específicas do MAXQDA para os métodos mistos que ele mencionou são

- ✓ quantificar os dados qualitativos – contar o número de vezes que um código ocorre;
- ✓ vincular os textos e as variáveis usando códigos de texto e as características dos "atributos" (variáveis demográficas ou outras variáveis quantitativas);
- ✓ exportar e importar os dados para um programa estatístico – um pesquisador pode criar uma mostra de dados de nomes de variáveis demográficas no eixo horizontal e de temas no eixo vertical

QUADRO 7.4

Potenciais ameaças e estratégias de validade quando se conecta os dados em projetos explanatórios, exploratórios, incorporados e multifásicos sequenciais

Potenciais ameaças de validade para conectar dados	Estratégias para minimizar a ameaça
QUESTÕES DE COLETA DE DADOS	
✓ Seleção de indivíduos inadequados para a coleta de dados qualitativa e quantitativa	✓ Seleção dos mesmos indivíduos para o acompanhamento dos achados; seleção de indivíduos diferentes ao gerar e testar novos componentes, como um instrumento, tipologia ou intervenção
✓ Uso de tamanhos de amostra inadequados para a coleta de dados qualitativos e quantitativos	✓ Uso de um tamanho de amostra grande para os dados quantitativos e um tamanho de amostra pequeno para os qualitativos
✓ Escolha de participantes inadequados para o acompanhamento que não podem ajudar a explicar resultados significativos	✓ Escolha de indivíduos para o acompanhamento qualitativo que participaram da primeira fase quantitativa
✓ Não designação de um instrumento com propriedades psicométricas profundas (i.e., validade e confiabilidade)	✓ Uso de procedimentos rigorosos para o desenvolvimento e a validação do novo instrumento
QUESTÕES DA ANÁLISE DOS DADOS	
✓ Escolha de resultados quantitativos fracos para acompanhá-los qualitativamente	✓ Ponderação das opções para acompanhamento e escolha dos resultados a serem acompanhados que necessitam de mais explicações
✓ Escolha de achados qualitativos fracos para serem acompanhados quantitativamente	✓ Uso de temas importantes como a base para o acompanhamento quantitativo
✓ Inclusão de dados qualitativos em um experimento de intervenção sem uma intenção clara do seu uso	✓ Especificação de como cada forma de dados qualitativos será usada no estudo
QUESTÕES DE INTERPRETAÇÃO	
✓ Comparação dos dois conjuntos de dados quando eles são destinados a gerar, em vez de fundir	✓ Interpretação dos conjuntos de dados quantitativos e qualitativos para responder à questão de pesquisa dos métodos mistos
✓ Interpretação das duas bases de dados na sequência inversa	✓ Ordenação da interpretação para se ajustar ao projeto (p. ex., quantitativo depois qualitativo ou vice-versa)
✓ Não tirar toda vantagem do potencial dos achados dos dados qualitativos de "antes" e "depois" para um experimento de intervenção	✓ Consideração das razões para o uso de dados qualitativos em um experimento de intervenção

(continua)

> **QUADRO 7.4**
> Potenciais ameaças e estratégias de validade quando se conecta os dados em projetos explanatórios, exploratórios, incorporados e multifásicos sequenciais (continuação)

Potenciais ameaças de validade para conectar dados	Estratégias para minimizar a ameaça
✓ Não interpretação dos resultados dos métodos mistos à luz da defesa ou das lentes das ciências sociais	✓ Retorno à interpretação de um estudo transformativo para as lentes usadas no início do estudo, e avanço de um chamado para a ação baseado nos resultados
✓ Não relacionamento dos estágios ou projetos um com o outro em um estudo multifásico	✓ Consideração de como um problema, uma teoria ou uma lente pode ser uma maneira abrangente de conectar os estágios ou projetos
✓ Diferenças inconciliáveis entre diferentes pesquisadores em uma equipe	✓ Os pesquisadores de uma equipe precisam concordar com os objetivos gerais do processo e negociar as diferenças filosóficas e metodológicas.

com contagens nas células e exportar esta mostra para um programa de computador estatístico; e
✓ usar as contagens de palavras – analisar os dados qualitativos para a frequência de palavras usadas e vincular as contagens de palavras aos códigos ou às variáveis.

As sugestões dadas por Bazeley (2009) e por Kuckartz (2009) proporcionam pontos de partida úteis para conceituar o uso de *softwares* na análise de dados dos métodos mistos. Além disso, sabemos que os *softwares* quantitativos e qualitativos podem ajudar a analisar separadamente os elementos dos dados (como no projeto convergente ou no projeto explanatório). Também sabemos que os *softwares* quantitativos nos permitem comparar variáveis categóricas com temas qualitativos (para desenvolver análises conjuntas). Sabemos que os códigos qualitativos podem ser inseridos no Excel ou nas planilhas do SPSS (para o desenvolvimento de análises conjuntas). Podemos também derivar contagens de palavras quantificadas para o programa de *software* quantitativo, um procedimento útil nos projetos de transformação de dados.

Nossa recomendação é que os pesquisadores dos métodos mistos considerem como o *software* pode ser usado para realizar as análises de dados necessárias dentro dos tipos de projetos de métodos mistos e para lidar especificamente com as questões dos métodos mistos. A razão por que este vínculo não foi forjado antes pode se dever à necessidade de pensar conceitualmente sobre os projetos de pesquisa e entender os passos na análise dos dados realizados dentro de cada um dos projetos.

Como o *software* atual pode ajudar nestas análises para lidar com as questões de pesquisa associadas à fusão ou às análises de dados sequenciais? Achamos que um ponto importante é considerar a ideia da mostra conjunta como uma técnica para a análise dos métodos mistos. A aplicação desta técnica vai além de simplesmente fundir os dados; ela pode também ser usada na análise sequencial dos dados. Nossa conceituação em relação a como as análises conjuntas podem ser usadas está ilustrada no Quadro 7.5. Esse quadro apresenta os diferentes projetos e a fusão e conexão da análise dos dados como tipos de questões de pesquisa dos métodos mistos e tipos de

QUADRO 7.5
Projetos de métodos mistos, questões de pesquisa, análise de dados dos métodos mistos e mostras conjuntas

Tipo de projeto	Questões dos métodos mistos (questões ilustrativas)	Fusão ou análise dos dados sequenciais	Tipos de mostras conjuntas que podem ser desenvolvidas que vinculam os dados quantitativos e qualitativos
Projeto convergente	Em que extensão os resultados quantitativos e qualitativos convergem?	Fusão da análise	✓ Uma análise que coloca os resultados quantitativos lado a lado com os temas qualitativos (ver Fig. 7.2) ✓ Uma análise que combina os códigos ou temas qualitativos com os dados das variáveis categóricas ou contínuas quantitativas (ver Fig. 7.3) ✓ Uma análise relacionando os temas qualitativos às avaliações quantitativas para transformar os dados qualitativos em escores quantitativos
Projeto explanatório	De que maneiras os dados qualitativos ajudam a explicar os resultados quantitativos?	Análise sequencial	✓ Uma análise que vincula os resultados quantitativos e as características demográficas para participantes intencionalmente selecionados para a amostra de acompanhamento ✓ Uma análise no final do estudo que vincula os temas qualitativos aos resultados quantitativos para o propósito de explicação
Projeto exploratório	De que maneiras os resultados quantitativos generalizam os achados qualitativos?	Análise sequencial	✓ Uma análise de citações, códigos e temas que correspondem a itens, variáveis e escalas propostas para o desenvolvimento do instrumento ✓ Uma análise no final do estudo para mostrar como os resultados quantitativos generalizam os temas e códigos qualitativos

(continua)

PESQUISA DE MÉTODOS MISTOS **219**

QUADRO 7.5
Projetos de métodos mistos, questões de pesquisa, análise de dados dos métodos mistos e mostras conjuntas (continuação)

Tipo de projeto	Questões dos métodos mistos (questões ilustrativas)	Fusão ou análise dos dados sequenciais	Tipos de mostras conjuntas que podem ser desenvolvidas que vinculam os dados quantitativos e qualitativos
Projeto incorporado	Como os achados qualitativos proporcionam um entendimento melhorado dos resultados quantitativos?	Fusão ou análise sequencial	√ Uma análise que vincula os temas qualitativos com as estratégias de recrutamento para um experimento de intervenção √ Uma análise que vincula os temas qualitativos a atividades de intervenção específicas √ Uma análise que compara temas sobre os processos individuais que experimentaram dados de resultado √ Uma análise que compara os resultados estatísticos com temas de acompanhamento qualitativo √ Uma análise que compara temas qualitativos com correlações importantes em cada estágio no estudo de pesquisa
Projeto transformativo	Adição às questões anteriores, "para explorar as iniquidades"	Fusão ou análise sequencial	√ Uma análise que compara as estratégias em um chamado para a ação com os resultados estatísticos quantitativos ou com os resultados de tema qualitativo ou ambos
Projeto multifásico	Multiplicação das questões anteriores em diferentes fases	Fusão ou análise sequencial	√ Uma análise dos temas e resultados quantitativos entre os estudos e como estes resultados mudaram no decorrer do tempo

mostras que podem ser desenvolvidos. Os tipos de questões de métodos mistos foram identificados anteriormente no Quadro 5.2. As mostras propostas nesse quadro podem ser facilmente projetadas usando a análise de pacotes de *software* quantitativos e qualitativos já existentes. Eles podem fluir para um estudo de métodos mistos em pontos diferentes – algumas mostras podem ser inseridas durante o estágio da análise dos dados (p. ex., vinculando códigos/temas qualitativos com dados de variáveis) e alguns podem ser implementados em um estágio entre a análise dos dados e a coleta dos dados (p. ex., mostra relacionando dados qualitativos como citações, códigos e temas com o desenvolvimento da escala), e alguns podem ser usados no estágio da interpretação (p. ex., comparando temas qualitativos como explicações de resultados quantitativos). Outras questões de métodos mistos podem produzir mostras adicionais que podem ser usadas. Usando programas de computador para analisar dados e desenvolver análises, os dados da questão dos métodos mistos podem ser representados e depois respondidas. Sem dúvida, outras aplicações para o uso de computador na análise dos dados para estudos dos métodos mistos vão emergir no futuro, e estas são apenas algumas possibilidades para o pesquisador dos métodos mistos considerarem.

☑ Resumo

Na análise dos dados dos métodos mistos, o pesquisador precisa incorporar bons procedimentos de análise dos dados tanto para os elementos quantitativos quanto para os qualitativos do estudo. Isso envolve preparar os dados para a análise, explorar os dados, analisar os dados para responder às questões da pesquisa ou testar as hipóteses da pesquisa, representando os dados, interpretando os resultados e validando os dados, resultados e interpretação. Além disso, na pesquisa de métodos mistos, ocorre o processo adicional da análise dos dados dos métodos mistos. A análise dos dados dos métodos mistos consiste em técnicas analíticas aplicadas tanto aos dados quantitativos quanto aos qualitativos, assim como à mistura das duas formas de dados simultânea e sequencialmente em um único projeto ou em um projeto multifásico. A análise dos dados dos métodos mistos tem evoluído por meio de vários escritos no campo. Ele basicamente se relaciona à análise dos dados para tratar as questões dos métodos mistos. A análise dos dados dos métodos mistos consiste em passos que são conduzidos dentro de cada um dos projetos dos métodos mistos. Também envolve tomar decisões fundamentais sobre a análise dentro dos passos. Duas técnicas analíticas específicas que perpassam os diferentes projetos são as estratégias para a fusão dos dados e para a conexão dos dados. Na fusão dos dados, vários procedimentos podem ser usados, como a comparação lado a lado, a mostra conjunta ou a transformação dos dados. A conexão da análise dos dados se concentra no uso dos resultados da análise dos dados, e esse uso envolve examinar a análise para selecionar os participantes do acompanhamento, especificar as questões de pesquisa do acompanhamento, ou planejar fases de acompanhamentos, como a construção de uma tipologia, um instrumento ou uma intervenção experimental. Depois de analisar os dados quantitativos e qualitativos, o pesquisador faz uma interpretação extraindo inferências de ambos os elementos da análise e também da análise geral dos métodos mistos. Quaisquer interpretações que sejam feitas, elas precisam ser validadas primeiro em termos das inferências extraídas tanto dos elementos quantitativos quanto dos qualitativos, assim como das questões gerais prováveis de surgir no projeto dos métodos mistos. Finalmente, as aplicações em computador podem ser usadas na pesquisa de métodos mistos, embora só recentemente elas estejam sendo discutidas na literatura. Usando uma estrutura de pensamento sobre a análise dos dados em cada um dos projetos dos métodos mistos, a análise baseada em computador pode conduzir a mostras que proporcionam resultados úteis para cada um dos projetos dos métodos mistos.

> **ATIVIDADES**
>
> 1. Desenvolva seções sobre a análise de dados quantitativos e qualitativos para o seu estudo que inclua como você vai preparar os dados para análise, como vai explorar os dados, como vai analisar os dados para os resultados de suas questões ou hipóteses, como vai representar os dados, como vai interpretar os resultados e como vai validar os dados.
> 2. Suponha que sua análise de dados vai fundir os dados quantitativos e qualitativos. Discuta as três opções para fusão dos dados e discuta qual você usaria e por quê.
> 3. Assuma que sua análise dos dados vai consistir em conectar os dados quantitativos e qualitativos. Indique a sua opção para usar os resultados da fase inicial e discuta por que você selecionaria a opção.
> 4. Dado um projeto simultâneo ou sequencial, identifique que questões de validade podem surgir em seu estudo e como você vai resolvê-las.
> 5. Para uma proposta de estudo de métodos mistos que você gostaria de conduzir, planeje uma mostra conjunta que você usaria para representar dados e responder sua questão da pesquisa de métodos mistos.

Recursos adicionais a serem examinados

Para uma visão geral dos procedimentos de análise dos dados quantitativos e qualitativos, ver o seguinte recurso:

Creswell, J.W. (2008). *Educational research: Planning, conducting, and evaluating quantitative and qualitative research* (3rd ed.). Upper Saddle River, NJ: Pearson Education.

Para opções na análise de dados dos métodos mistos, examine os seguintes recursos:

Bazeley, P. (2009). Integrating data analyses in mixed methods research [Editorial]. *Journal of Mixed Methods Research, 3*(3), 203-207.

Caracelli, V.J. & Greene, J.C. (1993). Data analysis strategies for mixed-method evaluation designs. *Educational Evaluation and Policy Analysis, 15*(2), 195-207.

Onwuegbuzie, A.J. & Teddlie, C. (2003). A framework for analyzing data in mixed methods research. In A. Tashakkori & C. Teddlie (eds.), *Handbook of mixed methods in social & behavioral research.* Thousand Oaks, CA: Sage.

Para exemplos de aplicações da análise de métodos mistos e mostras conjuntas, veja os seguintes recursos:

Logan, T.K., Cole, J. & Shannon, L. (2007). A mixed-methods examination of sexual coercion and degradation among women in violent relationships who do and do not report forced sex. *Violence and Victims, 22*(1), 76.

Plano Clark, V.L., Garrett, A.L. & Leslie-Pelecky, D.L. (2009). Applying three strategies for integrating quantitative and qualitative databases in a mixed methods study of a nontraditional graduate education program. *Field Methods.* Prepublished December 29, 2009, DOI:10.1177/1525822X09357174

Para discussões recentes da validade, consulte os seguintes recursos:

Dellinger, A.B. & Leech, N.L. (2007). Toward a unified validation framework in mixed methods research. *Journal of Mixed Methods Research, 1*(4), 309-322.

Onwuegbuzie, A.J. & Johnson, R.B. (2006). The validity issue in mixed research. *Research in the Schools, 13*(1), 48-63.

Teddlie, C. & Tashakkori, A. (2009). *Foundations of methods research: Integrating quantitative and qualitative approaches in the social and behavioral sciences.* Thousand Oaks, CA: Sage.

Para discussões sobre aplicativos de computador e a pesquisa de métodos mistos, veja os seguintes recursos:

Bazeley, P. (2009). Integrating data analyses in mixed-methods research [Editorial]. *Journal of Mixed Methods Research, 3*(3), 203-207.

Kuckartz, U. (2009). Realizing mixed-methods approaches with MAXQDA. Unpublished manuscript. Philipps-Universitaet Marburg, Marburg, Germany.

8
Escrita e avaliação da pesquisa de métodos mistos

Vamos nos concentrar agora no estágio de composição e escrita de um estudo de métodos mistos. Parte deste estágio é pensar sobre como estruturar e organizar o relatório escrito. Com múltiplas formas de coleta e análise dos dados, é fácil para um leitor ficar perdido nas complexas formas de dados e múltiplas camadas de análise. Além disso, a extensão de um artigo sobre um estudo de métodos mistos pode ser um problema para os periódicos devido à inclusão das duas abordagens, qualitativa e quantitativa. É necessário tomar cuidado para que tanto a estrutura quanto a escrita sejam enxutas e concisas. Alguns leitores podem não saber com que se "parece" um estudo de métodos mistos, e uma estrutura bem planejada para a apresentação vai instruir os indivíduos novatos nesta abordagem. As maneiras de avaliar um estudo de métodos mistos também podem não ser familiares aos leitores. Não tem sido dada atenção aos critérios para a avaliação de um "bom" estudo, e esses critérios pareceriam valiosos para os conselheiros dos estudantes de pós-graduação, editores de periódicos, examinadores de propostas e indivíduos que planejam e conduzem esta forma de pesquisa. Os padrões ajudam os analistas a saberem o que buscar nos estudos, além de ajudarem os pesquisadores na localização de exemplos e de bons modelos de pesquisa.

Este capítulo vai tratar

✓ das diretrizes gerais para a escrita de um estudo de métodos mistos;
✓ da estrutura que um estudante de pós-graduação de métodos mistos deve utilizar na escrita de uma proposta de métodos mistos, de uma dissertação de mestrado ou tese de doutorado, e de uma proposta para a obtenção de financiamento federal; e
✓ dos critérios para a avaliação de um estudo de métodos mistos.

DIRETRIZES GERAIS PARA A ESCRITA

Livros excelentes estão disponíveis sobre gramática, sintaxe e escrita acadêmica, e por isso a discussão vai se concentrar nos aspectos estruturais da escrita de um estudo de métodos mistos (ver as leituras adicionais no final deste capítulo). Algumas das ideias se aplicam a toda escrita acadêmica, mas vamos discuti-las com um enfoque especial nos projetos de métodos mistos. Como acontece com toda escrita, o escritor deve ter em mente o público quando estiver organizando e estruturando seu material.

A escolha de um projeto pode precisar ser parcialmente baseada no tipo de estrutura de escrita que os públicos anticipados vão aceitar e adotar. Por exemplo, um projeto exploratório provavelmente vai atrair a comunidade da pesquisa qualitativa, especialmente se for dada prioridade aos componentes qualitativos e o artigo começar com uma exploração clara do tema em questão. Um projeto explanatório, por sua vez, provavelmente vai atrair os pesquisadores quantitativos por razões similares.

A escrita pode servir à função de educar um leitor sobre a pesquisa de métodos mistos. Discussões completas dos métodos podem ser colocadas nas propostas, nas dissertações e nos artigos de periódicos. Os escritores podem usar termos dos métodos mistos (p. ex., o termo *projeto paralelo convergente*), apresentar uma definição de pesquisa de métodos mistos, incluir referências à literatura dos métodos mistos e aos estudos específicos dos métodos mistos, e incorporar na escrita as partes da pesquisa com componentes dos métodos mistos (p. ex., uma questão de pesquisa dos métodos mistos, discussão da análise de dados dos métodos mistos). Os estudantes de pós-graduação podem encorajar este processo educacional selecionando um estudo de métodos mistos publicado em seu campo e o compartilhando com membros do comitê antes de apresentar sua proposta ou dissertação/tese.

Devido à complexidade da pesquisa de métodos mistos, os leitores vão precisar de auxílios para ajudá-los a entender um estudo de métodos mistos. Esses auxílios incluem diagramas dos procedimentos, declarações de propósito bem planejadas acompanhando os roteiros apresentados neste texto e títulos claros separando os elementos quantitativos e qualitativos da coleta e análise dos dados.

A escrita da pesquisa acadêmica envolve contar uma boa história. Dessa maneira, o escritor ajuda o leitor quando toma cuidado em contar uma história coerente e coesa em todos os aspectos qualitativos e quantitativos do estudo de pesquisa. As razões para incluir mais de um tipo de dados (p. ex., qualitativo e quantitativo) torna-se clara se a escrita se estende de um para o outro e ajuda a apresentar esta transição. As duas bases de dados precisam se vincular de alguma maneira e, quanto mais cuidadosamente for estabelecido esse vínculo, mais coerente e coesa será a história geral.

Considere que ponto de vista se ajusta ao projeto de métodos mistos que está sendo utilizado. O ponto de vista – quem está contando a história – pode ser apresentado na primeira pessoa (eu, nós), na segunda pessoa (você) ou na terceira pessoa (ele, ela, eles). Também pode ser descrito a partir de como a história é contada – do subjetivo para o objetivo (Bailey, 2000). A abordagem subjetiva da primeira pessoa é normalmente encontrada na pesquisa qualitativa. Vemos o uso de pronomes da primeira pessoa, como "eu" ou "nós", usados em todo o estudo. As histórias subjetivas dos indivíduos são apresentadas mediante citações. Na pesquisa quantitativa, a primeira e segunda pessoas subjetivas não são normalmente usadas. Em vez disso, a terceira pessoa objetiva é a norma, descrevendo factualmente os resultados ou usando encaminhamentos impessoais, como "o investigador" ou "o pesquisador". O pesquisador está predominantemente no pano de fundo do projeto, relatando objetivamente os resultados e tendo uma voz pessoal não vista nem ouvida. Como se deve proceder, então, nos métodos mistos, em que tanto os pontos de vista qualitativo quanto quantitativo têm de prevalecer? Considere uma das duas possibilidades: escrever o relatório de métodos mistos usando uma voz consistente o tempo todo, ou escrever o relatório variando a voz, com a abordagem objetiva usada nas seções quantitativas e a voz subjetiva nas seções qualitativas. A decisão de escolher uma ou outra pode se basear no tipo de projeto (o projeto explanatório se inicia forte na abordagem quantitativa), estilo de escrita pessoal e, é claro, o público para quem você está escrevendo.

Adapte a estrutura do estudo escrito à pesquisa de métodos mistos e ao tipo de projeto de métodos mistos que está sendo utilizado. Como os componentes da pesquisa (p. ex., declaração de propósitos, coleta de dados) diferem em cada um dos principais tipos de projetos de métodos mistos, não deve surpreender que a estrutura usada na escrita sobre eles venha a diferir. Na verdade, a estrutura do estudo escrito pode ajudar o leitor a entender melhor o tipo de projeto.

RELAÇÃO DA ESTRUTURA COM O PROJETO DE MÉTODOS MISTOS

Há muito abraçamos a ideia da organização criteriosa do relatório da pesquisa antes do início do estudo. Ao mesmo tempo, acreditamos em permitir que o projeto emerja e, em muitos casos de tipos de projetos sequenciais, os passos a serem seguidos são desconhecidos. Mas, antes do início do estudo, convém ter em mente uma imagem de qual vai ser o aspecto final do estudo de métodos mistos. Essa imagem pode ser um quadro vago desde o início, mas vai se tornar mais clara à medida que o estudo prossegue.

Por isso, como um bom plano é fundamental para a pesquisa de métodos mistos profunda, apresentamos vários esboços que podem ser úteis: a estrutura de uma proposta de um estudante de pós-graduação para uma dissertação ou tese, a estrutura de uma dissertação final dos métodos mistos, a estrutura de um esboço dos tópicos tratados em uma proposta para um financiamento federal e a estrutura dos tópicos a serem incluídos em um artigo de periódico empírico dos métodos mistos. Observando estas várias estruturas, vemos sendo introduzidas algumas características comuns da pesquisa de métodos mistos que já discutimos em capítulos anteriores deste livro. Entretanto, as características diferem dependendo do tipo de projeto de métodos mistos escolhido e se a escrita é um plano para um estudo ou o relatório de um estudo concluído.

Estrutura de uma proposta para uma dissertação ou tese sobre métodos mistos

Uma proposta para uma dissertação ou tese precisa convencer aos comitês e conselheiros de pós-graduação de que o tópico é válido de ser abordado e que será estudado de uma maneira rigorosa e criteriosa, e ainda que é factível para o estudante. A proposta necessita ser convincente e, quando o projeto é de métodos mistos, precisam ser incluídos no plano geral componentes especiais que estejam relacionados com os métodos mistos e com o tipo de projeto. Os formatos das propostas vão variar de *campus* para *campus* e os estudantes precisam obter cópias de propostas passadas para examinarem e verem como elas foram estruturadas. Então, nossa primeira recomendação é que os estudantes de pós-graduação procurem seu corpo docente e peçam exemplos de propostas de dissertações ou teses anteriores que já foram concluídas. Uma busca em Resumos de Dissertação e Teses em uma biblioteca acadêmica ou um *site* de busca também vai produzir dissertações de métodos mistos a serem examinadas. Também convém localizar vários estudos de métodos mistos, e é importante planejar uma proposta que contenha os principais elementos dos métodos mistos, além de informações sobre um projeto específico.

Examine o Quadro 8.1, que apresenta um esboço de amostra dos tópicos gerados

QUADRO 8.1
Esboço da estrutura de uma proposta para uma dissertação ou tese sobre métodos mistos

Título
✓ Prenúncios de um estudo de métodos mistos e o tipo de projeto

Introdução
✓ O problema da pesquisa
✓ As pesquisas passadas sobre o problema
✓ As deficiências nas pesquisas passadas e uma deficiência relacionada a uma necessidade de coletar tanto dados quantitativos quanto qualitativos
✓ Os públicos que vão tirar proveito do estudo

Propósito
✓ O propósito do projeto (usar os roteiros apresentados no Cap. 5) e as razões para o tipo de projeto escolhido
✓ As questões e hipóteses da pesquisa (ordenadas para corresponder ao projeto)
 – Questões ou hipóteses da pesquisa quantitativa
 – Questões da pesquisa qualitativa
 – Questão(ões) de pesquisa dos métodos mistos

Bases Filosóficas e Teóricas
✓ Visão de mundo
✓ Lente teórica (ciência social ou defesa)

Revisão da Literatura (inclui estudos quantitativos, qualitativos e de métodos mistos, se disponíveis)

Métodos
✓ Uma definição da pesquisa de métodos mistos
✓ O tipo de projeto usado e sua definição
✓ Desafios no uso deste projeto e como eles serão tratados
✓ Exemplos de uso do tipo de projeto (no seu campo, se possível)
✓ Referência a – e inclusão de – um diagrama procedural em um apêndice
✓ Coleta e análise de dados quantitativos
✓ Coleta e análise de dados qualitativos e transformação de dados qualitativos, se usados (no projeto exploratório, colocar os qualitativos antes dos quantitativos)
✓ Procedimentos de análise dos dados dos métodos mistos
✓ Abordagens da validade na pesquisa quantitativa, qualitativa e de métodos mistos

Potenciais Questões Éticas

Recursos e Habilidades do Pesquisador

Cronograma para a Realização do Estudo

Referências

Apêndice com Instrumentos e Protocolos, e Diagrama Procedural

encontrados em propostas de dissertação e tese sobre os métodos mistos.

Nossas discussões aqui vão se concentrar nas seções das propostas com componentes dos métodos mistos, e simplesmente colocamos os componentes dos métodos mistos em um formato tradicional para uma proposta:

✓ O título deve ser determinado de forma a prenunciar o estudo de métodos mistos e o tipo de projeto. Esse título deve se concentrar no tópico do estudo, mencionar que se trata de um estudo de métodos mistos, e mencionar os participantes e o local da pesquisa.
✓ A introdução é mais padronizada para a pesquisa acadêmica porque basicamente apresenta o problema da pesquisa e a importância de ele ser estudado. Entretanto, uma das deficiências nas pesquisas passadas é que nelas há uma carência do que a pesquisa de métodos mistos tem a oferecer, como uma análise mais abrangente, múltiplos pontos de vista, uma chance de explorar ou confirmar, e outros. Essas justificativas para os métodos mistos foram delineadas nos Capítulos 1 e 5.
✓ A declaração de propósito precisa comunicar uma abordagem dos métodos mistos e as questões da pesquisa podem comunicar os elementos qualitativos e quantitativos do estudo, além da questão dos métodos mistos, estruturados usando um dos roteiros apresentados no Capítulo 5. É importante incluir a justificativa para os métodos mistos na declaração de propósito, como foi anteriormente mencionado. A ordem das questões da pesquisa depende de que projeto está sendo usado nos estudos sequenciais, com a ordem refletindo os procedimentos propostos para o estudo (p. ex., qualitativos seguidos por quantitativos para um projeto exploratório).
✓ A base filosófica para o uso dos métodos mistos precisa ser descrita e uma justificativa apresentada para o uso de uma ou mais visões de mundo. Além disso, se for usada uma lente teórica (p. ex., uma lente de ciência social ou defesa), essa lente precisa ser mencionada, e a proposta precisa detalhar como a lente vai fluir no estudo final. Se não for usada lente teórica no estudo, então esta seção só vai lidar com a perspectiva de visão de mundo que está sendo usada pelo pesquisador.
✓ Em um estudo de métodos mistos recomendaríamos incluir uma seção de revisão da literatura. Esta deve cobrir a literatura (dividida em subtópicos) para os estudos que examinam o problema da pesquisa no estudo e deve incluir estudos qualitativos, quantitativos e de métodos mistos. O fim desta revisão da literatura deve indicar como o estudo proposto contribui significativamente para a literatura.
✓ A seção de métodos normalmente começa com informações sobre a pesquisa de métodos mistos e o tipo específico de projeto que está sendo usado. No Capítulo 3, apresentamos um exemplo deste parágrafo de abertura que pode ser adaptado para um estudo proposto.
✓ A seção de métodos precisa ser cuidadosamente moldada para comunicar os detalhes dos procedimentos do projeto de métodos mistos. Como os avaliadores da proposta podem não estar familiarizados com os métodos mistos, é importante apresentar uma definição deles. Em seguida, o projeto específico de métodos mistos precisa ser mencionado e descrito. Aqui seria também um lugar para descrever alguns desafios do uso deste projeto, e nós o encaminhamos aos Quadros 7.3 e 7.4 sobre as questões de validade. Um diagrama dos procedimentos seria útil (como está discutido no Cap. 4). A coleta de dados detalhados para a pesquisa qualitativa e quantitativa usando os elementos dos bons procedimentos é encontrada no Quadro 6.1. Os passos de análise dos dados dos métodos mistos, que podem ser encontrados no Capítulo 7, para fundir ou conectar os dados podem ser discutidos, seguidos da especificação de considerações de validade qualitativas, quantitativas e dos métodos mistos.
✓ Também é importante a necessidade de identificar questões éticas potenciais que

podem apresentar desafios na dissertação ou tese, e as estratégias que serão utilizadas para lidar com elas.

✓ As habilidades do pesquisador na condução da pesquisa de métodos mistos e o tempo envolvido na coleta das duas formas de dados precisam ser mencionados. O pesquisador precisa conhecer tanto a pesquisa quantitativa quanto a qualitativa, assim como as formas de coleta e análise de dados utilizadas nas duas abordagens. Apresentar uma linha do tempo é conveniente na pesquisa de métodos mistos, dado o tempo extenso envolvido na coleta e na análise de duas formas de dados.

Estrutura de uma dissertação ou tese sobre métodos mistos

A estrutura ideal de uma dissertação ou tese sobre métodos mistos reflete a proposta, mas acrescenta os resultados ou achados, e as conclusões. Um exemplo da tabela de conteúdo para uma dissertação sobre métodos mistos pode servir para ilustrar a estrutura de um estudo final. O conteúdo vai diferir para os diferentes tipos de projetos de métodos mistos e exigências do programa, e o exemplo que apresentamos do campo dos estudos de comunicação sobre a comunicação prejudicial dos professores universitários com os estudantes ilustra um projeto exploratório com a intenção de desenvolver um instrumento.

A estrutura da dissertação, como está ilustrada no Quadro 8.2 apresentado por Maresh (2009) foi um projeto de métodos mistos exploratório com a intenção de desenvolver e testar um instrumento. Ela começou com a coleta e análise de dados de entrevistas qualitativas com os estudantes. A partir daí, Maresh analisou os resultados para obter nove temas de mensagens prejudiciais que os professores transmitem para os estudantes. A partir desses temas foi então desenvolvido um instrumento, e este foi administrado a uma grande amostra de estudantes. Como está mostrado na estrutura desta dissertação, o estudo consistiu de seis capítulos. Os três primeiros capítulos comunicaram a introdução, a literatura relevante e a metodologia. No capítulo da metodologia, o autor avançou suposições filosóficas, estabeleceu o projeto de pesquisa de métodos mistos e apresentou uma figura para ilustrar os procedimentos. Depois, a discussão da metodologia comunicou as fases da pesquisa desde seus primórdios qualitativos até a fase intermediária de desenvolvimento do instrumento e sobre a coleta dos dados quantitativos. Capítulos separados foram então incluídos, primeiro para os resultados qualitativos (incluindo o instrumento), os resultados quantitativos, e depois para a discussão final. Em resumo, o índice dessa dissertação mostrou mais capítulos do que são normalmente encontrados em uma dissertação quantitativa de cinco capítulos, e os capítulos foram moldados em torno de resultados específicos, apresentados na ordem do projeto dos qualitativos para os quantitativos.

Estrutura de uma proposta para os institutos nacionais de saúde

Convém discutir como uma proposta para financiamento federal pode ser adaptada para se adequar a um estudo de métodos mistos, pois as agências de financiamento estão cada vez mais interessadas em financiar pesquisas de métodos mistos. Escolhemos para nossa ilustração as diretrizes para os Institutos Nacionais de Saúde (National Institutes of Health – NIH), mas poderíamos ter escolhido como ilustração a Fundação Nacional de Ciência (National Science Foundation – NSF) ou uma fundação privada.

Os NIH publicaram algumas diretrizes (National Institutes of Health, 1999) para o planejamento de uma proposta aos NIH que inclua uma combinação de abordagens qualitativas e quantitativas. Os NIH também organizaram *workshops* concentrados na pesquisa de métodos mistos, como aquele realizado no verão de 2004 para assistentes sociais e profissionais da saúde. As diretrizes de 1999 dos NIH mencionam o desafio de conduzir pesquisa "combinada".

QUADRO 8.2
Exemplo de estrutura para uma dissertação ou tese sobre métodos mistos

Capítulo Um: Introdução
Definição dos Maus Comportamentos do Professor e Reconhecimento do seu Impacto (Estabelecimento da Importância do Problema)
Enfrentamento no Relacionamento Professor-Aluno (Descrição e Referências de Uma Ideia Básica)
Definição e Racionalização do Estudo do Dano (Descrição e Referências de Uma Ideia Básica)
Propósito do Presente Estudo
Resumo

Capítulo Dois: Visão Geral da Literatura Relevante
Mensagens Prejudiciais nos Relacionamentos Humanos
Reações dos Indivíduos às Mensagens Prejudiciais
Justificativa Teórica
Enfrentamento da Teoria
Consequências Relacionais das Mensagens Prejudiciais
Consequências Orientadas para o Conteúdo dos Maus Comportamentos do Professor
Resumo

Capítulo Três: Metodologia
Suposições Epistemológicas
Projeto da Pesquisa
Estudos de Comunicação e Pesquisa de Métodos Mistos
Limitações da Investigação dos Métodos Mistos
Fase Um: Qualitativa/Interpretativa
    Participantes
    Coleta de Dados
    Entrevistas Focadas
    Análise dos Dados
    Validação dos Dados
Fase Intermediária: Desenvolvimento do Instrumento
    Validade dos Métodos Mistos
Fase Dois: Quantitativa
    Participantes
    Coleta de Dados
    Instrumento
Resumo

Capítulo Quatro: Resultados Qualitativos
Tipos de Mensagens Prejudiciais
Mensagens Prejudiciais e Maus Comportamentos do Professor
Reações dos Estudantes às Mensagens Prejudiciais
Enfrentamento e Mensagens Prejudiciais
Conselhos aos Professores
Impacto Percebido das Mensagens Prejudiciais
Aprendizagem Afetiva

(continua)

> **☑ QUADRO 8.2**
> **Exemplo de estrutura para uma dissertação ou tese sobre métodos mistos (continuação)**
>
> Satisfação Relacional
> Desenvolvimento do Instrumento
> Resumo
>
> **Capítulo Cinco: Resultados Quantitativos**
> Questões da Pesquisa
> Hipóteses
> Resumo
>
> **Capítulo Seis: Discussão**
> Mensagens Prejudiciais no Relacionamento Professor-Aluno
> Enfrentamento da Teoria e Atribuições dos Estudantes das Mensagens Prejudiciais
> O Impacto das Mensagens Prejudiciais na Sala de Aula Universitária
> Importância do Estudo
> Implicações das Conclusões
> Aplicação Prática
> Limitações
> Instruções para Pesquisa Futura
> Resumo
>
> **Referências**
>
> **Apêndices**

Eles recomendam que os componentes combinados se relacionem às questões e hipóteses da pesquisa, que os autores mencionem como os dados serão integrados (i.e., fundidos) e que os autores expliquem como os resultados serão interpretados, levando em conta dados de dois paradigmas de pesquisa diferentes. As diretrizes requerem perícia nas duas abordagens e uma descrição completa dos métodos e de suas contribuições, em vez de uma abordagem superficial de cada um dos dois métodos. Elas discutem os modelos integrados (i.e., convergentes) e sequenciais e declaram que as abordagens integradas são desafiadoras e requerem uma explicação extensiva. Também declaram que os métodos qualitativos podem não ser suficientes em um estudo quando são conhecidos fatores que devem ser controlados e quando estudos anteriores caracterizam um campo de estudo. Elas finalmente recomendam que seja disponibilizado um tempo adequado para essa forma de pesquisa e que os investigadores estejam certos de que têm a perícia suficientemente necessária.

As diretrizes para o processo de subvenções para o Departamento de Saúde e Recursos Humanos dos Estados Unidos, Escritório de Pesquisa de Extensão dos NIH podem ser encontradas em seu *website*: http://grants.nih.gov/grants/oer.htm. A proposta que os investigadores escrevem para solicitar subvenções de pesquisa dos NIH segue o formulário padrão SF424 (R&R). Esse formulário indica que o plano da pesquisa precisa incluir uma declaração de uma página dos objetivos específicos, juntamente com uma narrativa de 12 páginas para uma proposta para um RO1 ou uma narrativa de 6 páginas para um RO3 e a proposta R21 que descreve a importância, a inovação e a abordagem. Como está mostrado no Quadro 8.3, extraímos os principais elementos desta seção narrativa e os modificamos para incluir componentes da pesquisa e dos projetos dos métodos mistos.

A narrativa proposta deve incluir as seguintes considerações dos métodos mistos:

✓ A seção de objetivo específico da proposta pode incluir a declaração de propósito dos métodos mistos, assim como a(s) questão(ões) de pesquisa dos métodos mistos.
✓ Na seção de significância, inclua as razões para a coleta de dados quantitativos e qualitativos como uma deficiência da literatura passada.
✓ Na seção de inovação, discuta o uso inovador dos métodos mistos dentro do projeto proposto.
✓ Na seção da abordagem, comece com uma visão geral da pesquisa de métodos mistos e o tipo específico de projeto que está sendo usado. Examine a Figura 3.9 como um modelo para como planejar este parágrafo.
✓ Dê as razões por que a pesquisa de métodos mistos é apropriada para lidar com o problema da pesquisa. As razões gerais apresentadas no Capítulo 1 e a discussão da evolução desta forma de pesquisa apresentada no Capítulo 2 pode proporcionar uma orientação útil.
✓ Inclua, como um acréscimo ou como um apêndice, um diagrama dos procedimentos do projeto de métodos mistos. Inclua nesse diagrama um cronograma para cada fase do processo.
✓ Relate a coleta de dados quantitativos e qualitativos, e as análises dos dados quantitativos e qualitativos, como seções separadas na seção de abordagem para mantê-las distintas, claras e fáceis de examinar.
✓ Inclua uma seção separada sobre a análise de dados dos métodos mistos que especifique os procedimentos para "fundir" os dados relacionados com o tipo de projeto.
✓ Escreva sobre os desafios relacionados ao tipo específico de projeto. Esses desafios foram introduzidos no Capítulo 3 e foram avançados como questões de validade no Capítulo 7.
✓ Discuta as questões éticas que podem surgir no tipo particular de projeto que está sendo usado.
✓ Na seção dos estudos preliminares, inclua referências a estudos quantitativos, qualitativos e de métodos mistos para ilustrar as formas de pesquisa que podem se relacionar ao problema que está sendo estudado.

Estrutura de um artigo de periódico sobre métodos mistos

Nossos exemplos até agora se relacionam ao planejamento de um estudo de métodos mistos em uma proposta ou relatório de um projeto completo de dissertação. Depois de concluírem um estudo de métodos mistos, muitos autores submetem seu trabalho a publicações acadêmicas. Incluímos muitos exemplos neste livro de estudos de métodos mistos publicados em periódicos e, embora eles variem na estrutura da escrita, há alguns elementos comuns da pesquisa de métodos mistos que fluem (ou deveriam fluir) em todos esses estudos, assim como características que identificam cada estudo como tendo usado um dos seis principais tipos de projeto. No Quadro 8.4, apresentamos uma estrutura geral para um artigo de periódico sobre métodos mistos.

Os componentes específicos e os métodos mistos e os componentes do projeto de um artigo de jornal sobre métodos mistos são os seguintes:

O título precisa refletir o fato de que este é um estudo de métodos mistos, com palavras como *pesquisa de métodos mistos* incorporadas no título. Como foi discutido no Capítulo 5, o título também pode prenunciar o tipo de projeto, com linguagem neutra ou com linguagem que dê prioridade à pesquisa quantitativa ou qualitativa.

A introdução pode comentar uma deficiência nos estudos prévios que se relaciona a uma necessidade de coletar tanto dados quantitativos quanto qualitativos. Também pode incluir uma declaração de propósitos, escrita usando os roteiros apresentados no

QUADRO 8.3
**Diretrizes dos institutos nacionais de saúde
para uma proposta de estudo de métodos mistos**

A. **Objetivos Específicos (limite de uma página)**
   - ✓ Objetivos da pesquisa proposta (inclui uma declaração de propósito dos métodos mistos) com questões ou hipóteses quantitativas, questões qualitativas e questões dos métodos mistos (inclui questões de pesquisa dos métodos mistos). Menciona o impacto que a pesquisa proposta terá sobre o campo de conteúdo e também sobre a literatura dos métodos mistos. Discute as razões para usar a pesquisa de métodos mistos e como o estudo avançará no entendimento da pesquisa de métodos mistos.
   - ✓ Especifica os objetivos da pesquisa proposta (inclui os objetivos que serão atingidos pelo projeto de métodos mistos).

B. **Estratégia da Pesquisa (a extensão de páginas corresponde ao tipo de proposta)**
   (a) Significância (acrescenta declarações sobre como os métodos mistos vão melhorar o estudo do problema da pesquisa)
   - ✓ Explica a importância do problema ou a barreira crítica ao progresso no campo que o projeto proposto trata.
   - ✓ Explica como o projeto proposto vai melhorar o conhecimento científico, a capacidade técnica e/ou a prática clínica em um ou mais campos.
   - ✓ Descreve como os conceitos, métodos, tecnologias, tratamentos, serviços ou intervenções preventivas que direcionam este campo serão modificados se os objetivos propostos forem alcançados.

   (b) Inovação (acrescenta informações sobre o uso inovador dos métodos mistos como uma abordagem e metodologia da pesquisa)
   - ✓ Explica como a aplicação desafia e procura mudar os paradigmas atuais da pesquisa ou da prática clínica.
   - ✓ Descreve quaisquer novos conceitos teóricos, abordagens ou metodologias, instrumentação ou intervenção(ões) a serem desenvolvidos ou usados, e qualquer vantagem sobre as metodologias, instrumentação ou intervenção(ões) existentes.
   - ✓ Explica quaisquer refinamentos, melhorias ou novas aplicações dos conceitos teóricos, das abordagens ou metodologias, da instrumentação ou das intervenções.

   (c) Abordagem
   - ✓ Descreve a estratégia geral, a metodologia e as análises a serem usadas para atingir os objetivos específicos do projeto. Inclui como os dados serão coletados, analisados e interpretados, assim como qualquer recurso de compartilhamento dos planos, quando apropriado. Inclui
     - a abordagem geral (métodos mistos) e definição da pesquisa de métodos mistos;
     - o tipo de projeto de métodos mistos usado (define, dá razões para o projeto usado, cita os estudos que usam o projeto no campo);
     - o diagrama de procedimentos (pode ser incluído como apêndice);
     - a coleta de dados (ordem dos métodos de coleta quantitativa e qualitativa de acordo com o projeto);
     - a análise dos dados (ordem das análises quantitativas e qualitativas de acordo com o projeto);
     - a validade (quantitativa, qualitativa e dos métodos mistos);
     - discute as potenciais dificuldades e limitações dos procedimentos propostos (inclui os desafios ao projeto e como eles serão tratados); e

(continua)

QUADRO 8.3
Diretrizes dos institutos nacionais de saúde para uma proposta de estudo de métodos mistos (continuação)

- apresenta uma sequência ou um cronograma para o projeto (inclui esse cronograma no diagrama dos métodos mistos).
✓ Discute os problemas potenciais, estratégias alternativas e marcos de desempenho para o sucesso antecipado para atingir os objetivos.
✓ Se o projeto está nos estágios iniciais do desenvolvimento, descreve qualquer estratégia para estabelecer a factibilidade e lidar com o manejo de quaisquer aspectos de alto risco do trabalho proposto.
✓ Aponta quaisquer procedimentos, situações ou materiais que possam ser perigosos ao pessoal e as precauções a serem tomadas.
✓ Acrescenta estudos preliminares para novas aplicações (esses estudos podem incluir pesquisa que use abordagens quantitativas, qualitativas e de métodos mistos). Acrescenta experiências e competência dos pesquisadores (inclui habilidades individuais e da equipe em pesquisa quantitativa, qualitativa e de métodos mistos).

FONTE: Application Guide for NIH and Other PHS Agencies (pp. 1-108 – 1-110) found at http://grants.nih.gov/grants/funidng/424/SF424_RR_Guide_General_Adobe_verB.pdf.

Capítulo 5, e questões de pesquisa quantitativas, qualitativas e dos métodos mistos.

A seção de métodos pode abrir com uma declaração sobre a pesquisa de métodos mistos e o tipo de projeto. As razões para o uso do tipo de projeto e exemplos dos estudos também podem ser incorporados nesta seção. Deve ser providenciado um diagrama procedural, atualmente encontrado com uma frequência crescente nos estudos de métodos mistos, talvez como um apêndice ao artigo de periódico. Também devem ser mencionados procedimentos de coleta e análise de dados tanto quantitativos quanto qualitativos.

É na seção dos resultados que os artigos de periódicos sobre métodos mistos variam em sua estrutura, mas conhecer os tipos de projetos ajuda o escritor a entender as diferentes estruturas. Em um projeto convergente, a seção de resultados pode relatar os resultados separados da análise dos dados quantitativos e qualitativos, ou pode relatar os resultados dos dois tipos de análise dos dados mais os resultados da análise fundida dos métodos mistos. Quando estes últimos são apresentados, o pesquisador pode apresentar mostras conjuntas que relacionem os temas às variáveis quantitativas. Como alternativa, a análise dos dados fundidos pode ser deixada para a seção da discussão e ser vista mais como uma comparação lado a lado dos resultados das duas bases de dados. Em um projeto explanatório, os resultados quantitativos são apresentados primeiro, seguidos dos qualitativos. O inverso é verdadeiro para um projeto exploratório com os achados qualitativos discutidos primeiro, seguidos dos resultados quantitativos. Uma fase intermediária, como aquela encontrada no esboço de amostra de uma dissertação sobre métodos mistos no Quadro 8.2, ilustra como os resultados podem ter uma fase qualitativa, uma fase intermediária de desenvolvimento do instrumento, e uma fase quantitativa. Em um projeto incorporado, a seção dos resultados provavelmente se concentra nos dados quantitativos ou nos dados qualitativos, dependendo de qual seja o principal conjunto de dados do estudo. Como muitos autores que usam o projeto incorporado relatam seus estudos quantitativos e qualitativos separadamente, os resultados podem não se concentrar nos

QUADRO 8.4
Esboço da estrutura para um artigo de periódico sobre métodos mistos

Título (prenuncia a pesquisa e o projeto de métodos mistos)

Introdução
- ✓ Declaração do problema
- ✓ Questão
- ✓ Literatura sobre o problema ou questão da pesquisa (concentrada em estabelecer a necessidade de estudar o problema ou questão da pesquisa)
- ✓ Deficiências nos estudos anteriores (incorpora a necessidade de coletar tanto dados quantitativos quanto qualitativos)
- ✓ Públicos para o estudo
- ✓ Declaração de propósito (escrita usando roteiro que se aplica ao tipo de projeto)
- ✓ Questões de pesquisa (ordena as questões quantitativas e qualitativas segundo o cronograma e a prioridade no estudo)
    - Questões da pesquisa qualitativa
    - Questões ou hipóteses da pesquisa quantitativa
    - Questões de pesquisa dos métodos mistos

Revisão da Literatura Relacionada (opcional, dependendo da prioridade e do uso da teoria; uma revisão ampla da literatura sobre o tópico do estudo que estreite o foco para a questão ou problema específico do estudo)

Métodos
- ✓ Abordagem geral (métodos mistos) e definição da pesquisa de métodos mistos
- ✓ Tipo de projeto de métodos mistos utilizado (definir, dar razões para usar o projeto, citar estudos que usam o projeto no campo)
- ✓ Diagrama dos procedimentos (pode ser incluído como apêndice)
- ✓ Coleta dos dados (ordenar os métodos de coleta quantitativa e qualitativa de acordo com o projeto)
- ✓ Análise dos dados (ordenar as análises quantitativa e qualitativa de acordo com o projeto)
- ✓ Validade

Resultados
- ✓ Fundir os resultados em projetos convergentes, incorporados, transformativos ou multifásicos (às vezes, vemos relatos separados dos resultados quantitativos e qualitativos, com a fusão na seção da discussão)
- ✓ Conectar os resultados em projetos sequenciais, incorporados, transformativos ou multifásicos (apresentar os resultados na sequência em que são usados – p. ex., resultados qualitativos seguidos de resultados quantitativos)

Discussão
- ✓ Resumir os resultados (fundidos ou conectados)
- ✓ Explicar os resultados
- ✓ Estabelecer as limitações
- ✓ Estabelecer a pesquisa futura
- ✓ Reiterar a contribuição singular do estudo

Referências

Apêndices (tabelas, figuras, instrumentos, protocolos)

dois conjuntos de dados, mas no conjunto de dados primário ou no secundário. Em muitos dos testes experimentais do projeto incorporado que temos examinado, os autores têm relatado o teste quantitativo em um artigo separado daquele em que relatam o estudo qualitativo. Stange, Crabtree e Miller (2006) discutiram as formas de escrita nas ciências da saúde, publicando a partir de um estudo de métodos mistos em artigos quantitativos e qualitativos separados, colocando seus ensaios em artigos separados em um mesmo número de uma publicação, ou integrando seus métodos em um único artigo. Nos projetos transformativos e também nos multifásicos, os autores podem também relatar os resultados qualitativos e quantitativos separados em relatos diferentes. Se o pesquisador está publicando resultados em mais de um artigo de periódico, recomendamos que os dois artigos façam referência ao uso da pesquisa de métodos mistos e que os estudos sejam citados em referência cruzada para que ambos possam ser identificados e localizados.

Na seção da discussão, encontramos a interpretação dos resultados e também uma discussão relacionando essa interpretação à literatura, às limitações do estudo e também à pesquisa futura. Como as interpretações devem ser relatadas em um estudo de métodos mistos? Em um projeto convergente, a interpretação dos resultados pode refletir a fusão dos dados e os autores vão comparar os achados a partir da análise quantitativa e qualitativa para responder a questão da pesquisa de métodos mistos. Nos projetos explanatórios e exploratórios, a interpretação com frequência reflete a sequência da coleta e da análise dos dados (i.e., primeiro são explicados os resultados quantitativos, depois os qualitativos, em um projeto explanatório). Então o pesquisador relata nas conclusões extraídas da resposta da questão dos métodos mistos. Nos projetos incorporados, o foco na interpretação dos principais achados estão relacionados ao principal conjunto de dados, mas o autor precisa também comentar sobre a maneira como a questão dos métodos mistos foi respondida. Nos projetos transformativos, o pesquisador vai interpretar como os achados fundidos ou conectados vão tratar a questão da pesquisa de métodos mistos e sugere um plano de ação para mudança social. Nos projetos multifásicos, alguma combinação de um resumo dos achados simultâneos fundidos, e um resumo dos achados sequenciais conectados, será interpretada em termos de como os achados avançam o objetivo geral do programa da investigação.

AVALIAÇÃO DE UM ESTUDO DE MÉTODOS MISTOS

Uma estrutura de escrita que comunica os elementos da pesquisa de métodos mistos e está organizada para refletir o tipo de projeto usado contribui para a sofisticação e a credibilidade de um estudo realizado. Para aqueles que conduzem pesquisa de métodos mistos, é importante considerar como avaliar a qualidade do seu estudo e refletir sobre os critérios que outros, como os membros do comitê de pós-graduação, agências de financiamento, editores de jornal e leitores em geral podem usá-los para avaliar a qualidade de um estudo de métodos mistos.

Há várias maneiras de pensar sobre a avaliação de um estudo de métodos mistos. Supondo-se que o estudo seja persuasivo e rigoroso tanto nos elementos qualitativos quanto quantitativos, podemos usar os padrões das duas abordagens que estão disponíveis na literatura. Além disso, os estudos de métodos mistos, em si, devem estar sujeitos a padrões de qualidade, e vamos examinar vários padrões que estão emergindo na área dos métodos mistos.

Critérios de avaliação quantitativos e qualitativos

Os **padrões para a avaliação de um estudo quantitativo** com frequência refletem o tipo de projeto de pesquisa e os métodos de coleta e análise dos dados (Hall, Ward e Comer, 1988). Uma fase rigorosa de estudo quantitativo na pesquisa de métodos mistos usa um tipo de projeto que corresponde à questão da pesquisa, uma teoria que estrutura o estudo e uma coleta de dados que conduzirá a escores confiáveis e válidos. O teste estatístico deve ser apropriado e robusto. O estudo geral precisa ter medidas precisas e ser generalizável, válido e confiável, e replicável.

Os **padrões para a avaliação de um estudo qualitativo** dependem de como o pesquisador se posiciona no estudo. Os pesquisadores qualitativos diferem nos critérios que usariam, como critérios filosóficos, critérios participativo e de defesa, ou critérios procedurais, metodológicos (ver Creswell, 2008b). Ressaltamos a importância dos critérios procedurais ou metodológicos, pois enfatizam uma coleta de dados rigorosa, estruturando o estudo dentro de suposições filosóficas da pesquisa qualitativa, usando uma abordagem aceita para a investigação (p. ex., etnografia, estudo de caso), concentrando-se em um fenômeno único, usando estratégias de validade para confirmar a acurácia do relato, conduzindo níveis múltiplos de análise dos dados, e escrevendo um estudo que é persuasivo e envolve o leitor (ver Creswell, 2007). A esta lista poderíamos acrescentar que os pesquisadores precisam revelar seu papel (isto é, a reflexividade) e o seu impacto nas interpretações que fazem em um estudo.

Critérios de avaliação dos métodos mistos

Nossa posição é que, embora a pesquisa de métodos mistos deva responder tanto aos critérios qualitativos quanto aos quantitativos, há um conjunto de expectativas separado para um estudo de métodos mistos além daqueles necessários para a pesquisa quantitativa e qualitativa. Bryman (2006) chama essa abordagem de "sob medida", em que os critérios são desenvolvidos especialmente para os estudos de métodos mistos. Além disso, vemos os critérios de avaliação dos métodos mistos refletindo tendências que parecem existir dentro da pesquisa qualitativa. Como discutimos anteriormente, na pesquisa qualitativa existem várias perspectivas sobre a avaliação e o ponto de vista de uma pessoa depende da sua orientação. Nos métodos mistos, essa orientação pode ser como uma pessoa de métodos, um metodologista, um filósofo ou um acadêmico de orientação teórica. Os formuladores de políticas que subvencionam pesquisas querem saber se as questões da pesquisa são adequadamente respondidas, os pesquisadores que se envolvem nos estudos de métodos mistos querem saber se podem confiar nos achados e atuar sobre eles, os participantes da pesquisa querem saber se tiveram uma boa experiência e os professores de técnicas e métodos de pesquisa precisam comunicar os padrões pelos quais os estudos serão julgados (O'Cathain, no prelo). Para todas essas partes interessadas, precisamos estabelecer critérios para avaliar os estudos de métodos mistos. Como introduzimos no Capítulo 1, nossa seleção de um bom estudo de métodos mistos reflete uma orientação de métodos. Para **avaliar um estudo de métodos mistos** o pesquisador

- ✓ coleta tanto dados quantitativos quanto qualitativos;
- ✓ emprega procedimentos persuasivos e rigorosos nos métodos de coleta e análise dos dados;
- ✓ integra ou "mistura" (funde, incorpora ou conecta) as duas fontes de dados para que seu uso combinado proporcione um entendimento melhor do problema da pesquisa do que apenas uma fonte ou a outra;
- ✓ inclui o uso de um projeto de pesquisa de métodos mistos e integra todas as características do estudo consistentes com o projeto;
- ✓ estrutura o estudo dentro de suposições filosóficas; e
- ✓ comunica a pesquisa usando termos que são consistentes com aqueles que estão sendo usados atualmente no campo dos métodos mistos.

Usamos estes critérios orientados para os métodos com nossos estudantes que estão concluindo os estudos de métodos mistos e no exame de manuscritos submetidos para publicação. Trata-se de um conjunto de critérios consistentes com as ideias apresentadas neste livro. Em um nível mais aplicado, uma abordagem que usamos com artigos submetidos ao Journal of Mixed Methods Research (JMMR) pode ser útil para começar a pensar em como aplicar os critérios para um artigo de métodos mistos. Tenha em mente que estes procedimentos tratam da abordagem da "pesquisa" utilizada no estudo, não do conteúdo ou do tópico de enfoque do estudo. Embora o nosso procedimento nem sempre acompanhe o guia rígido identificado a seguir, tendemos a usar os seguintes passos:

1. *Observamos primeiro a seção de métodos.* Examinamos a seção dos métodos para ver se o pesquisador coletou tanto dados quantitativos quanto qualitativos em resposta às questões ou hipóteses da pesquisa. Buscamos as abordagens qualitativas típicas de entrevistas abertas, observações, documentos ou materiais audiovisuais e os formulários de dados fechados da pesquisa quantitativa que consiste em instrumentos, listas de checagem da observação e documentos relatando dados numéricos. Às vezes esta divisão não ficou clara porque um formulário de dados (p. ex., registros do paciente) poderia ser encarado como tendo dados qualitativos (notas do provedor) e também dados quantitativos (valores relatados nos testes de triagem).
2. *Em seguida examinamos a seção de métodos detalhadamente.* Examinamos os métodos para determinar se eles foram utilizados integralmente. Isso significa que examinamos os métodos qualitativos para ver se eles foram persuasivamente detalhados e os métodos quantitativos para determinar se foram rigorosamente desenvolvidos (ver os Caps. 6 e 7 sobre a coleta e análise dos dados).
3. *Em seguida observamos os resultados e a discussão para buscar evidências da mistura dos dados.* Estamos interessados em saber se o pesquisador realmente "misturou" os dois métodos em oposição a coletar dados para os dois elementos e mantê-los separados durante todo o estudo. Isso às vezes é difícil de apontar. Útil na avaliação se a mistura ocorreu são as evidências de que o autor mencionou uma justificativa para a razão de os dois elementos terem sido coletados (p. ex., os elementos qualitativos foram coletados para explicar os resultados quantitativos). Essa justificativa pode ser encontrada em qualquer lugar do estudo desde o início até os métodos ou até o fim. Outros sinais da mistura consistem em tabelas ou figuras que contenham as duas bases de dados, fases separadas do estudo com uma dedicada aos dados quantitativos e a outra aos qualitativos (ou vice-versa), ou seções de resultados ou interpretação em que os autores explicitamente reuniram as duas bases de dados.
4. *Finalmente, buscamos termos dos métodos mistos.* O uso de termos dos métodos mistos em um estudo denota que os autores fizeram uma tentativa consciente de usar os procedimentos dos métodos mistos, estavam familiarizados com a literatura sobre os métodos mistos, e procuravam ter seu estudo entendido e avaliado pelos leitores como um estudo de métodos mistos. Buscamos os termos dos métodos mistos em locais como o título (eles incluem as palavras *métodos mistos*) em sua discussão do método e em uma especificação de um tipo de projeto de métodos mistos, em sua justificativa para sua escolha da abordagem da pesquisa, e nas vantagens que eles citaram para os métodos mistos nas conclusões do artigo.

Outra abordagem para considerar a qualidade na pesquisa de métodos mistos é estudar as percepções dos pesquisadores. Bryman, Becker e Sempik (2008) perguntaram especificamente sobre os critérios de qualidade para a pesquisa de métodos mistos em um estudo de métodos mistos das percepções dos pesquisadores. Os resultados quantitativos encontraram que mais de dois terços dos pesquisadores pesquisados achavam que diferentes critérios deveriam ser usados para julgar a qualidade dos componentes quantitativos e qualitativos de um estudo de métodos mistos. A análise dos dados da entrevista identificou quatro temas relacionados aos critérios que podem ser aplicados aos estudos dos métodos mistos:

- ✓ O uso dos métodos mistos precisa ser relevante para as questões da pesquisa
- ✓ Há necessidade de haver transparência com relação aos procedimentos dos métodos mistos
- ✓ Os achados precisam ser integrados ou misturados
- ✓ Necessita ser providenciada uma justificativa para o uso dos métodos mistos

Uma abordagem alternativa para avaliar os estudos dos métodos mistos é considerar os métodos mistos dentro do processo maior da pesquisa. Em 2008, O'Cathain, Murphy e Nicholl (2008) desenvolveram um conjunto de critérios para Good Reporting of a Mixed Methods Study (GRAMMS). Baseando-se neste trabalho, O'Cathain (no prelo) apresentou um conjunto recente de critérios de avaliação em que ela indicou que as discussões da avaliação nos métodos mistos foram derivados dos exames da literatura, da perícia dos pesquisadores e de entrevistas com os pesquisadores, e do mapeamento de exercícios com os pesquisadores. A estrutura de O'Cathain incluiu

- ✓ a qualidade do planejamento do estudo de métodos mistos (p. ex., factibilidade e transparência),
- ✓ qualidade do projeto (p. ex., descrição detalhada do projeto, adequação do projeto, potencial e rigor),
- ✓ qualidade dos dados (p. ex., descrição detalhada, rigor e adequação da amostra e da análise),
- ✓ rigor interpretativo (p. ex., relacionamento dos achados com os métodos, inconsistências encontradas, credibilidade e a probabilidade de que outros cheguem à mesma conclusão),
- ✓ inferência da transferabilidade (p. ex., conclusões aplicadas a outros locais),
- ✓ relato da qualidade (p. ex., conclusão bem-sucedida de um estudo, relatando transparência e a produção do estudo),
- ✓ possibilidade de síntese (p. ex., se vale a pena incluir o estudo em uma síntese de evidências) e
- ✓ utilidade (p. ex., se os resultados são utilizáveis).

O'Cathain termina declarando que podem haver muitos critérios. Concordamos que um conjunto parcimonioso de critérios será mais útil para aqueles que projetam um estudo de métodos mistos – especialmente aqueles com experiência limitada que estão começando seu primeiro estudo de métodos mistos. Também ficamos atentos porque os melhores critérios talvez estejam dentro da aplicação de um estudo específico e do seu projeto. Como os pesquisadores dos métodos mistos usam projetos de pesquisa específicos em seus estudos, os melhores critérios se refeririam às características essenciais dos seis projetos apresentados no Capítulo 3 e usariam estas características na avaliação da qualidade de um estudo de métodos mistos. Um conjunto contextualizado de critérios serviria melhor ao pesquisador que quer avaliar a qualidade de um determinado estudo; entretanto, pode ser menos valioso para a comunidade mais ampla dos pesquisadores de métodos mistos que são formuladores de políticas ou editores que necessitam de um conjunto de critérios mais geral.

Resumo

Diretrizes gerais podem ajudar os pesquisadores a escrever um estudo de métodos mistos. Os autores precisam considerar a estrutura da escrita mais acomodada aos públicos previstos, como seu relato e sua composição vão educar os públicos, como seu estudo de métodos mistos será entendido pelos públicos devido à sua complexidade, e como ele conta uma história coerente em um ponto de vista consistente ou em um ponto de vista natural para um tipo específico de projeto.

Como o planejamento antecipado é útil em todas as formas de pesquisa, apresentamos exemplos de estruturas para o planejamento de estudos de métodos mistos. Sugerimos esboços para a escrita de uma proposta de dissertação ou tese, uma dissertação final, uma proposta para financiamento dos NIH e um artigo de periódico dos métodos mistos. O uso de uma estrutura para o tipo de escrita que é consistente com a pesquisa de métodos mistos acrescenta sofisticação e credibilidade a um estudo. O mais importante de reconhecer com estas estruturas é como a abordagem do relato muda dependendo dos diferentes tipos de projetos dos métodos mistos.

Também sugerimos vários conjuntos de critérios que podem ser usados para avaliar a qualidade de um estudo dos métodos mistos, reconhecendo que várias partes interessadas, como membros de comitês de pós-graduação, agências de financiamento, editores de periódicos, e leitores, todos necessitam de alguns critérios para determinar a qualidade de um estudo de métodos mistos. A qualidade pode ser avaliada para os elementos qualitativos e quantitativos separadamente, e os livros de métodos de pesquisa detalham bem estes critérios. Entretanto, achamos que a pesquisa de métodos mistos merece seu próprio conjunto de critérios, reconhecendo que nenhum conjunto de critérios existe atualmente. Mas sugerimos o uso dos nossos critérios dos "métodos" para avaliar um estudo de boa qualidade publicado em periódicos como ponto de partida. Outro conjunto de critérios baseia-se nos escritos recentes sobre a qualidade na pesquisa de métodos mistos, e reflete no espectro do planejamento de um estudo, usando um projeto de pesquisa, coletando dados de alta qualidade, fazendo interpretações rigorosas, proporcionando relatos de qualidade e usando estudos de métodos mistos para a síntese e a prática da literatura. Uma recomendação final é considerar as características dos projetos de pesquisa que avançamos deste livro e observar as características fundamentais destes estudos para ver se um determinado estudo de métodos mistos incorpora estas características.

ATIVIDADES

1. Desenvolva um esboço para a estrutura da proposta de dissertação ou tese de um estudante de pós-graduação que seja sensível ao tipo de projeto que você planeja usar.
2. Localize um artigo de periódico publicado de métodos mistos em seu campo. Use os pontos enfatizados neste capítulo para selecionar e avaliar um bom artigo de periódico publicado de métodos mistos para criticar o estudo selecionado.

ATIVIDADES

3. Obtenha as diretrizes para uma proposta de pesquisa de uma fundação privada ou agência federal afora as NIH. Use o esboço dos tópicos para a proposta para os NIH encontrados no Quadro 8.3. Adapte-as para se adequarem às diretrizes para a agência de financiamento.
4. Para um projeto de métodos mistos que você esteja planejando, use os critérios mencionados por O'Cathain (no prelo) para criticar o seu projeto.

Recursos adicionais a serem examinados

Para discussões sobre a escrita de um estudo de métodos mistos, veja os seguintes recursos:

Sandelowsi, M. (2003). Tables or tableaux ? The challenges of writing and reading mixed methods studies. In A. Tashakkori & C. Teddlie (Eds.), *Handbook of mixed methods in social & behavioral research*. Thousand Oaks, CA: Sage.

Stange, K.C., Crabtree, B.F. & Miller, W.L. (2006). Publishing multimethod research. *Annals of Family Medicine, 4*, 292-294.

Para critérios para avaliar um estudo quantitativo e um estudo qualitativo, ver o seguinte recurso:

Creswell, J.W. (2008). *Educational research: Planning, conducting, and evaluating quantitative and qualitative research* (3rd ed.). Upper Saddle River, NJ: Pearson Education.

Para uma discussão sobre os critérios a serem usados para avaliar um estudo de métodos mistos e um escrito acadêmico, ver os seguintes recursos:

Creswell, J.W. (2010). *Projeto de pesquisa: Métodos qualitativo, quantitativo e misto* (3. ed.). Porto Alegre: Artmed.

O'Cathain, A. (no prelo). Assessing the quality of mixed methods research: Towards a comprehensive framework. In A. Tashakkori & C. Teddlie (Eds.), *SAGE Handbook of mixed methods in social & behavioral research* (2nd ed.). Thousand Oaks, CA: Sage.

O'Cathain, A., Murphy, E. & Nicholl, J. (2008). The quality of mixed methods studies in health services research. *Journal of Health Services Research and Policy, 13*(2), 92-98.

Para um recurso da *internet*, veja o seguinte:

O formulário NIH SF424 (R&R), que detalha o formato narrativo para uma proposta para os NIH, pode ser baixado do *site* dos NIH: http://grants.nih.gov/grants/forms.htm.

9
Resumo e recomendações

Nos aproximadamente 20 anos de história dos métodos mistos (Greene, 2008), o panorama desse campo se desenvolveu de maneira extraordinária. Em consequência disso, neste livro, tentamos atualizar nossas ideias, incorporar novas tendências e citar muitos artigos publicados na literatura dos métodos mistos. O círculo de acadêmicos e campos que está abraçando os métodos mistos continua a se expandir (Tashakkori, 2009). Neste capítulo, apresentamos recomendações gerais para a condução e o planejamento de um estudo de métodos mistos tocando em principais áreas temáticas que são importantes de considerar e que foram referidas por todo este livro. Para isto, sugerimos neste capítulo que aqueles que estão planejando e conduzindo um estudo façam o seguinte:

✓ Prepare um ensaio metodológico que avance a literatura dos métodos mistos além de um ensaio de conteúdo sobre o estudo.
✓ Defina métodos mistos.
✓ Use os termos dos métodos mistos no relato do estudo.
✓ Assuma uma postura filosófica e a discuta.
✓ Seja explícito sobre o projeto dos métodos mistos e comunique as questões tornando-as rigorosas e persuasivas.
✓ Avance o valor adicionado pelo uso de uma abordagem de métodos mistos.

SOBRE A ESCRITA DE UM ENSAIO METODOLÓGICO

Anteriormente discutimos o estado atual do campo dos métodos mistos como está expressado nos escritos de Creswell (2008a, 2009b), Greene (2008) e Tashakkori e Teddlie (2003b). Ao conduzir um estudo de métodos mistos, muitos autores primeiro consideram a importância de desenvolver um estudo que contribua para a área de conteúdo específica dentro do campo. Nós o encorajamos não apenas a concluir este estudo, mas também a considerar escrever um artigo metodológico que discuta como o seu estudo avança o campo da pesquisa dos métodos mistos. Os passos envolvidos no desenvolvimento deste artigo podem ser os seguintes:

✓ Primeiro examine os tópicos que têm sido discutidos na literatura dos métodos mistos, consultando o Quadro 2.2, que mapeia muitas das atuais questões em discussão.
✓ Considere que tópico do seu artigo pode contribuir para – ou estender – a literatura. Examine escritos relacionados no campo dos métodos mistos para que possa posicionar adequadamente o seu estudo dentro desse corpo da literatura.
✓ Escreva um artigo que explique brevemente o estudo empírico e depois avance as características singulares dos métodos mistos do artigo. Comece o artigo com a orientação dos métodos, em que você examina os autores que estudaram a orientação dos métodos e mencione como o seu projeto dá uma contribuição singular a essa orientação. Depois avance o seu estudo empírico, apresentando uma análise boa, porém breve, dos principais componentes do artigo (p. ex., o problema, as questões, os métodos, os resultados e a significância). Termine o artigo com uma recapitulação dos aspectos metodológicos importantes do seu artigo.

Um dos desafios na escrita de um artigo metodológico é decidir como fundir a discussão do estudo empírico em um tópico com a discussão das características metodológicas singulares do estudo. Um bom artigo a ser examinado para ver como isto pode ser feito é um artigo recente de Woolley (2009), publicado no *Journal of Mixed Methods Research* (JMMR). Woolley conduziu um estudo sociológico do interjogo dos fatores estruturais (i.e., gênero, educação e emprego) e da ação pessoal (i.e., confiança, independência e proatividade na busca dos interesses e planos pessoais) nas vidas de jovens entre 18 e 25 anos de idade em Derby, na Inglaterra.

Esse artigo foi baseado em sua dissertação de mestrado e mostrou como desenvolver um artigo que relatasse tanto o estudo empírico quanto as inovações metodológicas nas proporções certas. Ela começou seu artigo discutindo um tópico da literatura dos métodos mistos – a integração de dados quantitativos e qualitativos – e como os autores do campo dos métodos mistos tinham uma série de dificuldades que impedia o progresso para a integração mais frequente e bem-sucedida dos conjuntos de dados. Depois descreveu seu estudo sociológico e uma justificativa da razão de ter escolhido os métodos mistos como sua abordagem preferida. Ela também detalhou seus métodos e apresentou um diagrama dos procedimentos dos métodos mistos e discutiu seus resultados decorrentes da combinação de dados qualitativos e quantitativos. A conclusão deste artigo então se concentrou na questão metodológica de como o estudo ilustrou a integração bem-sucedida. Em resumo, um esboço deste artigo mostraria um ponto inicial de inserção do estudo dentro de uma área ou tópico problemático da pesquisa de métodos mistos, a descrição do estudo empírico e um retorno, no fim do artigo, às implicações dos métodos mistos. Isso equilibrou informações suficientes sobre o estudo empírico com uma discussão sobre sua contribuição para o entendimento da integração na literatura dos métodos mistos.

SOBRE A DEFINIÇÃO DE MÉTODOS MISTOS

Quando você concebe o seu projeto, como planeja definir a pesquisa de métodos mistos? A resposta a esta pergunta depende da sua orientação para os métodos mistos – se você tem mais de uma orientação de métodos, uma orientação metodológica (i.e., misturar a pesquisa quantitativa e a qualitativa em todo o estudo), uma orientação filosófica ou mais de uma orientação fenomenológica, querendo extrair sentido do mundo mediante perspectivas e meios múltiplos. Você tem várias definições a partir das quais escolher (como foi introduzido no Cap. 1).

Como está evidente em todo este livro, escolhemos uma orientação de "métodos" porque somos metodologistas da pesquisa aplicada e acreditamos que esta é uma maneira clara de falar sobre os métodos mistos. Também identificamos as características básicas da pesquisa de métodos mistos, um pequeno conjunto de princípios-chave que podem ser facilmente comunicados para outras pessoas. Os pesquisadores de métodos mistos precisam hoje ser capazes de comunicar sua abordagem da pesquisa de maneira simples e direta para os públicos, e acreditamos que as principais características e a abordagem dos "métodos" transmitem esta mensagem.

Um desafio na definição da pesquisa de métodos mistos pode ser determinar os "limites" do que constitui esta forma de investigação. Seguem-se algumas recomendações relacionadas às questões que os pesquisadores com frequência levantam na definição de métodos mistos:

✓ *Separe a pesquisa de métodos mistos da pesquisa qualitativa*. Os pesquisadores que são novatos na pesquisa de métodos mistos e na pesquisa qualitativa podem achar que a pesquisa de métodos mistos e a pesquisa qualitativa são a mesma coisa. Entretanto, consideramos a pesquisa de métodos mistos uma abordagem do método que é separada e distinta da pesquisa qualitativa. As pesquisas quantitativa, qualitativa e de métodos mistos representam as três principais abordagens metodológicas usadas nas ciências sociais e comportamentais (Tashakkori e Teddlie, 2003a). Essa questão com frequência surge de um entendimento incompleto da pesquisa de métodos mistos e da pesquisa qualitativa.

✓ *Reconheça a diferença entre estudos de "métodos mistos" e de "modelo misto" na pesquisa quantitativa*. Os dois nomes são similares, embora representem diferentes procedimentos de pesquisa. A pesquisa de modelo misto é o nome dado a uma categoria de técnicas estatísticas quantitativas que levam em conta tanto os efeitos fixados quanto os efeitos aleatórios durante a análise e a estimação de parâmetro dos dados quantitativos (Cobb, 1998). Por isso, esta abordagem "mistura" os modelos (fixado e aleatório) durante a análise, mas não mistura os dados quantitativos e qualitativos.

✓ *Entenda que as pesquisas de levantamento realizadas tanto com questões fechadas quanto com questões abertas proporcionam uma base mínima de dados qualitativos devido às curtas respostas abertas*. Considere um estudo de pesquisa de levantamento que inclua algumas questões abertas como parte da pesquisa de levantamento. O pesquisador analisa as respostas qualitativas para validar os achados quantitativos. Isto é um estudo de métodos mistos? Os dados qualitativos podem consistir de sentenças curtas e comentários breves – dificilmente o tipo de dados qualitativos que envolvam um contexto rico e informações detalhadas dos participantes (Morse e Richards, 2002). Embora possa não incluir uma rica coleção de dados qualitativos, esta abordagem inclui a coleção de dados quantitativos e qualitativos e a consideramos um exemplo de pesquisa de métodos mistos.

✓ *Considere um estudo de métodos mistos um estudo em que o pesquisador coleta tanto dados quantitativos quanto qualitativos*. Em um estudo de análise de conteúdo, apenas um tipo de dado (qualitativo) é coletado, e esta abordagem não chega a coletar *ambos* os dados, qualitativos e quantitativos. Por exemplo, um pesquisador coletaria apenas dados qualitativos, mas analisaria os dados tanto qualitativamente (desenvolvendo temas) quanto quantitativamente (contando as palavras ou avaliando as respostas em escalas predeterminadas). Um estudo de análise de conteúdo mais típico seria um em que o pesquisador colete apenas dados qualitativos e os transforma em dados quantitativos contando o número de códigos ou temas. Algum desses exemplos é pesquisa de métodos mistos? Eles certamente usam "análises de dados de métodos mistos" (Onwuegbuzie e Teddlie, 2003) que consistem em análises tanto de dados qualitativos quanto de dados quantitativos, mas o procedimento de coleta de dados envolve a coleta apenas de dados qualitativos (e não de dados quantitativos). Sob uma definição estrita de métodos mistos que inclui coletar tanto dados qualitativos quanto quantitativos, este tipo de estudo não seria de métodos mistos. Sob uma definição "metodológica" – combinando em qualquer estágio do processo da pesquisa – o estudo seria considerado de métodos mistos porque está acontecendo uma análise tanto de dados qualitativos quanto de dados quantitativos.

✓ *Separe a pesquisa de métodos mistos da pesquisa multimétodos.* Na pesquisa multimétodos (Morse e Niehaus, 2009), o pesquisador coleta, analisa e mistura múltiplas formas de dados qualitativos ou quantitativos. Por exemplo, um pesquisador poderia coletar múltiplas formas de dados qualitativos, como documentos da comunidade para um estudo de pesquisa de ação participatória e entrevistas durante a pesquisa de teoria fundamentada. Um pesquisador poderia coletar, analisar e misturar diferentes tipos de dados quantitativos (p. ex., pesquisas de levantamento quantitativas com observações estruturadas). Essas formas de pesquisa são em geral referidas como pesquisa multimétodos em vez de pesquisa de métodos mistos porque são baseadas em múltiplos métodos e conjuntos de dados qualitativos *ou* quantitativos.

SOBRE O USO DOS TERMOS

Ao descrever a natureza dos métodos mistos, alguns termos estão prontos para serem usados. Neste exato momento, na pesquisa de métodos mistos, estão sendo compilados glossários (e este livro não é uma exceção) que comunica a linguagem da pesquisa de métodos mistos (ver também Morse e Niehaus, 2009; Teddlie e Tashakkori, 2009). Entretanto, os termos a serem usados na designação e condução de um estudo de métodos mistos estão longe de estar estabelecidos. A questão que está sendo levantada é qual é a linguagem dos métodos mistos? A questão levantada por Tashakkori e Teddlie (2003b) é se precisamos de uma nova linguagem para a pesquisa de métodos mistos, uma linguagem para os métodos mistos que seja separada da linguagem da pesquisa quantitativa ou da pesquisa qualitativa. Ou os termos devem ser extraídos das pesquisas qualitativa e quantitativa? Recordamos a linguagem que deveria emergir na pesquisa qualitativa no início da década de 1980 com relação ao tópico da validade qualitativa, e como termos como *confiabilidade* e *autenticidade* foram usados para criar uma linguagem distinta, nova, para a investigação qualitativa (Lincoln e Guba, 1985).

Ao escrever sobre a validade, Onwuegbuzie e Johnson (2006) intencionalmente chamaram a validade de "legitimação" para criar uma linguagem separada e distinta para os métodos mistos. No nosso trabalho sobre os projetos de pesquisa, nos referimos a um dos nossos projetos como um projeto sequencial exploratório, não para criar um nome novo e distinto para um projeto, mas também para indicar que a pesquisa iria primeiro explorar qualitativamente e depois realizar um acompanhamento sequencial, quantitativo (Creswell, Plano Clark et al., 2003). Estes exemplos ilustram a criação de uma nova linguagem para a pesquisa de métodos mistos. Ilustrando um exemplo dos termos de composição, escritores de um texto recente da psicologia de métodos mistos usaram o termo *qualiquantologia* para expressar seu desconforto com a mistura dos métodos qualitativos e quantitativos (Stenner e Rogers, 2004). Quando Teddlie e Tashakkori (2009) falam de "transferabilidade da inferência" (p. 311), eles criaram termos fundidos tanto com significados quantitativos (inferência) quanto com significados qualitativos (transferabilidade).

Há contraexemplos de termos que dão uma forte orientação quantitativa à pesquisa de métodos mistos. Por exemplo, Teddlie e Tashakkori (2009) usaram os termos *inferências* e *metainferências* para indicar quando os resultados são incorporados em uma estrutura conceitual coerente para apresentar uma resposta à questão da pesquisa. Estes termos parecem se inclinar na direção da pesquisa quantitativa, em que os investigadores extraem inferências de uma amostra para uma população. Outro exemplo de um termo de inclinação quantitativa é *validade do construto*, que tem sido usado por Leech, Dellinger, Brannagan e Tanaka (2010) como um conceito de validade ampla para a pesquisa de métodos mistos. Este termo é extraído das bem estabelecidas ideias da pesquisa quantitativa e da mensuração e não é caracteristicamente associado à pesquisa qualitativa. Recentemente, na discussão das justificativas para a condução de métodos mistos, Collins, Onwuegbuzie e Sutton (2006) incluíram justificativas que têm uma forte associação na pesquisa quantitativa. A fidelidade do instrumento (p. ex., avaliação da conveniência e/ou utilidade dos instrumentos existentes, criação de novos instrumentos e monitoramento do desempenho dos instrumentos humanos) e a integridade do tratamento (i.e., avaliação da fidelidade da intervenção) foram incluídas como razões para a condução de pesquisa de métodos mistos.

Os termos para a pesquisa de métodos mistos avançaram tanto que assumiram orientações qualitativas. Por exemplo, Mertens (2009) usa sua estrutura "transformativa-emancipatória" (p. v) quando fala sobre a pesquisa de métodos mistos, uma perspectiva de ponto de vista com frequência associada à investigação qualitativa. Sem dúvida, a linguagem que emergiu é tanto nova quanto orientada para a investigação quantitativa e qualitativa. Estamos inclinados a apoiar a conclusão atingida por Tashakkori e Teddlie (2003b) de que finalmente uma linguagem bilíngue vai prevalecer na pesquisa de métodos mistos. A lista de termos bilíngues também continua a crescer. Se isto acontecer, nossa recomendação é que os pesquisadores de métodos mistos desenvolvam um vocabulário de termos distintos de métodos mistos e os utilizem ao planejar e escrever seu estudo de métodos mistos. Além disso, citar referências para os principais termos ajuda a esclarecer sua abordagem de métodos mistos e também alerta os leitores para os indivíduos que estão liderando o caminho no avanço de novos termos.

SOBRE O USO DA FILOSOFIA

Uma das questões mais confusas para os indivíduos que planejam um estudo de métodos mistos é se devem discutir as bases e suposições filosóficas que proporcionam uma estrutura para a condução de seus estudos (como foi introduzido no Cap. 2) em suas propostas e relatórios. No lado qualitativo dos métodos mistos, as bases filosóficas são explicitadas e com frequência são uma parte necessária na descrição de um estudo; no lado quantitativo, as suposições filosóficas raramente são mencionadas. A preocupação recente dos pesquisadores qualitativos que alegam que os métodos mistos preferem o pensamento pós-positivista a abordagens mais interpretativas (Denzin e Lincoln, 2005; Howe, 2004) é um sintoma de que alguns pesquisadores começaram a questionar a filosofia que está por trás da pesquisa de métodos mistos. Essas posturas variadas sobre os métodos mistos colocam o pesquisador em uma posição precária de não saber se a filosofia deve ser incluída, que postura filosófica pode ser assumida, e como isso realmente seria escrito em um estudo.

Uma passagem sobre a filosofia deve ser incluída em seu estudo de métodos mistos? Essa decisão depende do público do seu estudo e se o público tende a ser mais qualitativo do que quantitativo. Os pesquisadores qualitativos têm defendido o uso de discussões filosóficas explícitas sobre suposições-chave que os pesquisadores trazem para um estudo, como sua visão sobre como a realidade é construída (ontologia), como o conhecimento é adquirido (epistemologia), como os valores precisam ser honrados e estabelecidos (axiologia) e como os procedimentos são derivados de uma abordagem indutiva, de baixo para cima, ou mais de uma abordagem dedutiva, de cima para baixo (ver Guba e Lincoln, 2005, e o Capítulo 2 para uma discussão destas diferentes perspectivas). Na estrutura dos tópicos a serem apresentados em uma proposta de métodos mistos no Capítulo 8, recomendamos a inclusão de uma seção sobre filosofia, que pode ser colocada entre o Propósito e a Revisão da Literatura (ver Quadro 8.1). Aqueles familiarizados com a pesquisa qualitativa receberão bem esta seção. Tal seção apresentaria as suposições filosóficas anteriormente mencionadas, as relacionaria com uma postura de paradigma e discutiria especificamente como elas serão incorporadas no seu estudo específico.

Mais problemático será decidir sobre que paradigma ou visão do mundo usar. No Capítulo 2, discutimos várias posições paradigmáticas que poderiam ser adotadas para a pesquisa de métodos mistos: pós-positivista, construtivista, de defesa e pragmática. Além disso, como é aplicado para os métodos mistos, os pesquisadores podem assumir uma ou mais "posições" para o uso de um paradigma ou visão de mundo: usar um paradigma ou visão de mundo, usar múltiplos paradigmas, vincular o tipo de paradigma ao projeto de pesquisa que está sendo usado, ou usar a visão de mundo que caracteriza sua orientação da disciplina. Também, como indicamos na discussão dos projetos de pesquisa no Capítulo 3, começamos a vincular os paradigmas aos tipos de projetos de pesquisa: para um tipo de pesquisa convergente, o pesquisador pode usar o pragmatismo como uma visão de mundo abrangente; para um tipo de projeto sequencial, podem ser usadas múltiplas visões de mundo que se relacionem aos diferentes estágios ou fases do processo da pesquisa. Portanto, nossa recomendação é que o pesquisador de métodos mistos considere as opções para o uso das visões de mundo e escolha que opção faz mais sentido tendo em vista as crenças do pesquisador e o público para seu estudo de métodos mistos. Recomendamos que a adequação do projeto ao paradigma é uma perspectiva conveniente a ser assumida e que a visão de mundo pode mudar durante um projeto.

A maneira como as visões de mundo podem ser aplicadas nos estudos de métodos mistos é uma área que Greene (2007) tem questionado. Precisamos de melhores modelos da escrita das visões de mundo nos estudos de métodos mistos. Ela deve perpassar todo o estudo, ser incorporada em uma única seção ou incluída na revisão da literatura? Os leitores em geral não estão familiarizados com as diferentes suposições filosóficas (p. ex., ontologia, epistemologia) nem com os diferentes paradigmas que estão sendo discutidos pelos pesquisadores qualitativos (p. ex., pós-positivismo, construtivismo). Também não estão familiarizados com a filosofia que está sendo introduzida e explicitada em um estudo empírico. Além disso, como a pesquisa de métodos mistos caminha em uma fina linha entre a pesquisa quantitativa e a qualitativa – e como os pesquisadores qualitativos com frequência incluem a filosofia em seus estudos – recomendamos que em seu estudo seja incluída uma passagem sobre a filosofia que apresente

✓ a suposição filosófica que está por trás do estudo de métodos mistos;
✓ o(s) paradigma(s) ou visão(ões) de mundo que estão sendo usados no estudo; e
✓ como as suposições filosóficas e as visões de mundo moldam o desenvolvimento do estudo de métodos mistos. Por exemplo, o uso de uma teoria dedutiva no início de um estudo indica uma orientação pós-positivista para os métodos mistos. A descoberta de constructos emergentes em um grupo de foco qualitativo inicial indica uma perspectiva construtivista. O "chamado à ação" no fim do estudo de métodos mistos indica uma visão de mundo de defesa e a integração dos achados fundindo-os na discussão mostra uma postura pragmática.

Estas são apenas algumas maneiras em que a filosofia pode ser integrada em um estudo de métodos mistos.

SOBRE O PLANEJAMENTO DOS PROCEDIMENTOS

No Capítulo 3, examinamos várias tipologias, ou classificações, para tipos de projetos de métodos mistos. Apresentamos diagramas de projetos e procedimentos recomendados para a confecção destes diagramas. Nos estudos de amostra que apresentamos, criamos diagramas para os autores onde não existia nenhum. Na nossa perspectiva, não existe consenso sobre que projetos existem para os estudos de métodos mistos, mas assumimos a postura de mostrar seis projetos que achamos serem mais comuns hoje na literatura sobre os métodos mistos. Em termos de projeto, Kelle (2006) parece estar no caminho certo quando sugere que atualmente não existe canonização dos projetos de métodos mistos.

Sabemos que os projetos básicos não são suficientemente complexos para refletir a prática atual, embora nosso pensamento seja apresentar projetos para o pesquisador novato nos métodos mistos. Em primeiro lugar, destacamos que estão sendo usados e relatados na literatura projetos complexos. Por exemplo, como está mostrado no Apêndice F,* Nastasi e colegas escreveram sobre um projeto de avaliação complexo com múltiplos estágios e a combinação de fases sequenciais e fases simultâneas (Nastasi et al., 2007). Em segundo lugar, também observamos que os projetos relatados em periódicos e em propostas de financiamento têm incorporado "misturas incomuns" de métodos, como combinações de dados longitudinais quantitativos e qualitativos, análise do discurso com dados de pesquisas de levantamento, conjuntos de dados secundários com acompanhamentos qualitativos, e a combinação de temas qualitativos com dados de pesquisas de levantamento para produzir novas variáveis (Creswell, no prelo-b; Plano Clark, 2010). A representação dos projetos também mostrou análises conjuntas para uma série de dados tanto quantitativos quanto qualitativos na mesma tabela, uma abordagem encorajada pela característica de matriz dos produtos de *software* qualitativos (ver Kuckartz, 2009).

Nossos projetos e as muitas classificações apresentam uma abordagem de tipologia ao projeto de métodos mistos. Como foi introduzido no Capítulo 3, há outras abordagens ao projeto de pesquisa. Argumentando que necessitamos de uma alternativa às tipologias, lembramos que Maxwell e Loomis (2003) conceituaram uma abordagem dos sistemas de cinco dimensões interativas do processo da pesquisa, e Hall e Howard (2008) sugeriram uma abordagem sinérgica em que duas ou mais opções interagiam para que o seu efeito combinado fosse maior que a soma das partes individuais.

Uma maneira em que os planejadores dos estudos dos métodos mistos podem pensar sobre os projetos é não tentar "exemplificar" seu projeto ou dar um nome ao projeto (juntamente com um diagrama que o acompanhe), mas refletir sobre a prática real da pesquisa de métodos mistos. Como mencionou Greene (2008), a prática vai conduzir a um consenso em torno dos projetos. Na verdade, nos últimos anos têm havido discussões detalhadas sobre os procedimentos utilizados pelas equipes e indivíduos quando eles negociaram questões na conclusão de um projeto de métodos mistos. O artigo recente de Brady e O'Reagan (2009), incluído como Apêndice D,* discutiu um estudo de métodos mistos de um programa de mentoria de jovens na Irlanda e destacou a jornada da equipe durante a adoção de um tipo de projeto, estabelecendo uma posição epistemológica e conduzindo uma análise de dados usando vários métodos e fontes. Outro artigo recente do Canadá, de autoria de Vrkljan (2009) discutiu o tópico da condução segura de veículos por indivíduos idosos e seus copilotos. Nesse artigo, ela refletiu sobre as decisões envolvidas na construção de um estudo de métodos mistos a partir da contextualização da natureza do estudo, das experiências do pesquisador e das várias decisões que foram consideradas para se chegar a um projeto final. Vrkljan detalhou estratégias fundamentais que ela usou para determinar como integrar e interpretar dados qualitativos e quantitativos, validar os achados e a extensão de tempo envolvida na coleta de dados e no preparo de manuscritos para publicação. Um artigo de Johnstone (2004), da Austrália,

---

* Ver apêndice em www.grupoa.com.br.

* Ver apêndice em www.grupoa.com.br.

conta a sua história de escrever uma dissertação de métodos mistos, a partir da revisão da literatura sobre suposições de paradigma para uma conceituação do processo de pesquisa, incluindo 20 passos (ou "células", pp. 265-266) de suas experiências pessoais em serviços de saúde para um projeto de estudo tentativo de coletar, analisar e sintetizar os resultados até formular mais questões e modificar o estudo. Ela termina o artigo discutindo como estruturou seu relato da pesquisa, incluindo a introdução, a teoria e a literatura e relatando os achados.

Estes exemplos de procedimentos detalhados sugerem que os pesquisadores de métodos mistos podem agora olhar para os exemplos das decisões e passos reais dados por outros pesquisadores quando conduzem estudos de métodos mistos. Cada vez mais artigos que descrevem explicitamente como seus estudos de métodos mistos são realmente conduzidos estão se apresentando. Encorajaríamos os pesquisadores a refletirem sobre o processo de condução de seus próprios estudos e a escreverem artigos metodológicos que descrevam seus procedimentos, seus desafios e suas estratégias para resolver os problemas do projeto. Nesta altura da conversa dos métodos mistos, pode ser necessário olhar mais de perto para os projetos de dissertação, em que os autores normalmente detalham esses procedimentos e, ao mesmo tempo, refletem sobre os desafios que surgem.

SOBRE O VALOR ADICIONADO PELOS MÉTODOS MISTOS

Independentemente do projeto e de seus procedimentos, a utilidade da pesquisa de métodos mistos – a partir de uma abordagem pragmática – está ligada a se esta se trata de uma abordagem válida. Em nossa definição anterior (ver Cap. 1), terminamos com a suposição de que a combinação dos métodos proporciona um melhor entendimento do que os métodos quantitativos ou os métodos qualitativos isoladamente. Essa suposição pode ser substanciada? Ao traçar a história recente dos métodos mistos, foi feita uma referência a uma questão importante formulada pelo presidente da SAGE Publications, Inc., durante um almoço. Ele perguntou, "Os métodos mistos proporcionam um melhor entendimento de uma questão de pesquisa do que uma pesquisa quantitativa ou qualitativa isoladamente?" (Creswell, 2009a, p. 22). Esta pergunta difícil é fundamental para justificar os métodos mistos e para lhes proporcionar legitimidade. Infelizmente, ela permanece sem resposta na comunidade dos métodos mistos.

No entanto, podemos especular sobre como isso pode ser tratado. Uma abordagem deve se voltar para os procedimentos de pesquisa usados nos estudos anteriores que comparavam a observação com resultados da pesquisa de levantamento (Vidich e Shapiro, 1995) ou com entrevistas com uma pesquisa de levantamento (Sieber, 1973) e examinar se as duas bases de dados convergem ou divergem no entendimento de um problema de pesquisa. Uma segunda abordagem é proceder com um experimento em que os grupos de leitores examinam um estudo dividido em um qualitativo e um quantitativo, e uma parte de métodos mistos. Nesse experimento, os resultados são especificados, tais como a qualidade da interpretação, a inclusão de mais evidências, o rigor do estudo ou a persuasão do estudo, e os três grupos podem ser comparados experimentalmente (ver Haines, 2010). Uma terceira abordagem é examinar alguns resultados sugeridos pelos autores de estudos publicados. Um desses resultados pode ser "produção", como foi mostrado por O'Cathain, Murphy e Nicholl (2007), e avaliado por várias publicações e se os autores de um estudo de métodos mistos realmente integraram os dados. Outros resultados poderiam ser analisados utilizando abordagens de análise de documentos qualitativos, e temas desenvolvidos a partir de declarações de valor apresentadas por autores de artigos empíricos de métodos mistos e de estudos metodológicos. Por exemplo, os autores do campo dos estudos de comunicação sugeriam que o valor dos métodos mistos está em tratar das limitações nos resultados aprendidos de um método: "para lidar de maneira mais completa com esta questão, e explicar algumas das possíveis limitações de um estudo, foi buscada uma avaliação mais ampla do envolvimento dos estudantes em cursos de comunicação" (Corrigan, Pennington e McCroskey, 2006, p. 15-16).

Aguardando outros estudos que lancem uma luz à questão de valor, podemos recomendar que os autores incorporem em suas avaliações de propósito uma justificativa para a razão de estarem usando os métodos mistos (como está mencionado no Cap. 5). Assim, encorajamos as declarações de "valor" que possam falar sobre a importância da condução de métodos mistos. Às vezes estas declarações estarão "satisfeitas" por se concentrarem em como o conteúdo do estudo é melhorado com os métodos mistos; outras vezes, estas declarações serão específicas dos "métodos" e relacionadas a como os métodos de coleta, análise e interpretação dos dados foram melhorados com o uso dos métodos mistos. A descoberta do valor dos métodos mistos vai se desenvolver com o tempo, e às vezes o seu valor será próprio e às vezes comparado à pesquisa quantitativa ou qualitativa, ou ambas. Independentemente disso, a maior justificativa par ao uso dos métodos mistos vai emergir e contribuir para o seu uso.

Resumo

Ao longo de todo este livro, encorajamos o planejamento e a execução de um projeto de métodos mistos que incorpore as últimas ideias sobre os métodos mistos. Oferecemos várias recomendações finais para aqueles que estão planejando e conduzindo um estudo de métodos mistos. Considere desenvolver não apenas um artigo empírico a partir do seu estudo, mas também um artigo metodológico que avance o seu estudo e também indique sua contribuição para a literatura dos métodos mistos. Além disso, também defina a pesquisa de métodos mistos para o público do seu relato, porque ela é uma abordagem razoavelmente nova para a investigação. Embora as definições dos métodos, da metodologia, filosóficas e de estrutura existam todas na literatura, sugerimos que você considere mais de uma definição de métodos, para que isso não se torne ligado a ideias filosóficas e você também possa acrescentar uma passagem filosófica ao seu estudo. Além disso, ao comunicar seu estudo, considere identificar as principais características dos métodos mistos como uma boa maneira de resumir os componentes essenciais deste modo de investigação.

Também é importante ficar familiarizado com os termos que estão emergindo para descrever a pesquisa dos métodos mistos. Estes podem ser normalmente encontrados nos glossários dos livros de métodos mistos. Também convém entender que estes termos estão sendo continuamente criados e que o léxico desta abordagem da pesquisa irá se modificar e se desenvolver com o passar do tempo. Esses termos, no entanto, representam as ideias dos autores, e você precisa citar as referências aos termos que você usa em um projeto. Também recomendamos que o seu estudo inclua uma passagem sobre a base filosófica que você está utilizando em seu estudo de métodos mistos. Há várias opções para onde esta passagem pode ser apresentada. Também há várias opções para a posição filosófica que você pode assumir, desde o uso de uma visão de mundo até como a sua discussão pode incluir comentários sobre suposições filosóficas, possibilidades da visão de mundo, e como a filosofia informa os estágios do seu estudo de pesquisa.

Muitos projetos de pesquisa estão disponíveis para o uso na pesquisa de métodos mistos. Nossa recomendação é que você identifique os procedimentos em seu estudo de métodos mistos, se esta identificação inclui um projeto específico, um diagrama, uma anotação ou a lista de passos e decisões tomados no seu estudo. Também o aconselhamos a examinar de perto alguns dos estudos emergentes em que os autores identificam os procedimentos, os desafios e as estra-

(continua)

Resumo *(Continuação)*

tégias para lidar com estes desafios. Então, quando você escrever seu estudo de métodos mistos, sugerimos que reflita sobre os procedimentos que usou para que eles possam ser comunicados aos leitores como um artigo separado ou no seu relatório da pesquisa. Finalmente, você pode precisar justificar o uso dos métodos mistos para públicos aos quais você apresente o seu relato. Considere que valor sua abordagem dos métodos mistos vai acrescentar ao entendimento seja do conteúdo ou dos métodos utilizados no seu estudo. Seja explícito na identificação deste valor em seu relatório final.

ATIVIDADES

1. Considere um artigo empírico de métodos mistos que você desenvolveu. Discuta os tópicos na literatura dos métodos mistos para os quais seu estudo contribui e reescreva o artigo para enfatizar esta contribuição no início e no fim do artigo revisado.
2. Ao escrever seu plano ou estudo para os métodos mistos, examine o glossário dos termos no final deste livro. Identifique (e liste) os termos que você vai incorporar no seu estudo a partir do glossário, para que você esteja "falando" como um pesquisador de métodos mistos. Incorpore estes termos no seu projeto.
3. No fim deste capítulo, refletimos sobre as diferentes maneiras de começar a entender o "valor" da pesquisa de métodos mistos. Como você designaria um estudo que tratasse desta questão? O projeto que você planeja seria quantitativo, qualitativo ou de métodos mistos?

Recursos adicionais a serem examinados

Para leituras adicionais sobre os tópicos que estão sendo atualmente discutidos e sobre as controvérsias sobre o campo da pesquisa de métodos mistos, examine os seguintes recursos:

Creswell, J.W. (no prelo-a). Controversies in mixed methods research. In N.K. Denzin & Y.S. Lincoln (Eds.), *The SAGE handbook of qualitative research* (4th ed.). Thousand Oaks, CA: Sage.

Creswell, J.W. (no prelo-b). Mapping the developing landscape of mixed methods research. In A. Tashakkori & C. Teddlie (Eds.). *SAGE handbook of mixed methods research in social & behavioral research* (2nd ed.). Thousand Oaks, CA: Sage.

Greene, J.C. (2008). Is mixed methods social inquiry a distinctive methodology? *Journal of Mixed Methods Research, 2*(1), 7-22.

Tashakkori, A.T. (2009). Are we there yet?: The state of the mixed methods community [Editorial]. *Journal of Mixed Methods Research, 3*(4), 287-291.

Para uma discussão recente sobre uma definição da pesquisa de métodos mistos e dos termos a serem utilizados, veja os seguintes recursos:

Johnson, R.B., Onwuegbuzie, A.J. (2004). Mixed methods research: A research paradigm whose time has come. *Educational Researcher, 33*(7), 14-26.

Johnson, R.B., Onwuegbuzie, A.J., & Turner, L.A. (2007). Toward a definition of mixed methods research. *Journal of Mixed Methods Research, 1*(2), 112-133.

Sobre a filosofia que está por trás da pesquisa de métodos mistos e das recomendações sobre como apresentar a filosofia dentro dos métodos mistos, ver este recurso:

Morgan, D.L. (2007). Paradigms lost and pragmatism regained: Methodological implications of combining qualitative and quantitative methods. *Journal of Mixed Methods Research, 1* (1), 48-76.

Sobre os procedimentos específicos para a condução de um estudo de métodos mistos, ver as várias perspectivas apresentadas por estes autores:

Brady, B., & O'Regan, C. (2009). Meeting the challenge of doing an RCT evaluation of youth mentoring in Ireland: A journey in mixed methods. *Journal of Mixed Methods Research, 3*(3), 265-280.

Johnstone, P.L. (2004). Mixed methods, mixed methodology health services research in practice. *Qualitative Health Research, 14*(2), 239-271.

Vrkljan, B.H. (2009). Constructing a mixed methods design to explore the older drive-copilot relationship. *Journal of Mixed Methods Research, 3*(4), 371-385.

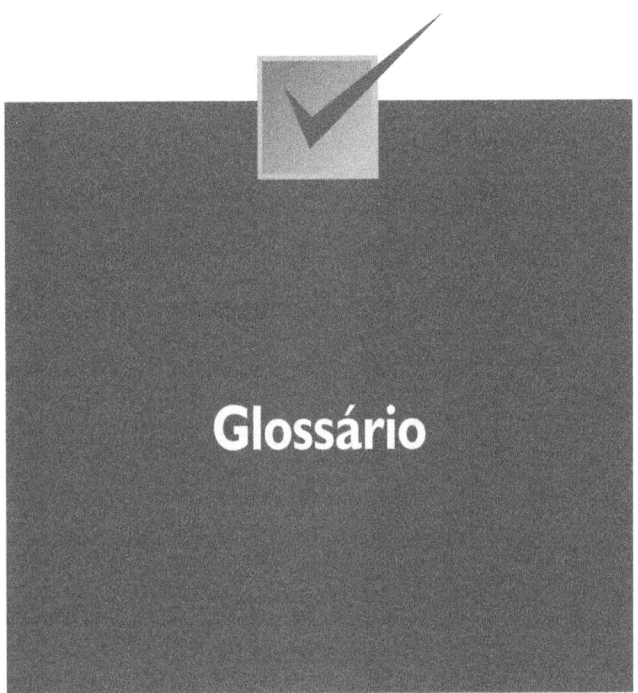

Glossário

Abordagem baseada na tipologia é uma abordagem do projeto de métodos mistos que enfatiza a classificação de projetos de métodos mistos úteis e a seleção e a adaptação de um projeto particular para o propósito e questões de um estudo.

Abordagem dinâmica é uma abordagem do projeto de métodos mistos que considera e inter-relaciona múltiplos componentes do projeto de pesquisa em vez de colocar a ênfase na seleção de um projeto apropriado de uma tipologia existente.

Achados convergentes e divergentes em uma mostra de análise de dados fundidos é uma tabela exibindo achados congruentes ou incongruentes (ou discrepantes) na dimensão horizontal. Na dimensão vertical, o pesquisador pode indicar diferentes tópicos e/ou tipos de participantes como está indicado por seus escores numéricos. Dentro das células dessa mostra pode haver citações, números ou ambos.

O **acordo entre os codificadores na pesquisa qualitativa** envolve ter vários indivíduos codificando (e desenvolvendo temas) para uma transcrição e depois comparar suas análises para determinar se eles chegaram aos mesmos códigos e temas ou a códigos e temas diferentes.

Amostragem intencional na pesquisa qualitativa significa que os pesquisadores selecionam (ou recrutam) intencionalmente os participantes que experienciaram o fenômeno central ou o conceito principal que está sendo explorado no estudo.

Amostragem probabilística na pesquisa quantitativa significa que o pesquisador seleciona um grande número de indivíduos que são representativos da população ou que representam um segmento da população.

Análise de dados conectados dos métodos mistos envolve a análise do primeiro conjunto de dados e sua conexão com a coleta de dados para o segundo conjunto de dados.

Análise de dados dos métodos mistos consiste em técnicas analíticas aplicadas tanto aos dados quantitativos quanto aos qualitativos para misturar as duas formas de dadas simultânea e sequencialmente em um único projeto ou em um projeto multifásico.

Análise de dados qualitativos envolve codificar os dados, dividir o texto em unidades pequenas (expressões, sentenças ou parágrafos), atribuindo um rótulo a cada unidade e depois agrupando os códigos em temas.

Análise dos dados quantitativos consiste em analisar os dados baseados no tipo de questões ou hipóteses e usar o teste estatístico apropriado para tratar as questões ou hipóteses.

Análise fundida de transformação dos dados consiste na transformação de um tipo de dado no outro tipo para que os dois bancos de dados possam ser facilmente comparados e depois analisados.

Avalia-se um estudo de métodos mistos tendo por base os seguintes critérios: a coleta de dados quantitativos e qualitativos, o uso de procedimentos de métodos persuasivos e rigorosos, a mistura das duas fontes de dados, o uso de um projeto de métodos mistos, a incorporação de suposições filosóficas e o uso de termos da pesquisa de métodos mistos.

Base teórica nos métodos mistos é uma postura (ou lente ou ponto de vista) assumida pelo pesquisador que proporciona direção a muitas fases de um projeto de métodos mistos. Dois tipos de teoria podem informar um estudo de métodos mistos: uma teoria da ciência social ou uma teoria emancipatória.

Combinação da questão dos métodos mistos são questões de pesquisa sobre a mistura de dados quantitativos e qualitativos em um estudo de métodos mistos em que o pesquisador explicita tanto os métodos quanto o conteúdo do estudo.

Comparação lado a lado para a análise de dados fundidos envolve apresentar os resultados quantitativos e os achados qualitativos juntos em uma discussão ou em uma tabela resumida para que possam ser facilmente comparados.

Conexão é uma estratégia mista em que os resultados de um elemento dos dados molda a coleta dos dados no segundo elemento.

Confiabilidade quantitativa significa que os escores recebidos dos participantes são consistentes e estáveis no decorrer do tempo.

Opções de **comparações na análise dos dados fundidos** são comparações lado a lado em uma seção de resultados ou discussão ou tabela resumida, comparações de mostra conjunta nos resultados ou interpretação, ou transformação dos dados nos resultados.

Construtivismo, que é normalmente associado às abordagens qualitativas, é baseado no entendimento ou no significado dos fenômenos, formados pelos participantes e suas visões subjetivas.

Decisões de coleta de dados para o projeto convergente incluem a justificativa para a incorporação de uma forma de dados, o momento da aplicação dos dados incorporados e os modos de lidar com os problemas que podem surgir da incorporação.

Decisões de coleta de dados para o projeto explanatório incluem quais devem ser os participantes da segunda fase, que tamanhos de amostra usar para os dois elementos, que dados coletar de uma fase para a outra e de quem e como garantir as permissões do conselho de revisão institucional (CRI) para as duas coletas de dados.

Decisões de coleta de dados para o projeto exploratório incluem a determinação de amostras para cada fase, as decisões sobre o que resulta do uso da primeira fase e, se for usada uma fase intermediária, como designar um instrumento rigoroso com boas propriedades psicométricas.

Decisões de coleta de dados para o projeto incorporado incluem a justificativa para incorporar uma forma de dados, o momento certo de incorporar os dados, e como lidar com os problemas que podem surgir da incorporação.

Decisões de coleta de dados para o projeto multifásico incluem a amostragem, o uso de projetos longitudinais e o desenvolvimento de um objetivo programático que una os múltiplos projetos.

Decisões de coleta de dados para o projeto transformativo estão relacionadas à amostragem, aos benefícios para aqueles que participam do estudo e a colaboração durante o processo de coleta dos dados.

Decisões na análise de dados dos métodos mistos se referem àqueles pontos críticos na análise dos dados em que o pesquisador precisa decidir que opções selecionar para a análise.

Declaração de propósito qualitativa comunica o propósito qualitativo geral do estudo e inclui um fenômeno central, os participantes, o local da pesquisa para o estudo e o tipo de projeto qualitativo do estudo.

Declaração de propósito quantitativa comunica o propósito quantitativo geral do estudo e inclui as variáveis no estudo, os participantes e o local para a pesquisa.

Declaração do problema comunica um problema ou questão específica que precisa ser tratada em um estudo de métodos mistos e as razões por que é importante estudar o problema.

Declarações de propósito dos métodos mistos comunicam o propósito geral do estudo de métodos mistos e incluem a intenção do estudo, o tipo de projeto de métodos mistos, as declarações de propósito quantitativas e qualitativas e as razões para a coleta de dados quantitativos e qualitativos.

Definição das características essenciais da pesquisa de métodos mistos é a coleta e a análise dos dados qualitativos e quantitativos (com base nas questões da pesquisa), misturando (ou integrando ou vinculando) as duas formas de dados, dando prioridade a uma ou a ambas (em termos do que a pesquisa enfatiza), usando os procedimentos em um único estudo ou em múltiplas fases de um programa de estudo, estruturando esses procedimentos dentro de visões de mundo filosóficas e lentes teóricas e combinando os procedimentos em projetos de pesquisa específicos que direcionem o plano para a condução do estudo.

Elemento é um componente de um estudo de métodos mistos que abrange o processo básico de condução de uma pesquisa quantitativa ou qualitativa: coloca uma questão, coleta dados, analisa os dados e interpreta os resultados baseados nesses dados.

Estratégias de análise dos dados fundidos significa usar técnicas analíticas para fundir os resultados, analisar se os resultados dos dois bancos de dados são congruentes ou divergentes e, se forem divergentes, analisar melhor os dados para reconciliar os achados divergentes.

Estudo de caso dos métodos mistos é uma variante do projeto incorporado em que o pesquisador coleta tanto dados qualitativos quanto quantitativos em um estudo de caso.

Estudos de métodos mistos individuais que combinam fases simultâneas e sequenciais são uma variante do projeto multifásico em que o pesquisador conduz um estudo de métodos mistos em duas fases sequenciais, com pelo menos uma das fases incluindo um componente simultâneo.

Estudos multifásicos estaduais são uma variante do projeto multifásico em que diferentes métodos e fases são usados para examinar diferentes níveis dentro de um sistema.

Etnografia dos métodos mistos é uma variante do projeto incorporado em que o pesquisador coleta dados qualitativos e quantitativos em um projeto etnográfico.

Explorar os dados na análise de dados qualitativos envolve ler todos os dados para desenvolver um entendimento geral da base de dados.

Explorar os dados na análise de dados quantitativos envolve inspecionar visualmente os dados e conduzir uma análise descritiva (a média, o desvio-padrão [DP] e a variância de respostas a cada item dos instrumentos ou das listas de checagem) para determinar as tendências gerais dos dados.

Fusão é uma estratégia de mistura em que os resultados quantitativos e os resultados qualitativos são unidos mediante uma análise combinada.

Igual prioridade é uma opção de ponderação que ocorre quando os métodos quantitativos e qualitativos desempenham papéis igualmente importantes ao tratar do problema da pesquisa em um estudo de métodos mistos.

Independente é um nível de interação que indica que os elementos quantitativos e qualitativos de um estudo de métodos mistos são implementados de modo a ficarem independentes um do outro, misturando-se apenas no momento da interpretação.

Inferências na pesquisa dos métodos mistos são conclusões ou interpretações extraídas dos elementos quantitativos e qualitativos separados de um estudo, assim como entre os elementos quantitativos e qualitativos, chamadas "metainferências".

Interativo é um nível de interação que indica os elementos quantitativos e qualitativos de um estudo de métodos mistos que interagem diretamente um com o outro durante o projeto, a coleta de dados ou os pontos de análise dos dados do estudo.

A **interpretação dos métodos mistos** envolve olhar os resultados quantitativos e os achados qualitativos e fazer uma avaliação de como as informações lidam com a questão dos métodos mistos em um estudo.

A **interpretação dos resultados** envolve se afastar dos resultados detalhados e avançar seu significado mais amplo em vista dos problemas de pesquisa, das questões em um estudo, da literatura existente e talvez das experiências pessoais.

Mistura é a inter-relação de elementos quantitativos e qualitativos de um estudo de métodos mistos.

Mistura durante a análise dos dados ocorre quando os elementos quantitativos e qualitativos são misturados durante o estágio do processo de pesquisa em que o pesquisador está analisando os dois conjuntos de dados.

Mistura durante a coleta dos dados ocorre quando os elementos quantitativos e qualitativos são misturados durante o estágio do processo de pesquisa em que o pesquisador coleta um segundo conjunto de dados.

Mistura durante a interpretação ocorre quando os elementos quantitativos e qualitativos são misturados durante o passo final do processo de pesquisa, depois de o pesquisador ter coletado e analisado os dois conjuntos de dados.

Mistura durante o projeto ocorre quando os elementos quantitativos e qualitativos são misturados durante o estágio maior de planejamento do processo de pesquisa antes de o pesquisador coletar os dados dos elementos do estudo.

Mistura em uma estrutura objetiva do programa é uma estratégia de mistura que ocorre quando o pesquisador mistura elementos quantitativos e qualitativos dentro de um objetivo geral do programa que direciona a junção de múltiplos projetos ou estudos em um projeto de métodos mistos multifásico.

Mistura em uma estrutura teórica é uma estratégia de mistura que ocorre quando o pesquisador mistura elementos quantitativos e qualitativos dentro de uma estrutura transformativa (p. ex., feminismo) ou uma estrutura substantiva (p. ex., uma teoria da ciência social) que direciona o projeto geral dos métodos mistos.

Momento certo é o relacionamento temporal entre os elementos quantitativos e qualitativos em um estudo de métodos mistos.

Momento certo da combinação multifásica ocorre quando o pesquisador implementa os métodos quantitativos e qualitativos em múltiplas fases que incluem o momento sequencial e/ou simultâneo durante um estudo de pesquisa.

Momento certo sequencial ocorre quando o pesquisador implementa os métodos quantitativos e qualitativos em duas fases distintas, com a coleta e a análise de um tipo de dado ocorrendo após a coleta e a análise do outro tipo.

O **momento certo simultâneo** ocorre quando o pesquisador implementa tanto os elementos quantitativos quanto os qualitativos durante uma mesma fase de um estudo de pesquisa.

Mostra conjunta é uma figura ou tabela em que o pesquisador ordena tanto dados quantitativos quanto qualitativos de modo que as duas fontes de dados possam ser diretamente comparadas. Na verdade, a mostra funde as duas formas de dados.

Mostra da análise de dados fundidos da tipologia e da estatística combina na análise fundida dados de temas qualitativos e dados quantitativos baseados em uma tipologia ou classificação.

Mostra de análise fundida orientada para o caso é uma mostra para a análise de dados fundidos que posiciona os casos em uma escala quantitativa juntamente com dados do texto qualitativo sobre os casos individuais.

Mostra de categoria/tema na análise de dados fundidos é uma mostra que ordena os temas qualitativos derivados da análise qualitativa com dados quantitativos categóricos ou contínuos extraída de itens ou variáveis dos resultados estatísticos quantitativos.

Nível de interação é a extensão em que os elementos quantitativos e qualitativos de um estudo de métodos mistos são mantidos independentes ou interagem uns com os outros.

O período de debate do paradigma, na história dos métodos mistos, se desenvolveu durante as décadas de 1970 e 1980, quando os pesquisadores qualitativos estavam inflexíveis de que diferentes suposições proporcionassem as bases para a pesquisa quantitativa e qualitativa.

O período de defesa e expansão na história dos métodos mistos envolveu autores defendendo a pesquisa de métodos mistos como uma metodologia, método ou abordagem separada da pesquisa, e o interesse nos métodos mistos sendo estendido para muitas disciplinas e muitos países.

O período de desenvolvimento procedural, na história dos métodos mistos, é o período em que os autores se concentravam nos métodos de coleta de dados, na análise dos dados, nos projetos de pesquisa e nos propósitos para a condução de um estudo de métodos mistos.

O período formativo na história dos métodos mistos começou na década de 1950 e continuou até a década de 1980. Esse período viu o interesse inicial no uso de mais de um método em um estudo.

O período reflexivo, na história dos métodos mistos, é caracterizado por dois temas interligados: uma avaliação atual do campo e uma visão do futuro, e as críticas construtivas que desafiam a emergência dos métodos mistos e o que isso se tornou.

Padrões para a avaliação de um estudo qualitativo dependem da postura assumida pelo pesquisador. Os pesquisadores qualitativos diferem nos critérios que utilizam, tais como critérios filosóficos, critérios participativos e de defesa ou critérios procedurais, metodológicos.

Padrões para a avaliação de um estudo quantitativo com frequência refletem o tipo de projeto de pesquisa quantitativa e os métodos de coleta e análise dos dados.

Passos na análise de dados dos métodos mistos referem-se aos procedimentos utilizados em uma ordem lógica pelo pesquisador quando conduz a análise dos dados para um projeto de métodos mistos.

Pesquisa narrativa dos métodos mistos é uma variante do projeto incorporado em que o pesquisador coleta tanto dados qualitativos quanto quantitativos em um projeto de pesquisa narrativa.

Ponto de interface é um ponto no processo de pesquisa de um estudo de métodos mistos em que os elementos quantitativos e qualitativos são misturados.

Pós-positivismo é com frequência associado com as abordagens quantitativas. Os pesquisadores fazem declarações de conhecimento baseados em (1) determinismo ou pensamento de causa e efeito; (2) reducionismo, estreitando e se concentrando em selecionar variáveis para inter-relacionar; (3) observações detalhadas e medidas das variáveis e (4) testagem das teorias que são continuamente refinadas.

Pragmatismo, normalmente associado à pesquisa de métodos mistos, concentra-se nas consequências da pesquisa, na importância fundamental da questão indagada mais do que nos métodos, e no uso de múltiplos métodos de coleta de dados para informar os problemas que estão sendo estudados.

Prioridade é a importância relativa ou a ponderação dos métodos quantitativos e qualitativos ao lidar com o problema de pesquisa em um estudo de métodos mistos.

Prioridade qualitativa é uma opção de ponderação que ocorre quando uma maior ênfase é colocada nos métodos qualitativos e os métodos quantitativos são usados em um papel secundário ao tratar o problema de pesquisa em um estudo de métodos mistos.

Prioridade quantitativa é a opção de ponderação que ocorre quando uma maior ênfase é colocada nos métodos quantitativos do que nos métodos qualitativos para tratar do problema da pesquisa em um estudo de métodos mistos.

Problemas de pesquisa adequados aos métodos mistos são aqueles em que uma fonte de dados pode ser insuficiente, os resultados precisam ser explicados, os achados exploratórios precisam ser generalizados, um segundo método melhora um método principal, uma postura teórica precisa ser descrita, e um objetivo geral da pesquisa pode ser mais bem tratado com fases ou projetos múltiplos.

Programas de computador qualitativos podem armazenar documentos de texto para análise; permitem que o pesquisador bloqueie e rotule segmentos de texto com códigos para que eles possam ser facilmente recuperados; organizam os códigos de maneira visual, possibilitando diagramar e ver o relacionamento entre eles; e buscam segmentos de texto que contêm múltiplos códigos.

Projeto incorporado é um projeto dos métodos mistos em que o pesquisador coleta e analisa dados quantitativos e qualitativos dentro de um projeto tradicional quantitativo ou qualitativo para melhorar de alguma maneira o projeto geral.

Projeto multifásico é um projeto dos métodos mistos que combina elementos sequenciais e simultâneos, coletados durante um período de tempo e a implementação de projetos ou fases distintas em um programa geral de estudo.

Projeto paralelo convergente é um projeto de métodos mistos em que o pesquisador usa a aplicação simultânea para implementar os elementos quantitativos e qualitativos durante a mesma fase do processo de pesquisa, prioriza os métodos igualmente, mantém os elementos independentes durante a análise e mistura os resultados durante a interpretação geral que o pesquisador faz dos dados.

Projeto sequencial explanatório é um projeto de métodos mistos de duas fases, em que o pesquisador começa com a coleta e a análise de dados quantitativos, seguida da coleta e da análise de dados qualitativos para ajudar a explicar os resultados quantitativos iniciais.

Projeto sequencial exploratório é um projeto de métodos mistos de duas fases, em que o pesquisador começa com a coleta e a análise de dados qualitativos, seguida da coleta e da análise de dados quantitativos para testar ou generalizar os achados qualitativos iniciais.

Projeto transformativo é um projeto dos métodos mistos que o pesquisador molda dentro de uma estrutura teórica transformativa buscando tratar das necessidades de uma população específica e requerer mudança.

Projetos de desenvolvimento e avaliação de programas de larga escala são uma variante do projeto multifásico que são com frequência programas de pesquisa com subvenção federal em áreas como pesquisa de educação e de serviços de saúde onde os investigadores conduzem projetos que requerem exploração, desenvolvimento de programa, testagem do programa e estudos de factibilidade.

Projetos de métodos mistos emergentes são aqueles encontrados em estudos de métodos mistos em que o uso dos métodos mistos surge devido às questões que se desenvolvem durante o processo de condução da pesquisa.

Os **projetos de métodos mistos fixos** são encontrados nos estudos de métodos mistos em que o uso dos métodos quantitativos e qualitativos é predeterminado no início do processo de pesquisa e os procedimentos são implementados como planejado.

Protocolo da observação é uma forma usada na pesquisa qualitativa para coletar dados observacionais. Nessa forma, o pesquisador registra uma descrição dos eventos e processos observados, assim como anotações reflexivas sobre os códigos, temas e preocupações emergentes que surgem durante a observação.

Protocolo de entrevista é um formulário usado na pesquisa qualitativa para coletar dados qualitativos. Nesse formulário são estabelecidas as questões a serem indagadas durante uma entrevista e o espaço para registrar as informações coletadas durante a entrevista. Esse protocolo também proporciona espaço para registrar dados essenciais sobre o tempo, o dia e o local da entrevista.

Questão de pesquisa dos métodos mistos concentrada no método é uma questão de pesquisa sobre a mistura de dados quantitativos e qualitativos em um estudo de métodos mistos em que o pesquisador escreve para se concentrar nos métodos do projeto de métodos mistos.

Questões abertas são usadas na pesquisa qualitativa para coletar dados. Estas são questões em que o pesquisador não usa categorias ou escalas predeterminadas para coletar os dados.

Questões da pesquisa dos métodos mistos são questões em um estudo de métodos mistos que tratam da mistura ou integração dos dados quantitativos e qualitativos.

Questões da pesquisa qualitativa se concentram ou estreitam a declaração de propósito qualitativa e são estabelecidas como uma questão central e várias subquestões. A questão central e as subquestões são questões concisas e abertas que começam com palavras como *o que* ou *como* para sugerir uma exploração do fenômeno central.

Questões de pesquisa dos métodos mistos concentradas no conteúdo são as questões da pesquisa sobre a mistura dos dados quantitativos e qualitativos em um estudo de métodos mistos em que o pesquisador torna explícito o conteúdo do estudo e sugere os métodos da pesquisa.

Questões e hipóteses da pesquisa quantitativa estreitam a declaração de propósito quantitativa mediante questões de pesquisa (que relacionam as variáveis) ou mediante hipóteses (que fazem previsões sobre os resultados das variáveis relacionadas).

Questões fechadas são usadas na pesquisa qualitativa para coletar dados. Essas questões são baseadas em escalas ou categorias de resposta predeterminada.

Realismo crítico é uma posição teórica ou filosófica que integra uma ontologia realista (há um mundo real que existe independentemente das nossas percepções, teorias e construções) com uma epistemologia construtivista (o nosso entendimento deste mundo é inevitavelmente uma construção das nossas próprias perspectivas e pontos de vista).

Suposições filosóficas na pesquisa de métodos mistos consistem nas crenças ou suposições básicas que direcionam um estudo de pesquisa.

Teoria da ciência social está posicionada no início dos estudos de métodos mistos e proporciona uma estrutura ou teoria das ciências sociais que direciona a natureza das questões formuladas e respondidas em um estudo.

Teoria emancipatória nos métodos mistos envolve assumir uma posição teórica em favor de grupos sub-representados ou marginalizados, como uma teoria feminista, uma teoria racial ou étnica, uma teoria de orientação sexual ou uma teoria de incapacidade.

Títulos de estudos quantitativos comunicam como os investigadores comparam os grupos ou relacionam as variáveis. As principais variáveis estão evidentes no título, assim como os participantes e, possivelmente, o local do estudo de pesquisa.

Títulos dos estudos qualitativos estabelecem uma questão ou usam palavras literárias, como metáforas ou analogias. Os títulos qualitativos incluem vários componentes: o fenômeno (ou conceito) central que está sendo examinado, os participantes e o local em que o estudo vai ocorrer. Além disso, um título qualitativo pode incluir o tipo de pesquisa qualitativa que está sendo usado, como etnografia ou teoria fundamentada.

Títulos dos métodos mistos incluem o tópico, os participantes e o local da pesquisa. Eles prenunciam o uso dos métodos mistos e o tipo de projeto de métodos mistos que o pesquisador vai usar.

Transformação de dados qualitativos em dados quantitativos envolve reduzir os temas ou códigos a informações numéricas, como categorias dicotômicas.

Validade na pesquisa de métodos mistos envolve o emprego de estratégias que tratam de questões potenciais na coleta de dados, análise dos dados e interpretações que podem comprometer a fusão ou conexão dos elementos quantitativos e qualitativos do estudo.

Validade qualitativa significa avaliar se as informações obtidas pela coleta de dados qualitativos são acuradas mediante estratégias como checagem dos membros, triangulação das evidências, busca para a desconfirmação das evidências e pedir a outras pessoas para examinar os dados.

Validade quantitativa é a validade na pesquisa quantitativa tratada em dois níveis: a qualidade dos escores dos instrumentos usados e a qualidade das conclusões que podem ser extraídas dos resultados das análises quantitativas.

Variante correlacional incorporada é uma variante do projeto incorporado em que o pesquisador incorpora dados qualitativos em um projeto correlacional.

Variante da seleção dos participantes é uma variante do projeto explanatório em que o pesquisador dá prioridade à segunda fase qualitativa, mas usa os resultados quantitativos iniciais para identificar e selecionar intencionalmente os melhores participantes para o estudo qualitativo.

Variante da transformação dos dados é uma variante do projeto convergente em que o pesquisador implementa os elementos quantitativos e qualitativos durante a mesma fase do processo de pesquisa, mas os prioriza desigualmente, colocando maior ênfase no elemento quantitativo e usa um processo fundido de transformação dos dados.

Variante das bases de dados paralelos é uma variante do projeto convergente em que dois elementos paralelos são conduzidos independentemente e só são unidos durante a fase de interpretação do estudo.

Variante de desenvolvimento do instrumento é uma variante do projeto exploratório em que a fase qualitativa inicial desempenha um papel secundário, com frequência com o propósito de reunir informações para construir um instrumento quantitativo que é necessário para a fase quantitativa priorizada.

Variante de validação dos dados é uma variante do projeto convergente em que o pesquisador inclui tanto questões abertas quanto fechadas em um questionário e usa os resultados das questões abertas para confirmar ou validar os resultados das questões fechadas.

Variante do acompanhamento das explanações é uma variante do projeto explanatório em que o pesquisador dá prioridade à fase inicial, quantitativa e usa a fase qualitativa subsequente para ajudar a explicar os resultados quantitativos.

Variante do desenvolvimento da teoria é uma variante do projeto exploratório em que o pesquisador dá prioridade à fase qualitativa inicial e usa a fase quantitativa que se segue em um papel secundário para expandir os resultados iniciais.

Variante do desenvolvimento e da validação incorporadas é uma variante do projeto incorporado em que o pesquisador incorpora dados qualitativos em um projeto tradicional de desenvolvimento e validação do instrumento.

Variante do experimento incorporado é uma variante do projeto incorporado em que o pesquisador incorpora dados qualitativos em um projeto de teste experimental.

Variante transformativa da lente da classe socioeconômica é uma variante do projeto transformativo em que o pesquisador estrutura o estudo usando uma lente teórica da classe socioeconômica.

Variante transformativa da lente da incapacidade é uma variante do projeto transformativo em que o pesquisador estrutura o estudo usando uma lente teórica da incapacidade.

Variante transformativa da lente feminista é uma variante do projeto transformativo em que o pesquisador estrutura o estudo usando uma lente teórica feminista.

Visão de mundo na pesquisa de métodos mistos é composta de benefícios e suposições sobre o conhecimento que informa um estudo.

Visões de mundo diferem na natureza da realidade (ontologia), em como adquirimos o conhecimento do que sabemos (epistemologia), no papel que os valores desempenham na pesquisa (axiologia), no processo da pesquisa (metodologia) e na linguagem da pesquisa (retórica).

Visões de mundo participativas são influenciadas por preocupações políticas e esta abordagem é mais frequentemente associada com as abordagens qualitativas do que com as abordagens quantitativas. Incluem a necessidade de melhorar a nossa sociedade e aqueles que vivem nela. Os pesquisadores que usam esta visão de mundo lidam com questões como autonomia, marginalização, hegemonia, partriarcado e outras questões que afetam os grupos marginalizados, e colaboram com os indivíduos que experienciam estas injustiças. No fim, o pesquisador participativo planeja para o mundo social ser modificado para melhor, de forma que os indivíduos se sintam menos marginalizados.

Referências

American Educational Research Association, American Psychological Association, National Council on Measurement in Education, and Joint Committee on Standards for Educational and Psychological Testing (United States). (1999). *Standards for educational and psychological testing*. Washington, DC: American Educational Research Association.

Ames, G.M., Duke, M.R., Moore, R.S., & Cunradi, C.B. (2009). The impact of occupational culture on drinking behavior of young adults in the U.S. Navy. *Journal of Mixed Methods Research, 3*(2), 129-150.

Andrew, S. & Halcomb, E.J. (Eds.). (2009). *Mixed methods research for nursing and the health sciences*. Chichester, West Sussex, UK: Wiley-Blackwell.

Arnon, S., & Reichel, N. (2009). Closed and open-ended question tools in a telephone survey about "the good teacher": An example of a mixed methods study. *Journal of Mixed Methods Research, 3*(2), 172-196.

Asmussen, K.J., & Creswell, J.W. (1995). Campus response to a student gunman. *Journal of Higher Education, 66*, 575-591.

Axinn, W.G. & Pearce, L.D. (2006). *Mixed method data collection strategies*. Cambridge, UK: Cambridge University Press.

Bailey, T. (2000). Character, plot, setting and time, metaphor, and voice. In T. Bailey (Ed.), *On writing short stories* (pp. 28-79). Oxford, UK: Oxford University Press.

Bamberger, M. (Ed.). (2000). *Integrating quantitative and qualitative research in development projects*. Washington, DC: World Bank.

Baumann, C. (1999). Adoptive fathers and birthfathers: A study of attitudes. Child and *Adolescent Social Work Journal, 16*(5), 373-391.

Bazeley, P. (2009). Integrating data analyses in mixed methods research [Editorial]. *Journal of Mixed Methods Research, 3*(3), 203-207.

Berger, A.A. (2000). *Media and communication research: An introduction to qualitative and quantitative approaches*. Thousand Oaks, CA: Sage.

Bernardi, L., Keim, S., & von der Lippe, H. (2007). Social influences on fertility: A comparative mixed methods study in Eastern and Western Germany. *Journal of Mixed Methods Research, 1*(1), 223-247.

Biddix, J.P. (2009, April). *Women's career pathways to the community college senior student affair officer*. Paper apresentado na reunião da American Educational Research Association, San Diego, CA.

Bikos, L.H., Çiftçi, A., Güneri, O.Y., Demir, C.E., Sümer, Z.H., Danielson, S., et al. (2007a). A longitudinal, naturalistic inquiry of the adaptation experiences of the female expatriate spouse living in Turkey. *Journal of Career Development, 34*, 28-58.

Bikos, L.H., Çiftçi, A., Güneri, O.Y., Demir, C.E., Sümer, Z.H., Danielson, S., et al. (2007b). A repeated measures investigation of the first-year adaption experiences of the female expatriate spouse living in Turkey. *Journal of Career Development, 34*, 5-27.

Boland, M., Daly, L., & Staines, A. (2008). Methodological issues in inclusive intellectual disability research: A health promotion needs assessment of people attending Irish disability services. *Journal of Applied Research in Intellectual Disabilities, 21*(3), 199-209.

Bradley, E.H., Curry, L.A., Ramanadhan, S., Rowe, L., Nembhard, I.M., & Krumholz, H.M. (2009). Research in action: Using positive deviance to improve quality of health care. *Implementation Science, 4*(25), doi:10.1186/1748-5908-4-25

Brady, B., & O'Regan, C. (2009). Meeting the challenge of doing an RCT evaluation of youth mentoring in Ireland: A journey in mixed methods. *Journal of Mixed Methods Research, 3*(3), 265-280.

Brett, J.A., Heimendinger, J., Boender, C., Morin, C. & Marshall, J.A. (2002). Using ethnography to improve intervention design. *American Journal of Health Promotion, 16*(6), 331-340.

Brewer, J., & Hunter, A. (1989). *Multimethod research: A synthesis of styles*. Newbury Park, CA: Sage.

Brown, J., Sorrell, J.H., McClaren, J., & Creswell, J.W. (2006). Waiting for a liver transplant. *Qualitative Health Research, 16*(1), 119-136.

Bryman, A. (1988). *Quantity and quality in social research*. London: Routledge.

Bryman, A. (2006). Integrating quantitative and qualitative research: How is it done? *Qualitative Research, 6*(1), 97-113.

Bryman, A. (2007). Barriers to integrating quantitative and qualitative research. *Journal of Mixed Methods Research, 1*(1), 8-22.

Bryman, A., Becker, S., & Sempik, J. (2008). Quality criteria for quantitative, qualitative and mixed methods research: A view from social policy. *International Journal of Social Research Methodology, 11*(4), 261-276.

Buck, G., Cook, K., Quigley, C., Eastwood, J., & Lucas, Y. (2009). Profiles of urban, low SES, African American girls' attitudes toward science: A sequential explanatory mixed methods study. *Journal of Mixed Methods Research, 3*(1), 386-410.

Bulling, D. (2005). *Development of an instrument to gauge preparedness of clergy for disaster response work: A mixed methods study*. Manuscrito não publicado. University of Nebraska-Lincoln.

Campbell, D.T. (1974). *Qualitative knowing in action research*. Paper apresentado no encontro anual da American Psychological Association, New Orleans, LA.

Campbell, D.T., & Fiske, D.W. (1959). Convergent and discriminant validation by the multitrait-multimethod matrix. *Psychological Bulletin, 56*, 81-105.

Campbell, M., Fitzpatrick, R., Haines, A., Kinmonth, A.L., Sandercock, P., Spiegelhalter, D., et al. (2000). Framework for design and evaluation of complex interventions to improve health. *British Medical Journal, 321*, 694-696.

Capella-Santana, N. (2003). Voices of teacher candidates: Positive changes in multicultural attitudes and knowledge. *Journal of Educational Research, 96*(3), 182-190.

Caracelli, V.J., & Greene, J.C. (1993). Data analysis strategies for mixed-method evaluation designs. *Educational Evaluation and Policy Analysis, 15*(2), 195-207.

Caracelli, V.J., & Greene, J.C. (1997). Crafting mixed-method evaluation designs. In J.C. Greene & V.J. Caracelli (Eds.), *Advances in mixed-method evaluation: The challenges and benefits of integrating diverse paradigms* (pp. 19-32). San Francisco: Jossey-Bass.

Cartwright, E., Schow, D., & Herrera, S. (2006). Using participatory research to build an effective type 2 diabetes intervention: The process of advocacy among female Hispanic farm-workers and their families in southeast Idaho. *Women & Health, 43*(4), 89-109.

Cerda, P.R. (2005). *Family conflict and acculturation among Latino adolescents: A mixed methods study*. Manuscrito não publicado, University of Nebraska-Lincoln.

Cherryholmes, C.H. (1992, August-September). Notes on pragmatism and scientific realism. *Educational Researcher, 14*, 13-17.

Christ, T.W. (2007). A recursive approach to mixed methods research in a longitudinal study of postsecondary education disability support services. *Journal of Mixed Methods Research, 1*(3), 226-241.

Christ, T.W. (2009). Designing, teaching, and evaluating two complementary mixed methods research courses. *Journal of Mixed Methods Research, 3*(4), 292-325.

Churchill, S.L., Plano Clark, V.L., Prochaska-Cue, M.K., Creswell, J.W., & Ontai-Grzebik, L. (2007).

How rural low-income families have fun: A grounded theory study. *Journal of Leisure Research, 39*(2), 271-294.

Classen, S., Lopez, D.D.S., Winter, S., Awadz, K.D., Ferree, N., & Garvan, C.W. (2007). Population-based health promotion perspective for older driver safety: Conceptual framework to intervention plan. *Clinical Intervention in Aging, 2*(4), 677-693.

Clifton, D., & Anderson, E. (2002). *StrenghtsQuest: Discover and develop your strength in academics, career, and beyond.* Washington, DC: Gallup Organization.

Cobb, G.W. (1998). *Introduction to design and analysis of experiments.* New York: Springer.

Collins, K.M.T., Onwuegbuzie, A.J., & Sutton, I.L. (2006). A model incorporating the rationale and purpose for conducting mixed methods research in special education and beyond. *Learning Disabilities: A Contemporary Journal 4,* 67-100.

Cook, T.D., & Reichardt, C.S. (Eds.). (1979). *Qualitative and quantitative methods in evaluation research.* Beverly Hills, CA: Sage.

Corrigan, M.W., Pennington, B., & McCroskey, J.C. (2006). Are we making a difference?: A mixed methods assessment of the impact of intercultural communication instruction on American students. *Ohio Communication Journal, 44,* 1-32.

Creswell, J.D., Welch, W.T., Taylor, S.E., Xherman, D.K., Greunewald, T.L., & Mann, T. (2005). Affirmation of personal values buffers neuroendocrine and psychological stress responses. *Psychological Science, 16,* 846-851.

Creswell, J.W. (1994). *Research design: Qualitative and quantitative approaches.* Thousand Oaks, CA: Sage.

Creswell, J.W. (1999). Mixed-method research: Introduction and application. In G.J. Cizek (Ed.), *Handbook of educational policy* (pp. 455-472). San Diego, CA: Academic Press.

Creswell, J.W. (2003). *Research design: Qualitative, quantitative, and mixed methods approaches* (2nd ed.). Thousand Oaks, CA: Sage.

Creswell, J.W. (Facilitator). (2005, May). *Mixed methods.* Workshop organizado pelo Veterans Affairs Ann Arbor Health Care System, Center for Practice Management and Outcomes Research, Ann Arbor, MI.

Creswell, J.W. (2007). *Qualitative inquiry and research design: Choosing among five approaches* (2nd ed.). Thousand Oaks, CA: Sage.

Creswell, J.W. (2008a, July 21). *How mixed methods has developed.* Discurso programático para a 4th Annual Mixed Methods Conference, Fitzwilliam College, Cambridge University, UK.

Creswell, J.W. (2008b). *Educational research: Planning, conducting and evaluating quantitative and qualitative research* (3rd ed.),Upper Saddle River, NJ: Pearson Education.

Creswell, J.W. (2009a). *How SAGE has shaped research methods.* London: Sage.

Creswell, J.W. (2009b). Mapping the field of mixed methods research [Editorial]. *Journal of Mixed Methods Research, 3*(2), 95-108.

Creswell, J.W. (2009c). *Research design: Qualitative, quantitative, and mixed methods approaches* (3rd ed.). Thousand Oaks, CA: Sage.

Creswell, J.W. (no prelo-a). Controversies in mixed methods research. In N.K. Denzin & Y.S. Lincoln (Eds.), *The SAGE handbook of qualitative research* (4th ed.). Thousand Oaks, CA: SAGE.

Creswell, J.W. (no prelo-b). Mapping the developing landscape of mixed methods research. In A. Tashakkori & C. Teddlie (Eds.), *SAGE handbook of mixed methods research in social & behavioral research* (2nd ed.). Thousand Oaks, CA: Sage.

Creswell, J.W., Fetters, M.D., & Ivankova, N.V. (2004). Designing a mixed methods study in primary care. *Annals of Family Medicine, 2*(1), 7-12.

Creswell, J.W., Fetters, M.D., Plano Clark, V.L., & Morales, A. (2009). Mixed methods intervention trials. In S. Andrew & L. Halcomb (Eds.), *Mixed methods research for nursing and the health sciences.* Oxford, UK. Blackwell.

Creswell, J.W., Goodchild, L.F., & Turner, P. (1996). Integrated qualitative and quantitative research: Epistemology, history, and designs. In J.C. Smart (Ed.), *Higher education: Handbook of theory and research* (Vol. 11, pp. 90-136). New York: Agathon Press.

Creswell, J.W. & Maietta, R.C. (2002). Qualitative research. In D.C. Miller & N.J. Salkind (Eds.), *Handbook of social research* (pp. 143-184). Thousand Oaks, CA: Sage.

Creswell, J.W., & McCoy, B.R. (no prelo). The use of mixed methods thinking in documentary development. In S.N. Hesse-Biber (Ed.), *The handbook of emergent technologies in social research.* Oxford, UK: Oxford University Press.

Creswell, J.W., & Miller, D.L. (2000). Determining validity in qualitative inquiry. *Theory into Practice, 39*(3), 124-130.

Creswell, J.W., & Plano Clark, V.L. (2007). *Designing and conducting mixed methods research.* Thousand Oaks, CA: Sage.

Creswell, J.W., Plano Clark, V.L., Gutmann, M., & Hanson, W. (2003). Advanced mixed methods research designs. In A. Tashakkori & C. Teddlie (Eds.), Handbook of mixed methods in social & behavioral research (pp. 209-240). Thousand Oaks, CA: Sage.

Creswell, J.W., & Tashakkori, A. (2007). Developing publishable mixed methods manuscripts [Editorial]. Journal of Mixed Methods Research, 1(2), 107-111.

Creswell, J.W., Tashakkori, A., Jensen, K.D., & Shapley, K.L. (2003). Teaching mixed methods research: Practices, dilemmas, and challenges. In A. Tashakkori & C. Teddlie (Eds.), Handbook of mixed methods in social & behavioral research (pp. 619-637). Thousand Oaks, CA: Sage.

Creswell, J.W., & Zhang, W. (2009). The application of mixed methods designs to trauma research. Journal of Traumatic Stress, 22(6), 612-621.

Cronbach, L.J. (1975). Beyond the two disciplines of scientific psychology. American Psychologist, 30, 116-127.

Crotty, M. (1998). The foundations of social research: Meaning and perspective in the research process. London: Sage.

Curry, L.A., Nembhard, I.M., & Bradley, E.H. (2009). Qualitative and mixed methods provide unique contributions to outcomes research. Circulation, 119, 1442-1452.

Daley, C.E., & Onwuegbuzie, A.J. (2010). Attributions toward violence of male juvenile delinquents: A concurrent mixed method analysis. Journal of Psychology, 144(6), 549-570.

Dellinger, A.B., & Leech, N.L. (2007). Toward a unified validation framework in mixed methods research. Journal of Mixed Methods Research, 1(4), 309-332.

Denzin, N.K. (1978). The research act: A theoretical introduction to sociological methods. New York: McGraw-Hill.

Denzin, N.K. & Lincoln, Y.S. (Eds.). (2005). The SAGE handbook of qualitative research (3rd ed.). Thousand Oaks, CA: Sage.

Denscombe, M. (2008). Communities of practice: A research paradigm for the mixed methods approach. Journal of Mixed Methods Research, 2, 270-283.

DeVellis, R.F. (1991). Scale development: Theory and application. Newbury Park, CA: Sage.

Donovan, J., Mills, N., Smith, M., Brindle, L., Jacoby, A., Peters, T. et al. (2002). Improving design and conduct of randomised trials by embedding them in qualitative research: ProtecT (Prostate Testing for Cancer and Treatment) study. British Medical Journal, 325, 766-769.

Elliot, J. (2005). Using narrative in social research: Qualitative and quantitative approaches. London: Sage.

Engel, R.J., & Schutt, R.K. (2009). The practice of research in social work (2nd ed.). Thousand Oaks, CA: Sage.

Evans, L., & Hardy, L. (2002a). Injury rehabilitation: A goal-setting intervention study. Research Quarterly for Exercise & Sport, 73, 310-319.

Evans, L., & Hardy, L. (2002b). Injury rehabilitation: A qualitative follow-up study. Research Quarterly for Exercise & Sport, 73, 320-329.

Farmer, J., & Knapp, D. (2008). Interpretation programs at a historic preservation site: A mixed methods study of long-term impact. Journal of Mixed Methods Research, 2(4), 340-361.

Feldon, D.F., & Kafai, Y.B. (2008). Mixed methods for mixed reality: Understanding users' avatar activities in virtual worlds. Educational Technology Research and Development, 56(5-6), 575-593.

Fetters, M.D., Yoshioka, T., Greenberg, G.M., Gorenflo, D.W., & Yeo, S. (2007). Advance consent in Japanese during prenatal care for epidural anesthesia during childbirth. Journal of Mixed Methods Research, 1(4), 333-365.

Fielding, N., & Fielding, J. (1986). Linking data: The articulation of qualitative and quantitative methods in social research. Beverly Hills, CA: Sage.

Fielding, N.G., & Cisneros-Puebla, C.A. (2009). CAQ-DAS-GIS convergence: Towards a new integrated mixed methods research practice? Journal of Mixed Methods Research, 3(4), 349-370.

Filipas, H.H., & Ullman, S.E. (2001). Social reactions to sexual assault victims from various support sources. Violence and Victims, 16(6), 673-692.

Flory, J., & Emanuel, E. (2004). Interventions to improve research participants' understanding of informed consent for research. Journal of the American Medical Association, 13, 1593-1601.

Forman, J., & Damschroder, L. (2007, February). Using mixed methods in evaluating intervention studies. Apresentação no Mixed Methodology Workshop, VA HSR&D National Meeting, Arlington, VA.

Fowler, F.J., Jr. (2008). Survey research methods (4th ed.). Thousand Oaks, CA: Sage.

Freshwater, D. (2007). Reading mixed methods research: Context for criticism. Journal of Mixed Methods Research, 1(2), 134-145.

Fries, C.J. (2009). Bourdieu's reflexive sociology as a theoretical basis for mixed methods research:

An application to complementary and alternative medicine. *Journal of Mixed Methods Research, 3*(2), 326-348.

Giddings, L.S. (2006). Mixed-methods research: Positivism dressed in drag? *Journal of Research in Nursing, 11*(3), 194-203.

Goldenberg, C., Gallimore, R., & Reese, L. (2005). Using mixed methods to explore Latino children's literacy development. In T.S. Weiner (Ed.), *Discovering successful pathways in children's development: Mixed methods in the study of childhood and family life* (pp. 21-46). Chicago: University of Chicago Press.

Greene, J.C. (2007). *Mixed methods in social inquiry.* San Francisco: Jossey-Bass.

Greene, J.C. (2008). Is mixed methods social inquiry a distinctive methodology? *Journal of Mixed Methods Research, 2*(1), 7-22.

Greene, J.C., & Caracelli, V.J. (Eds.). (1997). *Advances in mixed-method evaluation: The challenges and benefits of integrating diverse paradigms: New directions for evaluation, 74.* San Francisco: Jossey-Bass.

Greene, J.C., Caracelli, V.J., & Graham, W.F. (1989). Toward a conceptual framework for mixed-method evaluation designs. *Educational Evaluation and Policy Analysis, 11*(3), 255-274.

Greenstein, T.N. (2006). *Methods of family research* (2nd ed.) Thousand Oaks, CA: Sage.

Guba, E.G. & Lincoln, Y.S. (1988). Do Inquiry paradigms imply inquiry methodologies? In D.M. Fetterman (Ed.), *Qualitative approaches to evaluation in education* (pp. 89-115). New York: Praeger.

Guba, E.G. & Lincoln, Y.S. (2005). Paradigmatic controversies, contradictions, and emerging confluences. In N.K. Denzin & Y.S. Lincoln (Eds.), *The SAGE handbook of qualitative research* (3rd ed., pp. 191-215). Thousand Oaks, CA: Sage.

Haines, C. (2010). *Value added by mixed methods research.* Manuscrito não publicado, University of Nebraska-Lincoln.

Hall, B., & Howard, K. (2008). A synergistic approach: Conducting mixed methods research with typological and systemic design considerations. *Journal of Mixed Methods Research, 2*(3), 248-269.

Hall, B.W., Ward, A.W., & Comer, C.B. (1988). Published educational research: An empirical study of its quality. *Journal of Educational Research, 81,* 182-189.

Hanson, W.E., Creswell, J.W., Plano Clark, V.L., Petska, K.P., & Creswell, J.D. (2005). Mixed methods research designs in counseling psychology. *Journal of Counseling Psychology, 52*(2), 224-235.

Harrison, A. (2005). *Correlates of positive relationship-building in a teacher education mentoring program.* Proposta de tese de doutorado não publicada. University of Nebraska-Lincoln.

Harrison, R.L. (2010). Mixed methods designs in marketing research. Manuscrito não publicado. University of Nebraska-Lincoln.

Hesse-Biber, S.N., & Leavy, P. (2006). *The practice of qualitative research.* Thousand Oaks, CA: Sage.

Hilton, B.A., Budgen, C., Molzahn, A.E., & Attridge, C.B. (2001). Developing and testing instruments to measure client outcomes at the Comox Valley Nursing Center. *Public Health Nursing, 18,* 327-339.

Hodgkin, S. (2008). Telling it all: A story of women's social capital using a mixed methods approach. *Journal of Mixed Methods Research, 2*(3), 296-316.

Holmes, C.A. (2006, July). *Mixed (up) methods, methodology and interpretive frameworks.* Paper apresentado na Mixed Methods Conference, Cambridge, UK.

Howe, K.R. (2004). A critique of experimentalism. *Qualitative Inquiry, 10,* 42-61.

Ibrahim, M.F., & Leng, S.K. (2003). Shoppers' perceptions of retail developments. Suburban shopping centres and night markets in Singapure. *Journal of Retail & Leisure Property, 3*(2), 176-189.

Idler, E.L., Hudson, S.V., & Leventhal, H. (1999). The meanings of self ratings of health: A qualitative and quantitative approach. *Research on Aging, 21*(3), 458-476.

Igo, L.B., Kiewra, K.A., & Bruning, R. (2008). Individual differences and intervention flaws: A sequential explanatory study of college students' copy-and-paste note taking. *Journal of Mixed Methods Research, 2*(2), 149-168.

Igo, L.B., Riccomini, P.J., Bruning, R.H., & Pope, G.G. (2006). How should middle-school students with LD approach online note taking? A mixed-methods study. *Learning Disability Quarterly, 29,* 89-100.

Ivankova, N.V., Creswell, J.W. & Stick, S. (2006). Using mixed methods sequential explanatory design: From theory to practice. *Field Methods, 18*(1), 3-20.

Ivankova, N.V., & Stick, S.L. (2007). Students' persistence in a Distributed Doctoral Program in Educational Leadership in Higher Education: A mixed methods study. *Research in Higher Education, 48*(1), 93-135.

Jick, T.D. (1979). Mixing qualitative and quantitative methods: Triangulation in action. *Administrative Science Quarterly, 24,* 602-611.

Johnson, R.B., & Onwuegbuzie, A.J. (2004). Mixed methods research: A research paradigm whose time has come. *Educational Researcher, 33*(7), 14-26.

Johnson, R.B., Onwuegbuzie, A.J. & Turner, L.A. (2007). Toward a definition of mixed methods research. *Journal of Mixed Methods Research, 1*(2), 112-133.

Johnstone, P.L. (2004). Mixed methods, mixed methodology health services research in practice. *Qualitative Health Research, 14*, 239-271.

Kelle, U. (2006). Combining qualitative and quantitative methods in research practice. Purposes and advantages. *Qualitative Research in Psychology, 3*, 293-311.

Kelley-Baker, T., Voas, R.B., Johnson, M.B., Furr-Holden, C.D., & Compton, C. (2007). Multimethod measurement of high-risk drinking locations: Extending the portal survey method with follow-up telephone interviews. *Evaluation Review, 31*(5), 490-507.

Kennett, D.J., O'Hagan, F.T., & Cezer, D. (2008). Learned resourcefulness and the long-term benefits of a chronic pain management program. *Journal of Mixed Methods Research, 2*(4), 317-339.

Knodel, J., & Saengtienchai, C. (2005). Older-aged parents: The final safety net for adult sons and daughters with Aids in Thailand. *Journal of Family Issues, 26*(5), 665-698.

Kruger, B. (2006). Family-nurse care coordination partnership [Grant No. 1R21NR009781-01]. Resumo obtido do banco de dados RePORTER: http://projectreporter.nih.gov/reporter.cfm

Kuckartz, U. (2009). Realizing mixed-methods approaches with MAXQDA. Manuscrito não publicado, Philipps-Universitaet Marburg, Marburg, Germany.

Kuhn, T.S. (1970). *The structure of scientific revolutions* (2nd ed.). Chicago: University of Chicago Press.

Kumar, M.S., Mudaliar, S.M., Thyagarajan, S.P., Kumar, S., Selvanayagam, A. & Daniels, D. (2000). Rapid assessment and response to injecting drug use in Madras, south India. *International Journal of Drug Policy, 11*, 83-98.

Kutner, J.S., Steiner, J.F., Corbett, K.K., Jahnigen, D.W., & Barton, P.L. (1999). Information needs in terminal illness. *Social Science and Medicine, 48*, 1341-1352.

Lee, Y.J., & Greene, J. (2007). The predictive validity of an ESL placement test: A mixed methods approach. *Journal of Mixed Methods Research, 1*(4), 366-389.

Leech, N.L., Dellinger, A.B., Brannagan, K.B., & Tanaka, H. (2010). Evaluating mixed research studies: A mixed methods approach. *Journal of Mixed Methods Research, 4*(1), 17-31.

Lehan-Mackin, M. (2007). The social context of unintended pregnancy in college-aged women [Grant No. 5F31NR010287-02]. Resumo obtido do banco de dados RePORTER: http://projectreporter.nih.gov/reporter.cfm

Li, S., Marquart, J.M., & Zercher, C. (2000). Conceptual issues and analytic strategies in mixed-methods studies of preschool inclusion. *Journal of Early Intervention, 23*(2), 116-132.

Lincoln, Y.S., & Guba, E.G. (1985). *Naturalistic inquiry*. Beverly Hills, CA: Sage.

Lincoln, Y.S., & Guba, E.G. (2000). Paradigmatic controversies, contradictions, and emerging confluences. In N.K. Denzin & Y.S. Lincoln (Eds.), *Handbook of qualitative research* (2nd ed.) (pp. 163-188). Thousand Oaks, CA: Sage.

Lipsey, M.W. (1990). *Design sensitivity: Statistical power for experimental research*. Newbury Park, CA: Sage.

Luck, L., Jackson, D., & Usher, K. (2006). Case study: A bridge across the paradigms. *Nursing Inquiry, 13*(2), 103-109.

Luzzo, D.A. (1995). Gender differences in college students' career maturity and perceived barriers in career development. *Journal of Counseling and Development, 73*, 319-322.

Mak, L., & Marshall, S.K. (2004). Perceived mattering in young adults' romantic relationships. *Journal of Social and Personal Relationships, 24*(4), 469-486.

Malterud, K. (2001). The art and science of clinical knowledge: Evidence beyond measures and members. *Lancet, 358*, 397-400.

Maresh, M.M. (2009). *Exploring hurtful communication from college teachers to students. A mixed-methods study*. Tese de doutorado, University of Nebraska-Lincoln.

Maxwell, J.A., & Loomis, D.M. (2003). Mixed methods design: An alternative approach. In A. Tashakkori & C. Teddlie (Eds.), *Handbook of mixed methods in social & behavioral research* (pp. 241-271). Thousand Oaks, CA: Sage.

Maxwell, J.A. & Mittapalli, K. (no prelo). Realism as a stance for mixed methods research. In A. Tashakkori & C. Teddlie (Eds.), *SAGE handbook of mixed methods in social & behavioral research* (2nd ed.). Thousand Oaks, CA: Sage.

May, D., & Etkina, E. (2002). College physics students' epistemological self-reflection and its relationship to conceptual learning. *American Journal of Physics, 70*(12), 1249-1258.

Mayring, P. (2007). Introduction: Arguments for mixed methodology. In P. Mayring, G.L. Huber, L. Gurtler & M. Kiegelmann (Eds.), *Mixed methodology in psychological research* (pp. 1-4). Rotterdam/Taipei: Sense Publishers.

McAuley, C., McCurry, N., Knapp, M., Beecham, J., & Sleed, M. (2006). Young families under stress: Assessing maternal and child well-being using a mixed-methods approach. *Child and Family Social Work, 11*(1), 43-54.

McEntarffer, R. (2003). *Strenghts-based mentoring in teacher education: A mixed methods study*. Dissertação de mestrado não publicada, University of Nebraska-Lincoln.

McMahon, S. (2007). Understanding community--specific rape myths: Exploring student athlete culture. *Affilia, 22*, 357-370.

McVea, K., Crabtree, B.F., Medder, J.D., Susman, J.L., Lukas, L., McIlvain, H.E., et al. (1996). An ounce of prevention? Evaluation of the "Put Prevention into Practice" program. *Journal of Family Practice, 43*(4), 361-369.

Meijer, P.C., Verloop, N., & Beijaard, D. (2001). Similarities and differences in teachers' practical knowledge about teaching reading comprehension. *Journal of Educational Research, 94*(3), 171-184.

Mendlinger, S., & Cwikel, J. (2008). Spiraling between qualitative and quantitative data on women's health behaviors: A double helix model for mixed methods. *Qualitative Health Research, 18*(2), 280-293.

Mertens, D.M. (2003). Mixed methods and the politics of human research: The transformative--emancipatory perspective. In A. Tashakkori & C. Teddlie (Eds.), *Handbook of mixed methods in social & behavioral research* (pp. 134-164). Thousand Oaks, CA: Sage.

Mertens, D.M. (2005). *Research and evaluation in education and psychology: Integrating diversity with quantitative, qualitative, and mixed methods* (2nd ed.). Thousand Oaks, CA: Sage.

Mertens, D.M. (2007). Transformative paradigm: Mixed methods and social justice. *Journal of Mixed Methods Research, 1*(1), 212-225.

Mertens, D.M. (2009). *Transformative research and evaluation*. New York: Guilford Press.

Miles, M.B., & Huberman, A.M. (1994). *Qualitative data analysis: An expanded sourcebook* (2nd ed.). Thousand Oaks, CA: Sage.

Milton, J., Watkins, K.E., Studdard, S.S., & Burch, M. (2003). The ever widening gyre: Factors affecting change in adult education graduate programs in the United States. *Adult Education Quarterly, 54*(1), 23-41.

Mirza, M., Anandan, N., Madnick, F., & Hammel, J. (2006). A participatory program evaluation of a systems change program to improve access to information technology by people with disabilities. *Disability and Rehabilitation, 28*(19), 1185-1199.

Mizrahi, T., & Rosenthal, B.B. (2001). Complexities of coalition building: Leaders' successes, strategies, struggles, and solutions. *Social Work, 46*(1), 63-78.

Morales, A. (2005). *Family dynamics of Latino language brokers: A mixed methods study*. Manuscrito não publicado, University of Nebraska-Lincoln.

Morell, L., & Tan, R.J.B. (2009). Validating for use and interpretation: A mixed methods contribution illustrated. *Journal of Mixed Methods Research, 3*(3), 242-264.

Morgan, D.L. (1998). Practical strategies for combining qualitative and quantitative methods: Applications to health research. *Qualitative Health Research, 8*(3), 362-376.

Morgan, D.L. (2007). Paradigms lost and pragmatism regained: Methodological implications of combining qualitative and quantitative methods. *Journal of Mixed Methods Research, 1*(1), 48-76.

Morse, J.M. (1991). Approaches to qualitative--quantitative methodological triangulation. *Nursing Research, 40*, 120-123.

Morse, J.M. (2003). Principles of mixed methods and multimethod research design. In A. Tashakkori & C. Teddlie (Eds.), *Handbook of mixed methods in social & behavioral research* (pp. 189-208). Thousand Oaks, CA: Sage.

Morse, J.M. & Niehaus, L. (2009). *Mixed methods design: Principles and procedures*. Walnut Creek, CA: Left Coast Press.

Morse, J., & Richards, L. (2002). *Readme first: For a user's guide to qualitative methods*. Thousand Oaks, CA: Sage.

Muñoz, M. (2010). In their own words and by the numbers: A mixed-methods study of Latina community college presidents. *Community College Journal of Research and Practice, 34*(1), 153-174.

Murphy, J.P. (1990). *Pragmatism: From Peirce to Davidson*. Boulder, CO: Westview.

Myers, K.K. & Oetzel, J.G. (2003). Exploring the dimensions of organizational assimilation: Creating and validating a measure. *Communication Quarterly, 51*(4), 438-457.

Nastasi, B.K., Hitchcock, J., Sarkar, S., Burkholder, G., Varjas, K., & Jayasena, A. (2007). Mixed methods in intervention research: Theory to adaptation. *Journal of Mixed Methods Research, 1*(12), 164-182.

National Institutes of Health (NIH). (1999). *Qualitative methods in health research: Opportunities and considerations in application and review*. Washington, DC: Author.

National Research Council. (2002). *Scientific research in education*. Washington, DC: National Academy Press.

Newman, I. & Benz, C.R. (1998). *Qualitative-quantitative research methodology: Exploring the interactive continuum*. Carbondale: Southern Illinois University Press.

Newman, K., & Wyly, E.K. (2006). The right to stay put, revisited: Gentrification and resistance to displacement in New York City. *Urban Studies, 43*(1), 23-57.

O'Cathain, A. (no prelo). Assessing the quality of mixed methods research: Towards a comprehensive framework. In A. Tashakkori & C. Teddlie (Eds.), *SAGE Handbook of mixed methods in social & behavioral research* (2nd ed.). Thousand Oaks, CA: Sage.

O'Cathain, A., Murphy, E., & Nicholl, J. (2007). Integration and publications as indicators of "yield" from mixed methods studies. *Journal of Mixed Methods Research, 1*(2), 147-163.

O'Cathain, A., Murphy, E., & Nicholl, J. (2008). The quality of mixed methods studies in health services research. *Journal of Health Services Research and Policy, 13*(2), 92-98.

Olivier, T., de Lange, N., Creswell, J.W., & Wood, L. (2010). *Linking visual methodology and mixed methods research in a video production of educational change*. Manuscrito não publicado, Nelson Mandela Metropolitan University, Port Elizabeth, South Africa.

Onwuegbuzie, A.J., & Johnson, R.B. (2006). The validity issue in mixed research. *Research in the Schools, 13*(2), 48-63.

Onwuegbuzie, A.J., & Leech, N.L. (2006). Linking research questions to mixed methods data analysis procedures. *The Qualitative Report, 11*(3), 474-498. Disponível em http://www.nova.edu/ssss/QR/QR11-e/onwuegbuzie.pdf.

Onwuegbuzie, A.J., & Leech, N.L. (2009). Lessons learned for teaching mixed research: A framework for novice researchers. *International Journal of Multiple Research Approaches, 3*, 105-107.

Onwuegbuzie, A.J., & Teddlie, C. (2003). A framework for analyzing data in mixed methods research. In A. Tashakkori & C. Teddlie (Eds.), *Handbook of mixed methods in social & behavioral research* (pp. 351-383). Thousand Oaks, CA: Sage.

Oshima, T.C., & Domaleski, C.S. (2006). Academic performance gap between summer-birthday and fall-birthday children in grades K-8. *Journal of Educational Research, 99*(4), 212-217.

Padgett, D.K. (2004). Mixed methods, serendipity, and concatenation. In D.K. Padgett (Ed.), *The qualitative research experience* (pp. 273-288). Belmont, CA: Wadsworth/Thomson Learning.

Pagano, M.E., Hirsch, B.J., Deutsch, N.L., & McAdams, D.P. (2002). The transmission of values to school-age and young adult offspring: Race and gender differences in parenting. *Journal of Feminist Family Therapy, 14*(3/4), 13-36.

Parmelee, J.H., Perkins, S.C., & Sayre, J.J. (2007). "What about people our age?" Applying qualitative and quantitative methods to uncover how political ads alienate college students. *Journal of Mixed Methods Research, 1*(2), 183-199.

Patton, M.Q. (1980). *Qualitative evaluation and research methods*. Newbury Park, CA: Sage.

Patton, M.Q. (1990). *Qualitative evaluation and research methods* (2nd ed.). Newbury Park, CA: Sage.

Paul, J.L. (2005). *Introduction to the philosophies of research and criticism in education and the social sciences*. Upper Saddle River, NJ: Pearson Education.

Payne, Y.A. (2008). "Street life" as a site of resiliency: How street life oriented Black men frame opportunity in the United States. *Journal of Black Psychology, 34*(1), 3-31.

Phillips, D.C., & Burbules, N.C. (2000). *Postpositivism and educational research*. Lanham, MD: Rowman & Littlefield.

Plano Clark, V.L. (2005). Cross-disciplinary analysis of the use of mixed methods in physics education research, counseling psychology, and primary care. Tese de doutorado, University of Nebraska-Lincoln, 2005. *Dissertation Abstracts International, 66*, 02A.

Plano Clark, V.L. (2010). The adoption and practice of mixed methods: U.S. trends in federally funded health-related research. *Qualitative Inquiry*. Prepublished April 15, 2010, DOI: 10.1177/1077800410364609

Plano Clark, V.L., & Badiee, M. (no prelo). Research questions in mixed methods research. In A. Tashakkori & C. Teddlie (Eds.), *SAGE Handbook of mixed methods in social & behavioral research* (2nd ed.). Thousand Oaks, CA: Sage.

Plano Clark, V.L., & Creswell, J.W. (2010). *Understanding research: A consumer's guide*. Upper Saddle River, NJ: Pearson Education.

Plano Clark, V.L., & Galt, K. (2009, April). *Using a mixed methods approach to strengthen instrument development and validation*. Paper apresentado no encontro anual da American Pharmacists Association, San Antonio, TX.

Plano Clark, V.L., Huddleston-Casas, C.A., Churchill, S.L., Green, D.O., & Garrett, A.L. (2008). Mixed methods approaches in family science research. *Journal of Family Issues, 29*(11), 1543-1566.

Plano Clark, V.L., & Wang, S.C. (2010). Adapting mixed methods research to multicultural counseling. In J.G. Ponterotto, J.M. Casas, L.A. Suzuki & C.M. Alexander (Eds.), *Handbook of multicultural counseling* (3rd ed., pp. 427-438). Thousand Oaks, CA: Sage.

Powell, H., Mihalas, S., Onwuegbuzie, A.J., Suldo, S., & Daley, C.E. (2008). Mixed methods research in school psychology: A mixed methods investigation of trends in the literature. *Psychology in the Schools, 45*(4), 291-308.

Punch, K.F. (1998). *Introduction to social research: Quantitative and qualitative approaches*. London: Sage.

Quinlan, E., & Quinlan, A. (2010). Representations of rape: Transcending methodological divides. *Journal of Mixed Methods Research, 4*(2), 127-143.

Ragin, C.C., Nagel, J., & White, P. (2004). Workshop on scientific foundations of qualitative research [Report]. Disponível no *website* da National Science Foundation. http://www.nsf.gov/pubs/2004/nsf04219/nsf04219.pdf.

Ras, N.L. (2009, April). *Multidimensional theory and data interrogation in educational change research: A mixed methods case study*. Paper apresentado na reunião da American Educational Research Association, San Diego, CA.

Reichardt, C.S., & Rallis, S.F. (Eds.). (1994). *The qualitative-quantitative debate: New perspectives*. San Francisco: Jossey-Bass.

Rogers, A., Day, J., Randall, F., & Bentall, R.P. (2003). Patients' understanding and participation in a trial designed to improve the management of anti-psychotic medication: A qualitative study. *Social Psychiatry and Psychiatric Epidemiology, 38*, 720-727.

Rossman, G.B., & Wilson, B.L. (1985). Numbers and words: Combining quantitative and qualitative methods in a single large-scale evaluation study. *Evaluation Review, 9*(5), 627-643.

Saewyc, E.M. (2003). *Enacted stigma, gender & risk behaviors of school youth* [Grant No. 1R01DA017979-01]. Resumo obtido do banco de dados RePORTER: http://projectreporter.nih.gov/reporter.cfm

Sandelowski, M. (1996). Using qualitative methods in intervention studies. *Research in Nursing & Health, 19*(4), 359-364.

Sandelowski, M. (2000). Combining qualitative and quantitative sampling, data collection, and analysis techniques in mixed-method studies. *Research in Nursing & Health, 23*, 246-255.

Sandelowski, M. (2003). Tables or tableaux ? The challenges of writing and reading mixed methods studies. In A. Tashakkori & C. Teddlie (Eds.), *Handbook of mixed methods in social & behavioral research* (pp. 321-350). Thousand Oaks, CA: Sage.

Sandelowski, M., Voils, C.I., & Knafl, G. (2009). On quantitizing. *Journal of Mixed Methods Research, 3*(3), 208-222.

Schillaci, M.A., Waitzkin, H., Carson, E.A., Lopez, C.M., Boehm, D.A., Lopez, L.A., et al. (2004). Immunization coverage and Medicaid managed care in New Mexico: A multimethod assessment. *Annals of Family Medicine, 2*(1), 13-21.

Shapiro, M., Setterlund, D., & Cragg, C. (2003). Capturing the complexity of women's experiences: A mixed-method approach to studying incontinence in older women. *Affilia, 18*, 21-33.

Sieber, S.D. (1973). The integration of fieldwork and survey methods. *American Journal of Sociology, 78*, 1335-1359.

Skinner, D., Matthews, S., & Burton, L. (2005). Combining ethnography and GIS technology to examine constructions of developmental opportunities in contexts of poverty and disability. In T.S. Weisner (Ed.), *Discovering successful pathways in children's development: Mixed methods in the study of childhood and family life* (pp. 223-239). Chicago: University of Chicago Press.

Slife, B.D., & Williams, R.N. (1995). *What's behind the research? Discovering hidden assumptions in the behavioral sciences*. Thousand Oaks, CA: Sage.

Slonim-Nevo, V., & Nevo, I. (2009). Conflicting findings in mixed methods research. *Journal of Mixed Methods Research, 3*(2), 109-128.

Smith, J.K. (1983). Quantitative *versus* qualitative research: An attempt to clarify the issue. *Educational Researcher, 12*(3), 6-13.

Snowdon, C., Garcia, J. & Elbourne, D. (1998). Reactions of participants to the results of a randomized controlled trial: Exploratory study. *British Medical Journal, 317*, 21-26.

Stake, R. (1995). *The art of case study research.* Thousand Oaks, CA: Sage.

Stange, K.C., Crabtree, B.F., & Miller, W.L. (2006). Publishing multimethod research. *Annals of Family Medicine, 4,* 292-294.

Steckler, A., McLeroy, K.R., Goodman, R.M., Bird, S.T., & McCormick, L. (1992). Toward integrating qualitative and quantitative methods: An introduction. *Health Education Quarterly, 19*(1), 1-8.

Stenner, P., & Rogers, R.S. (2004). Q methodology and qualiquantology. In Z. Tood, B. Nerlich, S. McKeown & D.D. Clarke (Eds.), *Mixing methods in psychology: The integration of qualitative and quantitative methods in theory and practice* (pp. 101-120). Hove, The Netherlands, and New York: Psychology Press.

Sweetman, D., Badiee, M., & Creswell, J.W. (2010). Use of the transformative framework in mixed methods Studies. *Qualitative Inquiry.* Prepublished April 15, 2010, DOI: 10.1177/1077800410364610

Tashakkori, A. (2009). Are we there yet?: The state of the mixed methods community [Editorial]. *Journal of Mixed Methods Research, 3*(4), 287-291.

Tashakkori, A., & Creswell, J.W. (2007a). Exploring the nature of research questions in mixed methods research [Editorial]. *Journal of Mixed Methods Research, 1*(3), 207-211.

Tashakkori, A., & Creswell, J.W. (2007b). The new era of mixed methods [Editorial]. *Journal of Mixed Methods Research, 1*(1), 3-7.

Tashakkori, A., & Teddlie, C. (1998). *Mixed methodology: Combining qualitative and quantitative approaches.* Thousand Oaks, CA: Sage.

Tashakkori, A., & Teddlie, C. (Eds.). (2003a). *Handbook of mixed methods in social & behavioral research.* Thousand Oaks, CA: Sage.

Tashakkori, A., & Teddlie, C. (2003b). The past and future of mixed methods research: From data triangulation to mixed model designs. In A. Tashakkori & C. Teddlie (Eds.), *Handbook of mixed methods in social & behavioral research* (pp. 671-701), Thousand Oaks, CA: Sage.

Tashakkori, A., & Teddlie, C. (Eds.). (no prelo). *SAGE handbook of mixed methods in social & behavioral research* (2nd ed.) Thousand Oaks, CA: Sage.

Tashiro, J. (2002). Exploring health promoting lifestyle behaviors of Japanese college women: Perceptions, practices, and issues. *Health Care for Women International, 23,* 59-70.

Teddlie, C., & Stringfield, S. (1993). *Schools make a difference: Lessons learned from a 10-year study of school effects.* New York: Teachers College Press.

Teddlie, C., & Tashakkori, A. (2009). *Foundations of mixed methods research: Integrating quantitative and qualitative approaches in the social and behavioral sciences.* Thousand Oaks, CA: Sage.

Teddlie, C., & Yu, F. (2007). Mixed methods sampling: A typology with examples. *Journal of Mixed Methods Research, 1*(1), 77-100.

Teno, J.M., Stevens, M., Spernak, S., & Lynn, J. (1998). Role of written advance directives in decision making. *Journal of General Internal Medicine, 13,* 439-446.

Thøgersen-Ntoumani, C., & Fox, K.R. (2005). Physical activity and mental well-being typologies in corporate employees: A mixed methods approach. *Work & Stress, 19*(1), 50-67.

Victor, C.R., Ross, F., & Axford, J. (2004). Capturing lay perspectives in a randomized control trial of a health promotion intervention for people with osteoarthritis of the knee. *Journal of Evaluation in Clinical Practice, 10*(1), 63-70.

Vidich, A.J., & Shapiro, G. (1955). A comparison of participant observation and survey data. *American Sociological Review, 20,* 28-33.

Vrkljan, B.H. (2009). Constructing a mixed methods design to explore the older drive-copilot relationship. *Journal of Mixed Methods Research, 3*(4), 371-385.

Way, N., Stauber, H.Y., Nakkula, M.J., & London, P. (1994). Depression and substance use in two divergent high school cultures: A quantitative and qualitative analysis. *Journal of Youth and Adolescence, 23*(3), 331-357.

Webb, D.A., Sweet, D., & Pretty, I.A. (2002). The emotional and psychological impact of mass casualty incidents on forensic odontologists. *Journal of Forensic Sciences, 47*(3), 539-541.

Webster, D. (2009). *Creative reflective experience: Promoting empathy in psychiatric nursing.* Extraído de ProQuest Dissertations & Theses (AAT 3312911).

Weine, S., Knafl, K., Feetham, S., Kulauzovic, Y., Klebic, A., Sclove, S., et al (2005). A mixed methods study of refugee families engaging in multiple-family groups. *Family Relations, 54,* 558-568.

Wittink, M.N., Barg, F.K., & Gallo, J.J. (2006). Unwritten rules of talking to doctors about depression: Integrating qualitative and quantitative methods. *Annals of Family Medicine, 4*(4), 302-309.

Woolley, C.M. (2009). Meeting the mixed methods challenge of integration in a sociological study of structure and agency. *Journal of Mixed Methods Research, 3*(1), 7-25.

Índice onomástico

A

Ames, G.M., 27
Anandan, N., 138-139
Anderson, E., 202
Andrew, S., 41
Arnon, S., 138
Asmussen, K.J., 136, 148
Attridge, C.B., 94
Axford, J., 91, 173-175
Axinn, W.G., 156-157, 175, 177-179

B

Badiee, M., 53-54, 57-58, 62, 65-66, 96, 98, 148-150, 153-154, 176
Bailey, T., 223-224
Bamberger, M., 36-39
Barg, F.K., 110-114, 124-132, 200, 202
Barton, P.L., 25-27
Baumann, C., 168-169
Bazeley, P., 109-191, 213, 215, 217
Becker, S., 236-237
Beechan, J., 199-200
Beijaard, D., 138, 171, 210
Bentall, R.P., 173-175
Benz, C.R., 36, 38-39

Berger, A.A., 40-41
Bernardi, L., 40-41
Biddix, J.P., 150
Bikos, L.H., 167
Bird, S.T., 35, 63, 107-108
Boehm, D.A., 163, 165
Boender, C., 22-23
Boland, M., 96, 98, 176
Bradley, E.H., 40, 84, 138-139, 177-178
Brady, B., 110, 116, 118-119, 124-132, 150, 246
Brannagan, K.B., 243-244
Brett, J.A., 22-23
Brewer, J., 33-34, 36, 38-39, 241-242
Brindle, L., 26-27, 91, 138-139, 173-175, 210-212
Brown, J., 135-136
Bruning, R.H., 22-23, 85, 87, 150, 209
Bryman, A., 33-41, 66-68, 207-208
Buck, G., 57-58
Budgen, C., 94
Bulling, D., 171-173
Burbules, N.C., 49-50
Burch, M., 170, 171
Burkholder, G., 40-41, 105-107, 110, 121, 123-132, 246
Burton, L., 94-95

C

Campbell, D.T., 34-38
Campbell, M., 178-179
Capella-Santana, N., 167
Caracelli, V.J., 19-22, 33-34, 36, 38-41, 54, 63, 66-68, 87-88, 90-91, 94-95, 103, 190, 202, 206
Carson, E.A., 163, 165
Cartwright, E., 96, 98, 176-177
Cezer, D., 55-57
Cherryholmes, C.H., 51, 53
Christ, T.W., 41-42, 149
Churchill, S.L., 40-41, 136-137
Cisneros-Puebla, C.A., 40-41
Classen, S., 22-23
Clifton, D., 200, 202
Cobb, G.W., 242-243
Colley, H., 318
Collins, K.M.T., 243-244
Comer, C.B., 234-235
Compton, C., 138
Cook, K., 57-58
Corbett, K.K., 25-27
Corrigan, M.W., 247-248
Crabtree, B.F., 167, 232, 234
Cragg, C., 176
Creswell, J.D., 40, 136-137
Creswell, J.W., 19-22, 33-48, 50-54, 56-58, 61-65, 76, 81, 84, 87-88, 91-92, 94-95, 101-102, 107-108, 135-137, 140-141, 145-146, 148-149, 156-157, 159, 173-176, 182-183, 185-189, 235, 240-243, 246-247
Cronbach, L.J., 34-35
Crotty, M., 47, 49-51, 55-56
Cunradi, C.B., 27
Curry, L.A., 40, 84, 138-139, 177-178
Cwikel, J., 202, 205-206

D

Daily, L., 176
Daley, C.E., 40, 206
Daly, L., 96, 98
Damschroder, L., 55-56
Daniels, D., 176-177
Day, J., 173-175
de Lange, N., 22, 41-42
Dellinger, A.B., 211-212, 243-244
Denscombe, M., 55-56
Denzin, N.K., 34-39, 57-58, 244-245
Deutsch, N.L., 83-84
DeVellis, R.F., 171, 173, 180
Dewey, J., 51, 53
Domaleski, C.S., 136-137

Donovan, J., 26-27, 91, 138-139, 173-175, 210-212
Duke, M.R., 27

E

Eastwood, J., 57-58
Elbourne, D., 138-139
Elliot, J., 94
Emanuel, E., 40
Engel, R.J., 40-41
Etkina, E., 87-88
Evans, L., 91

F

Farmer, J., 23-24
Feetham, S., 25-26, 209
Feldon, D.F., 83-84
Ferree, N., 22-23
Fetters, M.D., 40-41, 64-65, 87-88, 91-92, 99, 101, 173-174
Fielding, J., 33-35
Fielding, N.G., 33-35, 40-41
Filipas, H.H., 176-177
Fiske, D.W., 34-38
Fitzpatrick, R., 178-179
Flory, J., 40
Forman, J., 55-56
Fowler, F.J., Jr., 159-160
Fox, K.R., 168-169
Freshwater, D., 35, 37-38, 47
Fries, C.J., 26-27, 138-139
Furr-Holden, C.D., 138

G

Gallimore, R., 90-91
Gallo, J.J., 110-113, 124-132, 200, 202
Galt, K., 94
Garcia, J., 138-139
Garrett, A.L. 40-41
Giddings, L.S., 35, 37-39, 42, 47
Goldenberg, C., 90-91
Goodchild, L.F., 40-41
Goodman, R.M., 35, 63, 107-108
Gorenflo, D.W., 40-41, 99, 101
Graham, W.F., 19-22, 33-34, 36, 38-41, 63, 66, 67-68, 87-88
Green, D.O., 40-41
Greenberg, G.M., 40-41, 99, 101
Greene, J.C., 19-22, 33-34, 36-47, 54, 63-66, 68-69, 71, 83-84, 87-88, 90-91, 94-95, 137-138, 190, 202, 204, 206-208, 240-241, 245-246
Greenstein, T.N., 40-41
Greunewald, T.L., 136-137

Guba, E.G., 35, 37-38, 49-51, 188-189, 243-245
Gutmann, M., 61-65, 76, 81, 84, 87-88, 94-95, 101-102, 243

H

Haines, C., 247-248
Halcomb, E.J., 40-41
Hall, B.W., 58, 234-235, 246
Hammel, J., 138-139
Hanson, W.E., 40, 61-65, 76, 81, 84, 87-88, 94-95, 101-102, 243
Hardy, L., 91
Harrison, A., 94, 136-137
Harrison, R.L., 40-41
Heimendinger, J., 22-23
Herrera, S., 96, 98, 176-177
Hesse-Biber, S.N., 57-58, 202, 206
Hilton, B.A., 94
Hirsch, B.J., 83-84
Hitchcock, J.H., 40-41, 105-107, 110, 121, 123-132, 246
Hodgkin, S., 57-58, 110, 120-122, 124-132, 176-177
Holmes, C.A., 35, 37-39, 47
Howard, K., 62, 65, 246
Howe, K.R., 36-37, 40-42, 47, 244-245
Howell, F., 42, 47
Huberman, A.M., 189
Huddleston-Casas, C.A., 40-41
Hudson, S.V., 138, 206
Hunter, A., 33-34, 36, 38-39

I

Ibrahim, M.F., 138
Idler, E.L., 138, 206
Igo, L.B., 22-23, 85, 87, 150, 209
Ivankova, N.V., 40, 64-65, 87-88, 101-102, 107-108, 110, 112, 114-115, 124-132, 209

J

Jackson, D., 94, 175
Jacoby, A., 26-27, 91, 138-139, 173-175, 210-212
Jahnigen, D.W., 25-27
James, W., 53
Jayasena, A., 40-41, 105-107, 110, 121, 123-132, 246
Jensen, K.D., 41-42
Jick, T.D., 27-28, 35-38, 76, 81
Johnson, M.B., 138
Johnson, R.B., 19, 20-22, 36-37, 40-41, 211-213, 243
Johnson, Z., 42, 47
Jones, G.R., 293

K

Kafai, Y.B., 83-84
Keim, S., 40-41
Kelle, U., 245-246
Kelley-Baker, T., 138
Kennett, D.J., 55-57
Kiewra, K.A., 22-23, 150, 209
Kinmonth, A.L., 178-179
Klebic, A., 25-26, 209
Knafl, G., 202, 206
Knafl, K., 25-26, 209
Knapp, D., 23-24
Knapp, M., 199-200
Knodel, J., 24-26
Kruger, B., 150
Krumholz, H.M., 84, 138-139, 177-178
Kuckartz, U., 213, 215, 217, 246
Kuhn, T.S., 49-50, 55-56
Kulauzovic, Y., 25-26, 209
Kumar, M.S., 176-177
Kumar, S., 176-177
Kutner, J.S., 25-27

L

Leavy, P., 57-58, 202, 206
Lee, Y.J., 137-138, 202, 204, 206-208
Leech, N.L., 35, 41-42, 148-149, 211-212, 243-244
Lehan-Mackin, M., 94-95
Leng, S.K., 138
Leventhal, H., 138, 206
Li, S., 199-201
Lincoln, Y.S., 34-41, 50-51, 57-58, 188-189, 243-245
Lipsey, M.W., 159-160
London, P., 149, 168-169
Loomis, D.M., 62, 65, 246
Lopez, C.M., 163, 165
Lopez, D.D.S., 22-23
Lopez, L.A., 163, 165
Lucas, Y., 57-58
Luck, L., 94, 175
Lukas, L., 167
Luzzo, D.A., 168
Lynn, J., 206-207

M

Madnick, F., 139
Maietta, R.C., 186
Mak, L., 22-23, 90-91, 171
Malterud, K., 40
Mann, T., 136-137
Maresh, M.M., 226-229

Marquart, J.M., 199-201
Marshall, J.A., 22-23
Marshall, S.K., 22-23, 90-91, 171
Matthews, S., 94-95
Maxwell, J.A., 53-54, 62, 65, 211-212, 246
May, D.B., 87-88
Mayring, P., 19
McAdams, D.P., 83-84
McAuley, C., 199-200
McClaren, J., 135-136
McCormick, L., 35, 63, 107-108
McCroskey, J.C., 247-248
McCurry, N., 199-200
McEntarffer, R., 200, 202-203
McIlvain, H.E., 167
McLeroy, K.R., 35, 63, 107-108
McMahon, S., 23-24, 57-59, 138-139, 176-177
McVea, K., 167
Medder, J.D., 167
Meijer, P.C., 138, 171, 210
Mendlinger, S., 202, 205, 206
Mertens, D.M., 40-41, 53-54, 57-58, 94-97, 243-244
Mihalas, S., 40
Miles, M.B., 189
Miller, D.L., 188-189
Miller, W.L., 232, 234
Mills, N., 26-27, 91, 138-139, 173-175, 210-212
Milton, J., 170, 171
Mirza, M., 138-139
Mittapalli, K., 53-54, 211-212
Mizrahi, T., 199-200
Molzahn, A.E., 94
Moore, R.S., 27
Morales, A., 40-41, 91-92, 144-145, 173-174
Morell, L., 166-167
Morgan, D.L., 36, 38-39, 55, 63, 84, 87-88, 90-91
Morin, C., 22-23
Morse, J.M., 33-41, 61-63, 65, 70-71, 76, 81, 83-84, 87-88, 90-91, 94, 100, 104-107, 173-179, 242-243
Mudaliar, S.M., 176-177
Muñoz, M., 138
Murphy, E., 40-41, 236-237, 247-248
Murphy, J.P., 51, 53
Myers, K.K., 110, 114-116, 117, 124-132, 171

N

Nagel, J., 35, 39
Nakkula, M.J., 149, 168-169
Nastasi, B.K., 40-41, 105-107, 110, 121, 123-132, 246
Nembhard, I.M., 40, 84, 138-139, 177-178

Nevo, I., 40, 206-208
Newman, I., 36, 38-39
Newman, K., 96, 98
Nicholl, J., 40-41, 236-237, 247-248
Niehaus, L., 36-37, 40-41, 61-62, 65, 70-71, 94, 100, 105-107, 173-179, 243

O

O'Cathain, A., 40-41, 235-238, 247-248
Oetzel, J.G., 110, 114-116, 118, 120, 124-132, 171
O'Hagan, F.T., 55-57
Olivier, T., 22, 40-41
Ontai-Grzebik, L., 136-137
Onwuegbuzie, A.J., 19-22, 35, 36-37, 40-42, 148-149, 189-190, 202, 206, 211-213, 242-244
O'Regan, C., 110, 116, 118-119, 124-132, 150, 246
Oshima, T.C., 136-137

P

Padgett, D., 207-208
Pagano, M.E., 83-84
Parmelee, J.H., 146-147
Patton, M.Q., 35, 37-38, 63, 76, 81
Paul, J.L., 50-51
Payne, Y.A., 176
Pearce, L.D., 156-157, 175, 177-179
Pennington, B., 247-248
Perkins, S.C., 146-147
Peters, T.J., 26-27, 91, 138-139, 173-175, 210-212
Petska, K.P., 40
Phillips, D.C., 49-50
Pierce, C.S., 51, 53
Plano Clark, V.L., 19-22, 34-37, 39-41, 57-58, 61-66, 76, 81, 84, 87-88, 91-92, 94-96, 100-102, 105-107, 136-137, 148-150, 153-154, 156-157, 173-174, 243, 246
Pope, G.G., 85, 87
Powell, H., 40
Prochaska-Cue, M.K., 136-137
Punch, K.F., 206-207

Q

Quigley, C., 57-58
Quinlan, A., 175
Quinlan, E., 175

R

Ragin, C.C., 35, 39
Rallis, S.F., 35-38

Ramanadhan, S., 84, 138-139, 177-178
Randall, F., 173-175
Ras, N.L., 61
Reese, L., 90-91
Reichardt, C.S., 35-38
Reichel, N., 137-138
Riccomini, P.J., 85, 87
Richards, L., 242-243
Rogers, A., 173-175
Rogers, R.S., 243
Rosenbaum, M., 56-57
Rosenthal, B.B., 199, 199-200
Ross, F., 91, 173-175
Rossman, G.B., 35-39, 101-102
Rowe, L., 84, 138-139, 177-178

S

Saengtienchai, C., 24-26
Saewyc, E.M., 147-148
Sandelowski, M., 63-64, 91-92, 98, 173-174, 202, 206
Sandercock, P., 178-179
Sarkar, S., 40-41, 105-107, 110, 121, 123-132, 246
Sayre, J.J., 146-147
Schillaci, M.A., 163, 165
Schow, D., 96, 98, 176-177
Schutt, R.K., 40-41
Sclove, S., 25-26, 209
Selvanayagam, A., 176-177
Sempik, J., 236-237
Setterlund, D., 176
Shapiro, G., 246-247
Shapiro, M., 176
Shapley, K.L., 41-42
Sherman, D.K., 136-137
Sieber, S.D., 34-38, 246-247
Skinner, D., 94-95
Sleed, M., 199-200
Slife, B.D., 50-51
Slonin-Nevo, V., 40, 206-208
Smith, J.K., 35, 37-38
Smith, M., 26-27, 91, 138-139, 173-175, 210-212
Snowdon, C., 138-139
Sorrell, J.H., 135-136
Spernak, S., 206-207
Spiegelhalter, D., 178-179
Staines, A., 96, 98, 176
Stake, R.E., 22
Stange, K.C., 232, 234
Stauber, H.Y., 149, 168-169
Steckler, A., 35, 63, 107-108

Steiner, J.F., 25-27
Stenner, P., 243
Stevens, M., 206-207
Stick, S.L., 101-102, 107-108, 110, 112, 114-115, 124-132, 209
Stringfield, S., 177-178
Studdard, S.S., 170, 171
Suldo, S., 40
Sümer, H., 167
Susman, J.L., 167
Sutton, I.L., 243-244
Sweet, D., 83-84
Sweetman, D., 53-54, 57-58, 96, 98, 176

T

Tan, R.J.B., 166-167
Tanaka, H., 243-244
Tashakkori, A., 19-22, 35, 36-47, 51, 53, 63-64, 68, 76, 81, 83-84, 94-95, 101-102, 107-108, 148-149, 173-175, 189-190, 211-213, 240-244
Tashiro, J., 22-23, 171
Taylor, S.E., 136-137
Teddlie, C., 19-21, 35-47, 51, 53, 63-65, 68, 76, 81, 83-84, 94-95, 99, 101-102, 107-108, 162-163, 177-178, 189, 190, 202, 206, 206, 211-213, 240-244
Teno, J.M., 206-207
Thφgersen-Ntoumani, C., 168-169
Thyagarajan, S.P., 176, 176-177
Turner, L.A., 20-22
Turner, P., 40-41

U

Ullman, S.E., 176-177
Usher, K., 94, 175

V

Varjas, K.M., 40-41, 105-107, 110, 121, 123-132, 246
Verloop, N., 138, 171, 210
Victor, C.R., 91, 173-175
Vidich, A.J., 246-247
Voas, R.B., 138
Voils, C.I., 202, 206
von der Lippe, H., 40-41
Vrkjan, B.H., 246

W

Waitzkin, H., 163, 165

Wang, S.C., 40-41, 95-96
Ward, A.W., 234-235
Watkins, K.E., 170, 171
Way, N., 149, 168-169
Webb, D.A., 83-84
Webster, C., 150-151
Weine, S., 25-26, 209
Welch, W.T., 136-137
White, P., 35, 39
Williams, R.N., 50-51
Wilson, B.L., 35-39, 101-102
Winter, S., 22-23
Wittink, M.N., 110-113, 124-132, 200, 202

Wood, L., 22, 41-42
Woolley, C.M., 36-37
Wyly, E.K., 96, 98

Y

Yeo, S., 40-41, 99, 101
Yoshioka, T., 40-41, 99, 101
Yu, F., 99, 101, 162-163, 177-178

Z

Zercher, C., 199-201
Zhang, W., 40

Índice remissivo

A

Abordagem do projeto baseada na tipologia, 61-63, 65, 65 (quadro), 65-66
Abordagem do projeto baseada nos sistemas, 62, 65
Abordagem sinérgica do projeto, 62-66
Abordagens dinâmicas do projeto, 62-66
Acordo entre codificadores, 189
American Educational Research Association, 41-42, 187-188
American Evaluation Association, 38
Amostragem. *Ver também* Coleta de dados
   aleatória, 159-160, 162-163
   estratégias de amostragem dos métodos mistos, 162-163
   estratégias inclusivas para, 176
   de caso extremo de indivíduos, 157, 159
   informações em profundidade e, 157, 159
   intencional, 157-159, 162-163
   não probabilística, 157, 159-160
   probabilística, 157, 159
   procedimentos na, 156-160, 157-158 (quadro)
   projeto sequencial explanatório e, 85, 87-88
   tamanho da amostra, 157, 159-160

Análise de dados conectados, 71.
   Ver também Análise/interpretação de dados dos métodos mistos
   abordagem sequencial e, 207-212
   estratégias para, 208-211
   interpretação de resultados conectados, 210-212
   metainferências e, 210-212
   projeto incorporado e, 195-197 (quadro), 198-199
   projeto multifásico e, 196-197 (quadro), 198-199
   projeto sequencial explanatório e, 193-195 (quadro), 191, 198
   projeto sequencial exploratório e, 194-196 (quadro), 191, 198
   projeto transformativo e, 196-197 (quadro), 198-199
   questões de validade e, 213, 215-216, 217 (quadro)
Análise de dados fundidos.
   Ver também Análise/interpretação de dados dos métodos mistos
   achados discrepantes, reconciliação de, 207-208

ÍNDICE REMISSIVO

análise combinada, 71
análise fundida de transformação dos dados, 202, 206-207
  comparação de resultados, 192-193 (quadro), 191, 198-207
  comparações lado a lado, 71, 199-200, 202, 199-201 (figuras)
  estratégias para, 199-208
  interpretação de resultados fundidos, 206-208
  mostra conjunta, 200, 202, 203 (figura), 202, 206, 204-205 (figuras)
  mostra de análise fundida orientada para o caso, 202, 206, 205 (figura)
  projeto convergente e, 192-194 (quadro), 191, 198
  projeto incorporado e, 195-197 (quadro), 198-199
  projeto multifásico e, 196-197 (quadro), 198-199
  projeto transformativo e, 196-197 (quadro), 198-199
  questões de validade e, 212-215 (quadro), 213, 215
  tipologia e estatística da análise de dados fundidos e, 200, 202
  transformação dos dados e, 71, 192-194 (quadro), 191, 198, 206-207
Análise dos dados. *Ver* Análise/interpretação dos dados dos métodos mistos; Métodos qualitativos; Métodos quantitativos
Análise estatística, 28-29, 182-183, 185-186
Análise fundida de transformação dos dados, 202, 206-207
Análise/interpretação de dados dos métodos mistos, 182-183. *Ver também* Coleta de dados; Análise de dados fundidos
  abordagem sequencial e, 195-197 (quadro), 191, 198-199, 207-212
  abordagem simultânea e, 195-197 (quadro), 191, 198-208
  acordo entre os codificadores e, 189
  análise da tendência, 183, 185
  análise de dados conectados e, 193-197 (quadro), 191, 198-199, 207-212
  análise de dados dos métodos mistos, 189-191
  análise de dados qualitativos, 183, 185-186, 188-189
  análise de dados quantitativos, 183-189
  análise descritiva e, 183-186
  análise dos dados, 184 (quadro), 183, 185-186
  análise/interpretação de dados fundidos e, 192-194 (quadro), 195-197 (quadro), 191, 198-208
  aplicações de software de computador para, 29-30, 182-183, 185, 186, 213, 217, 220

codificação dos dados para análise, 186, 188-189
comparação de conjuntos de dados, 192-193 (quadro), 191, 198
dados qualitativos transformados e, 192-194 (quadro), 191, 198
declarações resumidas, 186
emergência temas/categorias, 186-187
evidências de desconfirmação e, 189
exploração dos dados, 184 (quadro), 183-186
inferências/metainferências e, 189-190
interpretação dos métodos mistos, 189-190
interpretação dos resultados, 184 (quadro), 186-188
modelos/cronologias/quadros de comparação e, 186-187
nível de interação interativa e, 69-70
passos básicos na, 182-189, 185 (quadro)
preparação de dados para, 182-183, 184 (quadro), 185
projeto convergente e, 109-194 (quadro), 191, 198
projeto incorporado e, 195-197 (quadro), 191, 198-199
projeto multifásico e, 196-197 (quadro), 198-199
projeto sequencial explanatório e, 193-195 (quadro), 191, 198
projeto transformativo e, 196-197 (quadro), 198-199
quadros/figuras e, 186-187
questões de confiabilidade e, 183, 185-186
questões de validade e, 183, 185-186, 211-217, 217 (quadros)
representação de análise dos dados, 184 (quadro), 186-187
técnica da mostra conjunta e, 217, 220, 218-219 (quadro)
validação de dados/resultados, 183, 185 (quadro), 187-189
viés na, 187-188
Atlas.ti *software*, 183
Avaliação da pesquisa de métodos mistos, 222, 234-235
  bom Relato de um Estudo de Métodos Mistos e, 236-238
  critérios contextualizados e, 237-238
  critérios de qualidade, percepções dos pesquisadores e, 236-238
  critérios orientados para os métodos e, 235-237
  critérios para, 235-238
  estudos qualitativos, padrões de avaliação para, 235
  estudos quantitativos, padrões de avaliação para, 234-235

projeto de estudo de métodos mistos e, 61-62, 63 (quadro), 64-65 (quadro)
projetos de desenvolvimento/avaliação de programa em larga escala e, 99, 101
Axiologia, 51, 52 (quadro)

B

Base teórica, 26-27, 55-58
Big Brothers Big Sisters (BBBS), 116, 118, 150
Bom Relatório de um Estudo de Métodos Mistos (GRAMMS), 236-238

C

Calendários de História de Vida, 94, 175
Capacitação, 94-95. *Ver também* Projeto transformativo
Características básicas da pesquisa de métodos mistos, 22-23
Codificação dos dados para análise, 29-30, 186, 188-189
Coleta de dados, 156. *Ver também* Entrevistas; Análise/interpretação de dados dos métodos mistos; Observação; Pesquisa de levantamento
  administração dos procedimentos de coleta de dados, 157-158 (quadro), 161-163
  benefício para a comunidade da, 176-177
  coleta baseada no campo, problemas com, 161-163
  coleta de dados longitudinais, 27, 178-179
  coleta de informações da, 157-158 (quadro), 160-161
  consentimento informado e, 160
  dados de texto, 161
  dados qualitativos persuasivos e, 156-157, 157-158 (quadro)
  dados qualitativos/quantitativos, 28-30, 156-163, 157-158 (quadro)
  desgaste dos participantes e, 177-178
  direitos de privacidade e, 160
  entrevistas, 24-27, 29-30, 74-75, 161-162
  imagens, 161
  informações factuais, 161
  instrumentos culturalmente sensíveis e, 176-177
  instrumentos de mensuração e, 161-162, 170-171, 176-177
  métodos baseados em computador e, 161-162
  mistura de processos e, 71
  nível interativo de interação e, 69-70
  observação, 29-30, 161
  permissão para, 157-158 (quadro), 159-160
  pesquisa de métodos mistos e, 27-28, 162-179, 164-167 (quadro)
  procedimentos de amostragem e, 156-160, 157-158 (quadro)
  procedimentos padronizados e, 162-163
  procedimentos quantitativos rigorosos e, 156-157, 157-158 (quadro), 159-160
  projeto convergente e, 163, 165, 164 (quadro), 166-168
  projeto explanatório e, 164 (quadro), 168-170
  projeto exploratório e, 164-165 (quadro), 169-171, 173
  projeto incorporado e, 165 (quadro), 171, 173-175, 173-174 (quadro)
  projeto multifásico e, 166-167 (quadro), 176-177-178-179
  projeto transformativo e, 165-167 (quadro), 175-177
  questões abertas e, 160-161
  questões de confiabilidade e, 161-162
  questões de validade e, 161-162
  questões éticas com, 162-163
  questões fechadas e, 161
  registro de dados, 157-158 (quadro), 161-162
  viés na, 173-175
Combinação de questões dos métodos mistos, 150-151, 153, 152-154 (quadro)
Comparações lado a lado, 71, 199-200, 202, 199-201 (figuras)
Conferência dos Métodos Mistos, 40-42, 55
Confiabilidade, 29-30
  análise de dados dos métodos mistos e, 183, 185-186
  desenvolvimento do instrumento e, 210-211
  dos escores, 188-189
  entre os codificadores, 189
  pesquisa qualitativa e, 188-189
  pesquisa quantitativa e, 28-29, 161-162, 188-189
Conselhos de análise institucional (IRBs), 85, 87-90, 149, 159-160, 169-170
Consentimento informado, 160
Construtivismo, 50-51 (quadro), 51, 52 (quadro)
Controle experimental, 28-29
Credibilidade, 29-30

D

Declaração do problema, 138-140. *Ver também* Elementos do projeto de métodos mistos
  deficiências/lacunas, foco nas, 140, 140-141 (quadro)
  literatura publicada, atenção para, 139-140
  métodos mistos, integração dos, 140
  públicos, benefícios para, 140
  tópicos na, 139-140

Declaração do projeto de pesquisa, 138-140, 140-141 (quadro)
Declarações de propósito. *Ver também* Elementos do projeto de métodos mistos
   declaração de propósito qualitativa, 140-142
   declaração de propósito quantitativa, 141-142
   de métodos mistos, 142-143 (figura), 148
Descrição em profundidade, 81-83, 157, 159
Desenvolvimento do programa. *Ver* Projetos de desenvolvimento/avaliação de programa de larga escala
Diagramas procedurais, 105-108, 107-108 (figura), 109-110, 171, 173, 172 (figura), 230, 232
Dissertação/tese . *Ver também* Escrita de relatório
   dissertação/tese de métodos mistos, estrutura de, 226-228, 227-229 (quadro)
   proposta para, 224, 226-227, 225 (quadro)

E

Economic and Social Research Council (ESRC), 39
Educação, 61-62
   estudo de exemplo de persistência do estudante em programas de liderança educacional, 112, 114, 115 (figura)
   pesquisa de métodos mistos e, 61-62, 63-65 (quadro)
Elementos, 68-69, 69 (figura). *Ver também* Seleção de projeto de métodos mistos
   mistura de, 70-72
   momento dos, 69-71
   níveis de interação entre os, 69-70
   priorização dos, 69-70
Elementos do projeto de métodos mistos, 135-136. *Ver também* Projeto de métodos mistos; Exemplos de projetos de métodos mistos; Seleção de projeto de métodos mistos
   elementos do propósito, desenvolvimento dos, 140-148, 143 (figura)
   introdução, declaração do problema e, 138-140, 140-141 (quadro)
   questões/hipóteses da pesquisa e, 147-154, 152-154 (quadro)
   títulos para os estudos de métodos mistos, 135-139
   títulos qualitativos/quantitativos e, 135-137
Entendimento em profundidade, 147-148, 157, 159
Entrevistas. *Ver também* Coleta de dados
   abertas, 24-25, 161
   de grupo de foco, 74-75, 161
   eletrônicas, 161
   em profundidade, 206-207
   estruturadas, 161
   formulação da questão da pesquisa e, 26-27
   individuais, 161
   natureza conversacional das entrevistas, 25-26
   por telefone, 161
   protocolo para, 161-162
   qualitativas, 27
   semiestruturadas, 29-30
Epistemologia, 47, 49, 51, 52 (quadro)
Escalas do tipo Likert, 210
Escrita de relatório, 222. *Ver também* Avaliação da pesquisa de métodos mistos; Exemplos de projeto de métodos mistos; Pesquisa de métodos mistos
   artigos de periódicos, estrutura dos, 230, 232-235, 233 (quadro)
   bancos de dados múltiplos e, 223-224
   descrição do projeto de métodos mistos, 101-102, 101-102 (figura)
   diretrizes gerais para, 222-224
   dissertação/tese de métodos mistos, estrutura de, 226-228, 227-229 (quadro)
   escrita de pesquisa acadêmica, 222-224
   paper/artigo metodológico, 240-242
   ponto de vista na, 223-224
   proposta de pesquisa para os National Institutes of Health, 227-232, 232 (quadro)
   proposta para dissertação/tese, estrutura da, 224, 226-227, 225 (quadro)
Estágio de interpretação da mistura, 70-71-71
Estratégia de mistura incorporada, 71-72
Estratégias de validação, 29-30, 183, 185 (quadro), 187-189
Estrutura substantiva, 72
Estudo estadual de múltiplos níveis, 98, 101
Estudos de caso dos métodos mistos, 94
Estudos de caso. *Ver* Exemplos de projeto de métodos mistos
Estudos de exemplo. *Ver* Exemplos de projeto de métodos mistos
Estudos de métodos mistos publicados, 40. *Ver também* Publicações de periódicos; Exemplos de projeto de métodos mistos
   diagramas procedurais e, 105-108, 107-108 (figura)
   sistema de notação e, 104-107, 105-106 (quadro)
Estudos experimentais, 24-25, 34-35, 188-189. *Ver também* Projeto incorporado
Estudos isolados de métodos mistos, 99, 101-102
Ética e processo de coleta de dados, 162-163
Etnografia, 24-25. *Ver também* Etnografia dos métodos mistos

Etnografia dos métodos mistos, 94-95
Evidência de desconfirmação, 189
Excel, 213, 217, 220
Exemplos de estudo. *Ver* Exemplos de projeto de métodos mistos
Exemplos de projeto de métodos mistos, 104. *Ver também* Projeto de métodos mistos; Pesquisa de métodos mistos
  características do projeto, exame/análise das, 107-110, 109-110 (figura)
  comparação de estudos de exemplo, 124-133, 126-131 (quadro)
  diagramas procedurais e, 105-108, 107-108 (figura), 109-110
  ferramentas descritivas para os projetos de métodos mistos, 104-108
  pesquisa de métodos mistos, aprendizagem a partir da, 104-105
  projeto incorporado/mentoria de jovens na Irlanda, 116, 118-120, 119 (figura)
  projeto multifásico/pesquisa de desenvolvimento do programa, 121, 123-124, 124 (figura)
  projeto paralelo convergente/consultas médicas sobre depressão, 110-112, 113 (figura)
  projeto sequencial explanatório/persistência dos estudantes em programas de liderança educacional, 112, 114, 115 (figura)
  projeto sequencial exploratório/dimensões de assimilação organizacional, 114-116, 118, 117 (figura)
  projeto transformativo/capital social das mulheres, 120-121, 123, 122 (figura)
  sistema de notação e, 104-107, 105-106 (quadro)

F

Ferramenta de pesquisa *RePORTER*, 40
Fidelidade do instrumento, 243-244
Filosofia
  suposições filosóficas, 47, 49-51, 243-245
  visões de mundo e, 47, 49-51, 53, 49-50 (figura), 50-51 (quadro), 52 (quadro), 244-246

G

Generalizabilidade, 25-29, 81-83, 157, 159. *Ver também* Projeto transformativo
Grupo de Interesse Especial na Pesquisa de Métodos Mistos, 41-42
Grupos de foco, 74-76, 171
Grupos marginalizados, 57-58, 94-95, 176, 198-199

H

Harlem Mammogram Study, 207-208
  cuidado de pais mais velhos, 24-26
  estudo de exemplo de consulta médica sobre depressão, 110-112 (figura)
  estudo de exemplo de mentoria de jovens na Irlanda, 116, 118-120, 119 (figura)
  estudo do uso de tabaco por adolescentes, 74-76
  pesquisa de atenção médica primária, 64-65 (quadro)
  pesquisa de enfermagem, 42, 47, 63-64 (quadro), 62, 65 (quadro)
  pesquisa de saúde, 63 (quadro)
Hipóteses, 148-149
  direcionais, 148-149
  nulas, 148-149
  previsões e, 148-149
HyperRESEARCH *software*, 183, 185

I

Índice de Assimilação Organizacional (IAO), 114-116
Índice de Reatividade Interpessoal (IRI), 150-151
Inferências, 189-190, 210-212, 243-244
Instrumentos culturalmente sensíveis, 176-177
Integridade do tratamento, 243-244
Interpretação dos resultados, 184 (quadro), 186-188. *Ver também* Inferências; Análise de dados fundidos; Análise/interpretação de dados dos métodos mistos; Processo de mistura
resultados iniciais, explicação dos, 25-26

L

Legitimação, 243
Lente da classe socioeconômica, 96, 98
Lente da sociologia reflexiva, 26-27

M

MAXQDA *software*, 183, 185, 215, 217
Metainferências, 189-190, 210-212, 243-244
Methodspace, 41-42
Metodologia, 51, 52 (quadro), 51, 53
Métodos de pesquisa feministas, 94-96, 98
Métodos qualitativos. *Ver também* Coleta de dados; Análise/interpretação dos dados dos métodos mistos; Projeto de métodos mistos; Pesquisa de métodos mistos
  abordagens interpretativas, marginalização das, 42, 47
  acordo entre os codificadores e, 189
  amostragem intencional e, 157-159

análise dos dados, 29-30
coleta dos dados, 29-30
declarações de propósito, 140-142, 147-148
entendimento em profundidade e, 147-148
evidências de desconfirmação e, 189
fragilidades dos, 27-28
padrões de avaliação para, 235
persuasão e, 29-30
prioridade igual e, 69-70, 73-74
priorização dos métodos e, 69-70
procedimento de checagem dos membros, 188-189
procedimento de triangulação, 188-189
programas de *software* para computador, 29-30, 186, 217, 220
questões abertas, 29-30, 147-148
questões de confiabilidade e, 188-189
questões de pesquisa nos, 147-149
questões de pesquisa orientadas para o significado e, 29-30
questões de validade e, 188-189
textos codificados, 29-30, 186, 188-189
títulos de estudos qualitativos, 135-137
transformação dos dados, 71, 192-194 (quadro), 206-207
Métodos quantitativos. *Ver também* Coleta de dados; Análise/interpretação dos métodos mistos; Projeto de métodos mistos; Pesquisa de métodos mistos
amostragem probabilística e, 157, 159
declarações de propósito, 141-142, 148-149
fragilidades dos, 27-28
padrões de avaliação para, 234-235
prioridade igual e, 69-70, 73-74
priorização dos métodos e, 69-70
questões de confiabilidade e, 28-29, 161-162, 188-189
questões de validade e, 28-29, 161-162, 187-189
questões/hipóteses de pesquisa e, 148-149
títulos de estudos quantitativos, 135-136, 136-137
transformação dos dados e, 71, 192-194 (quadro), 191, 198, 206-207
Mistura baseada na estrutura objetiva do programa, 72
Mistura baseada na estrutura teórica, 72
Modelagem da equação estrutural (MEE), 118, 120
Momento. *Ver também* Momento simultâneo; Seleção de Projeto de métodos mistos; Momento sequencial
elemento quantitativo/elemento qualitativo e, 69-71
estudos multifásicos/multiprojetos e, 27
momento da combinação multifásica, 70-71

Momento sequencial, 70-71, 74-75. *Ver também* Momento simultâneo, Projeto sequencial explanatório; Projeto sequencial exploratório; Momento
análise de dados conectados e, 207-212
estudos isolados de métodos mistos e, 99, 101-102
pesquisa de métodos mistos e, 27, 70-71, 151, 153, 195-197 (quadro), 191, 198-199
Momento simultâneo, 73-74. *Ver também* Momento sequencial; Momento
análise de dados fundidos e, 198-208
estudos isolados de métodos mistos e, 99, 101-102
projeto de métodos mistos e, 70-71, 150-151, 153, 195-197 (quadro), 191, 198-199
Mostra de análise fundida orientada para o caso, 202, 206, 205 (figura)
Mudança social. *Ver* Projeto transformativo

N

National Cancer Institute (NCI), 207-208
National Institute of Mental Health (NIMH), 40
National Institutes of Health (NIH), 39, 98
ferramenta de Gastos e Resultados, 40
proposta de pesquisa de métodos mistos, estrutura para, 227-230, 232, 232 (quadro)
National Research Council (NRC), 39, 42, 47
National Science Foundation (NSF), 39, 98, 227-229
Neighborhood History Calendars, 94
Níveis de interação, 69. *Ver também* Seleção de projeto de métodos mistos
nível de interação independente, 69-70
nível de interação interativa, 69-70
Nível de interação independente dos elementos, 69-70
Nível interativo de interação dos elementos, 69-70
NVivo, *software*, 119, 183, 185, 213, 217

O

Observação. *Ver também* Coleta de dados
abertas, 161
pesquisa qualitativa e, 29-30
pesquisa quantitativa e, 161
protocolo para, 161-162
Ontologia, 51, 52 (quadro)

P

Papers/artigos metodológicos, 240-242
Paradigma transformativo-emancipatório, 53-54, 243-244
Paradigmas, 28-29, 49-50

Período de debate do paradigma, 36 (quadro), 35, 37-39
Período de defesa/expansão, 36-37 (quadro), 39-42
Período de desenvolvimento procedural, 34-35, 36-37 (quadro), 38-39
Período formativo, 36 (quadro), 35, 37-38
Período reflexivo, 36-35, 37-38 (quadro), 41-42
Perspectiva da comunidade dos acadêmicos, 55-56
Perspectiva dialética, 54
Perspectiva emancipatória, 53-54
Perspectiva realista crítica, 53-54
Persuasão na pesquisa qualitativa, 29-30
Pesquisa colaborativa, 27-28, 30, 81-83, 159-160
Pesquisa comportamental, 64-65 (quadro)
Pesquisa de levantamento, 35, 37-38
    dados de pesquisa de levantamento longitudinal, 27, 178-179
    dados na, 23-25, 74-75
    relatos de história oral e, 175
Pesquisa de métodos mistos, 19-21, 33.
    Ver também Coleta de dados; Avaliação da pesquisa de métodos mistos; Análise/interpretação dos métodos mistos; Projeto de métodos mistos; Exemplos de projeto de métodos mistos; Questões de pesquisa dos métodos mistos; Escrita do relatório; Visões de mundo
    abordagem integrativa, desenvolvimento da, 33-35
    adoção/uso do domínio da, 45-46 (quadro)
    análises/utilização interdisciplinares da, 40-41
    base teórica para, 26-27, 55-58
    bases filosóficas da, 47, 49-56, 243-245
    bases históricas da, 33-47, 49
    busca de bancos de dados eletrônicos e, 30-31
    características básicas da, 22-23
    colaboração, oportunidades para, 27-28, 30
    construtivismo e, 50-51, 50-51 (quadro), 51, 52 (quadro)
    controvérsias sobre, 42, 47, 49, 48 (quadro)
    crítica pós-moderna da, 47
    cursos universitários sobre, 41-42
    declaração do problema e, 138-140, 140-141 (quadro)
    declarações de propósito e, 140-148, 143 (figura)
    definição da, 19-23, 20-21 (quadro), 241-243
    desafios na, 28-31
    disponibilidade de recursos na, 29-30
    domínio dos procedimentos da, 44-45 (quadro), 42, 47
    domínio filosófico da, 43-44 (quadro), 42, 47
    domínio político da, 44 (quadro)
    elemento do tempo na, 29-30
    elementos na, 68-69, 69 (figura)
    emergência de, justificativa para, 34-35
    essência do domínio dos métodos mistos, 43 (quadro)
    estágios na evolução da, 35-42, 36-35, 37-38 (quadro)
    estruturas interpretativas qualitativas, marginalização das, 42, 47
    estudos de métodos mistos publicados, 40
    exemplos de estudos de métodos mistos, 22-24
    exigências de conjunto de habilidades para, 28-30
    filosofia, visões de mundo e, 47, 49-51, 53, 49-50 (figura), 50-51 (quadro), 52 (quadro), 244-246
    fontes de dados, inadequação das, 24-28, 34-35
    generalização dos achados exploratórios e, 25-27
    inferências e, 189-190, 210-212, 243-244
    iniciativas de financiamento para, 39-40
    interesse internacional na, 40-42
    justificação da abordagem de métodos mistos, 23-24
    metainferências e, 189-190, 210-212, 243-244
    momento sequencial na, 27
    múltiplas maneiras de ver e, 21-22, 34-35, 54
    natureza prática da, 28-29
    nível de interação independente e, 69-70
    nível de interação interativa e, 69-70
    nomeação da, 35
    objetivo da pesquisa, estudos multifásicos/multiprojetos 20-21, 27
    paradigma transformativo-emancipatório e, 53-54, 243-244
    período de debate do paradigma e, 36 (quadro), 35, 37-39
    período de defesa/expansão e, 36-37 (quadro), 39-42
    período de desenvolvimento procedural e, 34-35, 36-37 (quadro), 38-39
    período formativo na, 36 (quadro), 35, 38
    período reflexivo e, 36-35, 37-38 (quadro), 41-42
    perspectiva da comunidade de acadêmicos e, 55-56
    perspectiva dialética e, 54
    perspectiva emancipatória e, 53-54
    perspectiva participatória e, 50-51 (quadro), 51, 52 (quadro), 53
    perspectiva realista crítica e, 53-54
    positivismo, hegemonia do, 47
    pós-positivismo e, 42, 47, 50-51 (quadro), 51, 52 (quadro)
    pragmatismo e, 38-39, 50-51 (quadro), 51, 52 (quadro), 51, 53-54
    priorização dos métodos e, 69-70, 73-74

problemas da pesquisa, adequação dos, 23-27, 33
projeto da, elementos no, 47, 49-50, 49-50 (figura)
questões da pesquisa em, 25-28
questões de pesquisa concentradas no método, 150-151, 153, 152-154 (quadro)
questões de validade e, 183, 185-186, 211-214, 217, 217 (quadros)
questões/tópicos atuais na, 41-42, 47, 43-46 (quadro)
recomendações para, 240-248
resultados iniciais, explicação dos, 25-26
revisão da literatura e, 29-31, 40-41
segundo método de pesquisa, entendimento melhorado e, 26-27
teoria da ciência social e, 55-58
teoria emancipatória e, 57-58
terminologia para, 243-244
títulos dos métodos mistos e, 135-139
triangulação das evidências e, 35, 37-38
utilidade da, 29-30
valor acrescentado pelos métodos mistos e, 246-248
vantagens da, 27-29
visões de mundo múltiplas, projeto de métodos mistos e, 54-55
Pesquisa narrativa dos métodos mistos, 80, 94
Pesquisa orientada para a mudança. *Ver* Projeto transformativo
Pesquisa social/comportamental, 64-65 (quadro). *Ver também* Projeto transformativo
estudo de exemplo do capital social das mulheres, 120-121, 123, 122 (figura)
Pesquisas de levantamento longitudinais, 27, 178-179
Ponto de interface, 70-71
Positivismo, 47
Pós-modernismo, 47
Pós-positivismo, 42, 47, 50-51, 50-51 (quadro), 51, 52 (quadro)
Postura, 47, 49
Pragmatismo, 38-39, 50-51 (quadro), 51, 52 (quadro), 51, 53-54, 81
Previsão, 148-149, 187-188
Priorização dos métodos, 69-70. *Ver também* Seleção de projeto de métodos mistos
prioridade igual, 69-70, 73-74
prioridade qualitativa, 69-70
prioridade quantitativa, 69-70
Problema. *Ver* Questões de pesquisa dos métodos mistos; Declaração do problema
Procedimento de checagem dos membros, 188-189

Processo de mistura, 70-71. *Ver também* Projeto de métodos mistos; Seleção de projeto de métodos mistos; Pesquisa de métodos mistos
estágio de análise dos dados e, 71
estágio de coleta dos dados e, 71
estágio de interpretação e, 70-71
estratégia de conexão e, 71
estratégia de fusão e, 71
estratégia de mistura incorporada, 71-72
mistura baseada na estrutura objetiva do programa, 72
mistura baseada na estrutura teórica, 72
nível do projeto e, 71-72
ponto de interface e, 70-71
Programa Estatístico para as Ciências Sociais (PECS), 182-183, 217, 220
Programas de *software* qualitativos para computador, 29-30, 186, 217, 220
Projeto de métodos mistos, 60, 72-73. *Ver também* Elementos do projeto de métodos mistos; Exemplos do projeto de métodos mistos; Seleção do projeto de métodos mistos; Pesquisa de métodos mistos; Processo de mistura; Visões de mundo
abordagem baseada na tipologia do, 61-63, 65-66, 65 (quadro), 246
abordagem sinérgica do, 62-66, 246
abordagens dinâmicas do, 62-66
abordagens do projeto, 61-62, 65-66
características do projeto, resumo das, 75-76, 77-80 (quadro)
descrições escritas do, 101-102, 101-102 (figura)
diagramas procedurais, 105-108, 107-108 (figura)
estratégias de mistura e, 70-72
estudos isolados de métodos mistos, 99, 101-102
etnografia dos métodos mistos, 94-95
exame/análise de, 107-110, 109-110 (figura)
justificativas para os métodos mistos e, 66, 67-68 (quadro)
momento sequencial e, 70-71
momento/sequenciação e, 27
níveis de interação e, 69-70
nível de interação independente e, 69-70
nível de interação interativo 20-21, 69-70
pesquisa narrativa dos métodos mistos, 94
prática da pesquisa de métodos mistos e, 246-247
princípios do projeto, 61-68, 245-247
problema/propósito/questões da pesquisa e, 62, 65-66

projeto incorporado, 73-74 (figura), 74-76, 77-80 (quadro), 90-95, 93 (figura)
projeto multifásico, 73-74 (figura), 75-76, 77-80 (quadro), 101-107, 100 (figura)
projeto paralelo convergente, 72-73 (figura), 73-75, 77-80 (quadro), 76, 81-84, 82 (figura)
projeto sequencial explanatório, 72-73 (figura), 74-75, 77-80 (quadro), 83-88, 86 (figura)
projeto sequencial exploratório, 72-73 (figura), 74-75, 77-80 (quadro), 87-91, 89 (figura)
projeto transformativo, 73-74 (figura), 75-76, 77-80 (quadro), 94-98, 97 (figura)
projetos de desenvolvimento/avaliação de programa de larga escala, 99, 101
projetos de métodos mistos emergentes, 61-62
projetos de métodos mistos fixos, 61-62
recomendações para, 240-248
sistema de notação para, 104-107, 105-106 (quadro)
validade e, 211-214, 217, 217 (quadros)
versões prototípicas do, 72-76, 72-74 (figura)
visões de mundo múltiplas e, 54-55
Projeto de pesquisa. *Ver* Projeto de métodos mistos; Elementos do projeto de métodos mistos
Projeto incorporado, 90-91. *Ver também* Projeto de métodos mistos; Exemplos de projeto de métodos mistos; Seleção de projeto de métodos mistos
análise de dados de métodos mistos e, 195-197 (quadro), 191, 198-199
características do, 77-80 (quadro)
coleta de dados e, 165 (quadro), 171, 173-175, 173-174 (quadro)
comparação de estudos de amostra e, 124-133, 126-131 (quadro)
construção do título para, 138-139
declaração de propósito para, 145-146
deficiências na literatura sobre, 140-141 (quadro)
desafios no, 92, 94-94
estudo de exemplo/monitoria de jovens na Irlanda, 116, 118-120, 119 (figura)
estudos de caso de métodos mistos e, 94
etnografia dos métodos mistos e, 94-95
pesquisa narrativa dos métodos mistos e, 94
pontos fortes/vantagens do, 92, 94
procedimentos para, 91-92, 93 (figura)
projeto/procedimento de coleta de dados e, 173-175
propósito do, 91

questões de pesquisa no, 150, 151, 153, 152 (quadro)
segundo tipo de dados, adição de, 171, 173-175, 173-174 (quadro)
seleção do, 91-92
suposições filosóficas que estão por trás do, 91-92
técnica de mostra conjunta e, 219 (quadro)
variante correlacional incorporada, 94
variante de desenvolvimento/validação de instrumento incorporado, 94
variante de experimento incorporado, 94
variantes do, 94-95
versão prototípica do, 73-74 (figura), 74-76
viés e, 173-175
Projeto multifásico, 98-99. *Ver também* Projeto de métodos mistos; Exemplos de projeto de métodos mistos; Seleção de projeto de métodos mistos
características do, 77-80 (quadro)
coleta de dados e, 166-167 (quadro), 176-179
comparação de estudos de amostra e, 124-133, 126-131 (quadro)
construção de título para, 138-139
declaração de propósito para, 146-148
deficiências na literatura sobre, 140-141 (quadro)
desafios no, 99, 101
estratégias de amostragem e, 177-178
estudo de exemplo/pesquisa de desenvolvimento do programa, 121, 123-124, 124 (figura)
estudos estaduais de múltiplos níveis, 99, 101
estudos isolados de métodos mistos, 99, 101-102
mistura, estrutura de objetivo do programa e, 72
momento de combinação multifásica, 70-71
objetivo da pesquisa e, 27
pontos fortes/vantagens do, 98-99
procedimentos no, 98-99, 100 (figura)
projetos de desenvolvimento/avaliação de programa em larga escala, 99, 101
propósito do, 98
questões da pesquisa no, 150151, 153, 153-154 (quadro)
seleção de, 98-99
suposições filosóficas que estão por trás do, 98-99
técnica da mostra conjunta e, 219 (quadro)
variantes do, 99, 101-102
versão prototípica do, 73-74 (figura), 75-76
Projeto naturalista, 34-35
Projeto paralelo convergente, 76, 81. *Ver também* Projeto de métodos mistos; Exemplos de projeto de métodos mistos

análise de dados dos métodos mistos, 109-191, 192-194 (quadro), 191, 198
características do, 77-79 (quadro)
coleta de dados e, 163, 165, 164 (quadro), 166-168
comparação de estudos de amostra e, 124-125, 132-133, 126-131 (quadro)
construção do título para, 137-138
declaração de propósito para, 143-144, 143 (figura)
deficiências na literatura sobre, 140-141 (quadro)
desafios no, 81-83
exemplo de estudo/consulta médica sobre depressão, 110-112, 113 (figura)
pontos fortes/vantagens do, 81
procedimentos no, 81, 82 (figura)
propósito do, 76, 81
questões de pesquisa no, 149-153, 152 (quadro), 167
seleção do, 76, 81
suposições filosóficas que estão por trás, 81
tamanho da amostra e, 166-167
técnica da mostra conjunta e, 218 (quadro)
variante da transformação dos dados, 83-84
variante da validação dos dados, 83-84
variante de bancos de dados paralelos, 81-84
variantes do, 81-84
versão prototípica do, 72-73 (figura), 73-75
Projeto sequencial explanatório, 83-84.
  Ver também Projeto de métodos mistos; Exemplos de projeto de métodos mistos; Seleção de projeto de métodos mistos
  análise de dados dos métodos mistos e, 193-195 (quadro), 191, 198
  aprovação do conselho de análise institucional e, 169-170
  características do, 77-80 (quadro)
  coleta de dados e, 164 (quadro), 168-170
  comparação de estudos de amostra e, 124-133, 126-131 (quadro)
  construção do título para, 138
  declaração de propósito para, 144
  deficiências na literatura sobre, 140-141 (quadro)
  desafios no, 85, 87
  estudo de exemplo/persistência do estudante em programas de liderança educacional, 112, 114, 115 (figura)
  pontos fortes/vantagens do, 85
  procedimentos no, 85, 86 (figura)
  propósito do, 84
  questões de pesquisa no, 150-151, 153, 152 (quadro)

seleção do, 84
suposições filosóficas que estão por trás do, 84-85
tamanho da amostra e, 168-169
técnica da mostra conjunta e, 218 (quadro)
variante de explicações do acompanhamento, 85, 87
variante de seleção do participante e, 87-88
variantes do, 85, 87-88
versão prototípica do, 72-73 (figura), 74-75
Projeto sequencial exploratório, 87-88.
  Ver também Projeto de métodos mistos: Exemplos de projeto de métodos Mistos; Seleção de projeto de métodos mistos.
  análise/interpretação de dados dos métodos mistos e, 194-196 (quadro), 191, 198
  aprovação do conselho de análise institucional e, 170
  características do, 77-80 (quadro)
  coleta de dados e, 164-165 (quadro), 169-171, 173, 172 (figura)
  comparação de estudos de amostra e, 124-133, 126-131 (quadro)
  construção do título para, 138
  declaração de propósito para, 144-145
  deficiências na literatura sobre, 140-141 (quadro)
  desafios no, 88-90
  diagrama procedural para, 171, 173, 164 (figura)
  estudo de exemplo/dimensões da assimilação organizacional, 114-118 (figura)
  instrumentos de mensuração e, 170-171
  pontos fortes/vantagens do, 88-90
  procedimentos no, 88, 89 (figura)
  propósito do, 87-88
  questões de pesquisa no, 150-151, 153, 152 (quadro)
  seleção do, 88
  suposições filosóficas que estão por trás do, 88
  tamanho da amostra e, 169-170
  técnica da mostra conjunta e, 218 (quadro)
  variante de desenvolvimento do instrumento e, 90-91
  variante do desenvolvimento da teoria e, 90-91
  variantes do, 90-91
  versão prototípica do, 72-73 (figura), 74-75
Projeto transformativo, 94-95. *Ver também* Projeto de métodos mistos; Exemplos de projeto de métodos mistos; Seleção de projeto de métodos mistos
  análise de dados dos métodos mistos e, 196-197 (quadro), 198-199
  características do, 77-80 (quadro)

coleta de dados e, 165-167 (quadro), 175-177
comparação dos estudos de amostra e, 124-133, 126-131 (quadro)
construção de título para, 138-139
declaração de propósito para, 146-147
deficiências na literatura sobre, 140-141 (quadro)
desafios no, 96, 98
estratégias de amostragem inclusivas e, 176
estudo de exemplo/capital social das mulheres, 120-121, 123, 122 (figura)
pontos fortes/vantagens do, 96, 98
procedimentos no, 95-96, 97 (figura)
propósito do, 94-96
questões de pesquisa no, 150-151, 153, 153-154 (quadro)
seleção de, 95-96
suposições filosóficas que estão por trás do, 95-96
técnica de mostra conjunta e, 219 (quadro)
variante transformativa da lente da classe socioeconômica, 98
variante transformativa da lente da incapacidade, 96, 98-98
variante transformativa da lente feminista e, 96, 98
variantes do, 96, 98
versão prototípica do, 73-74 (figura), 75-76
Projeto. *Ver* Projeto de métodos mistos; Elementos do projeto de métodos mistos; Mistura
Projetos de desenvolvimento/avaliação de programa em larga escala, 99, 101
Projetos de métodos mistos emergentes, 61-62
Projetos de métodos mistos fixos, 61-62
Propostas. *Ver também* Escrita de relatório
dissertação/tese, 224, 226-227, 225 (quadro)
proposta/estrutura dos National Institutes of Health, 227-232, 232 (quadro)
Publicações de periódicos, 40-41, 230, 232-235, 233 (quadro), 240-242

Q

QDA Miner *software*, 215, 217
Quadros de comparação, 186-187
Qualiquantologia, 243
Questionários, 161, 171, 173, 210
Questões abertas, 29-30, 147-148, 160-161, 242-243
Questões de pesquisa dos métodos mistos, 27-28, 148-149. *Ver também* Projeto de métodos mistos; Elementos do projeto de métodos mistos; Pesquisa de métodos mistos

bancos de dados integrados, questões sobre, 150-151
combinação de questões dos métodos mistos, 150-151, 153, 152-154 (quadro)
estilo retórico das, 150-151
geração de questões, 25-27, 149
questões abertas, 29-30, 147-148, 150, 160-161
questões da pesquisa qualitativa e, 147-151
questões de pesquisa concentradas no conteúdo, 150-151, 153, 152-154 (quadro)
questões de pesquisa concentradas nos métodos, 150-151, 153, 152-154 (quadro)
questões de pesquisa orientadas para o significado, 29-30
questões fechadas, 161
questões híbridas/movimento duplo, 150-151
questões vinculadas/independentes e, 149-150
questões/hipóteses da pesquisa quantitativa e, 148-151
recomendações para, 153-154
Questões de pesquisa dos métodos mistos concentradas no conteúdo, 150-154 (quadro)
Questões de pesquisa dos métodos mistos concentradas no método, 150-154 (quadro)
Questões de pesquisa orientadas para o significado, 29-30
Questões de pesquisa. *Ver* Coleta de dados; Questões de pesquisa dos métodos mistos; Métodos qualitativos; Métodos quantitativos
Questões fechadas, 161, 242-243
Questões. *Ver* Coleta de dados; Questões de pesquisa de métodos mistos; Métodos qualitativos; Métodos quantitativos

R

Recursos internos
cursos de métodos mistos *online*, 41-42
ferramenta de indagação *RePORTER*, 40
Methodspace, 41-42
Relatórios escritos. *Ver* Escrita de relatório
Relatos de história oral, 175
Representação da análise dos dados, 184 (quadro), 186-187
Resultados. *Ver também* Interpretação dos resultados; Análise/interpretação dos dados dos métodos mistos
resultados iniciais, explicação dos, 25-26
Retórica, 51, 52 (quadro)
Robert Wood Johnson Foundation, 39

S

Seção de introdução, 138-140, 140-141 (quadro)
Seleção de projeto de métodos mistos, 60.
  Ver também Projeto de métodos mistos; Elementos do projeto de métodos mistos; Exemplos de projeto de métodos mistos; Pesquisa de métodos mistos
  decisões-chave na, 68-72
  elementos quantitativos/qualitativos e, 68-69, 69 (figura)
  estratégias de mistura e, 70-72
  momento dos elementos e, 69-71
  níveis de interação entre os elementos e, 69-70
  priorização dos elementos e, 69-70
  problema/propósito/questões da pesquisa e, 62, 65-66
  projeto incorporado, 91-92
  projeto multifásico, 98-99
  projeto paralelo convergente, 76, 81
  projeto sequencial explanatório, 84
  projeto sequencial exploratório, 88
  projeto transformativo, 95-96
Self-Control Schedule (SCS), 56
SimStat *software*, 215, 217
Sistema de Análise Estatística (SAE), 182-183
Sistema de notação, 104-107, 105-106 (quadro)
Sistemas de informações geográficas (SIG), 94, 161

T

Técnica de mostra conjunta, 200, 202, 203 (figura), 206, 204 (figura), 217, 220, 218-219 (quadro)
Teoria
  da ciência social, 47, 49, 55-58
  da incapacidade, 94-96, 98
  da orientação sexual, 94-95
  emancipatória, 47, 49, 57-58
  racial/ética, 94-95
Testagem de hipóteses, 28-29, 186-187
Testagem piloto, 171
Testes controlados randomizados (TCRs), 116, 118, 173-175
Tipologia e estatística da mostra de análise de dados fundidos, 200, 202
Títulos. *Ver também* Elementos do projeto de métodos mistos
  de estudo qualitativo/quantitativo, 135-137
  de métodos mistos, 136-139
  escrita de artigo de periódico e, 230, 232
  projeto convergente e, 137-138
  projeto explanatório e, 138
  projeto exploratório e, 138
  projeto incorporado e, 138-139
  projeto multifásico e, 138-139
  projeto transformativo e, 138-139
Trabalho de campo, 34-35, 37-38
Transferabilidade de inferência, 243
Transformação dos dados, 71, 192-194 (quadro), 191, 198, 206-207
Triangulação das evidências, 35, 37-38, 67-68 (quadro), 188-189. *Ver também* Projeto paralelo convergente

V

Validade
  ameaças à validade, 188-189, 212-214, 217, 217 (quadros)
  checagem dos membros e, 188-189
  de conteúdo, 187-188
  de constructo, 187-188, 243-244
  desenvolvimento do instrumento e, 210-211
  evidências de desconfirmação e, 189
  externa, 188-189
  interna, 188-189
  projetos de métodos mistos e, 183, 185-186, 211-214, 217, 217 (quadros)
  qualitativa, 188-189
  quantitativa, 28-29, 161-162, 187-189
  relacionada ao critério, 187-188
  triangulação das evidências e, 188-189
Variante. *Ver também* Projeto sequencial exploratório
  correlacional incorporada, 94
  de bancos de dados paralela, 81-84
  de desenvolvimento do instrumento, 90-91
  de desenvolvimento/validação do instrumento incorporado, 94
  de seleção do participante, 85, 87
  de transformação dos dados, 83-84
  de validação dos dados, 83-84
  do desenvolvimento da teoria, 90-91
  e explanações de acompanhamento, 85, 87
  transformativa da lente da classe socioeconômica, 98
  transformativa da lente da incapacidade, 96, 98
  transformativa da lente feminista, 96, 98
Veterans Administration Health Services Research Center, 55-56
Viés
  experimentos incorporados e, 173-175
  interpretação dos resultados de pesquisa e, 187-188
  papel do pesquisador e, 235

Visões de mundo. *Ver também* Projeto de métodos mistos; Pesquisa de métodos mistos
   características das, 50-51, 50-51 (quadro)
   construtivista, 50-51, 50-51 (quadro), 51, 52 (quadro)
   filosofia e, 47, 49-51, 53, 49-50 (figura), 50-51 (quadro), 52 (quadro), 244-246
   múltiplas, projeto de métodos mistos e, 54-55, 244-246
   paradigma transformativo-emancipatório, 53-54, 243-244
   participatória, 50-51 (quadro), 51, 52 (quadro, 51, 53)
   perspectiva da comunidade de acadêmicos, 55-56
   perspectiva dialética, 54
   perspectiva realista crítica, 53-54
   pesquisa de métodos mistos e, 28-29, 50-51, 53-56, 244-246
   pós-positivista, 50-51, 50-51 (quadro), 51, 52 (quadro)
   posturas diferentes das, 38-39, 51, 52 (quadro), 53
   pragmática, 50-51 (quadro), 51, 52 (quadro), 51, 53-54
   prática, implicações para, 51-51, 53, 52 (quadro)

W

W.T. Grant Foundation, 39